会声会影2019
基础培训教程

麓山文化 / 编著

人 民 邮 电 出 版 社
北 京

图书在版编目（CIP）数据

会声会影2019基础培训教程 / 麓山文化编著. -- 北京 : 人民邮电出版社, 2021.3
ISBN 978-7-115-55028-6

Ⅰ. ①会… Ⅱ. ①麓… Ⅲ. ①视频编辑软件一教材 Ⅳ. ①TN94

中国版本图书馆CIP数据核字(2020)第192724号

内容提要

本书全面系统地介绍了会声会影 2019 的基本操作方法和视频制作技巧。全书共 12 章，包括会声会影 2019 入门基础、预设模板的应用、捕获视频、添加与编辑媒体素材、剪辑视频素材、视频转场的应用、视频滤镜的应用、视频覆叠特效的制作、添加与制作字幕、添加与编辑音频、视频的输出与共享和商业案例实训等内容。全书内容以课堂案例为主线，通过讲解各案例的实际操作，让读者熟悉软件的功能和商业视频的设计思路；通过课堂练习和课后习题，拓展读者的实际应用能力；通过商业案例实训，帮助读者快速掌握影视后期处理、视频特效制作、音频声效处理等技术。

本书提供书中所有课堂案例、课堂练习和课后习题的源文件、素材文件和教学视频。同时，还配备了 PPT 教学课件、教学教案、教学大纲等丰富的教学资源，方便教师教学使用。

本书适合作为高等院校影视类专业和培训机构相关课程的教材，也可以作为会声会影 2019 自学人员的参考用书。

◆ 编　　著　麓山文化
　责任编辑　张丹阳
　责任印制　马振武

◆ 人民邮电出版社出版发行　　北京市丰台区成寿寺路 11 号
　邮编　100164　　电子邮件　315@ptpress.com.cn
　网址　https://www.ptpress.com.cn
　山东华立印务有限公司印刷

◆ 开本：787×1092　1/16
　印张：17
　字数：409 千字　　　　2021 年 3 月第 1 版
　印数：1 – 2 000 册　　　2021 年 3 月山东第 1 次印刷

定价：59.80 元

读者服务热线：(010)81055410　印装质量热线：(010)81055316
反盗版热线：(010)81055315
广告经营许可证：京东市监广登字 20170147 号

前 言

会声会影 2019 是 Corel 公司推出的操作简单、功能强大的视频剪辑软件，其简洁的操作界面和方便的新增功能可以带给用户全新的创作体验。

本书以通俗易懂的语言和多个精选案例，带领读者进入精彩的会声会影世界，使读者迅速积累实战经验，提高技术水平，从新手成长为高手。

本书在编写时进行了精心的设计，按照“课堂案例——软件功能解析——课堂练习——课后习题”这一思路进行编排。力求通过课堂案例演练帮助读者快速熟悉视频的剪辑和制作思路，通过软件功能解析帮助读者深入学习软件功能和视频制作方法，通过课堂练习和课后习题拓展读者的实际应用能力。本书在内容编写方面，力求通俗易懂、细致全面；在文字叙述方面，注重言简意赅、重点突出；在案例选取方面，则强调案例的针对性和实用性。

本书配套资源中包含了所有案例的素材、效果文件及教学视频。另外，为了方便教学，本书配备了 PPT 课件、习题答案、教学大纲等丰富的教学资源，任课老师可以直接使用。本书的参考学时为 56 学时，其中实训环节为 28 学时，各章的参考学时见下面的学时分配表。

章 节	课 程 内 容	学 时 分 配	
		讲 授	实 训
第 1 章	会声会影 2019 入门基础	2	
第 2 章	预设模板的应用	3	3
第 3 章	捕获视频	3	3
第 4 章	添加与编辑媒体素材	2	2
第 5 章	剪辑视频素材	2	2
第 6 章	视频转场的应用	1	2
第 7 章	视频滤镜的应用	3	2
第 8 章	视频覆叠特效的制作	1	2
第 9 章	添加与制作字幕	2	2
第 10 章	添加与编辑音频	2	2
第 11 章	视频的输出与共享	1	2
第 12 章	商业案例实训	6	6

由于编者水平有限，书中疏漏与不妥之处在所难免。在感谢您选择本书的同时，也希望您能够把对本书的意见和建议告诉我们。

编者

2020 年 10 月

资源与支持

本书由数艺设出品，“数艺设”社区平台（www.shuyishe.com）为您提供后续服务。

配套资源

学习资源：书中案例、练习和课后习题的素材文件及教学视频（在线观看）

教师专享资源：教学大纲、教学教案、PPT 教学课件，以及课堂练习和课后习题的操作讲解文件

资源获取请扫码

“数艺设”社区平台，为艺术设计从业者提供专业的教育产品。

与我们联系

我们的联系邮箱是 szys@ptpress.com.cn。如果您对本书有任何疑问或建议，请发邮件给我们，并请在邮件标题中注明本书书名及 ISBN，以便我们更高效地做出反馈。

如果您有兴趣出版图书、录制教学课程，或者参与技术审校等工作，可以发邮件给我们；有意出版图书的作者也可以到“数艺设”社区平台在线投稿（直接访问 www.shuyishe.com 即可）；如果学校、培训机构或企业想批量购买本书或数艺设出版的其他图书，也可以发邮件给我们。

如果您在网上发现针对数艺设出品图书的各种形式的盗版行为，包括对图书全部或部分内容的非授权传播，请您将怀疑有侵权行为的链接通过邮件发给我们。您的这一举动是对作者权益的保护，也是我们持续为您提供有价值的内容的动力之源。

关于数艺设

人民邮电出版社有限公司旗下品牌“数艺设”，专注数字艺术图书出版，为艺术设计从业者提供专业的图书、U 书课程、社区服务等教育产品。领域涉及平面、三维、影视、摄影与后期等数字艺术门类，字体设计、品牌设计、色彩设计等设计理论与应用门类，UI 设计、电商设计、新媒体设计、游戏设计、交互设计、原型设计等互联网设计门类，环艺设计手绘、插画设计手绘、工业设计手绘等设计手绘门类。更多服务请访问“数艺设”社区平台 www.shuyishe.com。我们将提供及时、准确、专业的学习服务。

目 录

第 6 章 视频转场的应用 117

第 7 章 视频滤镜的应用 136

第1章 会声会影 2019 入门基础

本章介绍

会声会影 2019 功能灵活实用，编辑步骤清晰明了，即使是初学者也能使用其轻松制作出优秀的视频作品。

在正式学习会声会影 2019 之前，本章将对会声会影 2019 基础知识进行讲解，为读者更好地使用会声会影 2019 打下基础。

课堂学习目标

- 了解视频编辑常识
- 熟悉会声会影 2019 的工作界面
- 掌握项目文件的基本操作
- 熟悉链接与转换项目文件的方法

1.1 视频编辑常识

会声会影是一款专为个人及家庭等非专业用户设计的视频编辑软件。2019版的会声会影功能更全面，操作更简单，设计更人性化。本节主要介绍视频编辑的常识。想要更好地运用会声会影 2019，基础的视频编辑常识不能少，打好基础才是硬道理。

1.1.1 视频编辑术语

在视频编辑行业中经常会提到一些技术用语，如帧、采集、帧速率等。如果用户之前没有接触过视频编辑，那么可能不知道这些术语表示什么。下面便针对一些最基本的术语进行解释。

1. 帧

帧是数字视频和传统影视里的基本单元信息。通俗地说，每个视频都可以看作是大量静态图片按照时间顺序的放映，而构成它的每一张图片就是一个单独的帧，如图 1-1 所示。

图 1-1

2. 采集

就像做饭要先有食材，编辑视频也要先有素材。素材可以是图片、音频、视频等，而采集指的就是收集这些原始素材的过程，可以通过手机、数码相机来拍摄照片、视频进行采集，如图 1-2 所示。采集之后就可以将这些素材加载到会声会影中进行编辑制作。

图 1-2

3. 帧速率

大量的图片按照时间顺序播放，需要有一个衡量播放速度的指标，这个指标就是帧速率。例如，游戏、影视行业中常提到的 25 帧或 30 帧，就是指帧速率，分别代表在 1 秒的时间内连续播放 25 张或 30 张图片。

4. 场景

场景也称为镜头，是视频作品制作过程中的基本元素，是指拍摄过程中的一个片段。在视频的制作过程中往往需要对多个场景进行切换，如图 1-3 所示。

图 1-3

5. 字幕

字幕是指视频制作过程中添加的文字性信息元素，当视频中的信息量不充足时，字幕就起到了补充信息的作用。

6. 转场

转场是指从一个镜头切换到另一个镜头时的过渡方式，如淡入、淡出。

7. 剪辑

剪辑是指对原始影片进行选择、取舍、分解与组接的过程，用户可以通过剪辑将自己拍摄的素材变成一个连贯流畅、含义明确并富有艺术感染力的影视作品。

8. 压缩

压缩是一种对编辑好的视频进行重新组合时减小剪辑文件体积的方法。用户可以使用编 / 解码器对视频信号进行压缩和解压缩，从而减少视频的信息量。

1.1.2 常用的视频、图像及音频格式

1. 视频格式

会声会影 2019 支持的视频格式很多，如 AVI、WMV、MPEG、MOV、RealVideo 等，不同的格式有不同的特点。下面就具体介绍几种常用的视频格式。

- **AVI 格式**

AVI 的英文全称为 Audio Video Interleaved，即音频视频交错格式，该视频格式可以将视频和音

频交织在一起进行同步播放，如图 1-4 所示。这种视频格式的优点是图像质量好，可以跨平台使用，其缺点是占用空间过多。

● WMV 格式

WMV 的英文全称为 Windows Media Video，是微软公司开发的一系列视频编 / 解码和相关的视频编码格式的统称，是 Windows 操作系统媒体框架的一部分，如图 1-5 所示。由于该格式是由微软开发的，所以需要安装微软组件才能正常播放该格式的视频。也正是这个原因，在非 Windows 操作系统中不能正常播放该格式的视频。

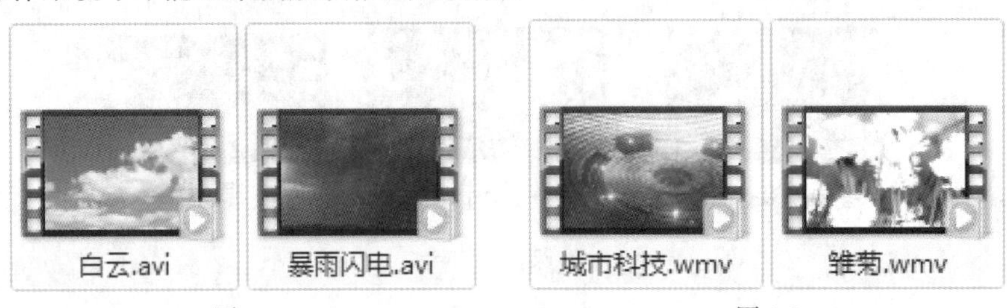

图 1-4　　图 1-5

● MPEG 格式

MPEG 的英文全称为 Moving Picture Experts Group，是跨平台的视频格式。该格式的视频在所有浏览器中都能正常播放。MPEG 标准主要有 MPEG-1、MPEG-2、MPEG-4、MPEG-7 及 MPEG-21 等。MPG 格式基于 MPEG-1 或 MPEG-2 标准，MP4 格式基于 MPEG-4 标准，如图 1-6 所示。MP4 格式是一种非常流行的视频格式，很多视频网站都会优先使用该格式。该格式通过帧重建和数据压缩技术，以求用最少的数据获得最佳的图像质量。经过这样处理，视频质量不但不会受太大的影响，而且可以有效减小文件的大小。

● MOV 格式

MOV 即 Quick Time 影片格式，只能在 Mac 操作系统中播放，如图 1-7 所示。Windows 操作系统要播放该格式的视频需要安装相应的播放组件。

图 1-6　　图 1-7

● RealVideo 格式

RealVideo 格式的文件常以 .ra、.rm、.ram 或 .rmvb 为扩展名，如图 1-8 所示。它是一种高压缩比的视频格式，读取速度很快，但视频画质不是很理想。

图 1-8

2. 图像格式

会声会影 2019 支持很多图像文件格式，如 BMP、JPEG、JPEG 2000、GIF、PSD、PNG 和 TIFF 等。下面就具体介绍几种常用的图像格式。

● BMP 格式

BMP 格式的图像就是通常所说的位图，是 Windows 操作系统标准的图像格式。它包含的图像信息较为丰富，几乎不对图片进行压缩，因此该格式的图片文件会比较大。

● JPEG 格式

JPEG 是一种有损压缩格式，它用有损压缩的方式去除冗余的图像数据，在获得较高的压缩率的同时，能展现出十分生动的图像。因此该格式能兼顾图像质量和文件大小，是一种非常常见的图片格式。

● JPEG 2000 格式

JPEG 2000 格式是 JPEG 格式的升级版，它同样具有高压缩率并增加了许多新功能，是新一代静态影像压缩技术。其压缩率比 JPEG 格式高 30% 左右，能实现渐进传输。该格式支持有损压缩和无损压缩，而 JPEG 格式只支持有损压缩。JPEG 2000 格式可用于传统的 JPEG 格式应用领域，如扫描仪、数码相机等，也可应用于新兴领域，如网络传输、无线通信等。

● GIF 格式

GIF 格式最大的特点是能做成动画的形式，并且支持透明背景图像，适用于多种操作系统。GIF 格式的图片所占的存储空间很小，网上很多小动画都是 GIF 格式的。但是其色域不太广，只支持 256 种颜色。

● PSD 格式

PSD 格式是 Photoshop 图像处理软件的专用文件格式，支持保存图层、通道、蒙版和不同色彩模式的各种图像特征，是一种非压缩的原始文件保存格式。在图像处理过程中对于尚未制作完成的图像，选用 PSD 格式进行保存是最佳的选择。

● PNG 格式

PNG 格式是目前最能保证不失真的格式，它吸取了 GIF 格式和 JPEG 格式的优点。PNG 格式与 JPEG 格式类似，网页中很多图片是这种格式的，其压缩率高于 GIF 格式。PNG 格式最大的特点是支持图像的透明背景。图 1-9 所示为 PNG 图像效果。

图 1-9

● TIFF 格式

TIFF 格式也称为标签图像文件格式，是一种灵活的位图格式，主要用来存储包括照片和艺术图在内的图像。其存储信息较多，所以图像的质量较高，非常利于对原稿的复制，但兼容性较差。TIFF 格式不依赖于具体的硬件，是一种可移植的文件格式。

3. 音频格式

会声会影 2019 支持 CD、WAV、MP3、AIFF、OGG 和 AU 等音频格式。下面就具体介绍几种常用的音频格式。

● CD 格式

CD 格式是音质较高的音频格式，一般存储于 CD 光盘中。该格式的音轨可以说是近乎无损的，它的声音基本上忠于原声，对“音乐发烧友”来说，CD 格式是最佳的选择。

● WAV 格式

WAV 格式是微软公司开发的一种标准音频格式。很多人认为 WAV 格式是一种无压缩音频格式，其实并不完全正确。实际上，WAV 是一种“容器”型格式，可通用于各种平台，因此该格式可能包含压缩音频 WAV 格式支持多种音频位数、采样频率和声道，采用 44.1kHz 的采样频率，16 位量化位数，因此 WAV 格式的音质与 CD 格式相差无几，但 WAV 格式对存储空间的需求太大，不便于交流和传播。

● MP3 格式

MP3 格式是一种经过音频压缩技术压缩后的文件格式，它用来大幅度降低音频数据量。其利用 MPEG Audio Layer 3 的技术，将音乐以 1:10 甚至 1:12 的压缩率压缩成占用存储空间较小的文件。

MP3 格式文件是最常见的一种音频格式文件，通用性强，大多数可以播放音频的数字化设备都支持该格式。

● AIFF 格式

AIFF 格式是一种存储数字音频（波形）数据的文件格式。AIFF 格式应用于个人计算机及其他电子音响设备以存储音乐数据，是一种先进的文件格式，但由于它是苹果计算机上的格式，因此在 PC 平台上并没有流行。不过，由于苹果计算机多用于多媒体制作、出版行业，因此几乎所有的音频编辑软件和播放软件都或多或少地支持 AIFF 格式，且 AIFF 格式的包容特性，可支持许多压缩格式。

● OGG 格式

OGG 格式，类似于 MP3 格式。OGG 格式也是一种“容器”型格式，可以存储任何压缩媒体格式。该格式拥有高于大多数有损压缩格式的性能，这意味着它可以在保证同等音质的前提下，生成更小的音频文件。由于 MP3 格式的流行，OGG 格式经历了很艰难的成长期，过去只有很少的设备支持 OGG 格式，现在这种情况大有改观。

● AU 格式

AU 是基于 UNIX 系统开发的一种音乐格式。这种格式支持多种压缩方式，但文件结构的灵活性不如 WAV 格式。这种格式的最大问题是它本身所依附的平台不是面向广大消费者的，因此知道这种格式的用户并不多。但是这种格式存在了很多年，所以许多播放器和音频编辑软件都对其提供了读写支持。

1.2 会声会影 2019 的工作界面

会声会影 2019 的工作界面由菜单栏、步骤面板、素材库面板、文件名、预览窗口、素材库、导航面板、选项面板、工具栏和项目时间轴组成，如图 1-10 所示。

图 1-10

1.2.1 菜单栏

菜单栏提供的各种命令可用于管理影片项目、处理单个素材等，如图 1-11 所示。

文件(F) 编辑(E) 工具(T) 设置(S) 帮助(H)

图 1-11

会声会影 2019 菜单栏中各菜单的功能如下。

- 文件：进行新建、打开和保存等操作。
- 编辑：包括撤销、重复、复制和粘贴等编辑命令。
- 工具：对素材进行多样化编辑。
- 设置：对各种管理器进行操作。
- 帮助：查看会声会影自带的命令说明文档。

1.2.2 步骤面板

会声会影 2019 将影片的制作过程简化为 3 个步骤：捕获、编辑和共享。单击相应的按钮，可在 3 个步骤之间进行切换，如图 1-12 所示。

图 1-12

各步骤面板的功能如下。

- 捕获：可以直接在“捕获”面板中录制或导入媒体素材到计算机的硬盘中，该步骤面板允许捕获和导入视频、照片和音频素材。
- 编辑：“编辑”面板和时间轴面板是会声会影的核心，可以通过它们排列、编辑、修正视频素材并为其添加效果。
- 共享：“共享”面板可以将完成的影片导出到磁盘或 DVD 等。

1.2.3 选项面板

选项面板会随程序的模式、正在执行的步骤或轨道发生变化，只要在软件界面中单击“显示选项面板”按钮，便会弹出相对应的选项面板，如图 1-13 所示。其可能包含几个选项卡，每个选项卡中的选项都不同，具体取决于所选素材。

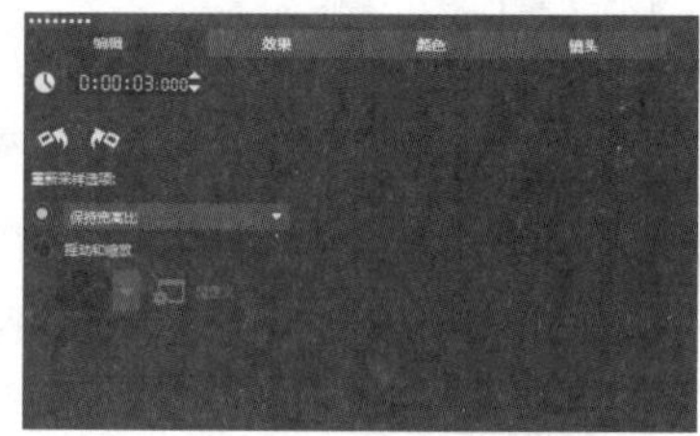

图 1-13

1.2.4 预览窗口

预览窗口如图 1-14 所示，用于预览项目或素材编辑后的效果。预览窗口一般配合导航面板使用。

图 1-14

1.2.5 导航面板

导航面板如图 1-15 所示，使用导航面板可以控制、移动所选素材或项目，使用修整标记和滑块可以编辑素材。

图 1-15

导航面板中各部分的介绍如下。

- 播放修整后的素材：播放、暂停或恢复当前项目或所选素材。
- 起始：返回起始片段或提示记号。
- 上一帧：移动到上一帧。
- 下一帧：移动到下一帧。
- 结束：移动到结束片段或提示记号。
- 重复：循环回放。
- 系统音量：可以拖动滑动条调整计算机扬声器的音量。
- 时间码 00:00:00:000：指定确切的时间码，可以直接跳到项目或所选素材的某个部分。
- 扩大：增大预览窗口的大小。
- 根据滑轨位置分割素材：分割所选素材，将滑块放在想要分割素材的位置，然后单击此按钮，即可分割所选素材。
- 开始标记：在项目中设置预览范围或设置素材修正的开始点。
- 结束标记：在项目中设置预览范围或设置素材修正的结束点。
- 滑块：可以在项目或素材之间拖曳。
- 修整标记：可以设置项目的预览范围或修正素材。
- 高清模式 HD：提升预览效果画质。
- 切换器：切换到项目或所选素材。

1.2.6 工具栏

通过工具栏，用户可以方便快捷地使用编辑按钮，如图 1-16 所示。用户还可以在时间轴上放大和缩小项目视图，以及启动不同工具以进行有效的编辑。工具栏中各部分的介绍如下。

图 1-16

- 故事板视图：指定预览整个项目或只预览所选素材。
- 时间轴视图：可以在不同的轨中对素材进行精确到帧的编辑操作。
- 撤销：撤销上次的操作。
- 重复：重复上次撤销的操作。
- 录制 / 捕获选项：显示“录制 / 捕获选项”对话框，可在同一位置进行捕获视频、导入文件、录制画外音和抓拍快照等操作。

- 混音器：启动“环绕混音”和多音轨的“音频时间轴”来自定义音频设置。
- 自动音乐：添加背景音乐，智能收尾。
- 运动追踪：瞄准并跟踪屏幕上移动的物体，然后将其链接到文本和图形等元素中。
- 字幕编辑器：可使添加的文本与视频中的音频同步。
- 缩放控件：使用缩放滑动条和按钮可以调整“时间轴”的视图。
- 将项目调到时间轴窗口大小：调整项目视图使其适应整个“时间轴”跨度。
- 项目区间 0:00:03:000：显示项目区间。

1.2.7 素材库

会声会影 2019 的素材库共有 7 种，分别是“媒体”素材库、“即时项目”素材库、“转场”素材库、“标题”素材库、“图形”素材库、“滤镜”素材库和“路径”素材库，如图 1-17 所示。各类素材库中存放着不同的素材，只需单击相应素材库的按钮，就能够自由切换素材库，并能直接使用里面的素材，非常方便。

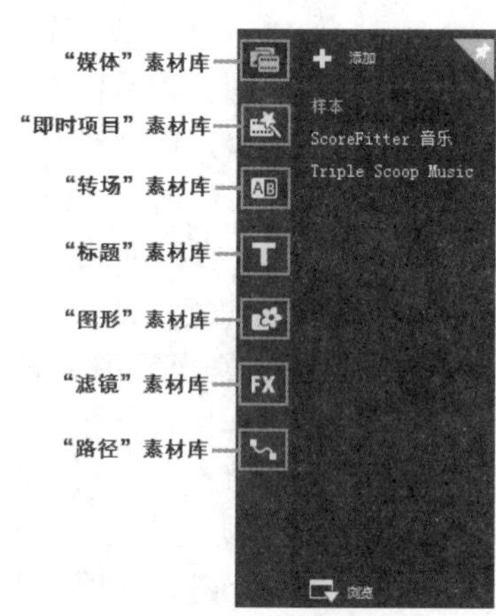

图 1-17

1. “媒体”素材库

在“媒体”素材库中，可以一次添加多个媒体素材，还能方便地对素材进行分类，如图 1-18 所示。

2. “即时项目”素材库

“即时项目”素材库中有项目模板，当用户完成一个项目后，可将其保存到项目模板，以便再次使用，如图 1-19 所示。

图 1-18

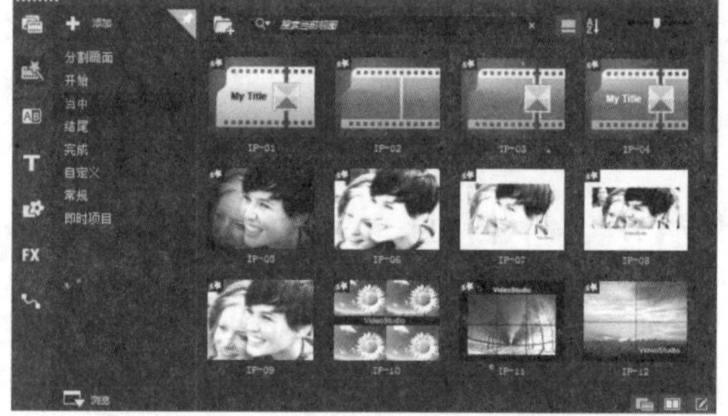

图 1-19

3. “转场”素材库

“转场”素材库中保存着转场特效，用户可以将转场特效拖曳至两个素材之间，这样两个素材之间便会用一个转场特效来过渡，让画面更加流畅精美，视频节奏紧凑不拖沓，如图 1-20 所示。

4. “标题”素材库

“标题”素材库中保存着字幕文件的模板，用户可在这个素材库中寻找需要的字幕模板，如图 1-21 所示。

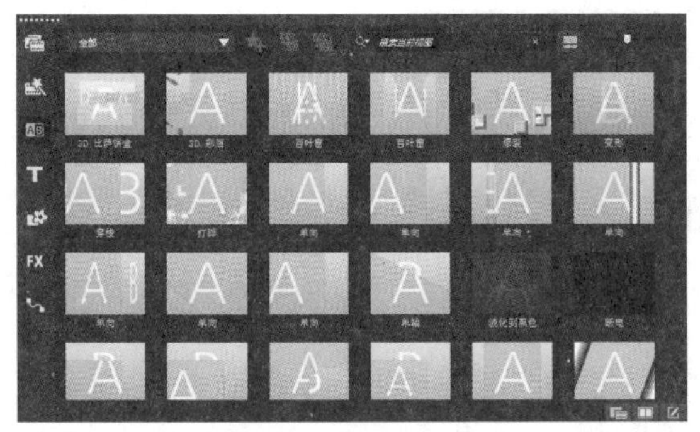
图 1-20

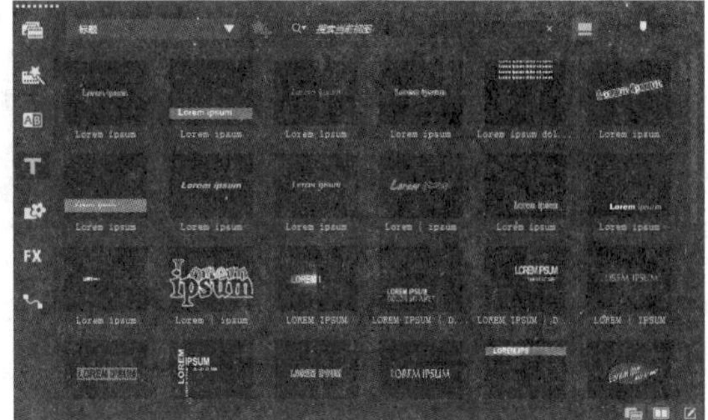
图 1-21

5. “图形”素材库

“图形”素材库中保存着需要用到的对象、边框和动画等素材，如图 1-22 所示。

6. “滤镜”素材库

“滤镜”素材库中保存着各种滤镜特效，这也是常用的素材库之一，用户也可自行添加特效素材，如图 1-23 所示。

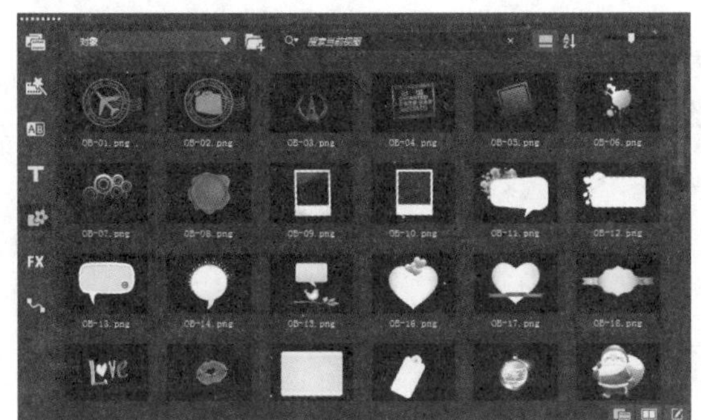
图 1-22

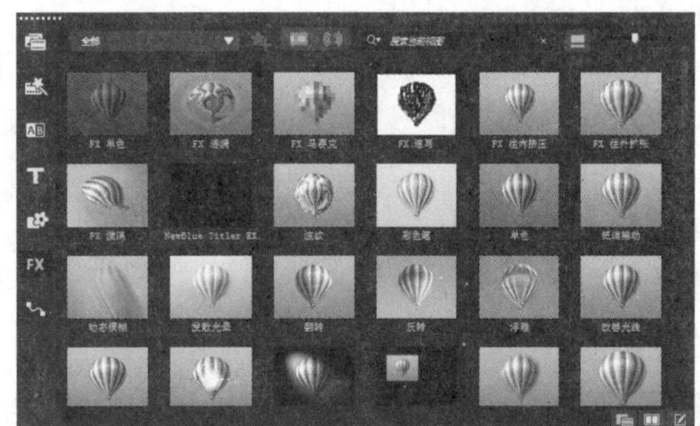
图 1-23

7. “路径”素材库

“路径”素材库中保存的是动作特效，动作特效可以让图片素材动起来，使视频画面丰富多彩，如图 1-24 所示。

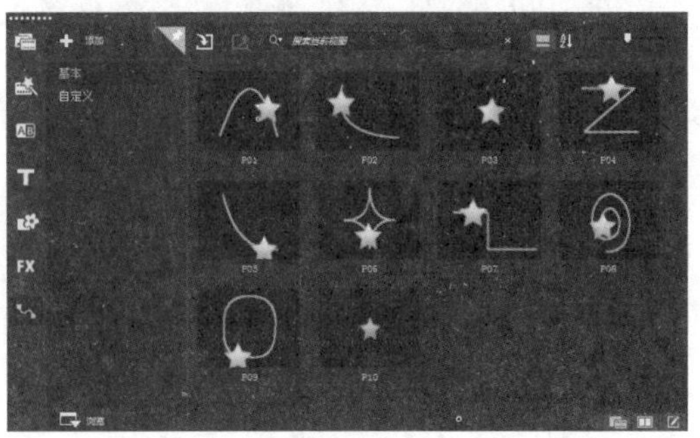
图 1-24

1.2.8 时间轴

时间轴面板如图 1-25 所示，用户可以在这里对项目或所选素材进行编辑和修整。

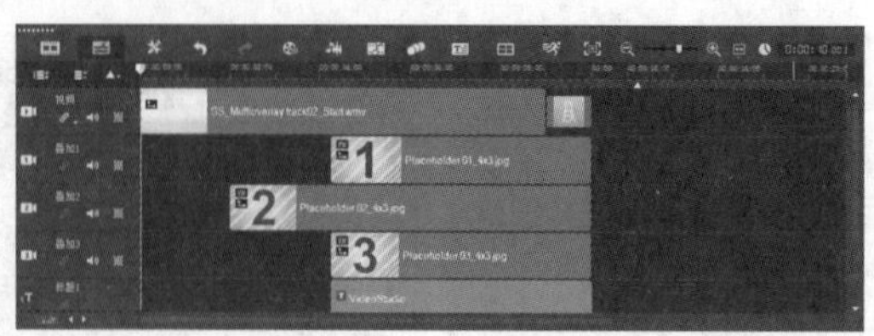

图 1-25

时间轴面板中的功能介绍如下。

- 显示全部可视化轨道：显示项目中的所有轨道。
- 轨道管理器：可以管理“时间轴”中可见的轨道。
- 所选范围：显示代表项目的修整或所选部分的色彩栏。
- 添加 / 删除章节点：可以在影片中添加或删除章节点。
- 章节 / 提示菜单：可以在影片中设置章节点或提示点。
- 启用 / 禁用连续编辑：在插入素材时，锁定或解除锁定任何移动的轨道。
- 自动滚动时间轴：预览的素材超出当前视图时，启动或禁用“时间轴”的滚动。
- 滚动控制：可以使用左和右按钮或拖动“滚动栏”在项目中移动。
- 时间轴标尺：以“时：分：秒：帧”的形式显示项目的时间码增量，帮助用户确定素材和项目长度。
- 视频轨：包含视频、照片、色彩素材和转场。
- 覆叠轨：包含覆叠素材，可以是视频、照片、图形素材。
- 标题轨：包含标题素材。
- 声音轨：包含画外音素材。
- 音乐轨：包含音频文件中的音乐素材。

1.3 项目文件的基本操作

所谓项目，就是进行视频编辑等加工工作的文件。它可以保存视频素材、图片素材、声音素材、背景音乐，以及字幕、特效等使用的参数信息。

1.3.1 新建项目文件

会声会影 2019 将影片制作过程简化为捕获、编辑、共享 3 个简单步骤。单击步骤面板中的按钮，可在步骤面板之间进行切换。

在启动会声会影 2019 时，系统会自动新建一个未命名的新项目文件，让用户开始制作视频作品。在视频编辑的过程中，用户也可以随时新建项目文件，有以下两种方法。

- 执行“文件”→“新建项目”命令。
- 按 Ctrl+N 组合键。

1.3.2 打开项目文件

如果用户需要使用已经保存的项目文件，可以将其打开，再进行相应的编辑。会声会影 2019

的项目文件的格式为 .VSP，双击项目文件即可将其打开，或者在会声会影 2019 的菜单下执行相应命令。

打开会声会影 2019，执行“文件”→“打开项目”命令，或按 Ctrl+O 组合键，如图 1-26 所示。在弹出的“打开”对话框中，选择需要打开的项目文件，如图 1-27 所示。单击“打开”按钮，即可打开选择的项目文件，在预览窗口中进行预览。

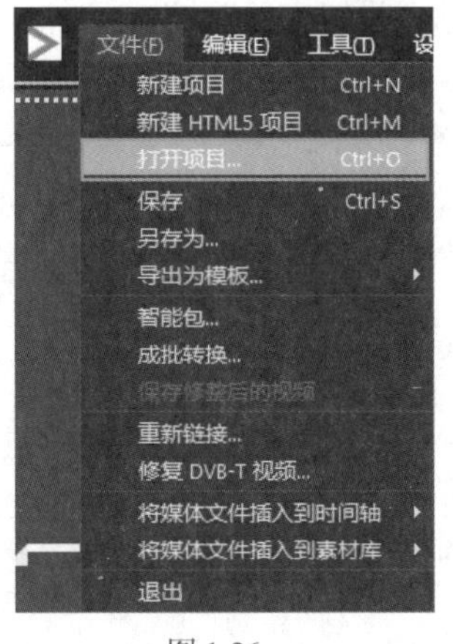

图 1-26

图 1-27

1.3.3 保存项目文件

在会声会影 2019 中完成视频的编辑后，可以将项目文件保存。保存项目文件是非常重要的一个操作步骤，保存了项目文件也就保存了之前对视频编辑的参数信息。在保存项目文件后，如果用户对保存的视频有不满意的地方，可以重新打开项目文件，在其中进行修改，并可以将修改后的项目文件渲染成新的视频文件。

执行“文件”→“保存”命令，如图 1-28 所示。弹出“另存为”对话框，如图 1-29 所示，在其中设置项目文件的保存位置和文件名称，单击“保存”按钮，即可将制作完成的项目文件进行保存。

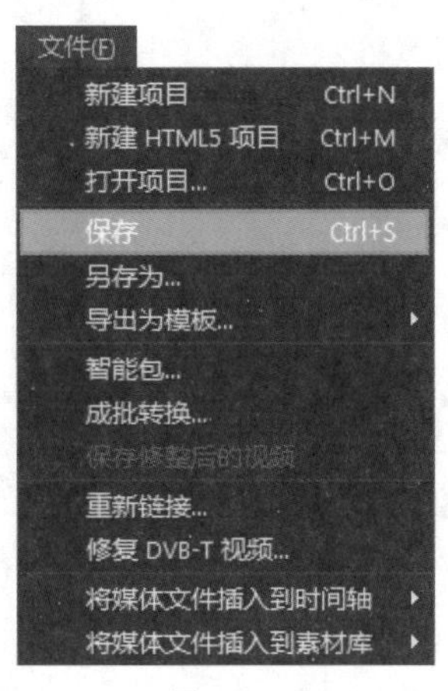

图 1-28

图 1-29

1.3.4 加密打包项目文件

在会声会影 2019 中，用户可以将项目文件打包为压缩文件，还可以为打包的压缩文件设置密码，以保证文件的安全。

选中需要加密打包的项目文件，单击鼠标右键，在弹出的快捷菜单中执行“添加到压缩文件”命令，如图 1-30 所示，弹出“带密码压缩”对话框，单击“设置密码”按钮，如图 1-31 所示。

图 1-30

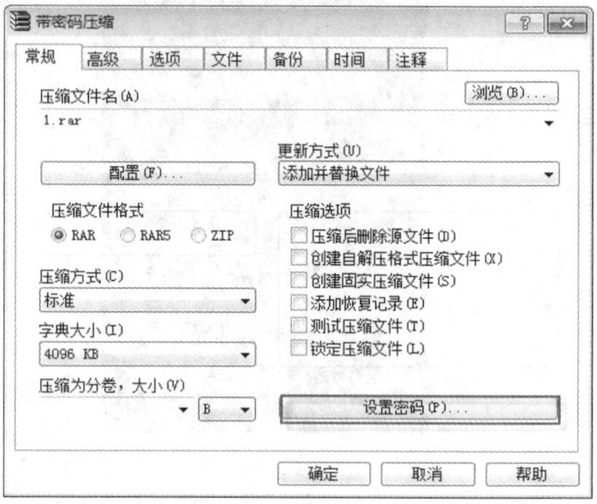

图 1-31

弹出“输入密码”对话框，在“输入密码”和“再次输入密码以确认”文本框中填写密码，如图 1-32 所示。单击“确定”按钮，回到“带密码压缩”对话框，再单击“确定”按钮开始压缩，压缩完毕，加密打包压缩文件就成功了，如图 1-33 所示。

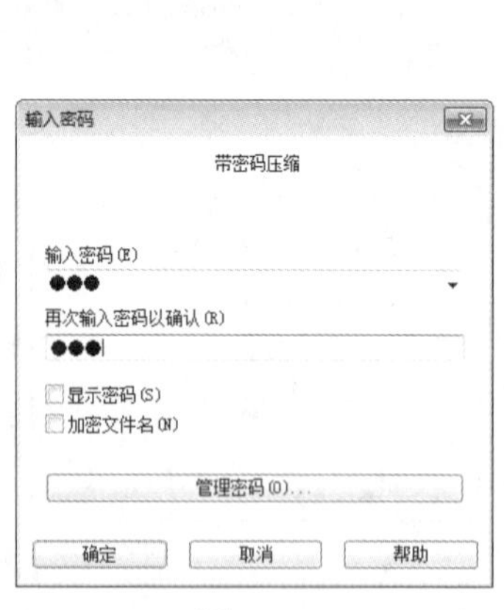

图 1-32

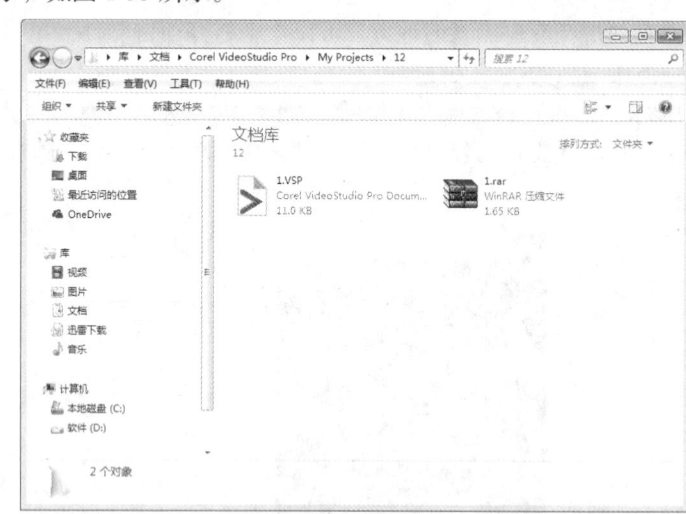

图 1-33

1.4 链接与转换项目文件

在制作视频的过程中，用户可能会不小心将项目文件丢失或损坏，以至于视频效果不佳。但在会声会影 2019 中，用户能够重新链接项目文件。

1.4.1 重新链接文件

在会声会影 2019 中打开项目文件时，如果其中的素材被移动或丢失，软件会提示用户需要重新链接素材才能正常打开项目文件。

启动会声会影 2019，执行“文件”→“打开项目”命令，选择需要的项目文件。当项目文件没有加载成功，弹出“重新链接”对话框时，这就说明原项目文件中有素材的位置被移动，需要重新链接，单击“重新链接”按钮，如图 1-34 所示。弹出“替换 / 重新链接素材”对话框，找到移动后的文件，单击“打开”按钮，如图 1-35 所示。完成操作后，素材重新链接成功，如图 1-36 所示。

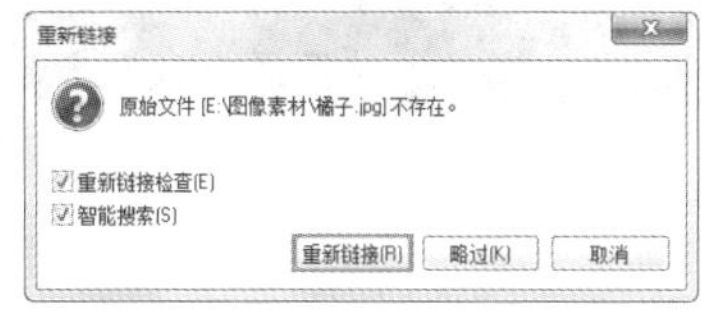

图 1-34

图 1-35

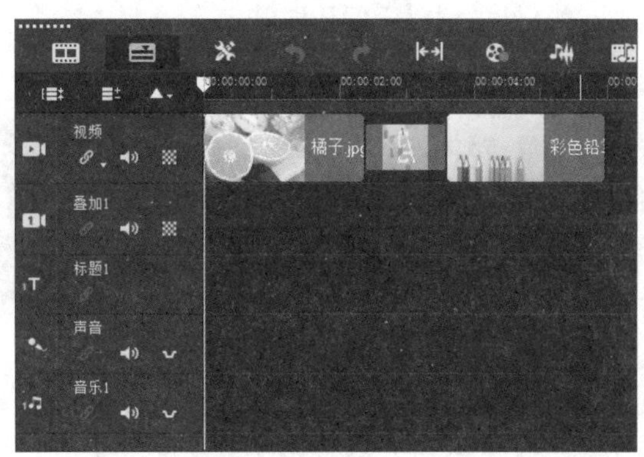

图 1-36

1.4.2 成批转换视频文件

在会声会影 2019 中，如果用户对某些视频文件的格式不满意，那么可以运用“成批转换”功能，成批转换视频文件的格式，使之符合用户的视频需求。

启动会声会影 2019，执行“文件”→“成批转换”命令，如图 1-37 所示。弹出“成批转换”对话框，如图 1-38 所示。单击“添加”按钮，选择要转换的文件，单击“打开”按钮，回到“成批转换”对话框，单击“转换”按钮，即可开始转换，如图 1-39 所示。

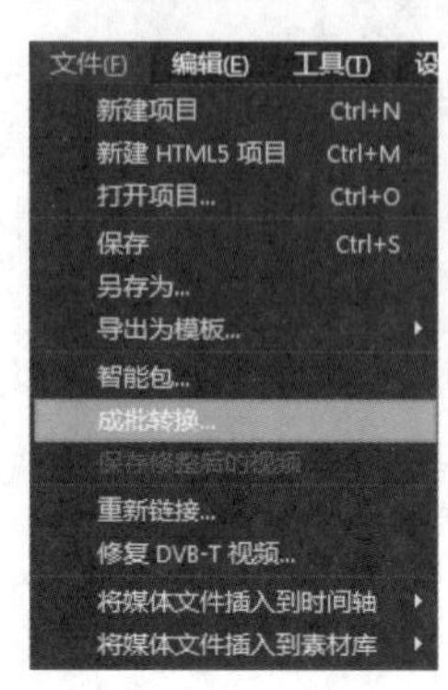

图 1-37

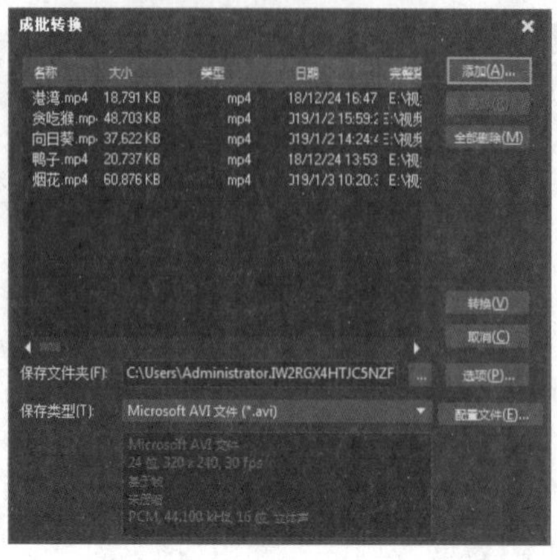

图 1-38

图 1-39

1.5 视图模式

会声会影 2019 的工作界面中有 3 种视图模式，分别为故事板视图、时间轴视图和混音器视图。每个视图模式都有其特点和应用场合，用户在进行相关编辑时，可以选择最佳的视图模式。

1.5.1 故事板视图

在会声会影 2019 中，用户可以使用故事板视图来整理视频轨中的照片和视频素材，如图 1- 40 所示。故事板中的每个缩略图都代表一张照片、一个视频素材或一个转场。缩略图是按其在项目中的位置显示的，用户可以拖动缩略图将其重新进行排列，每个素材的区间都显示在缩略图的下方。此外，用户也可以在素材之间插入转场或在预览窗口修整所选的素材。

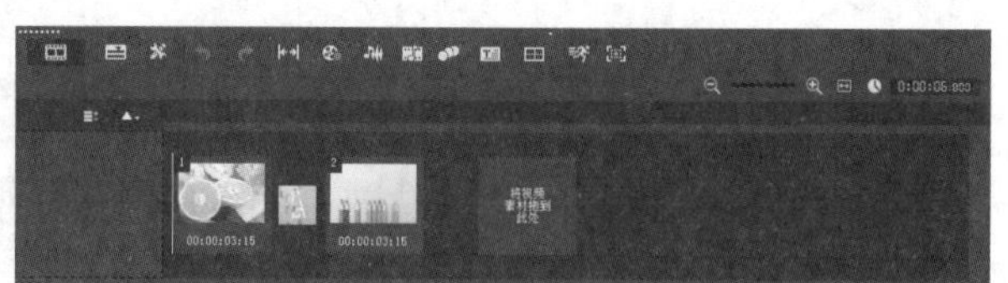

图 1-40

1.5.2 时间轴视图

时间轴视图是会声会影 2019 中常用的编辑模式，如图 1- 41 所示。时间轴视图相对比较复杂，但是其功能强大。在时间轴视图模式下，用户不仅可以对标题、字幕、音频等素材进行编辑，还可以以“帧”为单位对素材进行精确的编辑，所以时间轴视图模式是用户精确编辑视频的常用模式。

图 1-41

1.5.3 混音器视图

混音器视图在会声会影 2019 中可以用来调整项目的声音轨和音乐轨中素材的音量，以及调整素材中特定点位置的音量，如图 1-42 所示。在该视图中，用户还可以为音频素材设置淡入 / 淡出及长回音等特效。

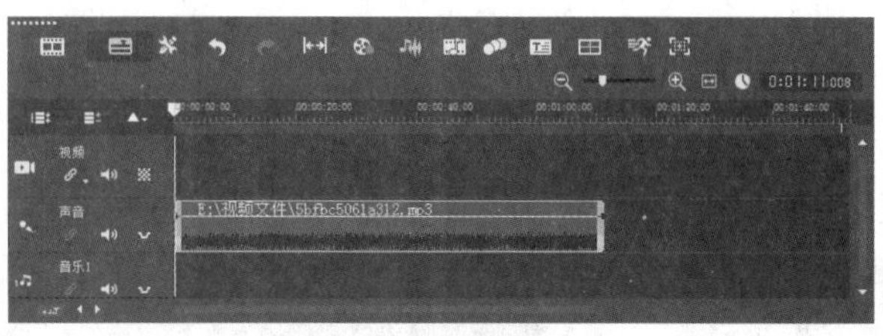

图 1-42

1.6 界面布局操作

在会声会影 2019 中，可拖动各个界面左上角的一排点来调整界面位置。

1.6.1 软件默认布局的更改

在使用会声会影 2019 进行视频编辑时，用户可以根据操作习惯随意调整界面布局，如将面板放大、嵌入其他位置或设置成漂浮状态等。下面介绍更改界面布局的 3 种方法。

1. 调整面板大小

在会声会影 2019 的工作界面中，移动鼠标指针至预览窗口、素材库或时间轴相邻的边界线上，如图 1-43 所示。待鼠标指针变为⇳状时，单击并拖曳，即可将选择的面板随意地放大、缩小，如图 1-44 所示。

图 1-43

图 1-44

2. 移动面板位置

使用会声会影 2019 编辑视频时，如果用户不习惯默认的面板位置，可以拖曳面板将其嵌入所需位置。将鼠标指针移至预览窗口、素材库或时间轴左上角的位置，如图 1-45 所示。按住鼠标左键将面板拖曳至另一个面板旁边，在面板的四周会分别出现 4 个箭头，将所拖曳的面板靠近箭头，然后释放鼠标左键，即可将面板嵌入新的位置，如图 1-46 所示。

图 1-45

图 1-46

3. 漂浮面板位置

使用会声会影 2019 进行编辑的过程中，如果用户只需使用时间轴面板和预览窗口，那么可以将素材库设置成漂浮状态，并将其移动到屏幕外面，需要使用时再将面板拖曳出来。该功能还可以使会声会影 2019 实现双显示器显示，即用户可以将时间轴和素材库放在一个屏幕上，而在另一个屏幕上进行高质量的播放预览。

双击预览窗口、素材库或时间轴左上角的 即可将对应的面板设置成漂浮状态，如图 1-47 所示。按住鼠标左键拖曳面板可以调整面板的位置，双击悬浮面板左上角的 ，可以让处于漂浮状态的面板恢复到原处。

图 1-47

1.6.2 界面布局样式的保存

在会声会影 2019 中，用户可以将更改的界面布局样式保存为自定义的界面，并在以后的视频编辑过程中，根据操作习惯方便地切换界面布局。

进入会声会影 2019，打开一个项目文件，随意拖曳窗口布局，如图 1-48 所示。

图 1-48

执行“设置”→“布局设置”→“保存至”→“自定义 #1” 命令，如图 1-49 所示。执行命令后，即可保存更改的界面布局样式。

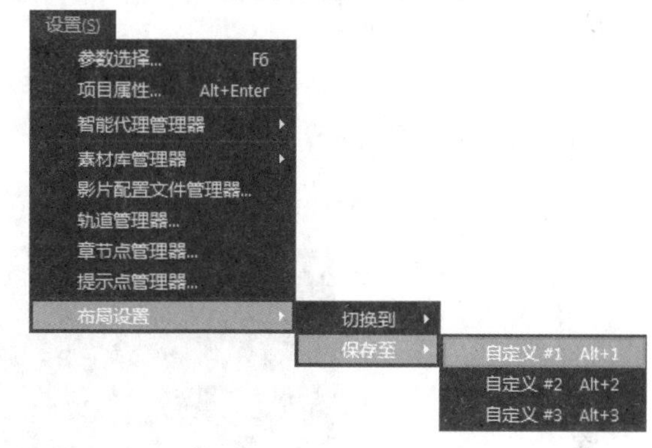

图 1-49

1.7 项目属性的设置

在进行视频编辑时，有时需要创建新的项目，而为了避免在创建新项目时重复修改相应的项目属性，用户可根据需要对工作环境参数进行设置，从而节约时间，提高视频编辑的效率。

进入会声会影 2019，执行 “设置” → “参数选择” 命令，如图 1-50 所示。在弹出的 “参数选择” 对话框中，可以对相关参数进行基本设置，如图 1-51 所示。

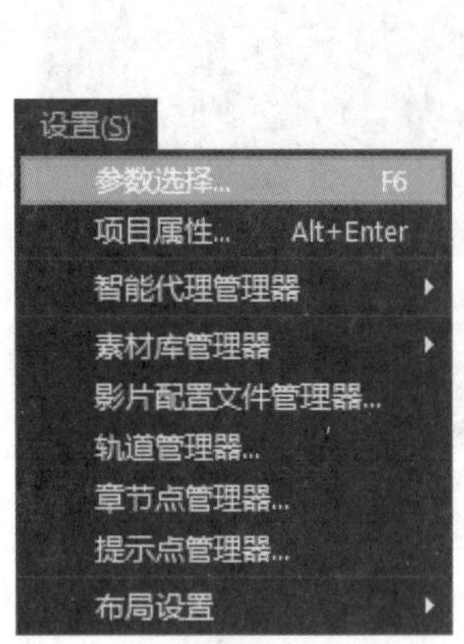

图 1-50

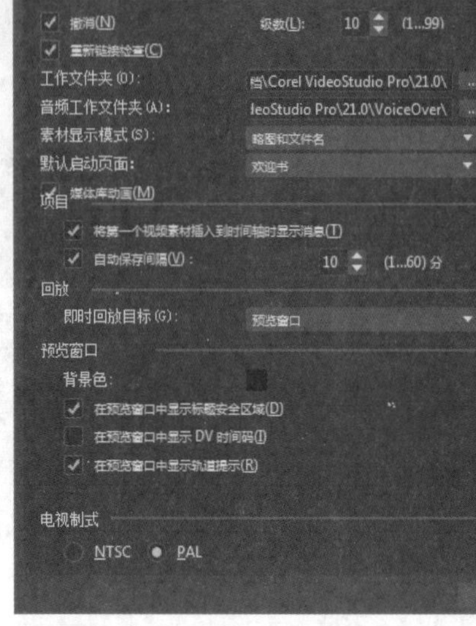

图 1-51

1.7.1 设置软件常规属性

“常规”选项卡用于设置会声会影 2019 中基本操作的参数。“常规”选项卡界面如图 1-52 所示。

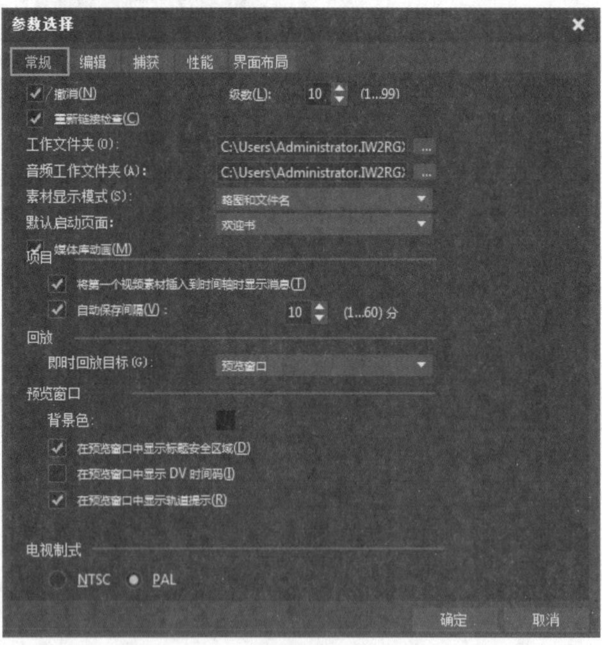

图 1-52

“常规”选项卡中各功能的介绍如下。

- 撤销：撤销上一步所执行的操作步骤。可以通过设置“级数”数值框中的数值来确定撤销次数，该数值框可以设置的参数范围为 1~99。
- 重新链接检查：可以自动检查项目中的素材与其来源文件之间的关联。如果来源文件存放的位置被改变，则会弹出对话框，通过该对话框，用户可以将来源文件重新链接到素材。
- 工作文件夹：设置临时文件夹的保存位置。
- 音频工作文件夹：设置临时音频文件夹的保存位置。
- 素材显示模式：设置时间轴上素材的显示模式。
- 默认启动页面：设置软件启动时软件的界面。
- 媒体库动画：选中该复选框后可启用媒体库中的媒体动画。
- 将第一个视频素材插入到时间轴时显示消息：会声会影 2019 在检测到插入的视频素材的属性与当前项目的设置不匹配时，会显示提示信息。
- 自动保存间隔：选择并设置会声会影 2019 自动保存当前项目文件的时间间隔，这样可以最大限度地减少不正常退出时用户数据的损失。
- 即时回放目标：设置回放项目的目标设备。它提供了 3 个选项，用户可以同时在预览窗口和外部显示设备中进行项目的回放。
- 背景色：单击右侧的黑色方框，会弹出颜色面板，选中相应颜色即可完成会声会影 2019 预览窗口背景色的设置。
- 在预览窗口中显示标题安全区域：选中此复选框后，在创建标题时，预览窗口中会显示标题安全框，只要文字位于此矩形框内，标题就可完全显示出来。
- 在预览窗口中显示 DV 时间码：回放 DV 视频时，预览窗口中会显示时间码，这就要求计算机的显卡必须兼容 VMR（视频混合渲染器）。
- 在预览窗口中显示轨道提示：选中此复选框后，在预览窗口中会显示各素材所处的轨道名称。
- 电视制式：设置视频的广播制式，有 NTSC 和 PAL 两个选项，一般选择 PAL。

1.7.2 设置软件编辑属性

在“参数选择”对话框中，选择“编辑”选项卡，界面如图 1-53 所示。

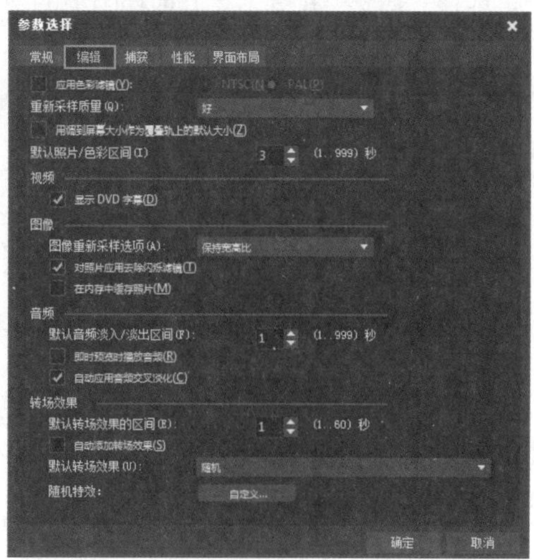

图 1-53

“编辑”选项卡中各功能的介绍如下。

- 应用色彩滤镜：选择调色板的色彩空间，有 NTSC 和 PAL 两种，一般选择 PAL。
- 重新采样质量：指定会声会影 2019 中的所有效果和素材的质量。一般使用较低的采样质量以获取最有效的编辑性能。
- 用调到屏幕大小作为覆叠轨上的默认大小：选中该复选框后，插入覆叠轨的素材默认大小将被设置为适合屏幕的大小。
- 默认照片 / 色彩区间：设置添加到项目中的图像素材和色彩的默认长度，区间的时间单位为秒。
- 显示 DVD 字幕：设置是否显示 DVD 字幕。
- 图像重新采样选项：选择一种图像重新采样的方法，即在预览窗口中的显示。有保持宽高比、保持宽高比（无字母框）和调到项目大小 3 个选项。
- 对照片应用去除闪烁滤镜：减少在使用电视查看图像素材时所发生的闪烁。
- 在内存中缓存照片：允许用户使用缓存处理较大的图像文件，以便更有效地编辑。
- 默认音频淡入 / 淡出区间：该选项用于设置音频淡入和淡出的区间。在此输出的值是素材音量从正常至淡化完成之间的时间总值。
- 即时预览时播放音频：选中该复选框后，在时间轴内拖动音频文件的飞梭栏，即可预览音频文件。
- 自动应用音频交叉淡化：允许用户使用两个重叠视频，并对视频中的音频文件应用交叉淡化。
- 默认转场效果的区间：指定应用于视频项目中所有转场效果的区间，单位为秒。
- 自动添加转场效果：选中该复选框后，当项目文件中的素材数量超过两个时，程序将自动为其应用转场效果。
- 默认转场效果：用于设置自动转场的默认效果。
- 随机特效：用于设置随机转场的特效。

1.7.3 设置软件捕获属性

在“参数选择”对话框中，选择“捕获”选项卡，界面如图 1-54 所示。

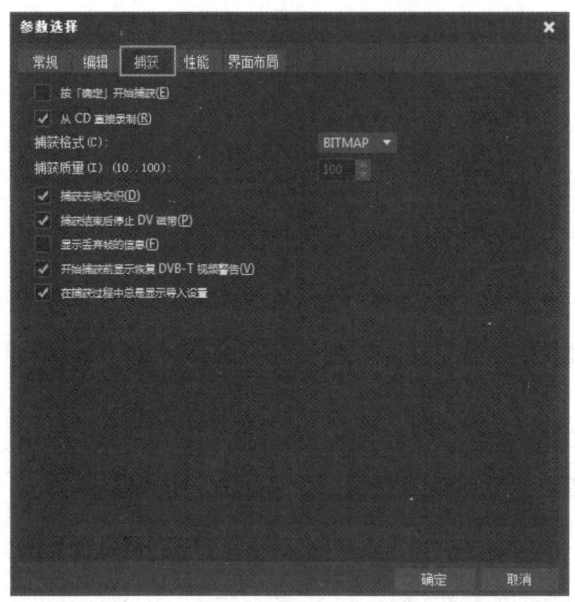

图 1-54

“捕获”选项卡中各功能的介绍如下。

- 按「确定」开始捕获：选中该复选框后，在捕获视频时，需要在弹出的对话框中单击“确定”按钮才能开始捕获视频。
- 从 CD 直接录制：选中该复选框后，可以直接从 CD 播放器中录制音频文件。
- 捕获格式：指定捕获的静态图像文件的格式，有 BITMAP、JPEG 两种格式。
- 捕获质量：指定捕获图像的质量。数值越大，图像越清楚，可在 10~100 内调节。
- 捕获去除交织：在捕获图像时保持连续的图像分辨率，而不是交织图像的渐进图像分辨率。
- 捕获结束后停止 DV 磁带：DV 摄像机在视频捕获过程完成后，自动停止磁带的播放。
- 显示丢弃帧的信息：选中该复选框后，可以在捕获视频时，显示在视频捕获期间共丢弃了多少帧。
- 开始捕获前显示恢复 DVB-T 视频警告：选中该复选框后，可以显示恢复 DVB-T 视频警告，以便捕获流畅的视频素材。
- 在捕获过程中总是显示导入设置：勾选该复选框，可以在捕获过程中显示捕获进度。

1.7.4 设置软件性能属性

在“参数选择”对话框中，选择“性能”选项卡，界面如图 1-55 所示。

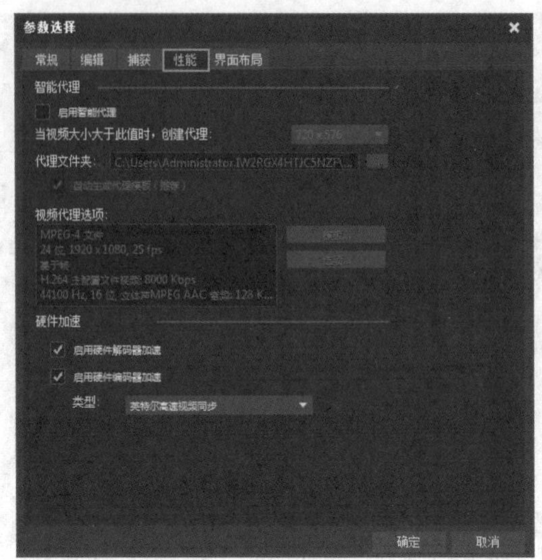

图 1-55

“性能”选项卡中各功能的介绍如下。

- 启用智能代理：选中该复选框后，将创建智能代理，用创建的低解析度视频来替代原来的高解析度视频进行编辑。低解析度视频的清晰度会比原高解析度视频低。
- 当视频大小大于此值时，创建代理：在弹出的下拉列表中选择一个参数值，当视频素材的尺寸达到该参数值时创建代理视频。
- 代理文件夹：用于设置代理视频的保存路径。
- 自动生成代理模板（推荐）：选中“启用智能代理”复选框后才能选中该复选框，若选中该复选框，则软件将自动生成代理模板，推荐选中。
- 视频代理选项：显示在生成代理文件时使用的设置。要更改代理文件格式或其他设置时，可以单击“模板”选择已经包含预定义设置的模板，或者单击“选项”详细进行调整。
- 启用硬件解码器加速：选中该复选框后，在启动会声会影 2019 时，启动速度会更快，如果计算机硬件配置本身不是太高，那么建议选中。
- 启用硬件编码器加速：选中该复选框后，能够缩短视频的渲染时间。
- 类型：选择硬件加速的方法。

1.7.5 设置软件界面布局属性

在“参数选择”对话框中，选择“界面布局”选项卡，界面如图 1-56 所示。一般来说，推荐选择“默认”布局，若用户有个人需求和喜好则可以进行自定义布局。

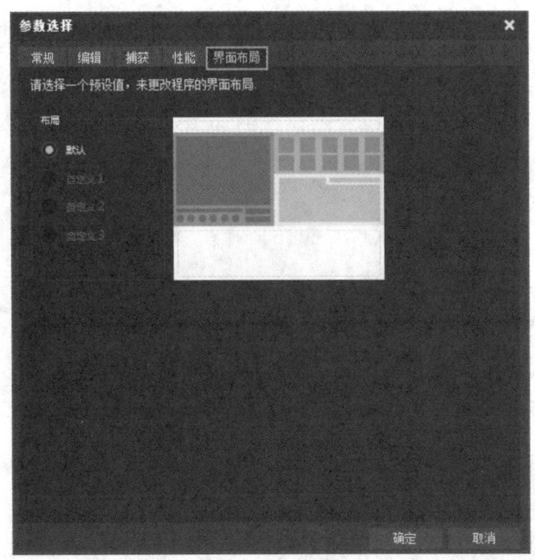

图 1-56

1.7.6 设置项目文件属性

进入会声会影 2019，执行“设置”→“项目属性”命令，弹出“项目属性”对话框，如图 1-57 所示。在“项目属性”对话框中可以设置项目在屏幕上预览时的外观和质量，还可用作预览视频项目的模板。“项目属性”对话框中的设置包括“项目格式”“现有项目配置文件”“属性”“项目信息”等。

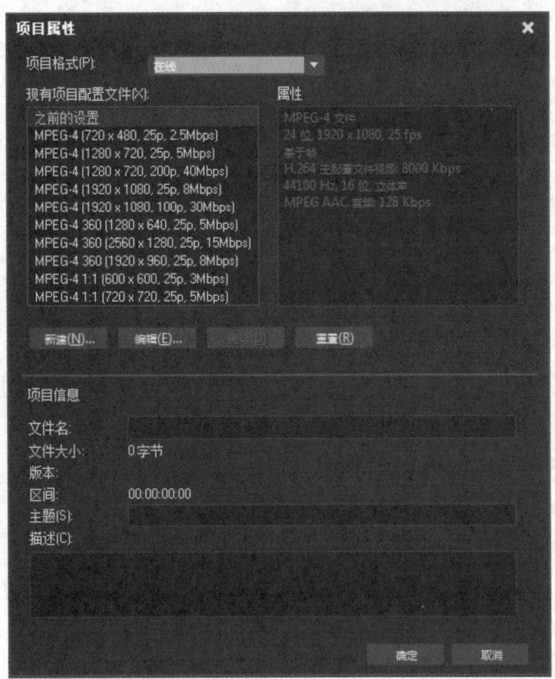

图 1-57

第2章 预设模板的应用

本章介绍

会声会影易学易用，是因为它提供了各种预设模板，使非专业用户也可以轻松地制作出精彩的视频作品。

课堂学习目标

- 了解视频模板的调用与下载
- 熟悉图像和视频模板的应用
- 熟悉即时项目模板的应用
- 掌握影片模板的编辑与装饰处理
- 掌握用影音快手制作视频的方法

2.1 应用图像和视频模板

会声会影中提供了多种类型的主题模板，如图像模板、视频模板、即时项目模板等。用户可以灵活运用这些主题模板将大量生活和旅游照片制作成动态影片。

2.1.1 课堂案例——制作树木动态图

【学习目标】掌握图像模板的使用方法。

【知识要点】使用会声会影中的树木图像模板制作动态图，如图 2-1 所示。

【所在位置】素材 \ 第 2 章 \ 2.1.1\ 制作树木动态图 .VSP

图 2-1

（1）启动会声会影 2019，在素材库的左侧单击“媒体”按钮，在“照片”素材库中选中需要的图像素材，如图 2-2 所示。将其拖曳到时间轴中，如图 2-3 所示。

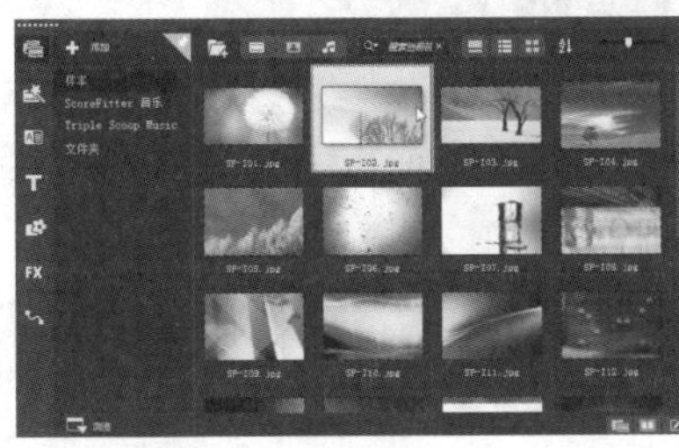

图 2-2

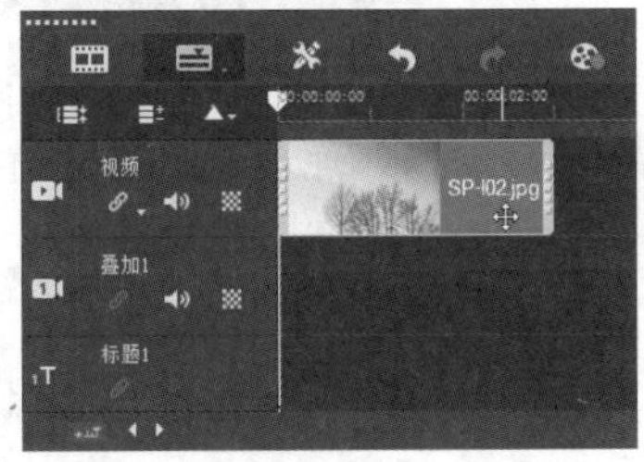

图 2-3

（2）单击“显示选项面板”按钮，在“编辑”选项卡中设置“照片区间”参数为 20 秒，在“重新采样选项”下拉列表中选择“调到项目大小”选项，如图 2-4 所示。

（3）选中“摇动和缩放”单选按钮，然后单击“自定义摇动和缩放”按钮，如图 2-5 所示。

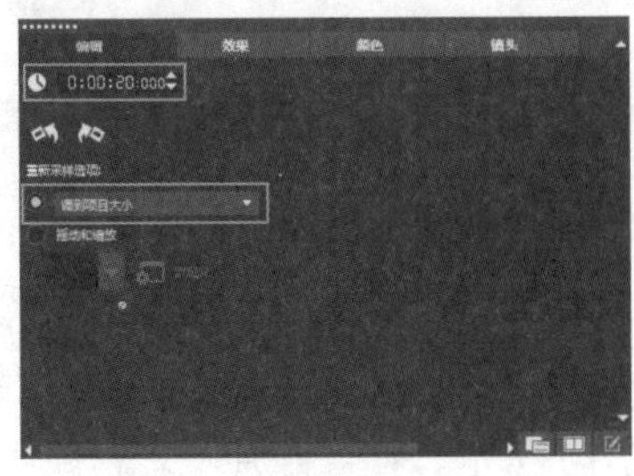

图 2-4

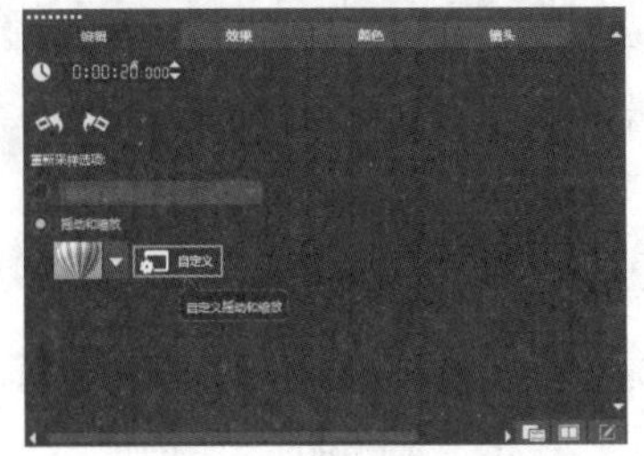

图 2-5

（4）弹出“摇动和缩放”对话框，拖动时间点滑块至中部位置，双击鼠标左键在该位置插入一个关键帧，并设置“缩放率”参数为 170，如图 2-6 所示。

（5）单击起始位置的关键帧，在“位置”选项组中单击右下方的按钮，可以看到中心点移动到了右下角位置，如图 2-7 所示。

图 2-6

图 2-7

（6）单击最后一个关键帧，调整“缩放率”参数为 193，并在“位置”选项组中单击左上方的按钮，如图 2-8 所示。

图 2-8

（7）设置完成后，单击“确定”按钮返回主界面，单击导航面板中的“播放修整后的素材”按钮，即可预览最终效果，如图 2-9 所示。

图 2-9

2.1.2 应用图像模板

会声会影中提供了多种类型的图像模板，用户可以将任何照片素材应用到图像模板中。

进入会声会影，单击“显示照片”按钮，如图 2-10 所示。在“照片”素材库中可以选择需要的图像模板，如图 2-11 所示。

图 2-10

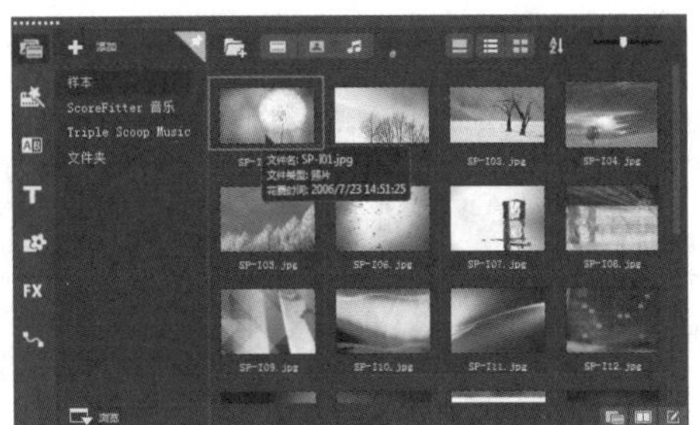

图 2-11

选中该图像模板，按住鼠标左键将其拖曳至故事板中的适当位置后，释放鼠标左键即可应用该图像模板，如图 2-12 所示。在预览窗口中，可以预览添加的图像模板效果，如图 2-13 所示。

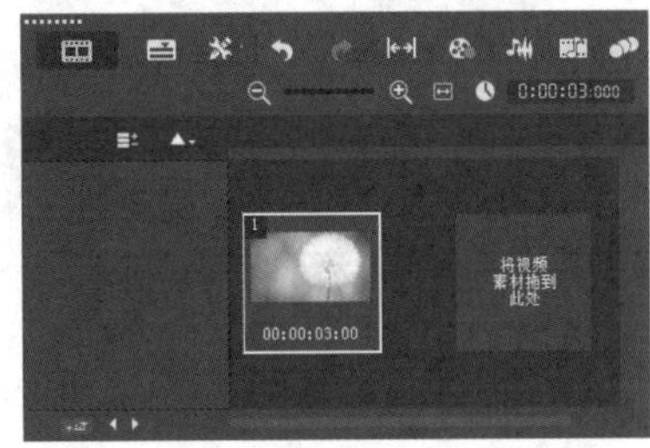

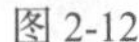

图 2-12

图 2-13

2.1.3 应用视频模板

会声会影中提供了多种类型的视频模板，用户可以根据需要选择相应的视频模板类型，并将其添加至故事板中。

进入会声会影，单击“显示视频”按钮，如图 2-14 所示。在“视频”素材库中，选择舞台视频模板，如图 2-15 所示。

图 2-14

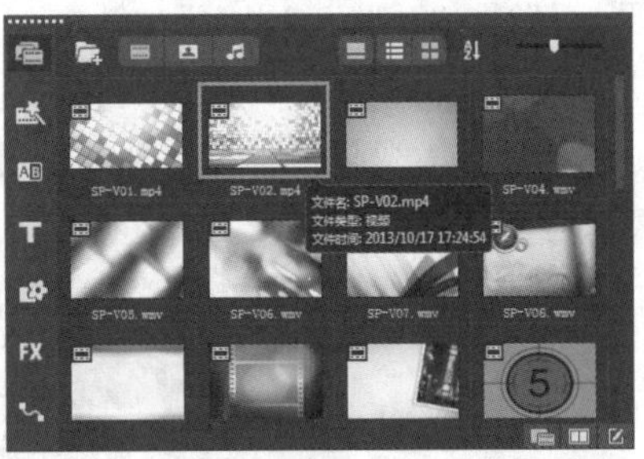

图 2-15

在舞台视频模板上单击鼠标右键，在弹出的快捷菜单中执行“插入到”→“视频轨”命令，如图 2-16 所示。即可将舞台视频模板添加至时间轴面板的视频轨中，如图 2-17 所示。

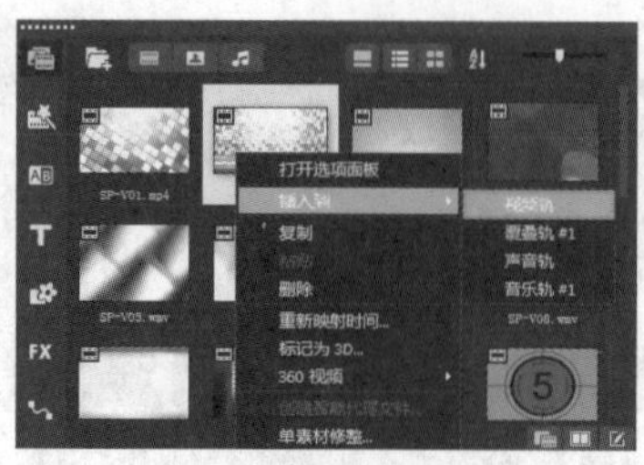

图 2-16

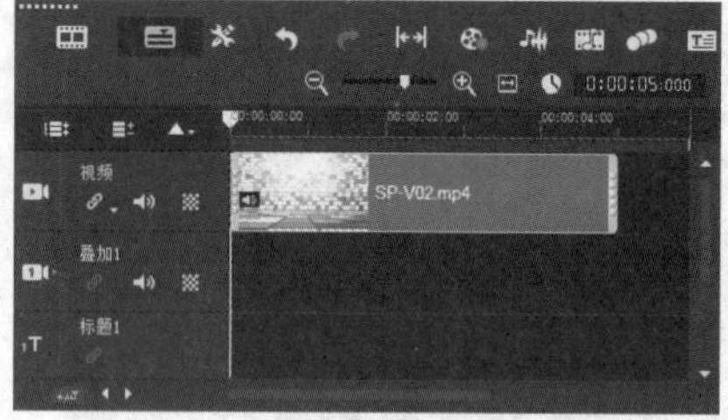

图 2-17

在预览窗口中，可以预览添加的舞台视频模板效果，如图 2-18 所示。

图 2-18

2.2 应用即时项目模板

会声会影中提供了多种类型的即时项目模板，大大简化了手动编辑的步骤，用户可根据需要选择不同的即时项目模板。本节主要介绍应用即时项目模板的操作方法。

2.2.1 课堂案例——应用“常规”项目模板

【学习目标】掌握常规项目模板的使用方法。

【知识要点】除了“开始”“当中”“结尾”“完成”4 种项目模板，会声会影还为用户提供了“常规”项目模板。在该项目模板中，照片的效果能够满足大部分用户的需求。用户只需要替换项目模板中的照片，就能够完成视频相册的制作，如图 2-19 所示。

【所在位置】素材 \ 第 2 章 \ 2.2.1\ 运用“常规”项目模板 .VSP

图 2-19

（1）进入会声会影 2019，在素材库的左侧单击“即时项目”按钮，打开“即时项目”素材库，显示“即时项目”面板，在面板中选择“常规”选项，如图 2-20 所示。

（2）进入“常规”素材库，在该素材库中选择“V-01.VSP”常规项目模板，如图 2-21 所示。

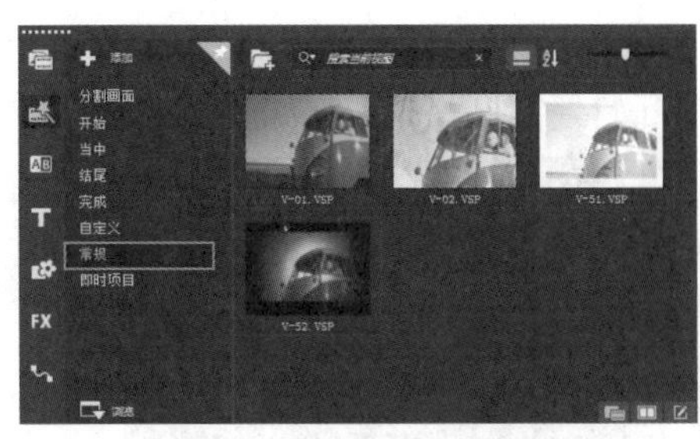

图 2-20

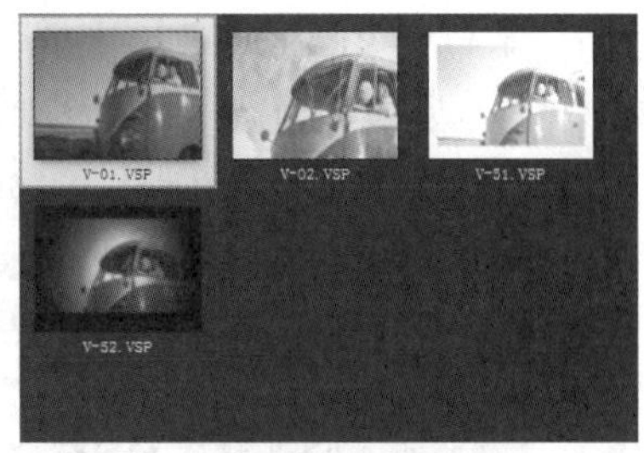

图 2-21

（3）按住鼠标左键将其拖曳至视频轨中，释放鼠标左键即可在时间轴面板中插入该“常规”项目模板，如图 2-22 所示。

图 2-22

（4）单击导航面板中的“播放修整后的素材”按钮，即可预览常规项目模板效果，如图 2-23 所示。

图 2-23

2.2.2 应用“开始”项目模板

会声会影的项目模板可以应用于不同阶段的视频制作过程中，如“开始”项目模板，用户可将其添加在视频项目的开始处，制作成视频的片头。

进入会声会影 2019，在素材库的左侧单击“即时项目”按钮，如图 2-24 所示。打开“即时项目”素材库，显示“即时项目”面板，在面板中选择“开始”选项，如图 2-25 所示。

图 2-24

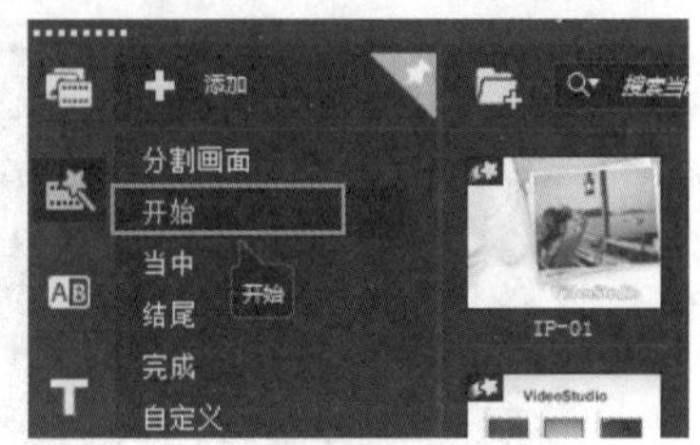

图 2-25

进入“开始”素材库，在该素材库中选择“IP-05”开始项目模板，如图 3-26 所示。在项目模板上单击鼠标右键，在弹出的快捷菜单中执行“在开始处添加”命令，如图 2-27 所示。

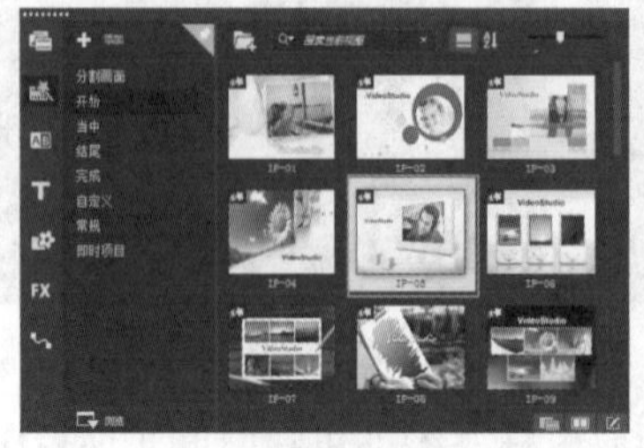
图 2-26

图 2-27

完成上述操作后，即可将该开始项目模板插入视频轨中的开始位置，如图 2-28 所示。

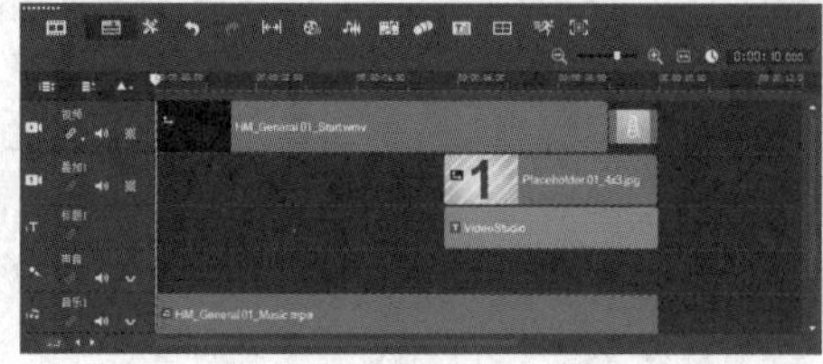
图 2-28

2.2.3 应用“当中”项目模板

会声会影的“当中”项目模板中提供了多种即时项目模板，每一个模板都提供了不一样的素材转场及标题效果，用户可根据需要选择不同的模板应用到视频中。

进入会声会影 2019，在素材库的左侧单击“即时项目”按钮，打开“即时项目”素材库，显示“即时项目”面板，在面板中选择“当中”选项，如图 2-29 所示。进入“当中”素材库，在该素材库中选择相应的当中项目模板，如图 2-30 所示。

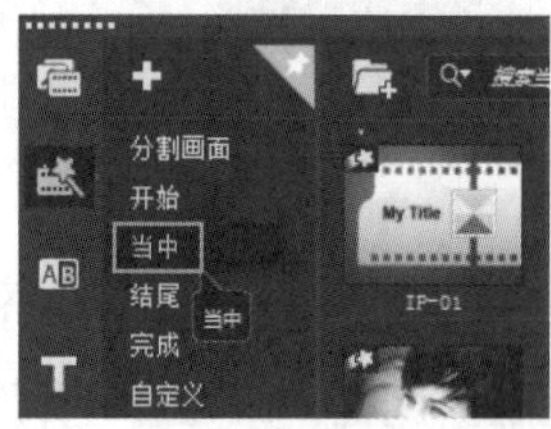

图 2-29

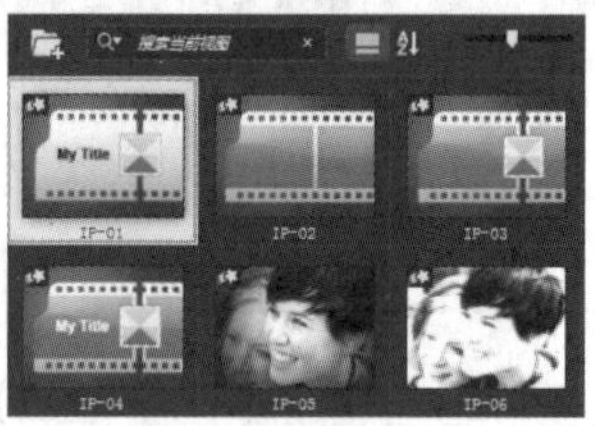

图 2-30

按住鼠标左键将其拖曳至视频轨中，释放鼠标左键即可在时间轴面板中插入该当中项目模板，如图 2-31 所示。

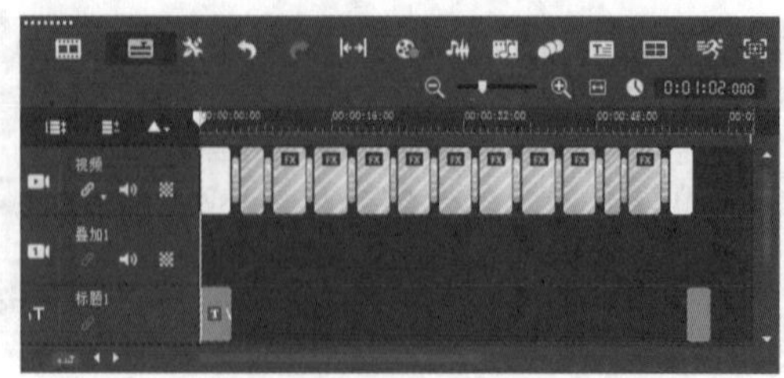
图 2-31

2.2.4 应用“结尾”项目模板

会声会影提供了“结尾”项目模板，用户可以将其添加在视频项目的结尾处，制作出专业的片尾动画效果。

进入会声会影 2019，在素材库的左侧单击“即时项目”按钮，打开“即时项目”素材库，显示“即时项目”面板，在面板中选择“结尾”选项，如图 2-32 所示。进入“结尾”素材库，在该素材库中选择“IP-05”结尾项目模板，如图 2-33 所示。

图 2-32

图 2-33

按住鼠标左键将其拖曳至视频轨中，释放鼠标左键即可在时间轴面板中插入该结尾项目模板，如图 2-34 所示。

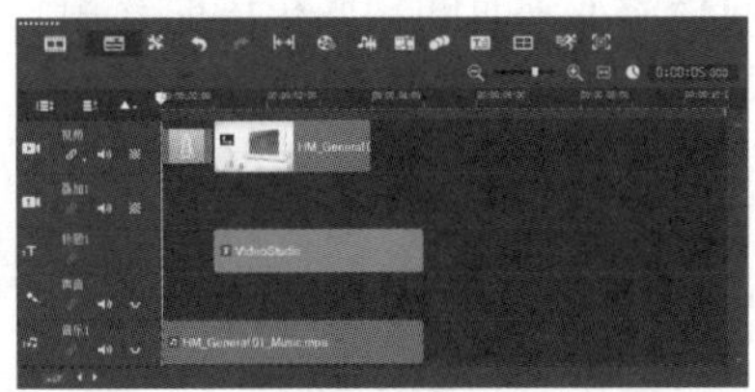

图 2-34

2.2.5 应用“完成”项目模板

会声会影为用户提供了“完成”项目模板，在该项目模板中，用户可以选择相应的视频模板并将其应用到视频制作中。在“完成”项目模板中，每一个项目都是一段完整的视频，其中包含片头、片中与片尾的特效。

进入会声会影 2019，在素材库的左侧单击“即时项目”按钮，打开“即时项目”素材库，显示“即时项目”面板，在面板中选择“完成”选项，如图 2-35 所示。进入“完成”素材库，在该素材库中选择“IP-05”完成项目模板，如图 2-36 所示。

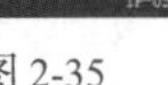

图 2-35

图 2-36

按住鼠标左键将其拖曳至视频轨中，释放鼠标左键即可在时间轴面板中插入该完成项目模板，如图 2-37 所示。

图 2-37

2.3 影片模板的编辑与装饰处理

在会声会影 2019 中，除了即时项目模板外，还有很多其他主题模板，如对象模板、边框模板和动画模板等。用户在编辑视频时，可以适当添加这些模板，让视频更加丰富多彩，具有画面感。

2.3.1 课堂案例——边框模板的应用

【学习目标】掌握添加边框模板并调整其大小的编辑方法。

【知识要点】当用户将边框模板添加到时间轴面板中时，用户可以根据需要调整边框在视频画面中的显示大小，使制作的视频更加美观，如图 2-38 所示。

【所在位置】素材 \ 第 2 章 \ 2.3.1\ 边框模板的应用 .VSP

图 2-38

（1）进入会声会影 2019，执行“文件”→“打开项目”命令，打开一个项目文件（素材 \ 第 2 章 \2.3.1\ 小猫 .VSP），如图 2-39 和图 2-40 所示。

图 2-39

图 2-40

（2）在素材库的左侧单击“图形”按钮，如图 2-41 所示。

（3）切换至“图形”素材库，单击窗口上方的“画廊”下拉按钮，在弹出的下拉列表中选择“边框”选项，如图 2-42 所示。

图 2-41

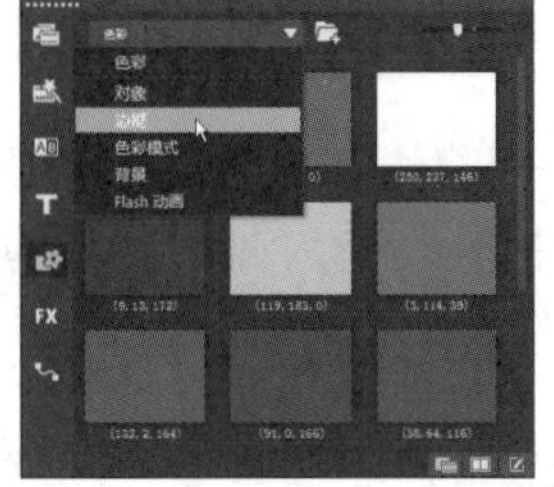

图 2-42

（4）在“边框”素材库中显示了内置的边框模板，这里选择“FR-B02.png”边框模板，如图 2-43 所示。在边框模板上单击鼠标右键，在弹出的快捷菜单中执行“插入到”→“覆叠轨 #1”命令，如图 2-44 所示。

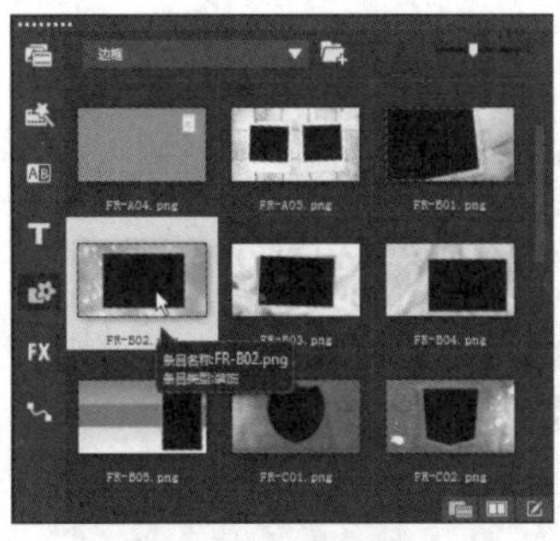

图 2-43

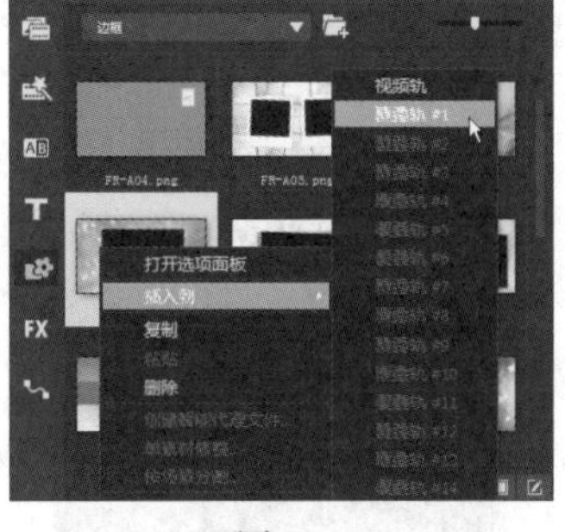

图 2-44

（5）完成上述操作后，即可将选择的边框模板插入覆叠轨中，如图 2-45 所示。

（6）将鼠标指针定位在边框模板素材的末端，按住鼠标左键向右拖曳，将素材拉长至与视频轨素材长度相等，如图 2-46 所示。

图 2-45

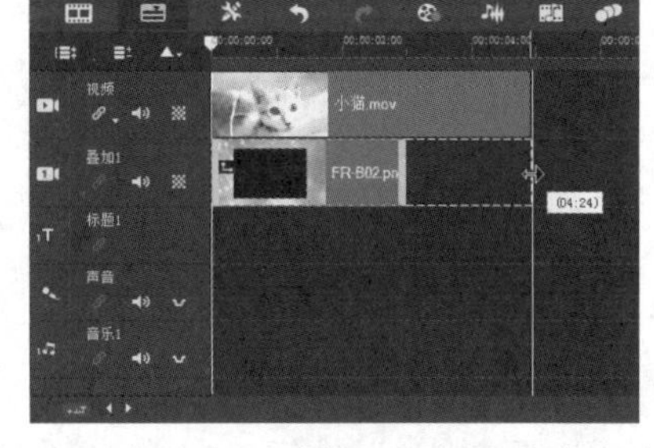

图 2-46

（7）单击导航面板中的“播放修整后的素材”按钮，即可预览添加边框模板后的视频效果，如图 2-47 所示。

图 2-47

2.3.2 在模板中删除不需要的素材

在图像模板中选中一张不需要的图片，单击鼠标右键，在弹出的快捷菜单中执行“删除”命令，即可将不需要的素材删除，如图 2-48 所示。

图 2-48

2.3.3 替换模板素材

在会声会影中制作视频时，如果用户需要将某一个素材效果移至前面，此时可以通过切换覆叠轨，快速调整画面叠放顺序。

执行“设置”→“轨道管理器”命令，如图 2-49 所示。弹出“轨道管理器”对话框，在覆叠轨下拉列表中选择 2 选项，单击“确定”按钮，如图 2-50 所示。

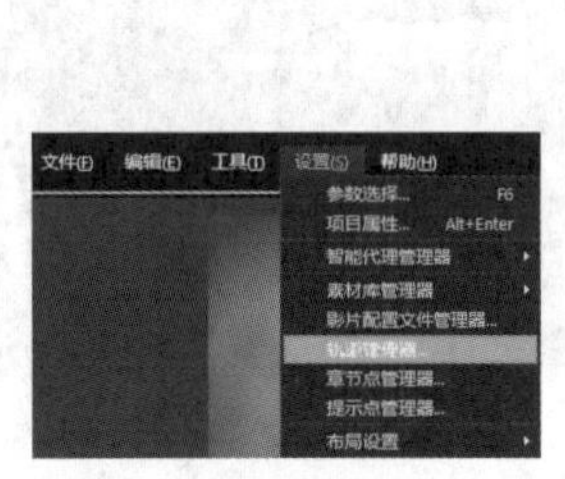

图 2-49

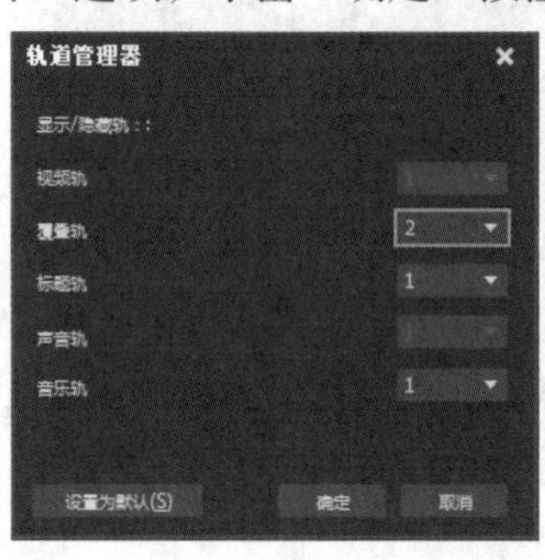

图 2-50

在覆叠轨 1 中单击鼠标右键，在弹出的快捷菜单中执行“插入照片”命令，弹出“浏览照片”对话框，在其中选择素材图片并添加至主覆叠轨 1 中，如图 2-51 所示。使用相同方法，将另一张素材图片添加至覆叠轨 2 中，如图 2-52 所示。

图 2-51

图 2-52

鼠标右键单击“覆叠轨 1”按钮，在弹出的快捷菜单中执行“交换轨”→“覆叠轨 #2”命令，如图 2-53 所示。交换完成后，两个覆叠轨中的内容互换，如图 2-54 所示。

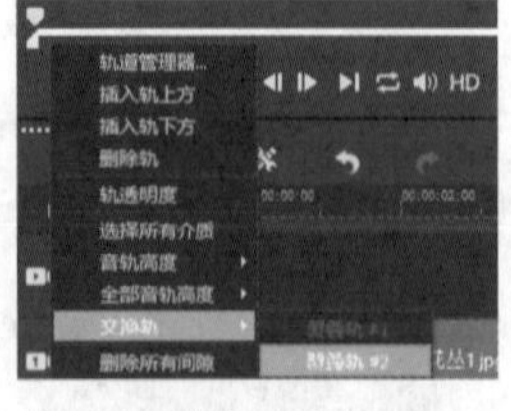

图 2-53

图 2-54

2.3.4 为素材添加对象模板

会声会影中提供了多种类型的对象主题模板，用户可以根据需要将对象主题模板应用到所编辑的视频中，使视频画面更加美观。

在素材库的左侧单击“媒体”按钮，在“照片”素材库中选择需要的图像素材，将其拖曳到时间轴中，如图 2-55 所示。在预览窗口中可预览图像效果，如图 2-56 所示。

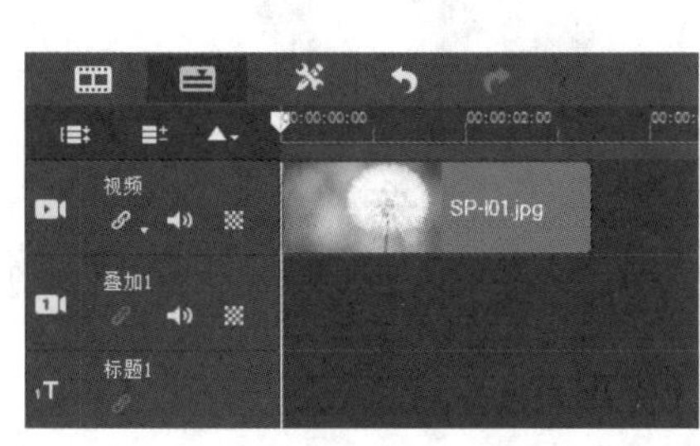

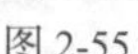
图 2-55

图 2-56

在素材库的左侧单击“图形”按钮，切换至“图形”素材库，单击上方的“画廊”按钮，在弹出的下拉列表中选择“对象”选项，如图 2-57 所示。打开“对象”素材库，其中显示了多种类型的对象模板，选择一个需要添加的对象模板，如图 2-58 所示。

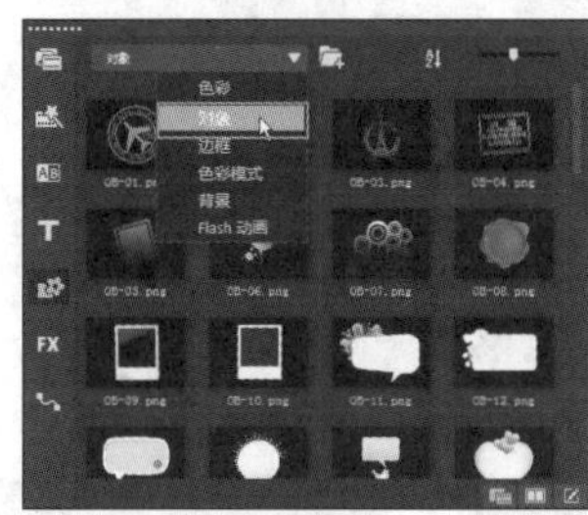

图 2-57

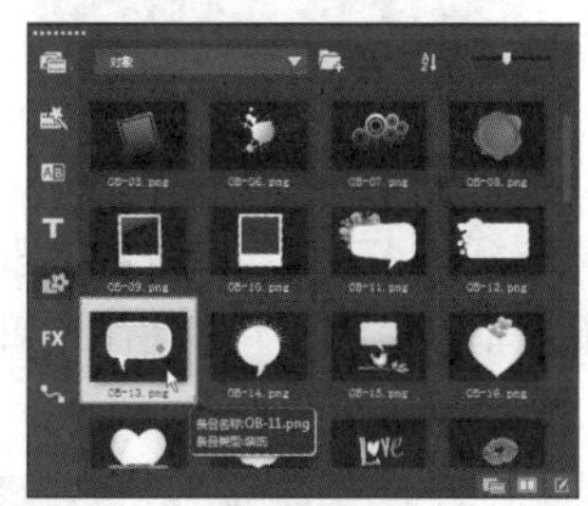
图 2-58

在对象模板上单击鼠标右键，在弹出的快捷菜单中执行“插入到”→“覆叠轨 #1”命令，如图 2-59 所示。完成上述操作后，即可将选择的对象模板插入覆叠轨 1 中，如图 2-60 所示。在预览窗口中调整对象模板的位置后，可预览添加的对象模板效果，如图 2-61 所示。

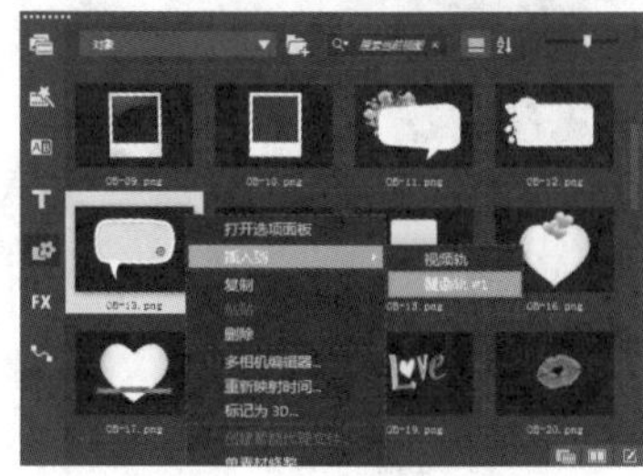

图 2-59

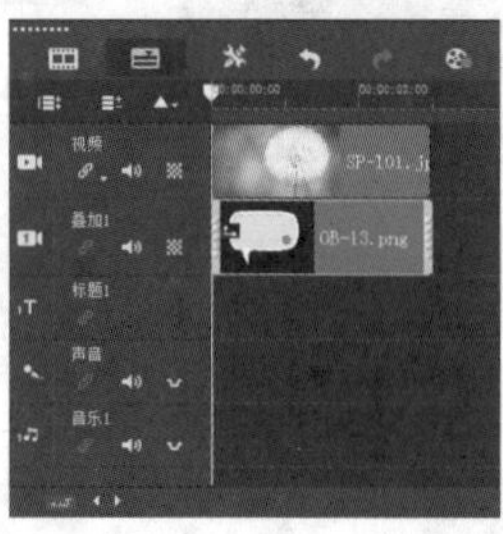
图 2-60

图 2-61

2.3.5 为素材添加边框模板

在会声会影中编辑影片时，适当地为素材添加边框模板，可以制作出绚丽多彩的视频作品。

执行“文件”→“打开项目”命令，打开一个项目文件，如图 2-62 所示。在预览窗口中可预览该图像效果，如图 2-63 所示。

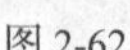
图 2-62

图 2-63

在素材库的左侧单击“图形”按钮，如图 2-64 所示。切换至“图形”素材库，单击窗口上方的“画廊”按钮，在弹出的下拉列表中选择“边框”选项，如图 2-65 所示。

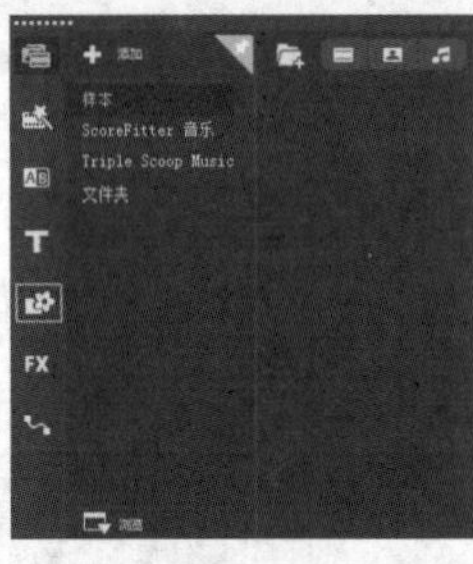

图 2-64

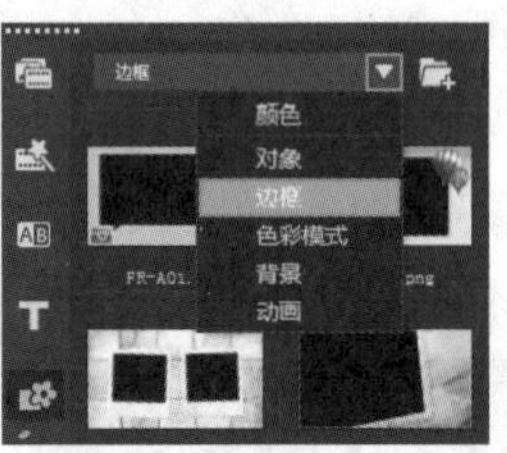

图 2-65

打开“边框”素材库，其中显示了多种类型的边框模板，选择一个需要添加的边框模板，如图 2-66 所示。在边框模板上单击鼠标右键，在弹出的快捷菜单中执行“插入到”→“覆叠轨 #1”命令，如图 2-67 所示。

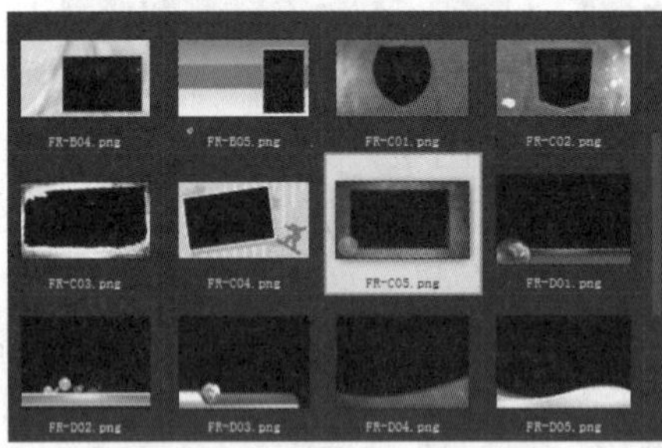

图 2-66

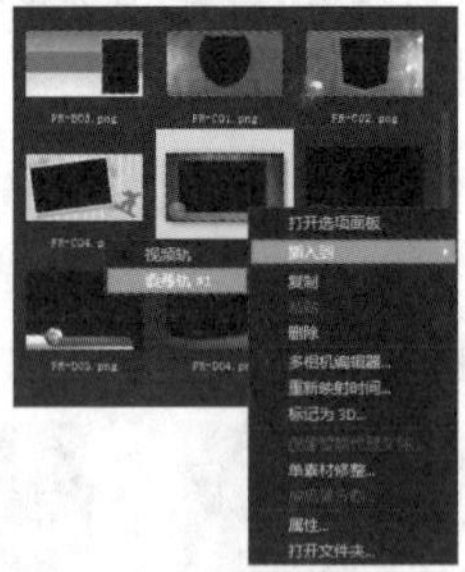
图 2-67

完成上述操作后，即可将选择的边框模板插入覆叠轨 1 中，如图 2-68 所示。在预览窗口中可预览添加的边框模板效果，如图 2-69 所示。

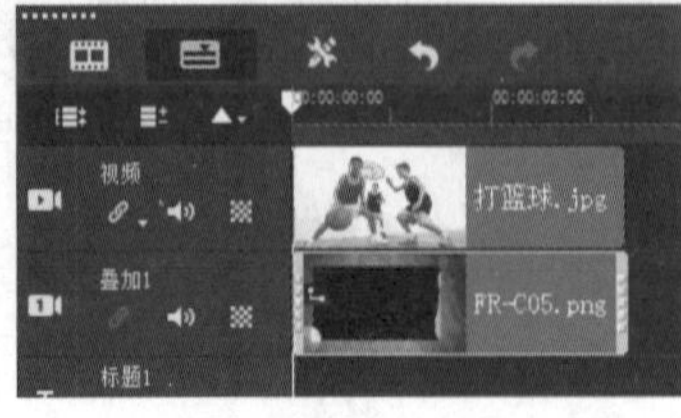

图 2-68

图 2-69

2.3.6 在素材中使用动画模板

会声会影中提供了多种样式的动画模板，用户可根据自身需要进行选择，并将其添加至覆叠轨或视频轨中，使制作的影片效果更加漂亮。

执行“文件”→“打开项目”命令，打开一个项目文件，如图 2-70 所示，在预览窗口中可预览图像效果，如图 2-71 所示。

图 2-70

图 2-71

在素材库的左侧单击“图形”按钮，如图 2-72 所示。切换至“图形”素材库，单击窗口上方的“画廊”按钮，在弹出的下拉列表中选择“动画”选项，如图 2-73 所示。

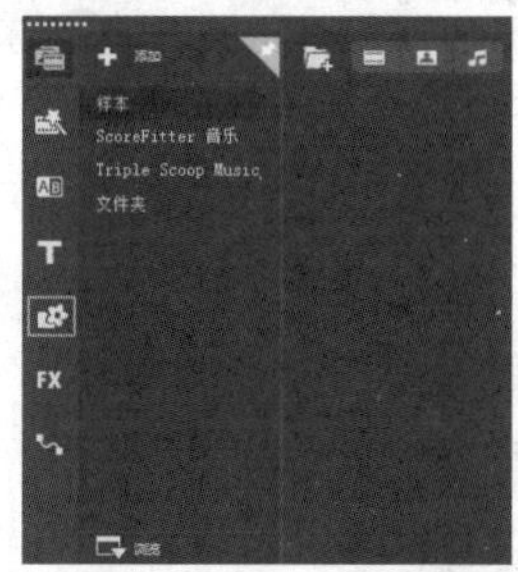

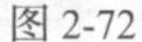

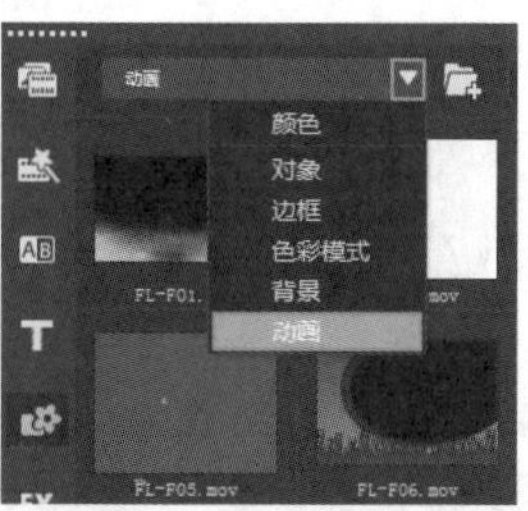

图 2-72

图 2-73

打开“动画”素材库，其中显示了多种类型的动画模板，选择一个需要添加的动画模板，如图 2-74 所示。在动画模板上单击鼠标右键，在弹出的快捷菜单中执行“插入到”→“覆叠轨 #1”命令，如图 2-75 所示。

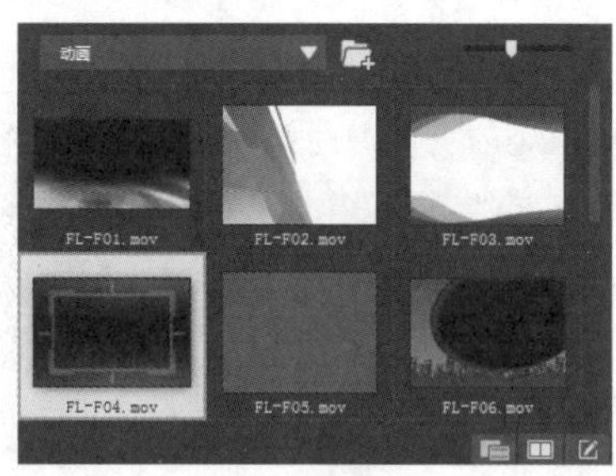

图 2-74

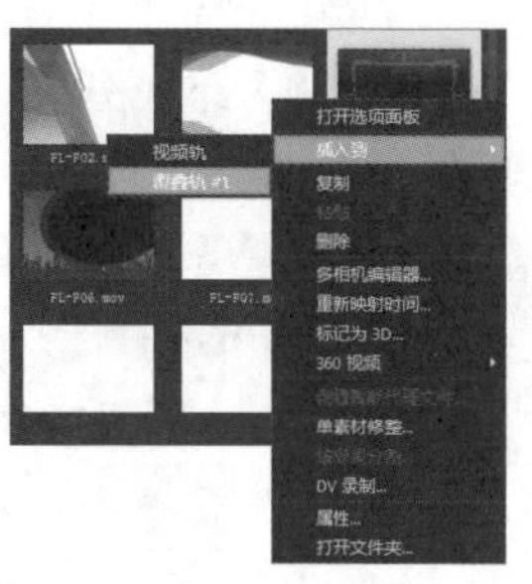

图 2-75

完成上述操作后，即可将选择的动画模板插入覆叠轨 1 中，如图 2-76 所示。在预览窗口中可预览添加的动画模板效果，如图 2-77 所示。

图 2-76

图 2-77

2.4 使用影音快手制作视频

影音快手模板功能非常适合新手，可以让新手快速、方便地制作出视频。

2.4.1 课堂案例——添加媒体文件

【学习目标】掌握使用影音快手制作视频的方法。

【知识要点】本案例使用会声会影的影音快手工具，制作简单的视频，并应用影音模板，在模板中添加需要的影视素材，使制作的视频更加符合用户的需求，如图 2-78 所示。

【所在位置】素材 \ 第 2 章 \ 2.4.1\ 添加媒体文件 .VSP

图 2-78

（1）启动会声会影 2019，执行“工具”→“影音快手”命令，如图 2-79 所示。

（2）进入“Corel 影音快手”工作界面，如图 2-80 所示。

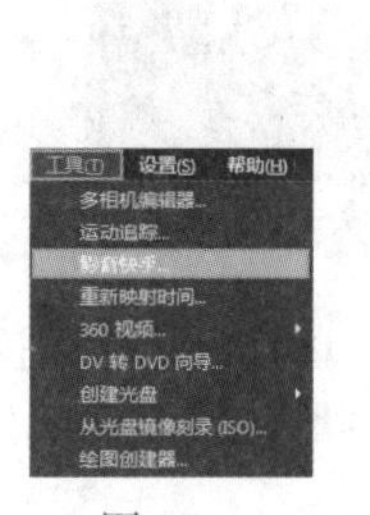

图 2-79

图 2-80

（3）在右侧的“所有主题”下拉列表下方，选择一种视频主题模板，如图 2-81 所示。

（4）单击第 2 步的“添加媒体”按钮，如图 2-82 所示。

图 2-81

图 2-82

（5）相应面板被打开，单击右侧的“添加媒体”按钮，如图 2-83 所示。

（6）弹出“添加媒体”对话框，在其中选择需要添加的素材文件，如图 2-84 所示。

图 2-83

图 2-84

（7）单击“打开”按钮，将媒体文件添加到“Corel 影音快手”工作界面中。界面右侧显示了新增的媒体文件，如图 2-85 所示。

图 2-85

（8）在左侧预览窗口下方单击“播放”按钮，即可预览更换素材后的影片模板效果，如图 2-86 所示。

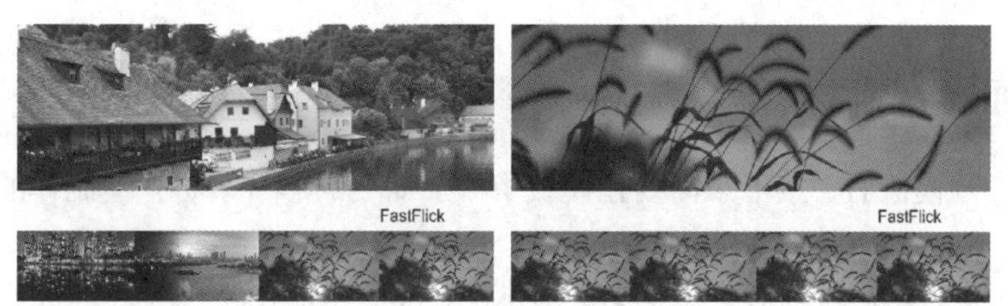

图 2-86

2.4.2 应用影音快手模板

在会声会影中，用户可以执行菜单栏中的“影音快手”命令快速启动“Corel 影音快手”，启动后，用户需要先选择影音模板。

在菜单栏中执行“工具”→“影音快手”命令，如图 2-87 所示。执行命令后，即可进入“Corel 影音快手”工作界面，如图 2-88 所示。

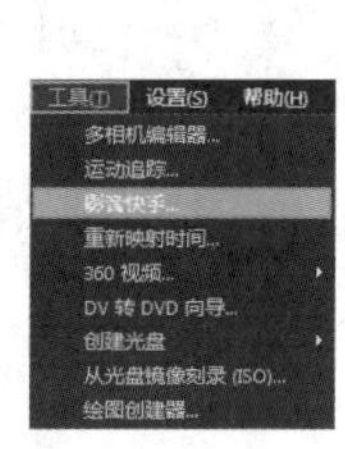

图 2-87

图 2-88

在右侧的“所有主题”下拉列表下方，选择一种视频主题模板，如图 2-89 所示。在左侧的预览窗口下方单击“播放”按钮，如图 2-90 所示。

图 2-89

图 2-90

开始播放主题模板，预览模板效果，如图 2-91 所示。

图 2-91

2.4.3 添加影音素材

用户选择好影音模板后，接下来需要在模板中添加需要的影视素材，使制作的视频画面更加符合用户的需求。

完成第 1 步的影音模板选择后，接下来单击第 2 步的“添加媒体”按钮，如图 2-92 所示。完成操作后，即可打开相应面板，单击右侧的“添加媒体”按钮，如图 2-93 所示。

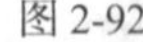

图 2-92

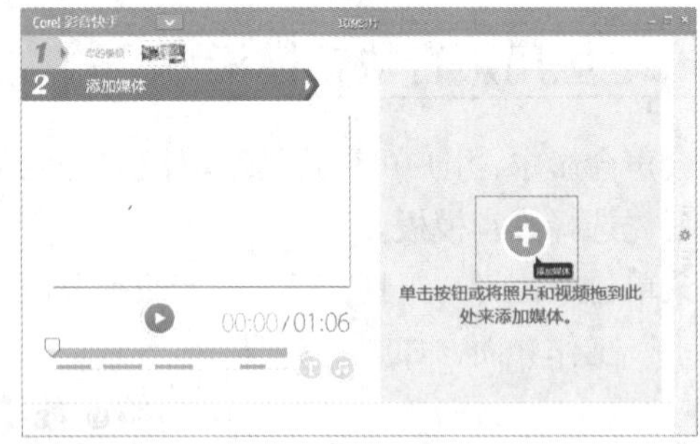

图 2-93

弹出“添加媒体”对话框，在其中选择需要添加的素材文件，如图 2-94 所示。单击“打开”按钮，将媒体文件添加到“Corel 影音快手”工作界面中。界面右侧显示了新增的媒体文件，如图 2-95 所示。

图 2-94

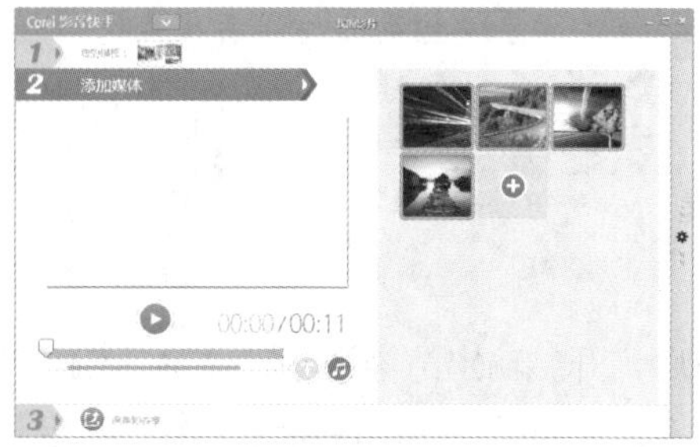
图 2-95

在左侧预览窗口下方单击“播放”按钮，预览更换素材后的影片模板效果，如图 2-96 所示。

图 2-96

2.4.4 输出影音文件

用户选择好影音模板并添加相应的素材后，最后一步为输出制作的影视文件，使其可以在任意播放器中进行播放，并永久保存。

完成第 2 步操作后，单击第 3 步中的“保存和共享”按钮，如图 2-97 所示。完成操作后，打开相应面板，在右侧单击“MPEG-4”按钮，如图 2-98 所示，即可将视频导出为 MPEG 视频文件。

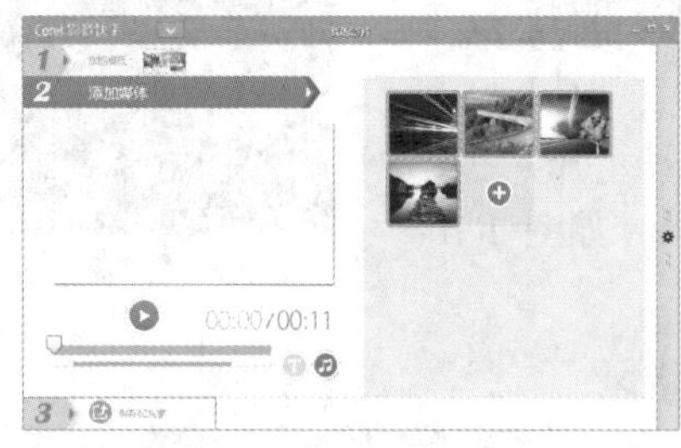
图 2-97

图 2-98

单击“文件位置”右侧的浏览按钮，弹出“另存为”对话框，在其中设置视频文件的输出位置与文件名，如图 2-99 所示。单击“保存”按钮，完成视频输出属性的设置，返回“Corel 影音快手”工作界面，在左侧单击“保存电影”按钮，如图 2-100 所示。

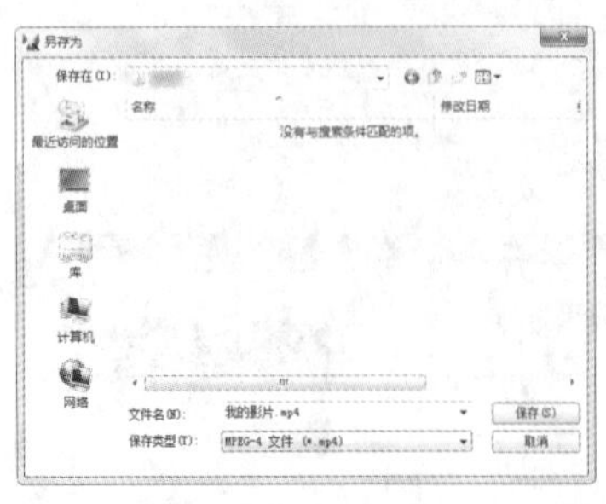
图 2-99

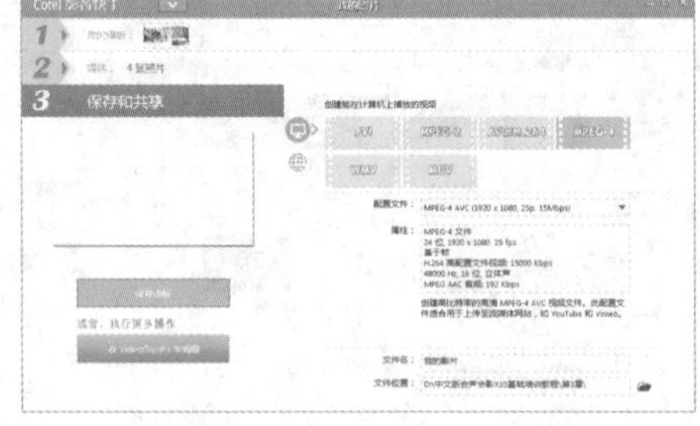
图 2-100

完成操作后，开始输出渲染视频，并显示输出进度，如图 2-101 所示。视频输出完成后，弹出对话框，提示用户视频已经输出成功，单击“确定”按钮，即可完成操作，如图 2-102 所示。

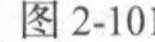
图 2-101

图 2-102

2.5 课堂练习——创建和管理素材库

【知识要点】创建新的素材库能便于管理素材，如图 2-103 所示。本练习的目的是掌握素材库的创建和管理。

【所在位置】无

图 2-103

2.6 课后习题——调整素材顺序

【知识要点】素材的顺序决定了视频的播放顺序。用户可以按照需要对素材的顺序进行调整，以达到理想的效果，如图 2-104 所示。

【所在位置】素材 \ 第 2 章 \ 2.6\ 调整素材顺序 .VSP

图 2-104

第3章 捕获视频

本章介绍

在使用会声会影制作视频前，用户需要将视频素材导入会声会影中，还需要做一些辅助工作，即捕获视频素材。会声会影能从 DV 设备、高清数码摄像机、手机及 iPod 中捕获视频。视频的质量将直接决定最终效果，因此采用正确的方法去获得高质量的视频是必不可少的准备工作。

课堂学习目标

- 掌握捕获视频素材的方法
- 掌握捕获 DV 设备中视频素材的方法
- 掌握视频画面的录制技巧

3.1 捕获前的系统设置

捕获是一个非常令人激动的过程，将捕获到的素材存放在会声会影的素材库中，可方便日后的剪辑操作。因此，用户必须在捕获前做好必要的准备，如设置声音属性、检查磁盘空间及设置捕获选项等。

3.1.1 设置声音属性

用户可以在“控制面板”窗口中设置系统的声音属性，调节声音大小。执行“开始”→“控制面板”命令，打开“控制面板”窗口，如图 3-1 所示。选择“硬件和声音”选项，再选择“声音”选项，弹出“声音”对话框，切换至“录制”选项卡，选择“麦克风”选项，然后单击下方的“属性”按钮，如图 3-2 所示。

图 3-1

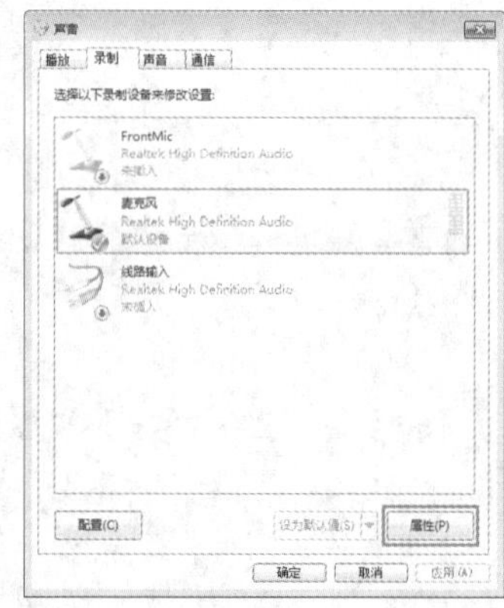

图 3-2

弹出“麦克风属性”对话框，如图 3-3 所示。切换至“级别”选项卡，在其中可以拖曳各选项的滑块来设置麦克风的声音属性，如图 3-4 所示。设置完成后，单击“确定”按钮即可。

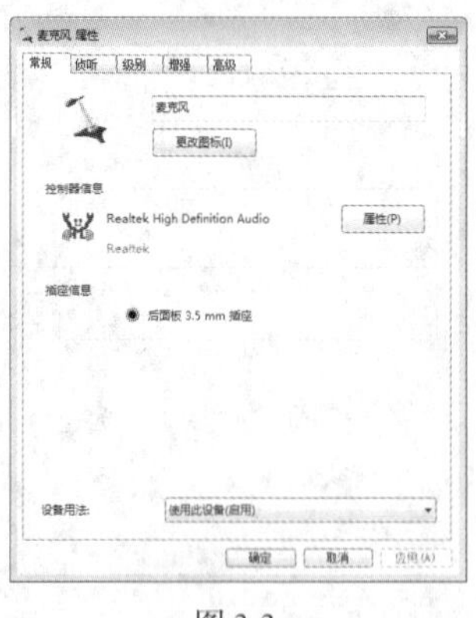

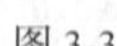
图 3-3

图 3-4

3.1.2 查看磁盘空间

一般情况下，捕获的视频很大，因此用户在捕获视频前，需要腾出足够的硬盘空间，并确定分区格式，这样才能保证有足够的空间来存储捕获的视频文件。

3.1.3 捕获注意事项

捕获视频可以说是较为困难的计算机工作之一。视频文件通常会占用大量的硬盘空间，并且由于其数据传输速率很高，系统在处理视频时会相当困难。下面列出一些注意事项，以确保用户可以成功捕获视频。

1. 捕获时需要关闭的程序

除了 Windows 资源管理器和会声会影外，需要关闭其他正在运行的应用程序及屏幕保护程序，以免捕获时发生中断或出现弹窗。

2. 捕获时需要的硬盘空间

在捕获视频时，建议使用专门的视频硬盘，最好使用至少具备 Ultra-DMA/66、7200r/min 和 30GB 空间的硬盘。

3. 设置工作文件夹

在使用会声会影捕获视频前，还需要根据硬盘的剩余空间情况正确设置工作文件夹和预览文件夹，以用于保存编辑完成的项目和捕获的视频素材。会声会影要求使用的硬盘应有 30GB 以上的可用磁盘空间，以免出现丢失帧或磁盘空间不足的情况。

3.2 捕获视频素材

通常情况下，视频编辑的第 1 步是捕获视频素材。其中，捕获视频素材就是从 DV、高清数码摄像机、VCD 及 DVD 等视频源中获取视频数据，然后通过视频捕获卡或 IEEE1394 卡接收和翻译数据，最后将视频信号保存至计算机的硬盘中。

3.2.1 课堂案例——用照片制作定格动画

【学习目标】掌握“捕获”选项面板中“定格动画”按钮的使用方法。

【知识要点】在会声会影中，用户可以用图片素材来制作定格动画，定格动画能够直接用于视频编辑。下面将具体介绍用照片制作定格动画的具体步骤，完成后的效果如图 3-5 所示。

图 3-5

【所在位置】素材 \ 第 3 章 \ 3.2.1\ 用照片制作定格动画 .VSP

（1）进入会声会影 2019，在工作界面的上方单击“捕获”选项卡，如图 3-6 所示。

（2）进入“捕获”面板，单击“定格动画”按钮，如图 3-7 所示。

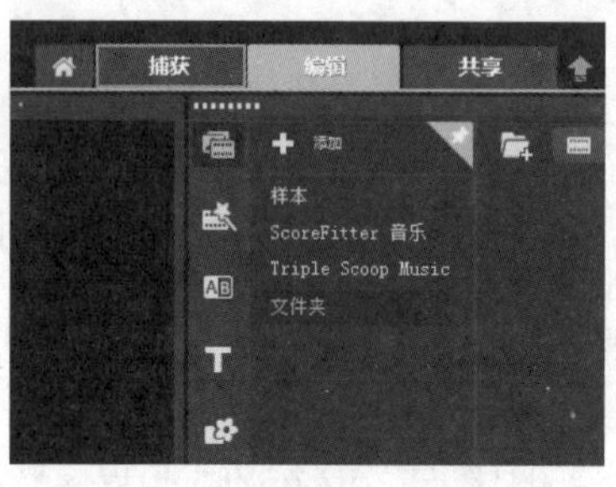

图 3-6

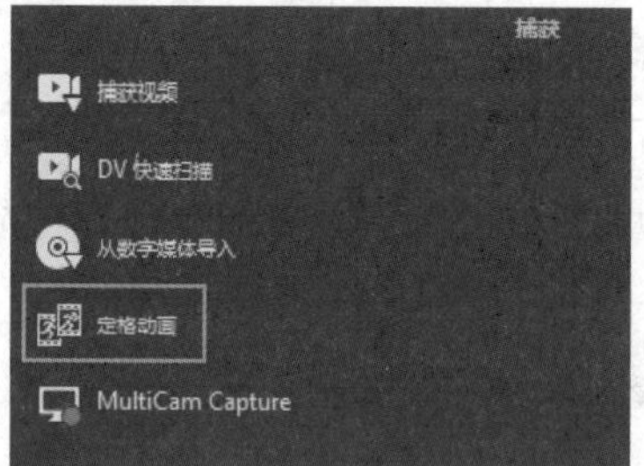

图 3-7

（3）打开“定格动画”对话框，如图 3-8 所示。

（4）在“定格动画”对话框中，单击上方的“导入”按钮，如图 3-9 所示。

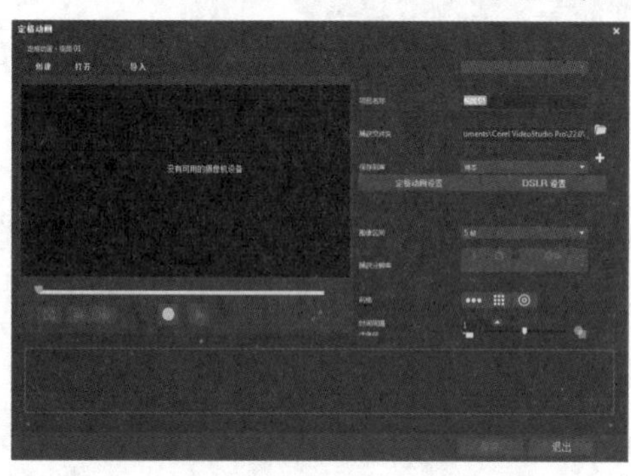

图 3-8

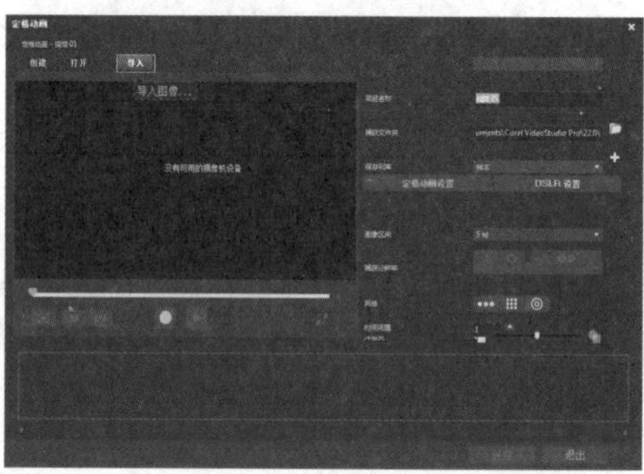

图 3-9

（5）弹出“导入图像”对话框，在其中选择需要制作定格动画的照片素材，如图 3-10 所示。

（6）单击“打开”按钮，即可将选择的照片素材导入“定格动画”对话框中，如图 3-11 所示。

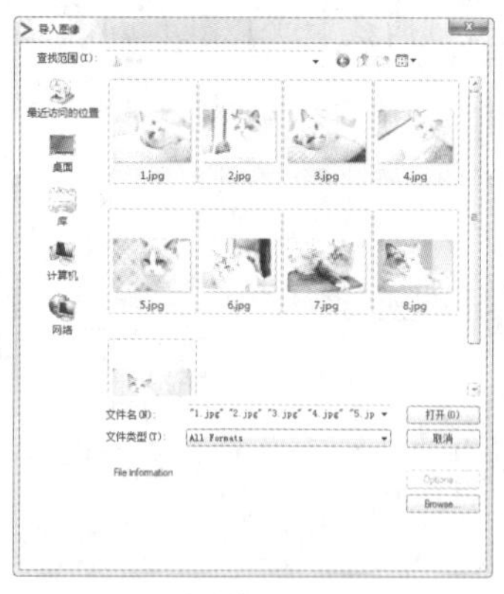

图 3-10

图 3-11

（7）单击“图像区间”右侧的下拉按钮，在弹出的下拉列表中选择“15 帧”选项，如图 3-12 所示。

（8）在预览窗口的下方单击“播放”按钮，如图 3-13 所示。

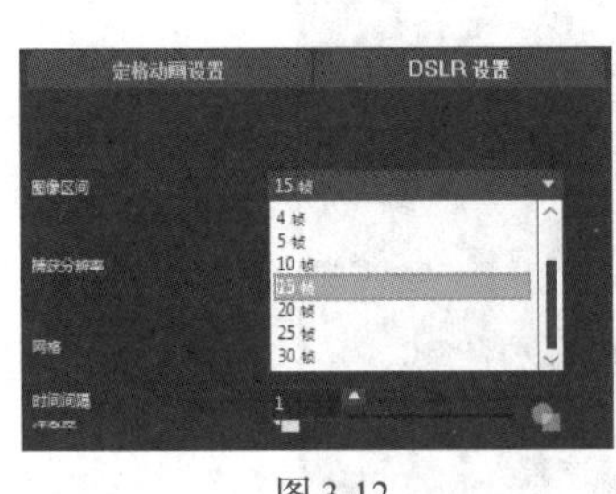

图 3-12

图 3-13

（9）开始播放定格动画，在预览窗口中可以预览视频效果，如图 3-14 所示。

图 3-14

（10）依次单击“保存”和“退出”按钮，退出“定格动画”对话框，此时在素材库中显示了刚创建的定格动画文件，如图 3-15 所示。

（11）将素材库中创建的定格动画文件拖曳至时间轴面板的视频轨中，应用定格动画，如图 3-16 所示。

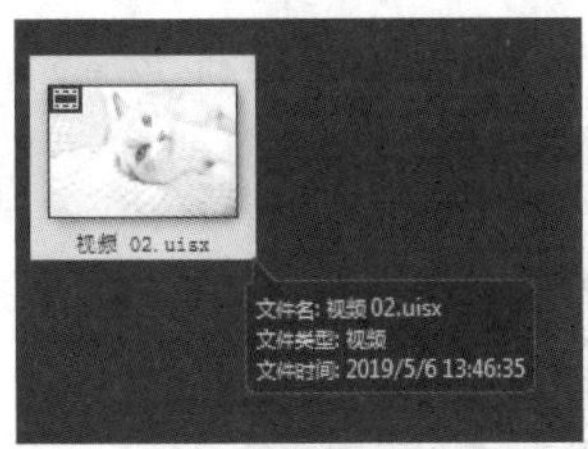

图 3-15

图 3-16

3.2.2 设置捕获选项

要制作视频，首先需要将视频信号捕获成数字文件，即使不需要进行任何编辑。将视频信号捕获成数字文件是一种很安全的保存方式。

将 DV 与计算机连接，并切换至播放模式。进入会声会影 2019，单击“捕获”按钮，切换至“捕获”面板。在该面板中，左上方为播放 DV 视频的窗口，下方面板中将显示 DV 设备的相关信息，右侧的“捕获”选项面板中，分别有“捕获视频”“DV 快速扫描”“从数字媒体导入”“定格动画”“MultiCam Capture”5 个按钮，如图 3-17 所示。

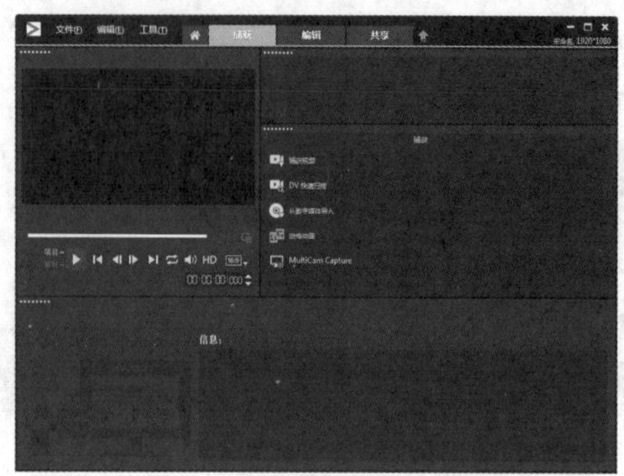

图 3-17

在“捕获”选项面板中，各按钮的作用分别如下。

- 捕获视频：允许捕获来自 DV 设备、模拟数码摄像机和电视的视频。对各种不同类型的视频来源而言，其捕获步骤类似，但选项面板中可用的捕获设置是不同的。
- DV 快速扫描：可以扫描 DV 设备，查找要导入的视频。
- 从数字媒体导入：可以将光盘、硬盘或移动设备中 DVD/DVD-VR 格式的视频导入会声会影中。
- 定格动画：会声会影的定格动画功能为用户带来了赋予无生命物体生命的乐趣。经典的动画技术对任何对电影创作感兴趣的人而言都具备绝对的吸引力，很多著名电影及电视剧的制作都会采用此技术。
- MultiCam Capture（实时屏幕捕获）：会声会影的屏幕捕捉功能，可以捕捉完整的屏幕或部分屏幕，将文件放入 VideoStudio 时间线中，并添加标题、效果、旁白。该功能还可以将视频输出为各种文件格式，从蓝光光盘到网络皆可适用。

在“捕获视频”面板中，用户可设置相应的选项，如来源、格式、捕获文件夹等，如图 3-18 所示。

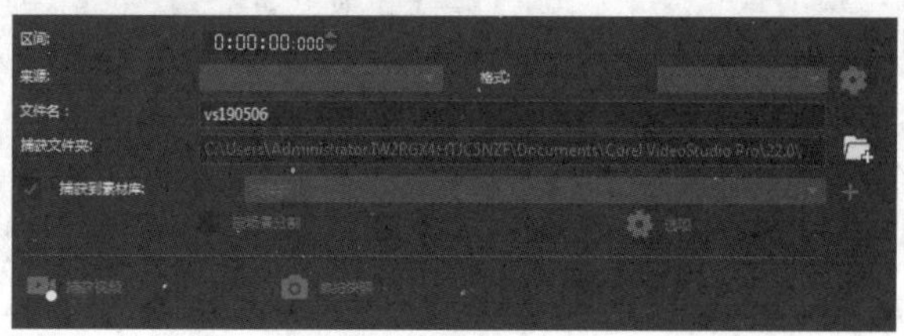

图 3-18

“捕获视频”面板中各参数的功能及作用介绍如下。

- 区间：用于设置捕获时间长度。单击区间数值，当其处于闪烁状态时单击三角按钮，即可调整设置时间。在捕获视频时，区间会显示当前捕获视频的时间长度，用户也可在其中预先指定数值，捕获指定长度的视频。
- 来源：显示检测到的捕获设备，列出计算机中安装的其他捕获设备。
- 格式：提供一个下拉列表，可在此选择文件格式，用于保存捕获的视频。
- 文件名：可以在此为捕获的视频文件命名。
- 捕获文件夹：指定一个文件夹，用于保存捕获的文件。
- 捕获到素材库：选择或创建想要保存视频的库文件夹。

- 按场景分割：根据用 DV 设备捕获视频的日期和时间，将捕获的视频自动分割为几个文件。
- 选项：可显示一个菜单，在该菜单中可以修改捕获设置。
- 捕获视频：将视频从来源传输到硬盘中。
- 抓拍快照：可将显示的视频按帧捕获为照片。

3.2.3 捕获静态图像

在会声会影中，除了可以捕获视频文件外，还可以捕获静态图像。

1. 设置图像捕获格式

在会声会影中捕获图像之前，需要对捕获图像的格式进行设置。用户只需在“参数选择”对话框中进行相应操作，即可快速完成图像捕获格式的设置。

进入会声会影，执行“设置”→“参数选择”命令，如图 3-19 所示。弹出“参数选择”对话框，切换至“捕获”选项卡，单击“捕获格式”右侧的下拉按钮，在弹出的下拉列表中选择“JPEG”选项，如图 3-20 所示。设置完成后单击“确定”按钮，即可完成捕获图像格式的设置。

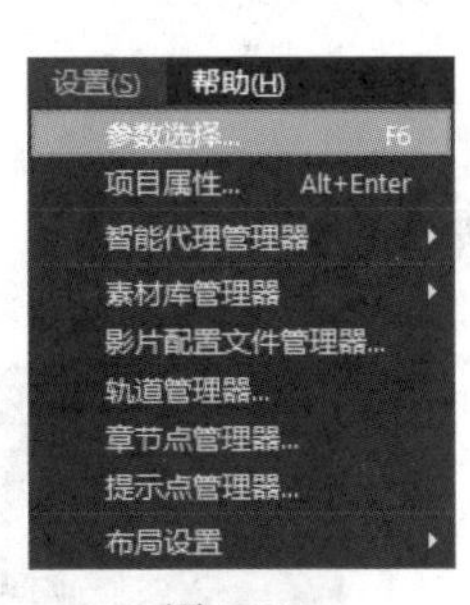

图 3-19

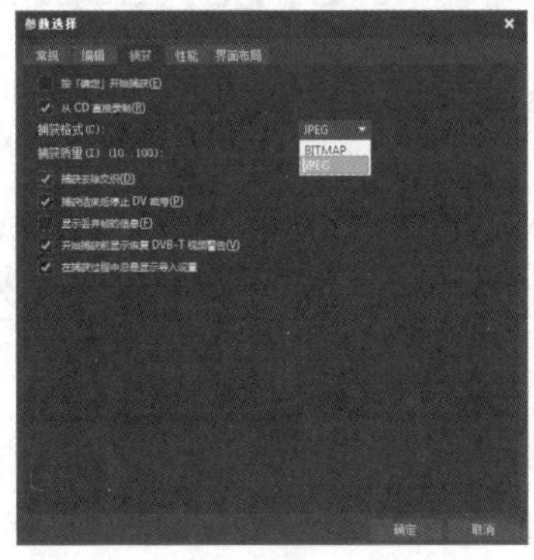

图 3-20

2. 捕获静态图像

在会声会影中，用户能够在视频中截取静态图像。

将 DV 与计算机进行连接，进入会声会影 2019 后，切换至“捕获”面板，单击导航面板中的“播放”按钮，如图 3-21 所示。播放至合适位置后，单击导航面板中的“暂停”按钮，找到需要捕获的画面，如图 3-22 所示。

图 3-21

图 3-22

在“捕获视频”面板中，单击“捕获文件夹”按钮，如图 3-23 所示。在弹出的“浏览文件夹”对话框中，选择保存位置，如图 3-24 所示。单击“确定”按钮，在面板中单击“抓拍快照”按钮，即可捕获静态图像。捕获静态图像完成后，图像会自动保存到素材库中。

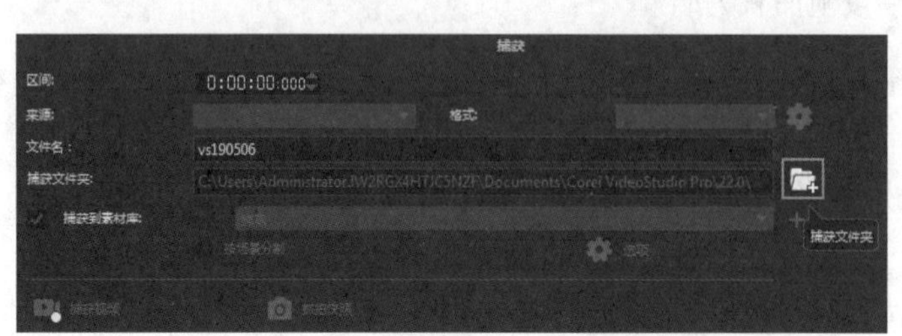

图 3-23

图 3-24

3.3 捕获 DV 中的视频素材

将视频文件捕获到会声会影后，用户才能对其进行编辑。下面介绍捕获 DV 设备中视频素材的方法。

3.3.1 课堂案例——从数字媒体导入视频

【学习目标】掌握从数字媒体导入视频的方法。

【知识要点】会声会影能够直接捕获光盘中的视频，这样用户能够更快地进行视频制作。进入“捕获”面板，单击“从数字媒体导入”按钮，选择素材并单击“确定”按钮后，即可将视频导入会声会影中，如图 3-25 所示。

【所在位置】素材 \ 第 3 章 \ 3.3.1\ 从数字媒体导入视频 .VSP

（1）启动会声会影 2019，单击“捕获”按钮，进入“捕获”面板，如图 3-26 所示。

（2）单击“捕获”选项面板中的“从数字媒体导入”按钮，如图 3-27 所示。

图 3-25

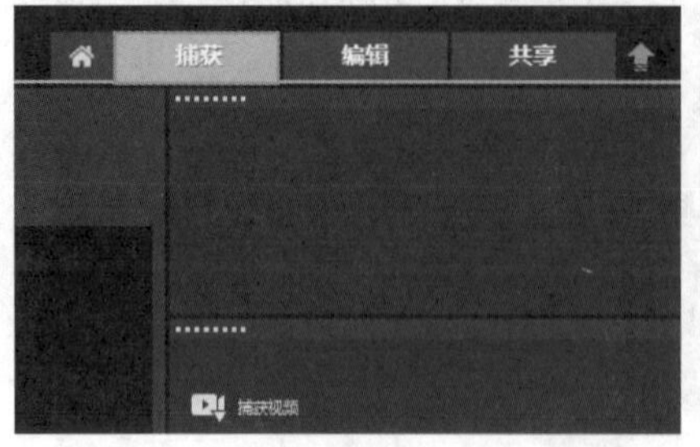

图 3-26

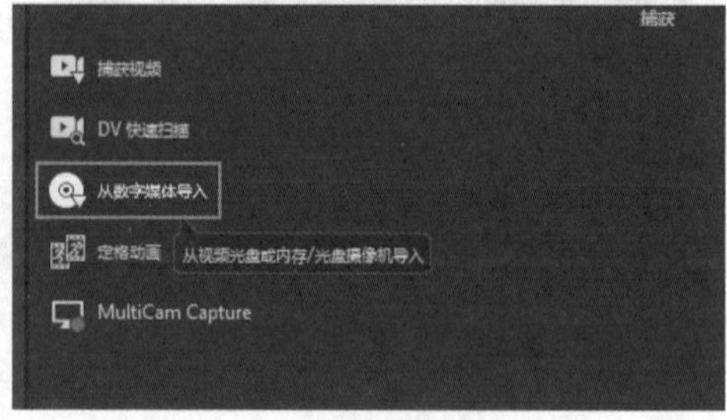

图 3-27

（3）弹出“选取‘导入源文件夹’”对话框，选择需导入的路径，如图 3-28 所示。

（4）单击“确定”按钮，弹出“从数字媒体导入”对话框，单击“起始”按钮，如图 3-29 所示。

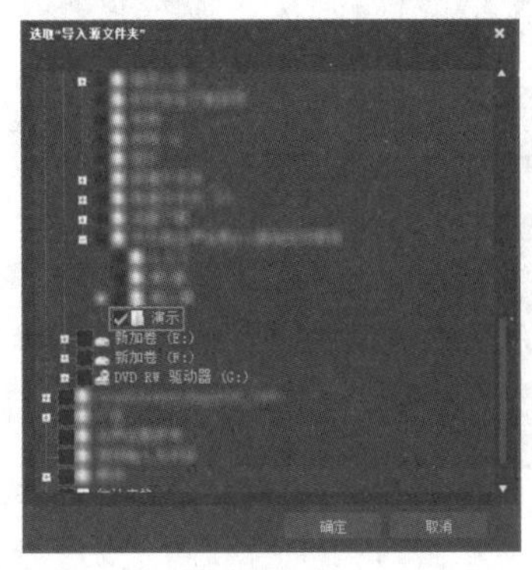

图 3-28

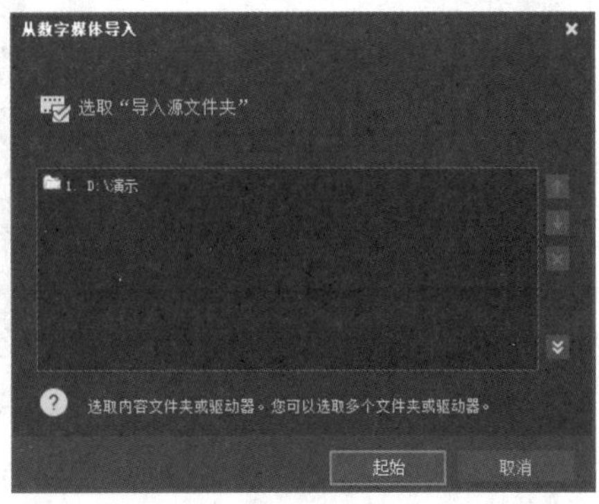

图 3-29

（5）打开另外一个对话框，选中素材左上角的复选框，如图 3-30 所示。

（6）单击“工作文件夹”后的“选取目标文件夹”按钮，弹出“浏览文件夹”对话框，设置导出视频的存储位置，如图 3-31 所示。

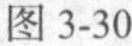

图 3-30

图 3-31

（7）单击“确定”按钮关闭对话框。单击“开始导入”按钮，如图 3-32 所示。

（8）文件开始导入，并显示导入进程，如图 3-33 所示。

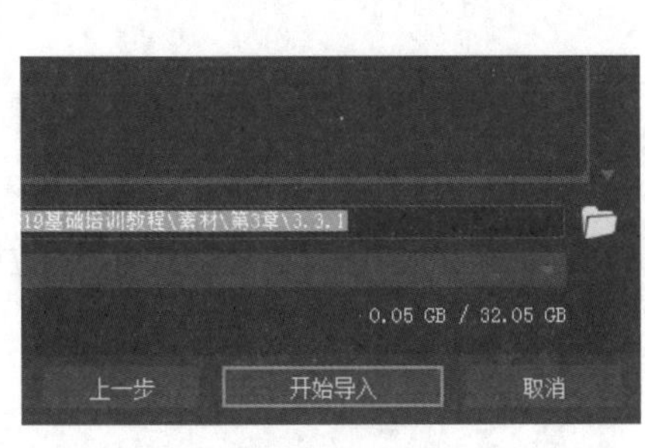

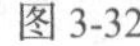

图 3-32

图 3-33

（9）弹出“导入设置”对话框，在其中进行相应设置，如图 3-34 所示。

（10）单击“确定”按钮，素材即导入了会声会影的素材库中，同时插入时间轴面板，在预览窗口可预览导入的视频素材，如图 3-35 所示。

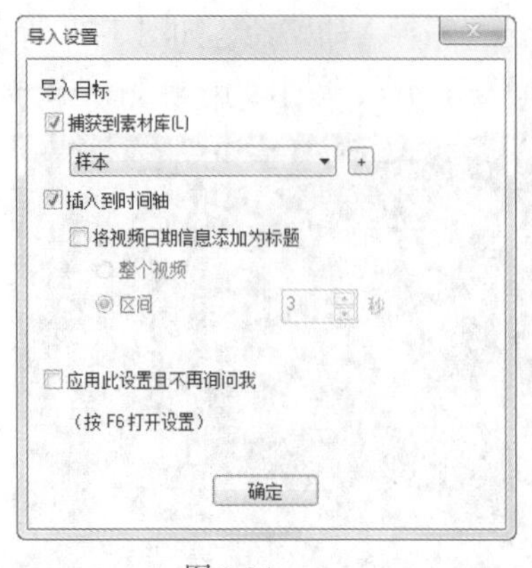

图 3-34

图 3-35

3.3.2　连接 DV

1. 启动 DV 转 DVD 向导

在会声会影编辑器中，当用户使用连接线正确连接了 DV 与计算机后，就可以启用 DV 转 DVD 向导了。启动会声会影 2019，执行“工具”→“DV 转 DVD 向导”命令，如图 3-36 所示。

弹出“DV 转 DVD 向导”对话框，即可启用 DV 转 DVD 向导，如图 3-37 所示。

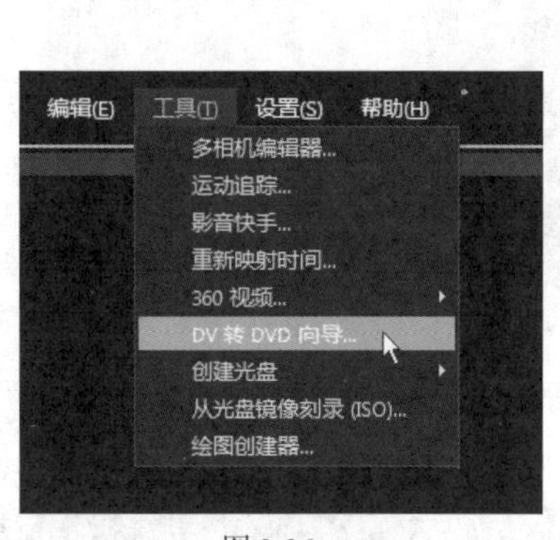

图 3-36

图 3-37

2. 选择 DV 捕获设备

将 DV 设备连接到计算机，并将其切换至播放模式。

打开“DV 转 DVD 向导”对话框，在“扫描 / 捕获设置”选项组中单击“设备”右侧的下拉按钮，在弹出的下拉列表中，选择“AVC Compliant DV Device”选项，即可完成捕获设备的选择。

3. 扫描 DV 视频画面

将 DV 设备连接到计算机，并将其切换至播放模式，打开“DV 转 DVD 向导”对话框，播放视频至合适位置，然后单击窗口下方的“开始扫描”按钮，在扫描 DV 带的过程中，预览窗口右侧的故事板中将显示 DV 带上的每个场景缩略图。扫描完成后，单击窗口下方的“停止扫描”按钮，即可停止视频的扫描操作。

3.3.3 捕获视频起点

用户在预览窗口下方单击对应的导航按钮，即可查找需要的捕获视频素材的起点画面。

进入会声会影 2019，进入“捕获”面板，单击“捕获视频”按钮，如图 3-38 所示。

进入“捕获视频”面板，单击预览窗口左下方的“播放”按钮，如图 3-39 所示。播放视频至合适位置后，单击导航面板中的“暂停”按钮，即可指定视频捕获的起点。

图 3-38

图 3-39

3.3.4 编辑捕获到的视频

在会声会影中，将 DV 设备与计算机相连接，即可进行视频的捕获。启动会声会影 2019，单击“捕获”按钮，切换至“捕获”面板，单击“捕获视频”按钮，如图 3-40 所示。进入“捕获视频”面板，单击“捕获文件夹”按钮，如图 3-41 所示。

图 3-40

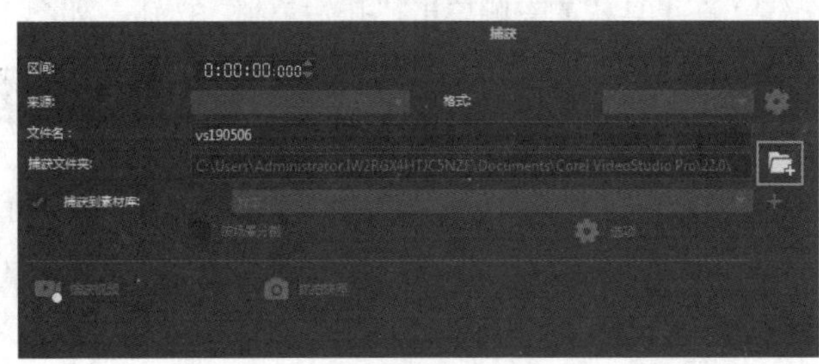

图 3-41

弹出“浏览文件夹”对话框，选择需要保存的文件夹的位置，单击“确定”按钮，如图 3-42 所示。单击“捕获视频”按钮，开始捕获视频，如图 3-43 所示。捕获到需要的区间后，单击“停止捕获”按钮，捕获完成的视频文件即可保存到素材库中。切换至“编辑”步骤面板，在时间轴面板中对捕获到的视频进行编辑。

图 3-42

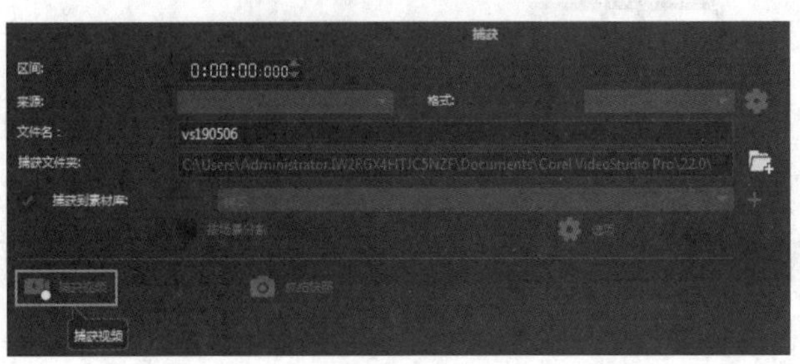

图 3-43

3.4 视频的录制

在会声会影中，用户可以自己录制视频。本节主要向读者介绍创建视频文件的方法，以及对创建完成的视频进行播放与编辑操作，使视频更加符合用户的需求。

3.4.1 课堂案例——录制视频

【学习目标】掌握录制视频的方法。

【知识要点】本案例使用绘图创建器录制动画视频。在会声会影中，只有在“动画模式”下，才能录制绘制图形的过程，然后将其创建为视频文件，如图 3-44 所示。

【所在位置】素材 \ 第 3 章 \ 3.4.1\ 录制视频 .VSP

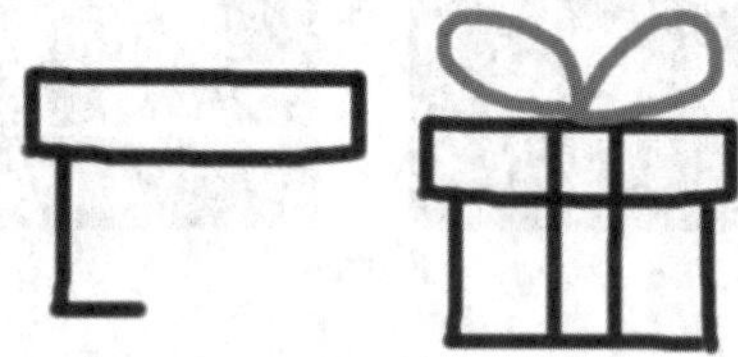

图 3-44

（1）执行“工具”→“绘图创建器”命令，弹出“绘图创建器”对话框，单击左下方的“更改为‘动画’或‘静态’模式”按钮，在弹出的下拉列表中选择“动画模式”选项，如图 3-45 所示，应用动画模式。

（2）在工具栏的右侧单击“开始录制”按钮，如图 3-46 所示。

图 3-45　　图 3-46

（3）开始录制视频，选择画笔笔刷工具，设置画笔的颜色属性，在预览窗口中绘制一个图形。绘制完成后，单击“停止录制”按钮，如图 3-47 所示。

（4）视频录制停止，绘制的图形自动保存到“动画类型”下拉列表中，如图 3-48 所示。

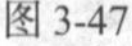

图 3-47

图 3-48

（5）在工具栏右侧单击“播放选中的画廊条目”按钮，如图 3-49 所示。

（6）播放录制完成的视频，如图 3-50 所示。

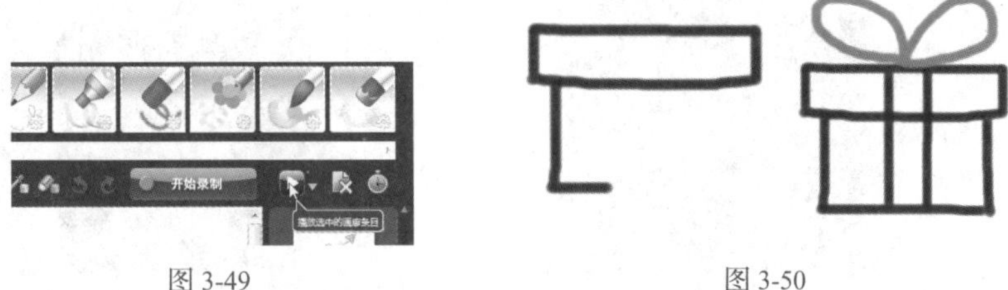

图 3-49　　图 3-50

3.4.2 实时屏幕捕获

在会声会影中，用户可以直接从与计算机连接的摄像头中捕获视频，将网络中的游戏竞技、体育赛事捕获下来，并在会声会影中进行剪辑、制作及分享。

启动会声会影，单击“捕获”按钮，切换至“捕获”面板，如图 3-51 所示。在“捕获”选项面板中，单击“MultiCam Capture”按钮，如图 3-52 所示。

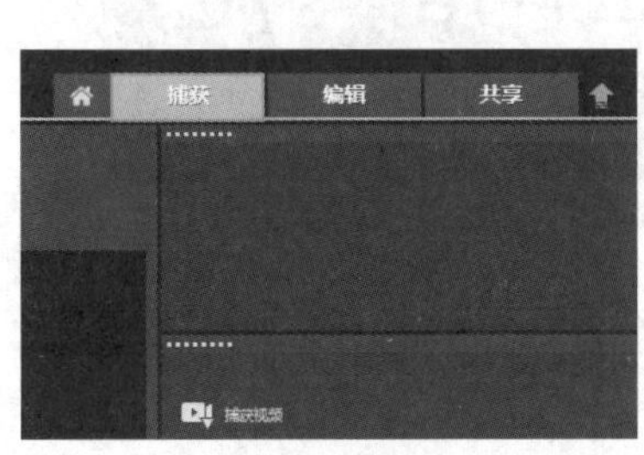

图 3-51

图 3-52

弹出图 3-53 所示的对话框，该对话框可以用来设置捕获窗口的大小。单击对话框中的按钮，弹出屏幕捕获定界框，如图 3-54 所示。

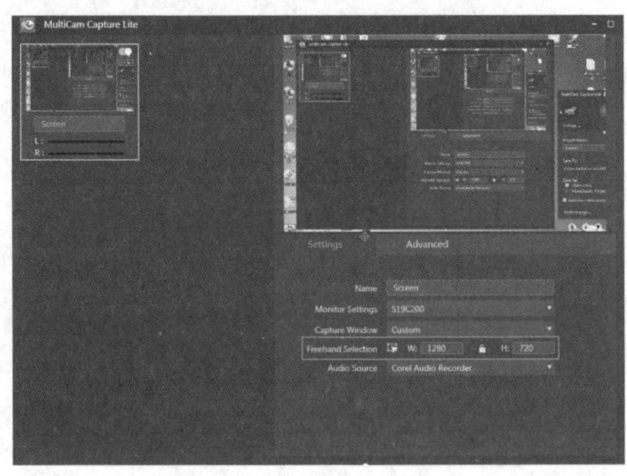

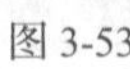

图 3-53

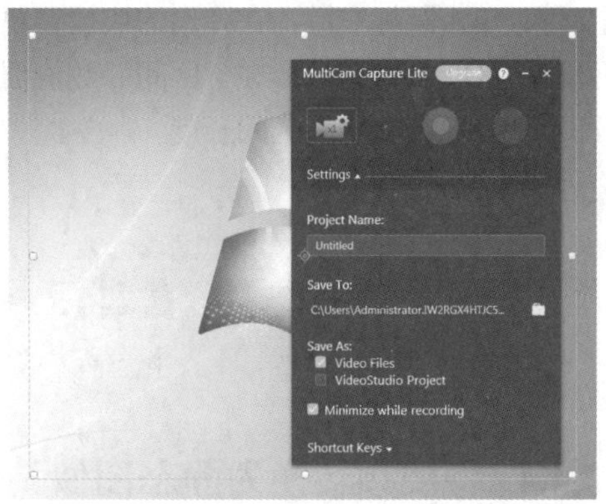

图 3-54

将鼠标指针放在捕获框的四周，当鼠标指针变成双向箭头时，拖曳鼠标即可调整捕获框的大小，如图 3-55 所示。鼠标指针选中中心控制点，调整捕获窗口的位置，如图 3-56 所示。

在右侧的浮动面板中单击“开始录制”按钮，开始录制视频，如图 3-57 所示。录制完毕后，单击“停止录制”按钮，在会声会影的素材库中即可查看捕获到的屏幕视频，如图 3-58 所示。

图 3-55

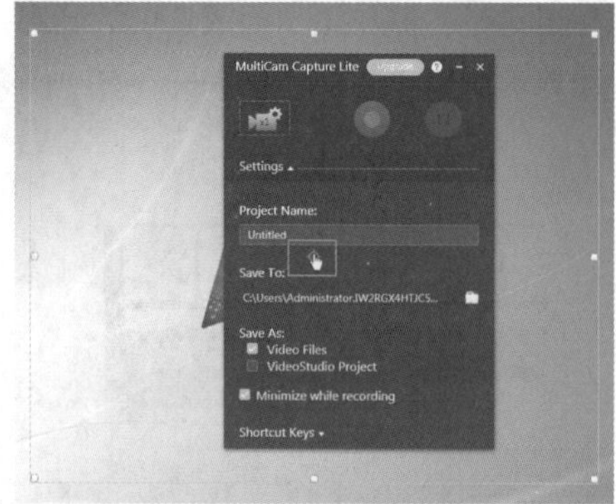

图 3-56

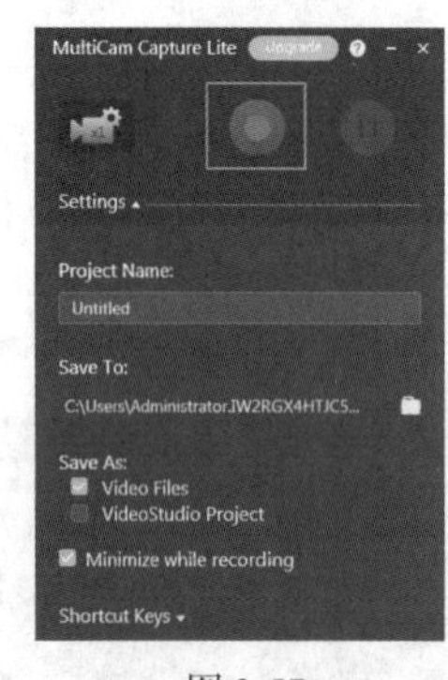

图 3-57

图 3-58

3.4.3 更改视频的区间长度

在会声会影中，更改视频的区间长度是指调整动画的时间长度。用户可以将绘制的图形设置为动画模式，视频文件主要还是在动态模式下通过手绘创建的。

执行“工具”→“绘图创建器”命令，进入“绘图创建器”对话框，选中需要更改区间长度的视频文件，单击鼠标右键，在弹出的快捷菜单中执行“更改区间”命令，如图 3-59 所示。执行命令后，弹出“区间”对话框，在“区间”数值框中输入数值“10”，如图 3-60 所示。单击“确定”按钮，即可更改视频文件的区间长度。

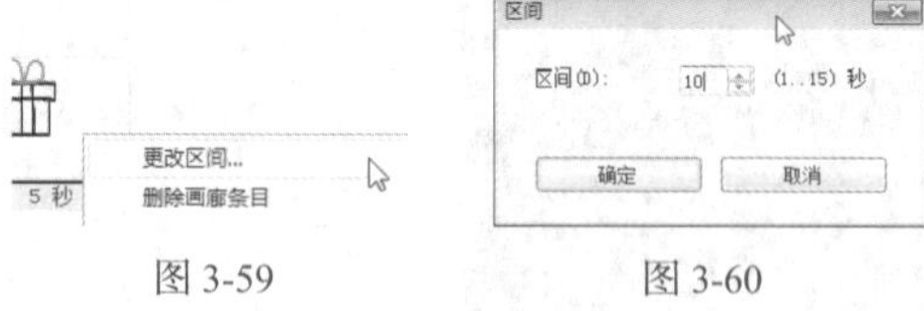

图 3-59　　图 3-60

3.4.4 将视频转换为静态图像

在“绘图创建器”对话框中的“动画类型”下拉列表中，用户可以将视频转换为静态图像。

进入“绘图创建器”对话框，在“动画类型”下拉列表中任意选中一个视频文件，单击鼠标右键，在弹出的快捷菜单中执行“将动画效果转换为静态”命令，如图 3-61 所示。执行命令后，即可在“动画类型”下拉列表中显示转换为静态图像的文件，如图 3-62 所示。

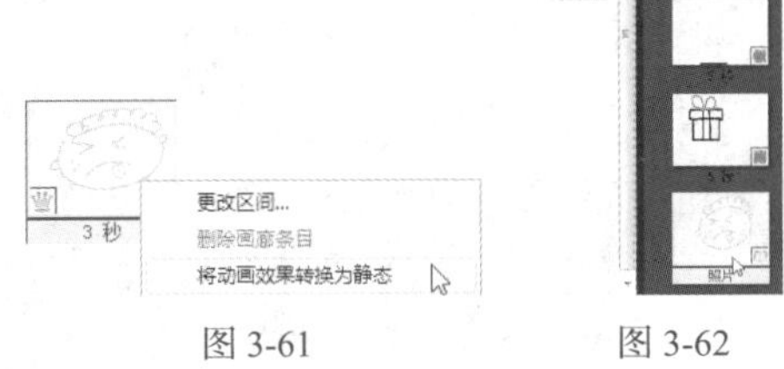

图 3-61 图 3-62

3.4.5 删除录制的视频

在“绘图创建器”对话框中，如果用户对于录制的视频不满意，那么可以将录制完成的视频文件进行删除。

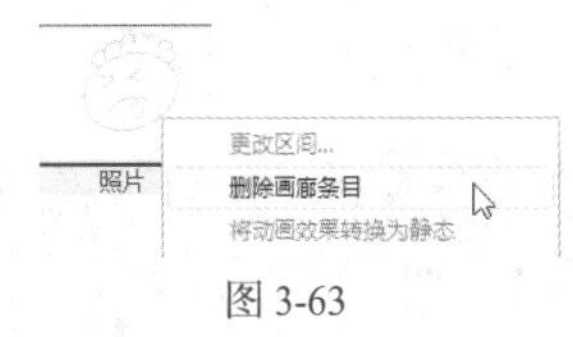

图 3-63

进入“绘图创建器”对话框，选中需要删除的视频文件，在文件上单击鼠标右键，在弹出的快捷菜单中执行“删除画廊条目”命令，如图 3-63 所示。执行命令后，即可删除选中的视频文件。

3.5 课堂练习——制作柳叶视频

【知识要点】本练习将素材中的一张图片制作成动态的视频，摇动和缩放图像功能可以模拟相机的移动和变焦效果，使静态的图片动起来，增强画面的动感，如图 3-64 所示。

【所在位置】素材 \ 第 3 章 \ 3.5\ 柳叶视频 .VSP

图 3-64

3.6 课后习题——用黄色标记剪辑视频

【知识要点】本习题将具体介绍如何用黄色标记剪辑光效视频。在会声会影中剪辑视频的方式有很多，其中使用黄色标记剪辑视频是最为简便的一种剪辑方式，效果如图 3-65 所示。

【所在位置】素材 \ 第 3 章 \ 3.6\ 用黄色标记剪辑视频 .VSP

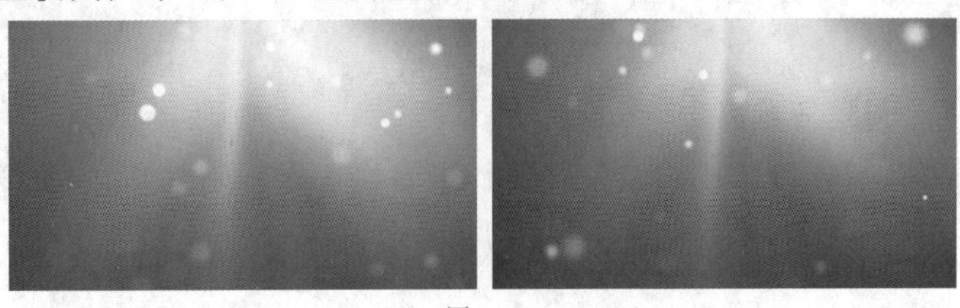

图 3-65

第4章 添加与编辑媒体素材

本章介绍

会声会影素材库中提供了各种类型的媒体素材，用户可以直接从中取用。当素材库中的视频素材不能满足用户编辑视频的需求时，用户可以将自己需要的视频素材添加到素材库中。本章主要介绍在会声会影中添加与编辑媒体素材的操作方法，这样用户就能够根据个人需求来添加视频素材。

课堂学习目标

- 掌握添加素材到视频轨的方法
- 掌握编辑影片素材的方法
- 掌握调整影片素材的方法
- 掌握通过色调校正素材画面颜色的技巧

4.1 添加素材到视频轨

在会声会影中，用户可以将各种素材添加到素材库中，并将素材添加到视频轨中，然后在预览窗口进行播放预览。

4.1.1 课堂案例——更改视频色彩

【学习目标】掌握更改视频色彩的方法。

【知识要点】在会声会影 2019 中，将色块素材添加到视频轨中后，如果对色块的颜色不满意，可以更改色块的颜色，如图 4-1 所示。

【所在位置】素材 \ 第 4 章 \ 4.1.1\ 更改视频色彩 .VSP

图 4-1

（1）启动会声会影 2019，执行“文件”→“打开项目”命令，打开一个项目文件（素材 \ 第 4 章 \4.1.1\ 生日派对 .VSP），如图 4-2 所示。

（2）在预览窗口中，可以预览色块与视频叠加的效果，如图 4-3 所示。

图 4-2

图 4-3

（3）在时间轴面板的视频轨中，选中需要更改颜色的色块素材，如图 4-4 所示。

（4）单击“显示选项面板”按钮，展开“色彩”选项面板，单击“色彩选取器”左侧的颜色色块，如图 4-5 所示。

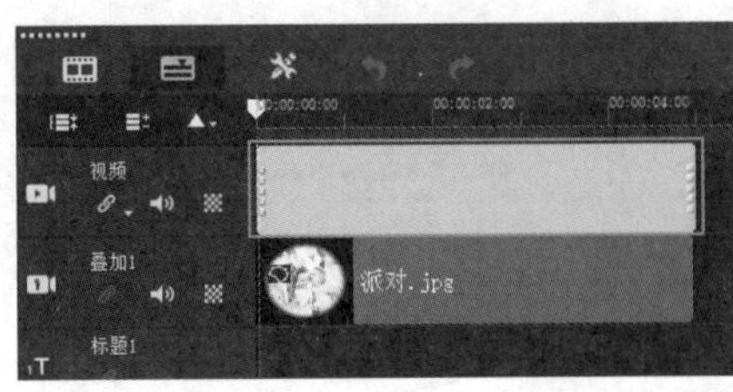

图 4-4

图 4-5

（5）弹出颜色面板，在其中选择“Corel 色彩选取器”选项，如图 4-6 所示。

（6）弹出“Corel 色彩选取器”对话框，在下方的颜色框中选择淡绿色色块，如图 4-7 所示。

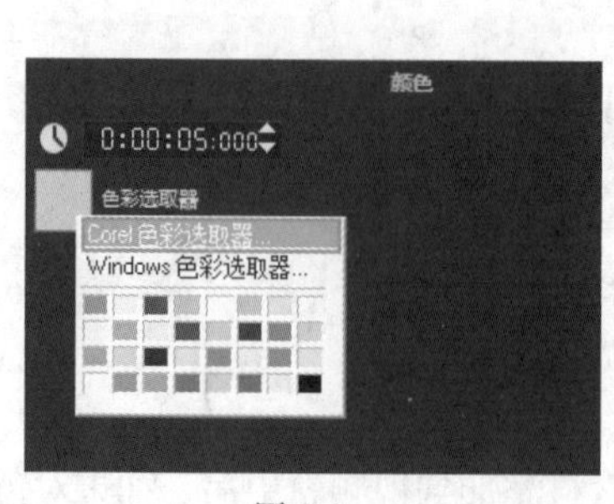

图 4-6

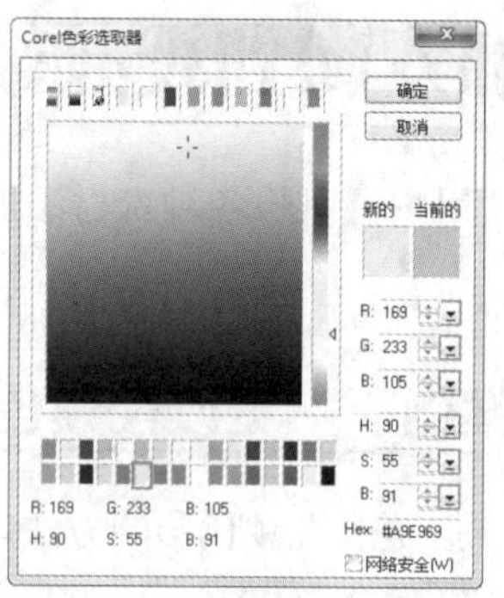

图 4-7

（7）设置完成后，单击“确定”按钮，即可更改色块素材的颜色，如图 4-8 所示。

（8）单击导航面板中的“播放修整后的素材”按钮，预览更改色块颜色后的视频效果，如图 4-9 所示。

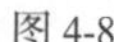

图 4-8

图 4-9

4.1.2 添加图像素材

在会声会影中，用户可以将图像素材插入所编辑的项目中，并对单独的图像素材进行整合，制作成一个内容丰富的电子相册。在视频编辑的过程中，图像素材是常会用到的，电子相册和教学视频等都有用到图像素材。添加图像素材的方法有多种。

1. 通过命令添加图像

进入会声会影 2019，执行“文件”→“将媒体文件插入到素材库”→“插入照片”命令，如图 4-10 所示。弹出“浏览照片”对话框，在其中选择所需的图像素材，如图 4-11 所示。

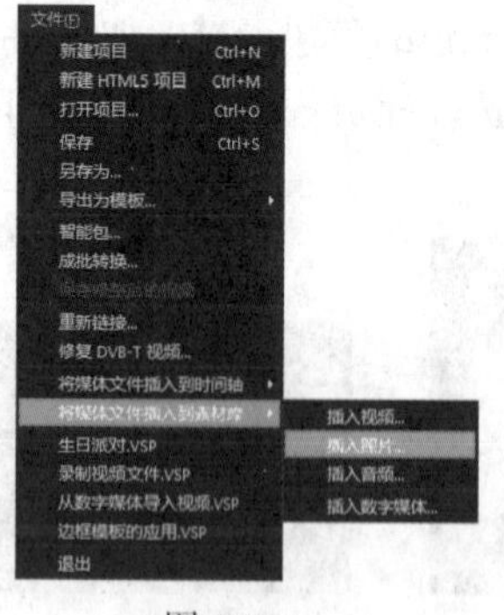

图 4-10

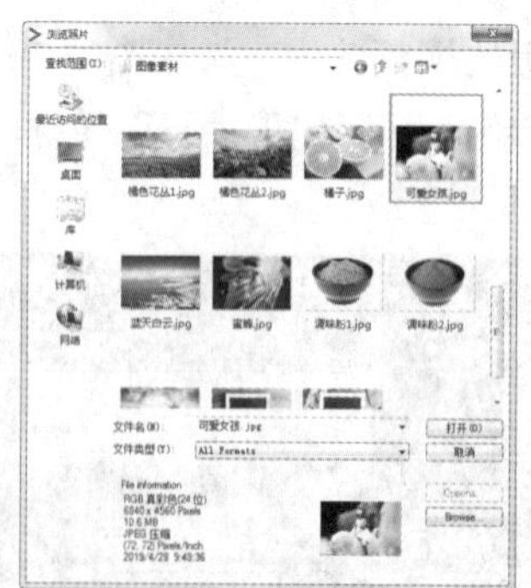

图 4-11

单击“打开”按钮，将所选择的图像添加至素材库中，如图 4-12 所示。将添加的图像素材拖曳至时间轴面板的视频轨中，如图 4-13 所示。

图 4-12

图 4-13

2. 通过按钮添加图像

进入会声会影 2019，在“编辑”面板中单击“显示照片”按钮，如图 4-14 所示，即可显示素材库中的照片文件。单击“导入媒体文件”按钮，如图 4-15 所示。

图 4-14

图 4-15

弹出“浏览媒体文件”对话框，在该对话框中选择所需的图像素材，如图 4-16 所示。单击“打开”按钮，即可将所选择的图像素材添加到素材库中，如图 4-17 所示。

图 4-16

图 4-17

将素材库中添加的图像素材拖曳至时间轴面板的视频轨中，如图 4-18 所示。

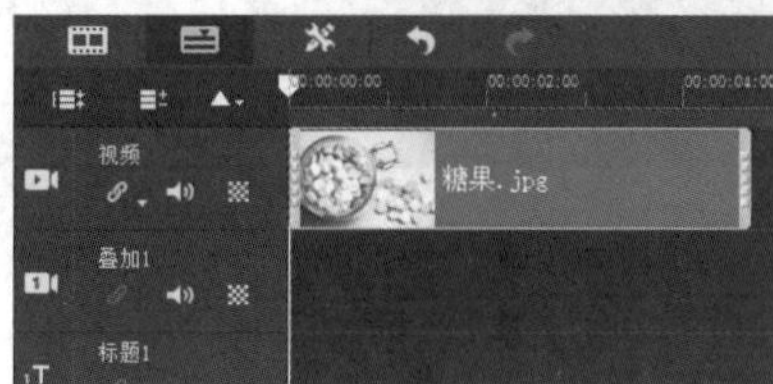

图 4-18

3. 通过时间轴添加图像

在会声会影的时间轴面板中单击鼠标右键，在弹出的快捷菜单中执行“插入照片”命令，如图 4-19 所示。执行操作后，弹出“浏览照片”对话框，在该对话框中选择所需的图像素材，如图 4-20 所示。

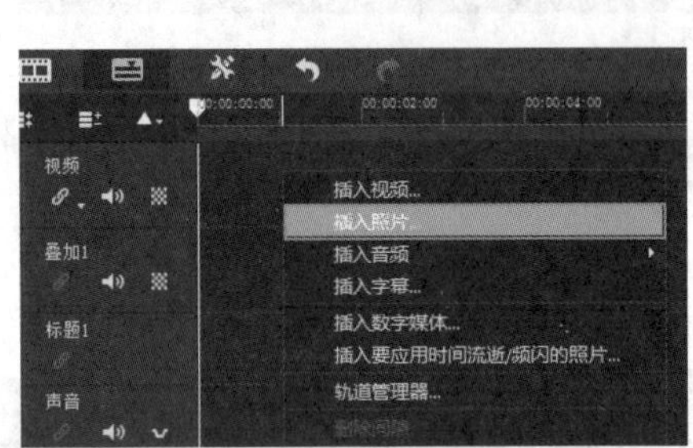

图 4-19

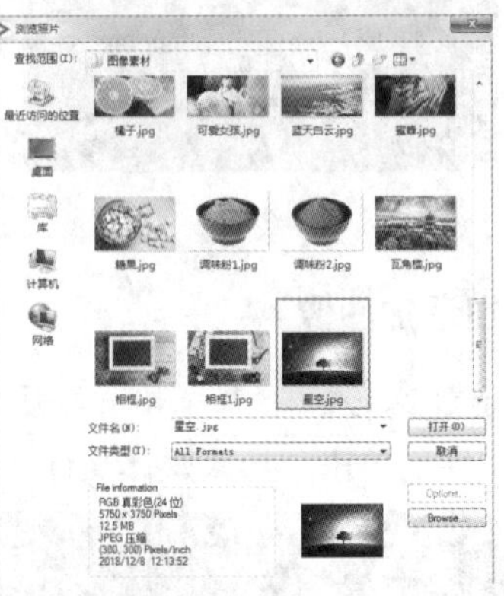

图 4-20

单击“打开”按钮，即可将所选择的图像素材添加到时间轴面板中，如图 4-21 所示。

图 4-21

4. 通过素材库添加图像

单击“显示照片”按钮，可显示素材库中的图片文件，在素材库空白处单击鼠标右键，在弹出的快捷菜单中执行“插入媒体文件”命令，如图 4-22 所示。弹出“浏览媒体文件”对话框，在对话框中选择所需的图像素材，如图 4-23 所示。

图 4-22

图 4-23

单击“打开”按钮，即可将所选择的图像素材添加到素材库中，如图 4-24 所示。将素材库中添加的图像素材拖曳到视频轨中，如图 4-25 所示。

图 4-24

图 4-25

4.1.3 添加视频素材

在会声会影中，用户可以通过多种方法来添加视频素材。

1. 通过命令添加视频

进入会声会影，在“编辑”面板中执行“文件”→“将媒体文件插入到素材库”→“插入视频”命令，如图 4-26 所示。弹出“浏览视频”对话框，在其中选择所需的视频素材，如图 4-27 所示。

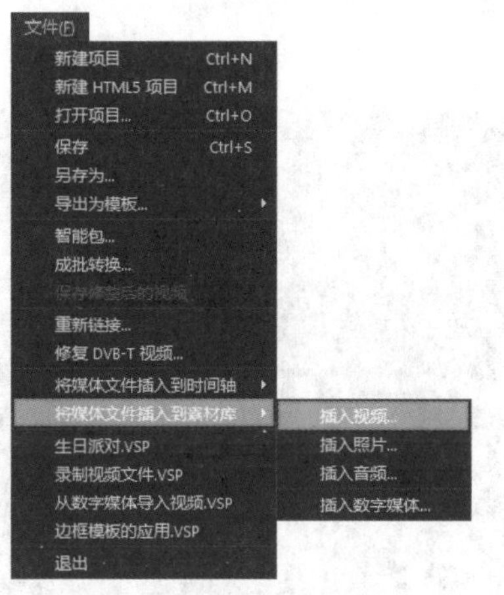

图 4-26

图 4-27

单击“打开”按钮，即可将视频素材添加至素材库中，如图 4-28 所示。将添加的视频素材拖曳至时间轴面板的视频轨中，如图 4-29 所示。

图 4-28

图 4-29

2. 通过按钮添加视频

进入会声会影，单击“显示视频”按钮，如图 4-30 所示，即可显示素材库中的视频文件。单击“导入媒体文件”按钮，如图 4-31 所示。

图 4-30

图 4-31

弹出“浏览媒体文件”对话框，在该对话框中选择所需的视频素材，如图 4-32 所示。单击“打开”按钮，即可将所选择的素材添加到素材库中，如图 4-33 所示。

图 4-32

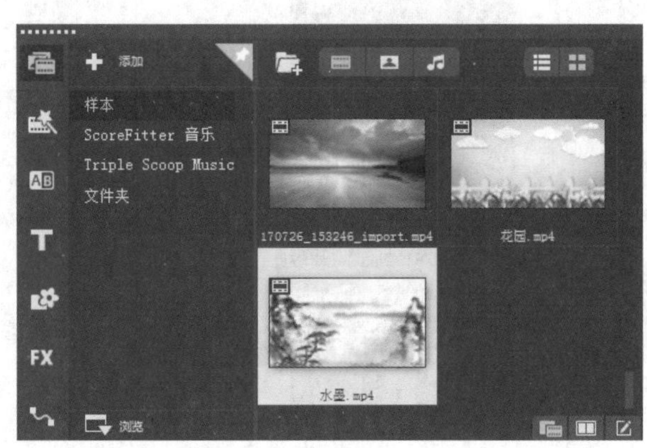

图 4-33

将素材库中添加的视频素材拖曳至时间轴面板的视频轨中，如图 4-34 所示。

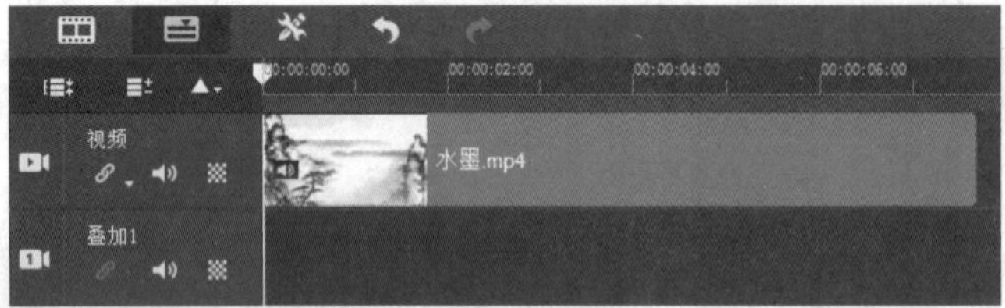

图 4-34

3. 通过时间轴添加视频

在会声会影的时间轴面板中单击鼠标右键，在弹出的快捷菜单中执行“插入视频”命令，如图 4-35 所示。执行命令后，弹出“打开视频文件”对话框，在该对话框中选择所需的视频素材文件，如图 4-36 所示。

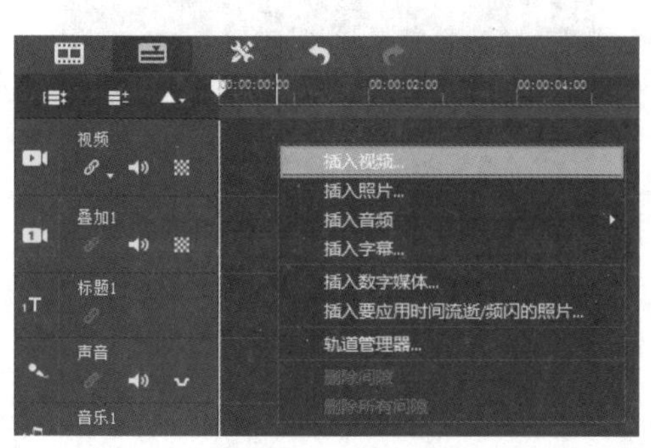

图 4-35

图 4-36

单击“打开”按钮，即可将所选择的视频素材添加到时间轴面板中，如图 4-37 所示。

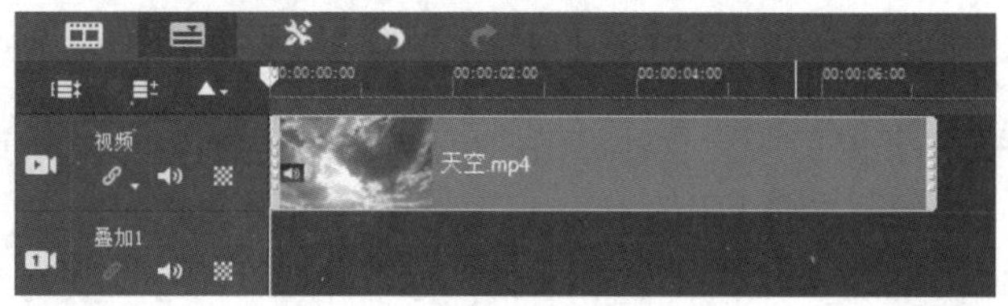

图 4-37

4. 通过素材库添加视频

进入会声会影，单击“显示视频”按钮，可显示素材库中的视频文件，在素材库空白处单击鼠标右键，在弹出的快捷菜单中执行“插入媒体文件”命令，如图 4-38 所示。弹出“浏览媒体文件”对话框，在对话框中选择所需的视频素材，如图 4-39 所示。

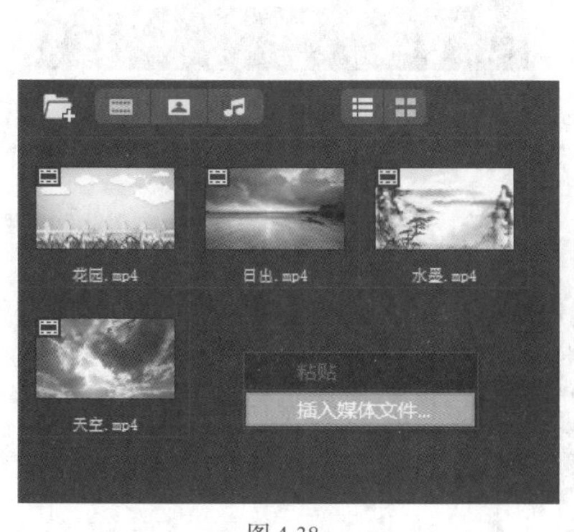

图 4-38

图 4-39

单击“打开”按钮，即可将所选择的视频素材添加到素材库中，如图 4-40 所示。将素材库中添加的视频素材拖曳到视频轨中，如图 4-41 所示。

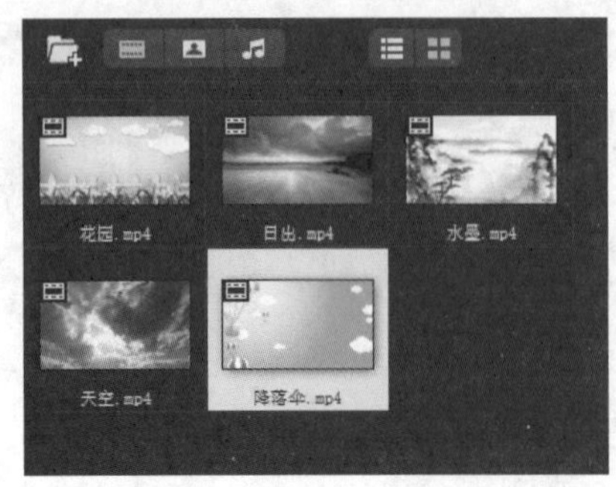

图 4-40

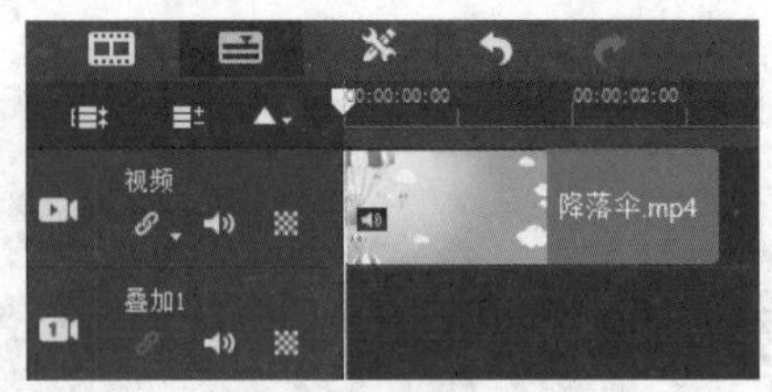

图 4-41

4.1.4 添加色彩素材

在会声会影中，用户可以亲手制作色彩丰富的色块。色块常用于视频的过渡场景中，黑色与白色的色块常用来制作视频的淡入与淡出特效。本节主要介绍添加色彩素材的两种操作方法。

1. 用 Corel 颜色添加色彩

在会声会影的“图形”素材库中，软件提供的色块素材颜色有限，如果其中的色块不能满足用户的需求，此时可以通过 Corel 颜色制作色块。

在素材库的左侧单击“图形”按钮，如图 4-42 所示。单击“图形”素材库上方“画廊”下拉按钮，在弹出的下拉列表中选择“颜色”选项，如图 4-43 所示。

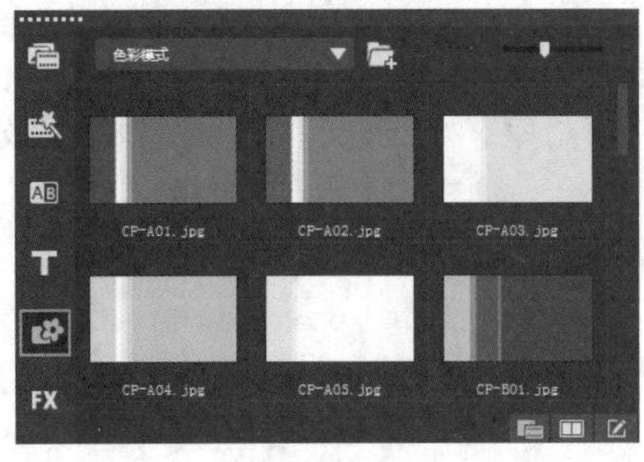

图 4-42

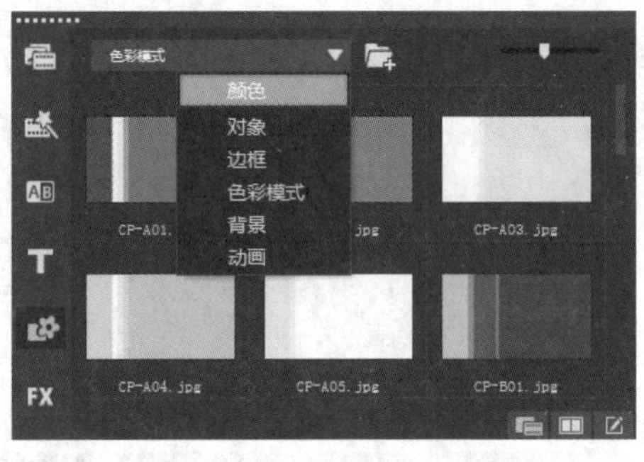

图 4-43

切换至“颜色”素材库，在上方单击“添加”按钮，如图 4-44 所示。完成操作后，弹出“新建色彩素材”对话框，如图 4-45 所示。

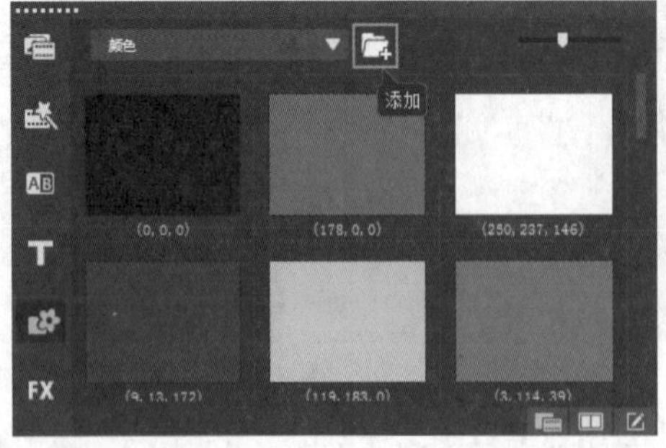

图 4-44

图 4-45

单击“色彩”右侧的黑色色块，在弹出的颜色面板中选择“Corel 色彩选取器”选项，如图 4-46 所示。弹出“Corel 色彩选取器”对话框，在对话框的下方单击天蓝色色块，如图 4-47 所示，这时新建的色块为天蓝色。

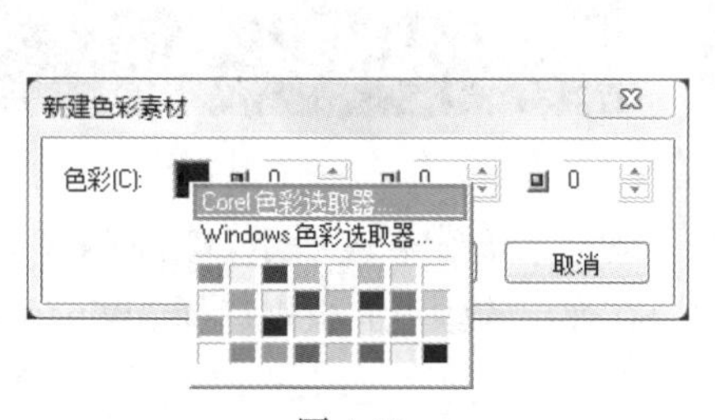

图 4-46

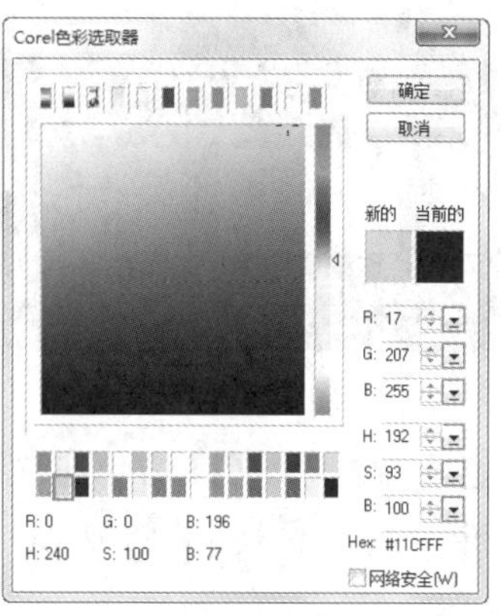

图 4-47

单击“确定”按钮，返回“新建色彩素材”对话框，此时“色彩”右侧的色块变为天蓝色，如图 4-48 所示。单击“确定”按钮，即可在“颜色”素材库中新建天蓝色色块，如图 4-49 所示。

图 4-48

图 4-49

将新建的天蓝色色块拖曳至时间轴面板的视频轨中，如图 4-50 所示。在预览窗口中可以预览添加的色块效果，如图 4-51 所示。

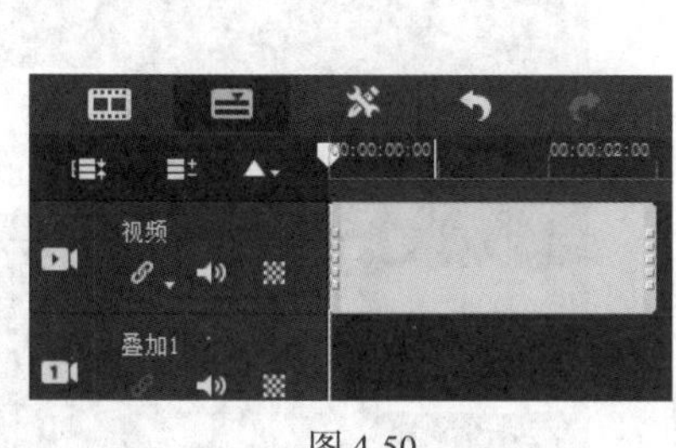

图 4-50

图 4-51

2. 用 Windows 颜色添加色彩

在会声会影中，用户还可以通过“颜色”对话框来设置色块的颜色。

在素材库的左侧单击“图形”按钮，切换至“图形”素材库，如图 4-52 所示。单击素材库上方的“画廊”下拉按钮，在弹出的下拉列表中选择“颜色”选项，如图 4-53 所示。

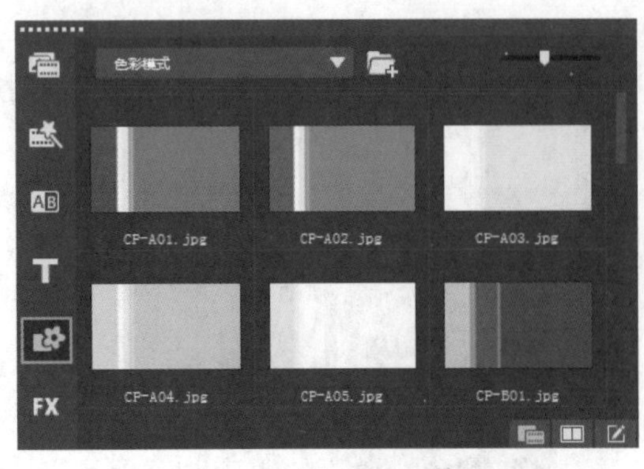

图 4-52

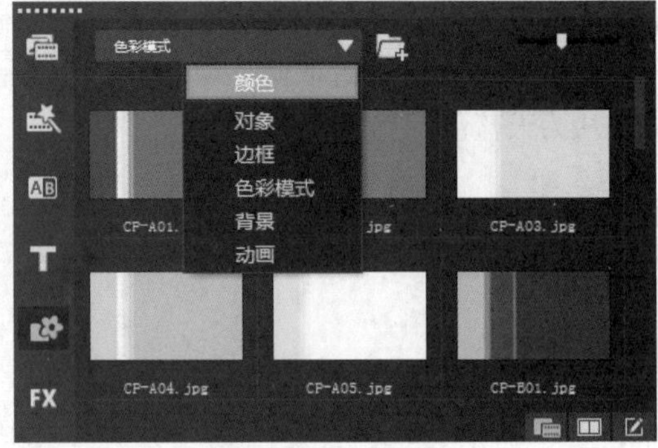

图 4-53

切换至“颜色”素材库，在上方单击“添加”按钮，如图 4-54 所示。完成操作后，弹出“新建色彩素材”对话框，单击“色彩”右侧的黑色色块，在弹出的颜色面板中选择“Windows 色彩选取器”选项，如图 4-55 所示。

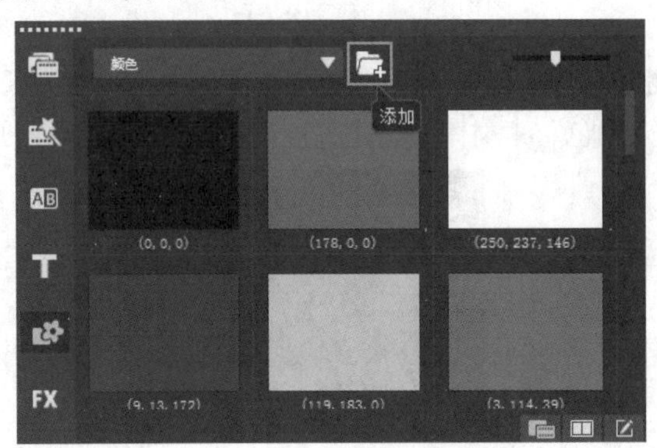

图 4-54

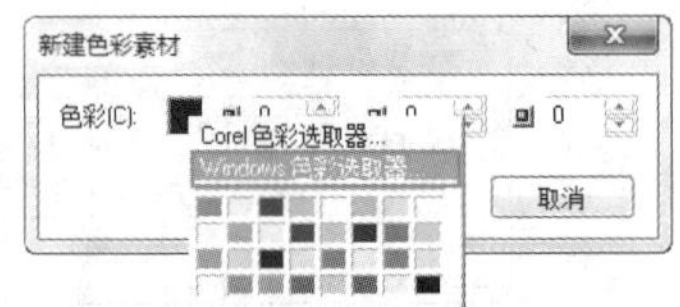

图 4-55

完成操作后，弹出“颜色”对话框，在“基本颜色”选项组中单击粉红色色块，如图 4-56 所示。单击“确定”按钮，返回“新建色彩素材”对话框，此时“色彩”右侧的色块变为粉红色，如图 4-57 所示。单击“确定”按钮，即可在“颜色”素材库中新建粉红色色块，如图 4-58 所示。

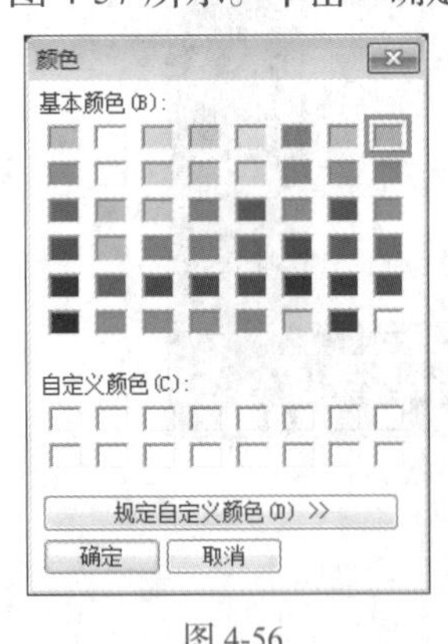

图 4-56

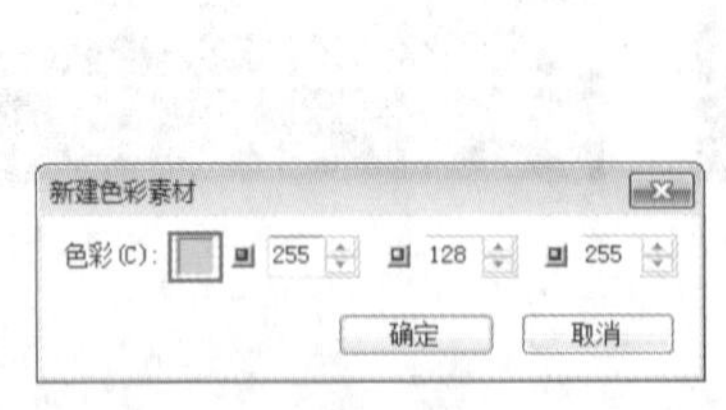

图 4-57

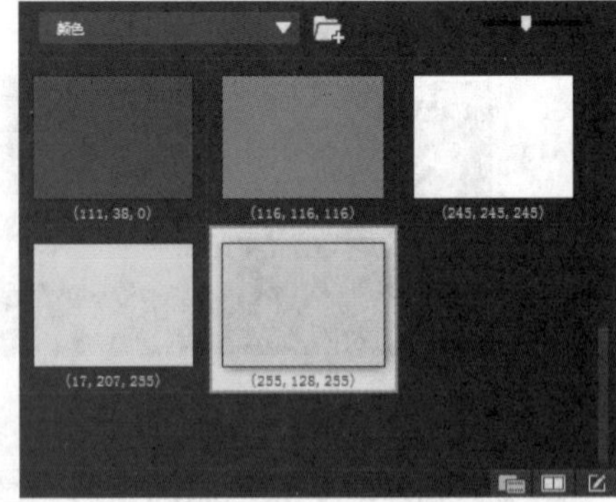

图 4-58

将新建的粉红色色块拖曳至时间轴面板的视频轨中，如图 4-59 所示。在预览窗口中可以预览添加的色块效果，如图 4-60 所示。

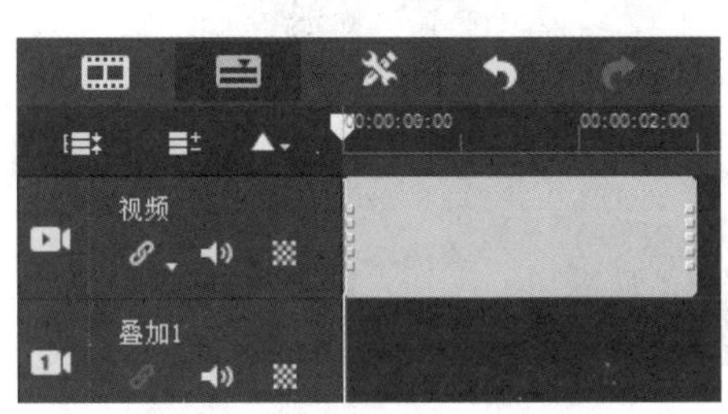

图 4-59

图 4-60

4.2 编辑影片素材

在会声会影中对视频素材进行编辑时，用户可根据编辑需要对视频轨中的素材进行相应的管理，如选取、删除和移动等。

4.2.1 课堂案例——调整素材位置

【学习目标】掌握编辑影片素材的基本操作方法。

【知识要点】在“效果”选项面板中，单击“对齐选项”按钮，在弹出的下拉列表中包含多种不同类型的对齐方式，用户可根据需要进行相应设置，完成后的效果如图 4-61 所示。

【所在位置】素材 \ 第 4 章 \ 4.2.1\ 调整素材位置 .VSP

图 4-61

（1）进入会声会影 2019，在视频轨中插入一幅素材图像（素材 \ 第 4 章 \ 4.2.1\ 惊涛拍浪 .jpg），如图 4-62 所示。

（2）在覆叠轨中插入另一幅素材图像（素材 \ 第 4 章 \ 4.2.1\ 奇特景观 .jpg），如图 4-63 所示。

图 4-62

图 4-63

（3）打开“效果”选项面板，单击“对齐选项”按钮，在弹出的下拉列表中选择“停靠在底部”→“居右”选项，如图 4-64 所示。

（4）在预览窗口中可以预览视频效果，如图 4-65 所示。

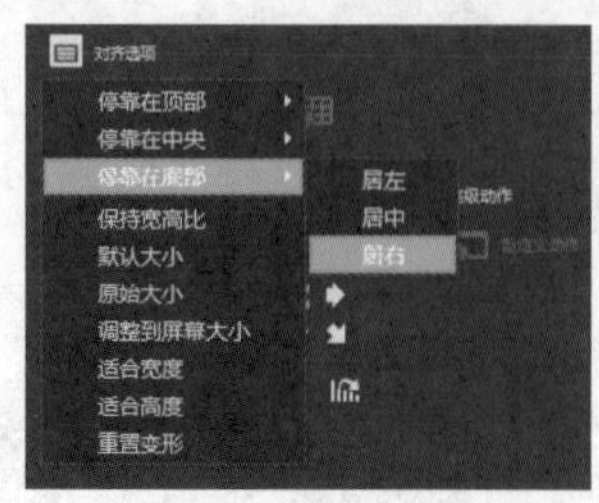

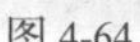
图 4-64

图 4-65

4.2.2 选取素材文件

在会声会影中编辑素材之前，需要选取相应的视频素材。选取素材是编辑素材的前提，用户可以根据需要选取单个素材文件或多个素材文件。

1. 选中单个素材

在时间轴面板中，如果用户需要编辑某一个视频素材，则需要先选中该素材文件。

选中单个素材文件的方法很简单，用户将鼠标指针移至需要选中的素材缩略图上方，此时鼠标指针呈✥形状，如图 4-66 所示。单击即可选中该视频素材，被选中的素材四周呈橙黄色显示，如图 4-67 所示。

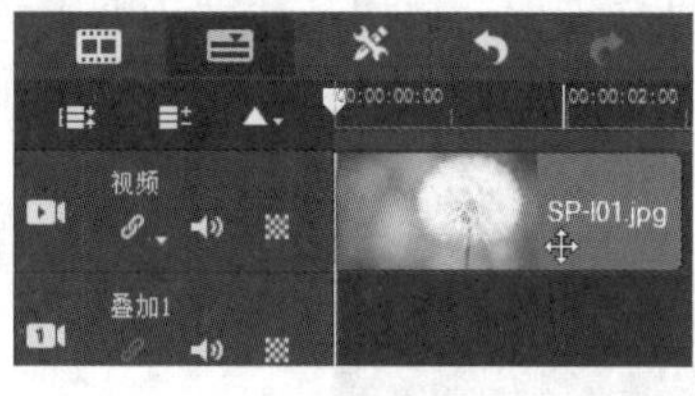

图 4-66

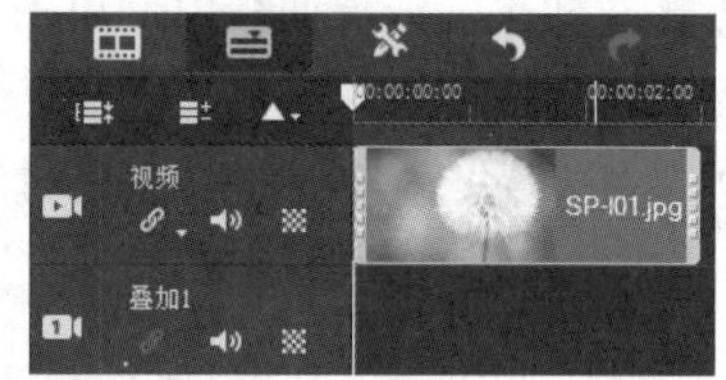

图 4-67

2. 选中连续的多个素材

在时间轴面板中，用户根据需要可以选中连续的多个素材文件，同时进行相关编辑操作。

选中连续的多个素材文件的方法很简单，选中第 1 段素材，如图 4-68 所示。

图 4-68

在按住 Shift 键的同时，选中最后一段素材，此时两段素材之间的所有素材都将被选中，被选中的素材四周呈橙黄色显示，如图 4-69 所示。

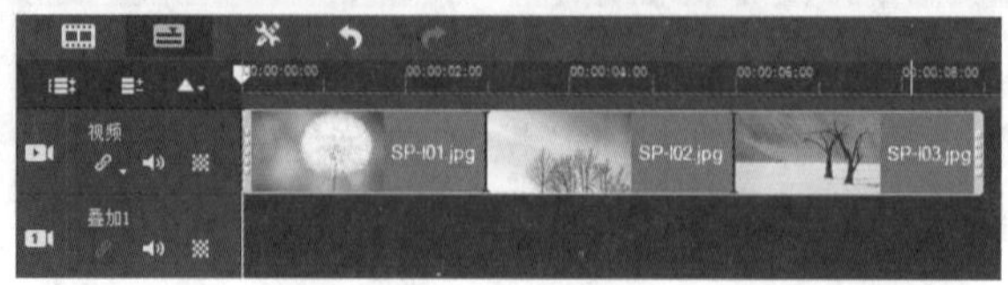

图 4-69

4.2.3 移动素材文件

如果用户对视频轨中素材的位置和顺序不满意，可以通过移动素材来调整素材的播放顺序。

进入会声会影 2019，打开两个项目文件，如图 4-70 所示。移动鼠标指针至时间轴面板中的素材“枫叶 2.jpg”上，单击以选取该素材，按住鼠标左键，并将其拖曳至素材“枫叶 1.jpg”的前方，如图 4-71 所示。

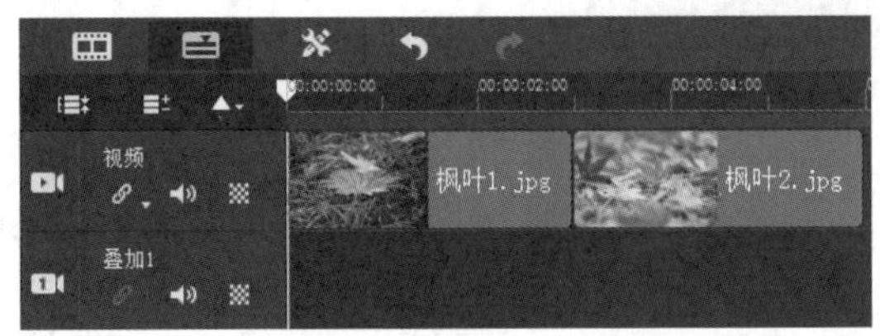

图 4-70

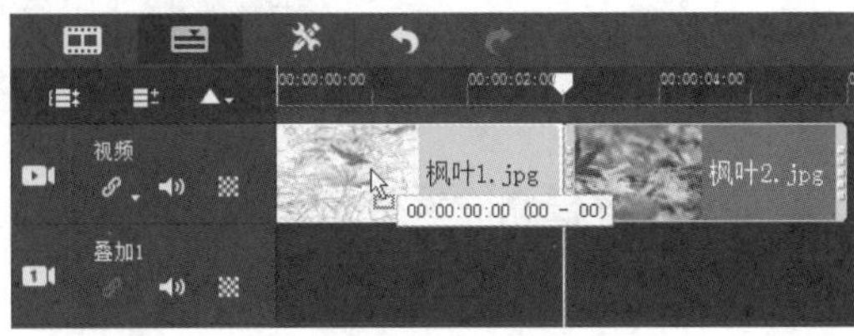

图 4-71

释放鼠标左键后，即可完成两个素材的播放顺序的调整，如图 4-72 所示。

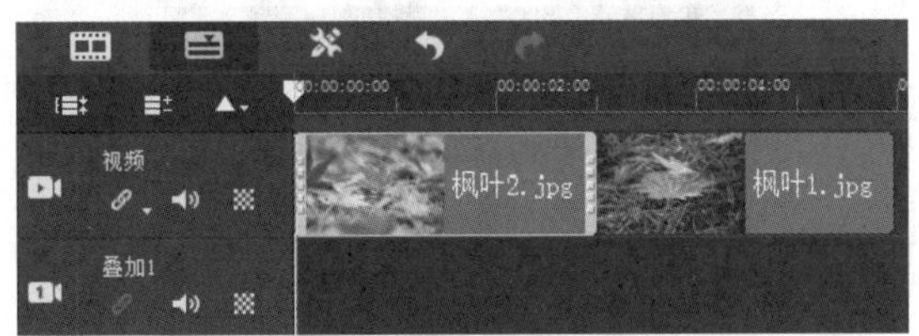

图 4-72

4.2.4 删除素材文件

在会声会影中编辑视频时，当插入时间轴面板中的素材不符合用户的要求时，用户可以将不需要的素材删除。下面介绍删除素材的多种操作方法。

1. 通过快捷菜单删除素材

在会声会影中，用户可以通过快捷菜单中的“删除”命令来删除不需要的素材文件。

在时间轴面板中选中需要删除的素材文件，如图 4-73 所示。单击鼠标右键，在弹出的快捷菜单中执行“删除”命令，如图 4-74 所示。

图 4-73

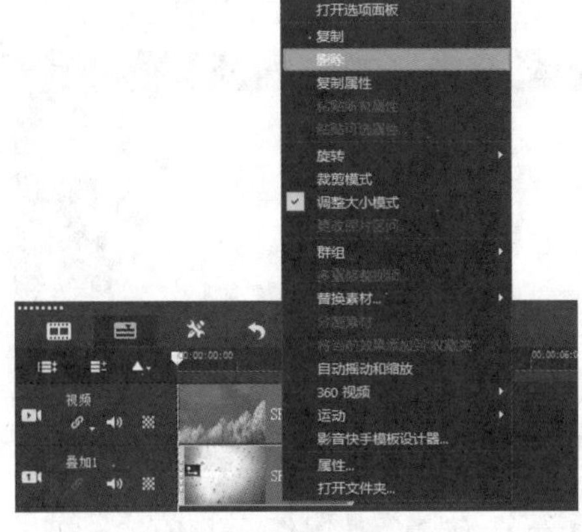

图 4-74

执行命令后，即可删除选中的视频素材，如图 4-75 所示。

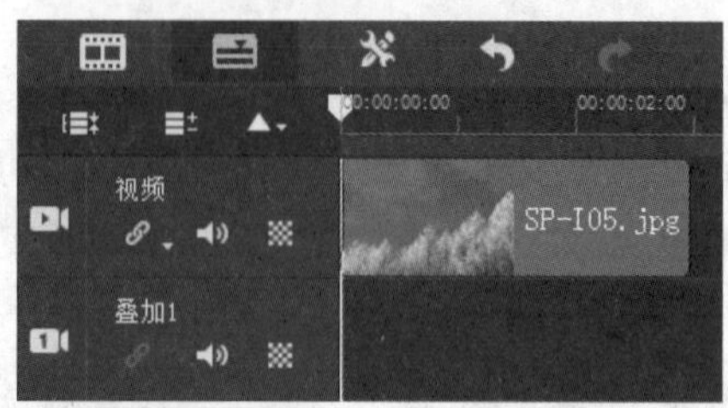

图 4-75

2. 通过菜单栏删除素材

在会声会影中，用户可以通过菜单栏中的“删除”命令来删除不需要的素材文件。

在时间轴面板中选中需要删除的素材文件，在菜单栏中执行“编辑”→“删除”命令，如图 4-76 所示，执行命令后，即可删除时间轴面板中选中的素材文件。

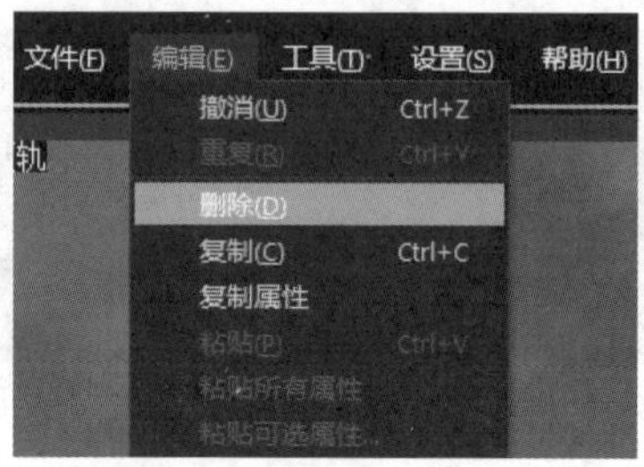

图 4-76

提示

在会声会影的时间轴面板中，选中需要删除的素材文件后，按键盘上的 Delete 键，可以快速删除选中的素材文件。

4.2.5 替换视频素材文件

在会声会影中，如果用户对制作完成的视频不满意，可以将不满意的视频替换为需要的视频。

进入会声会影 2019，执行“文件”→“打开项目”命令，打开一个项目文件，如图 4-77 所示。

图 4-77

在视频轨中选中需要替换的视频素材，如图 4-78 所示。在视频素材上单击鼠标右键，在弹出的快捷菜单中执行“替换素材”→“视频”命令，如图 4-79 所示。

图 4-78

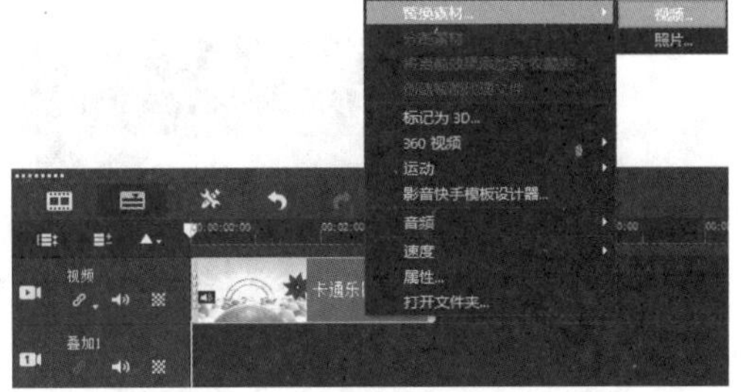

图 4-79

执行命令后，弹出“替换 / 重新链接素材”对话框，在其中选中需要的视频素材，如图 4-80 所示。单击“打开”按钮，即可替换视频轨中的视频素材，如图 4-81 所示。

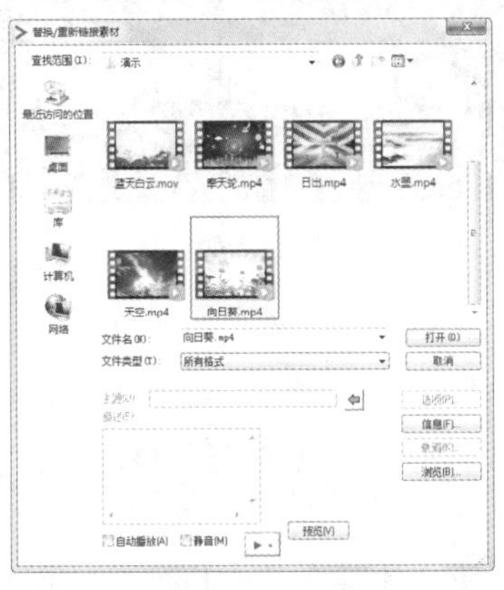

图 4-80

图 4-81

单击导航面板中的“播放修整后的素材”按钮，预览替换视频后的画面效果，如图 4-82 所示。

图 4-82

4.2.6 复制时间轴中的素材文件

在时间轴面板中，如果用户需要制作多处画面相同的视频，那么可以使用复制功能，对视频进行多次复制，这样可以提高制作视频的效率。

进入会声会影 2019，在视频轨中选中需要复制的素材文件，如图 4-83 所示。在菜单栏中执行“编辑”→“复制”命令，复制素材文件，如图 4-84 所示。

图 4-83

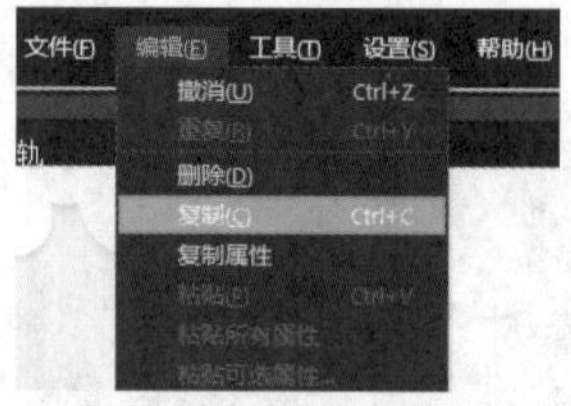

图 4-84

在视频轨中向右移动鼠标指针，此时鼠标指针处的白色色块表示素材将要粘贴的位置，如图 4-85 所示。在合适的位置上单击即可粘贴之前复制的素材，如图 4-86 所示。

图 4-85

图 4-86

4.2.7 粘贴所有属性

在会声会影中，如果用户需要制作多种相同的视频特效，那么可以将已经制作好的特效直接复制粘贴到其他素材上。

在视频轨中选中需要复制属性的素材文件，如图 4-87 所示。在菜单栏中执行“编辑”→“复制属性”命令，如图 4-88 所示。

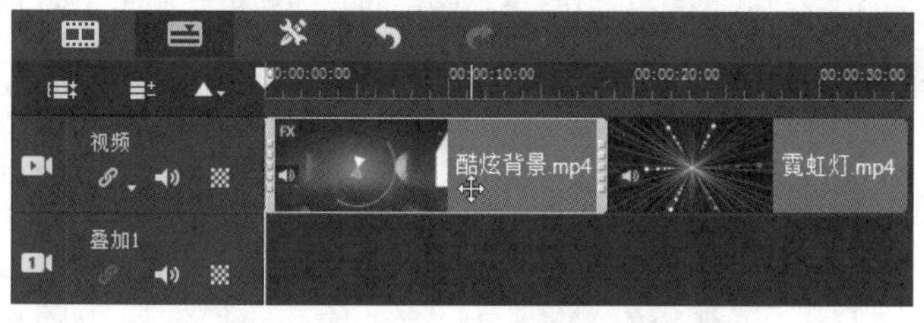

图 4-87

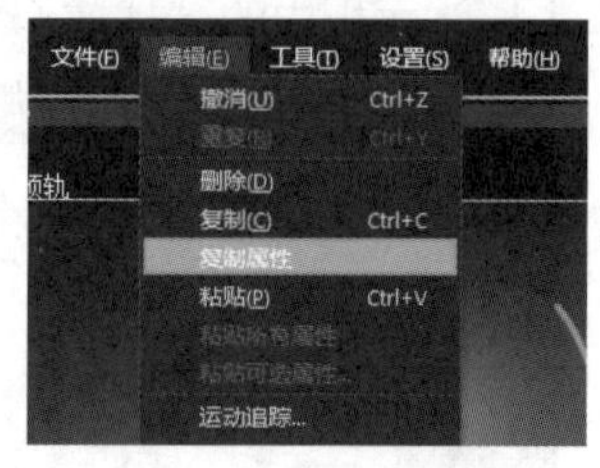

图 4-88

然后在视频轨中选中需要粘贴属性的素材文件，如图 4-89 所示，在菜单栏中执行“编辑”→“粘贴所有属性”命令，如图 4-90 所示。

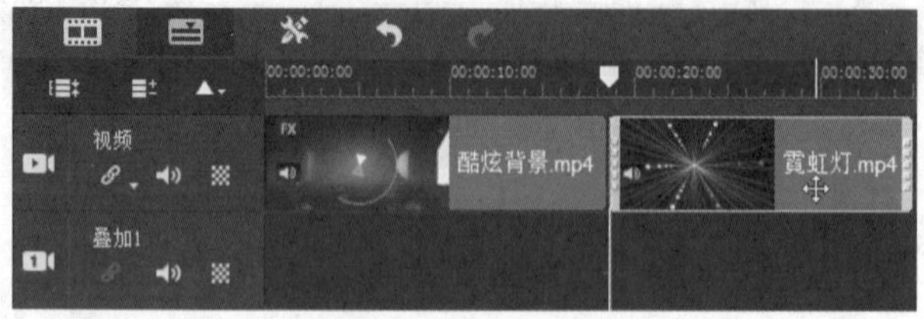

图 4-89

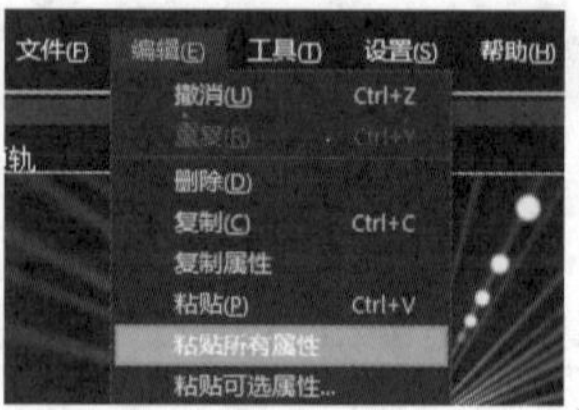

图 4-90

执行命令后，即可粘贴素材的所有特效属性，如图 4-91 所示。

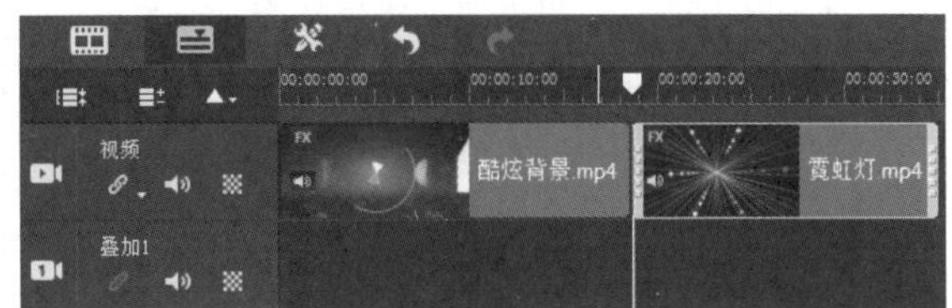

图 4-91

4.2.8 粘贴可选属性

用户制作视频的过程中，还可以将第 1 段视频中的部分特效粘贴至第 2 段视频素材中，节约重复操作的时间。

执行“文件”→“打开项目”命令，打开一个项目文件，如图 4-92 所示。

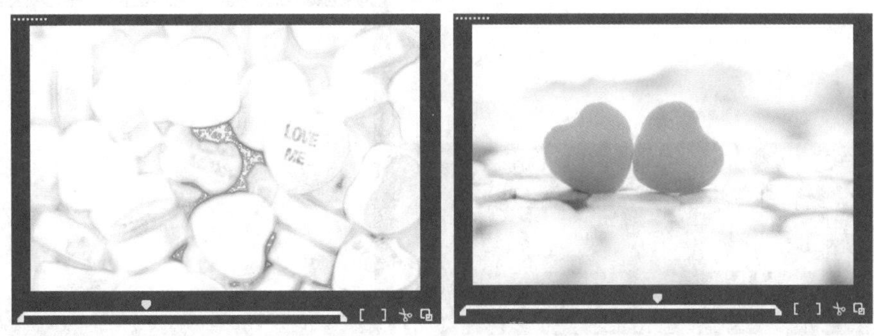

图 4-92

在视频轨中选中需要复制属性的素材文件，如图 4-93 所示。在菜单栏中执行“编辑”→“复制属性”命令，如图 4-94 所示。

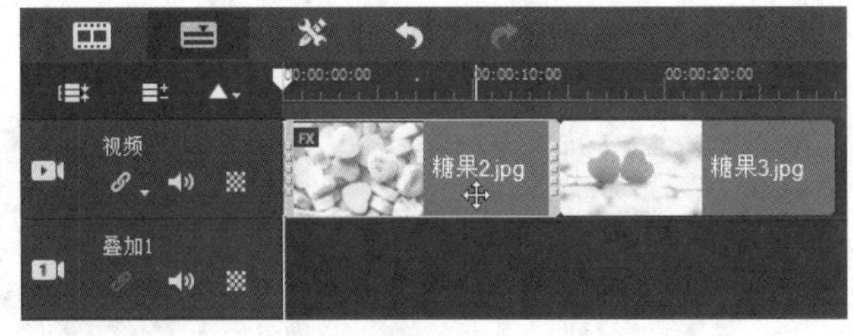

图 4-93

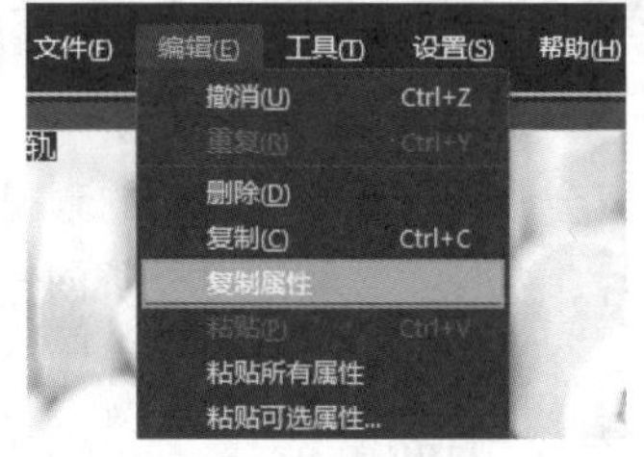

图 4-94

然后在视频轨中选中需要粘贴可选属性的素材文件，如图 4-95 所示。在菜单栏中执行“编辑”→“粘贴可选属性”命令，如图 4-96 所示。

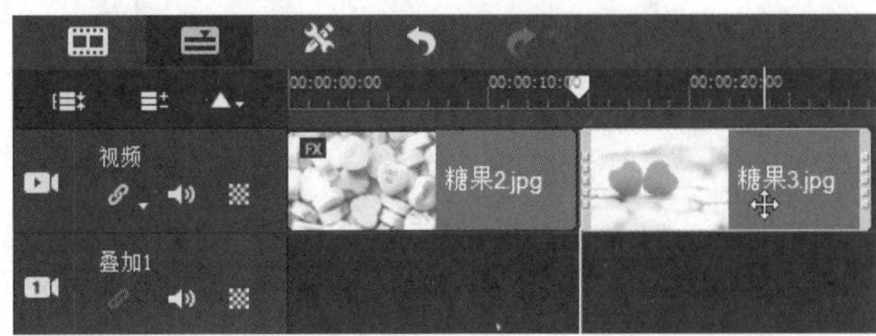

图 4-95

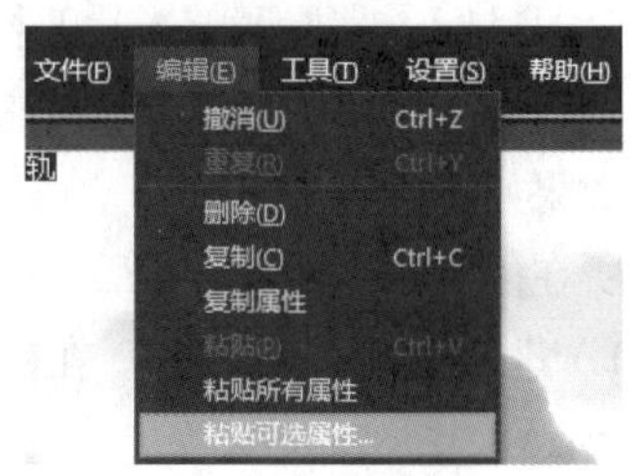

图 4-96

执行命令后，弹出“粘贴可选属性”对话框，如图 4-97 所示。在对话框中取消选中“全部”复选框，然后在下方选中需要粘贴的可选属性所对应的复选框，如图 4-98 所示。

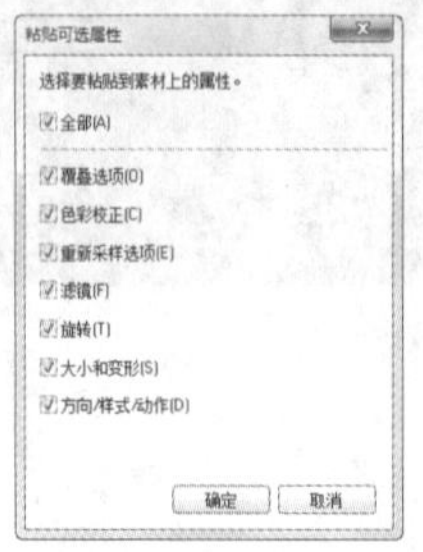

图 4-97

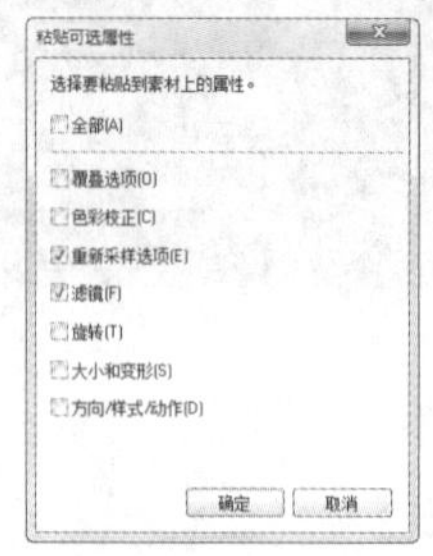

图 4-98

设置完成后，单击“确定”按钮，即可粘贴素材中的可选属性，如图 4-99 所示。在导航面板中单击“播放修整后的素材”按钮，预览粘贴可选属性后的视频效果，如图 4-100 所示。

图 4-99

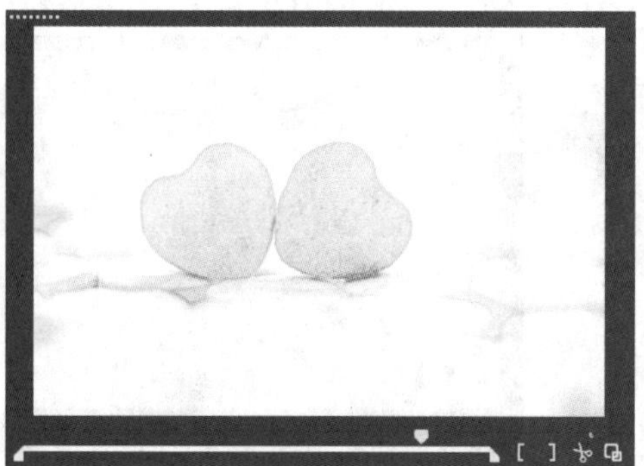
图 4-100

4.3 调整影片素材

会声会影有一个功能强大的素材库，用户可以自行创建素材库，并将照片、视频或音频拖曳至所创建的素材库中。在会声会影的素材库中，包含了各种媒体素材、标题及特效等，用户可根据需要选择相应的素材进行编辑。

图 4-101

4.3.1 课堂案例——制作人物慢动作

【学习目标】掌握调整影片的技巧。

【知识要点】电影中的精彩场景多会用到慢动作效果，本案例中将用会声会影把一段视频慢动作化，效果如图 4-101 所示。

【所在位置】素材 \ 第 4 章 \ 4.3.1\ 人物慢动作 .VSP

（1）进入会声会影 2019，在视频轨中插入一段视频（素材 \ 第 4 章 \ 4.3.1\ 跑酷 .wmv），如图 4-102 所示。

（2）在视频素材上单击鼠标右键，在弹出的快捷菜单中执行“复制”命令，将鼠标指针放置到视频素材的后方，然后单击以粘贴素材，如图 4-103 所示。

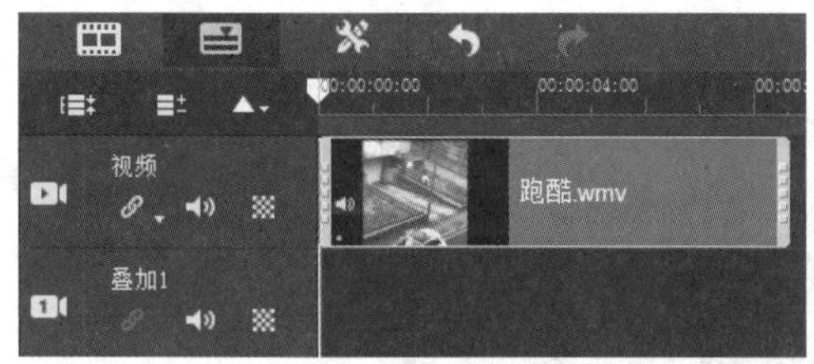

图 4-102

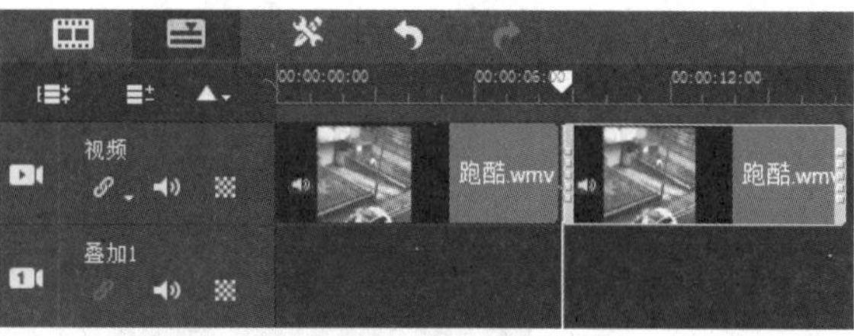

图 4-103

（3）打开选项面板，单击“速度 / 时间流逝”按钮，如图 4-104 所示。

（4）弹出“速度 / 时间流逝”对话框，设置“速度”参数为 50，如图 4-105 所示，单击“确定”按钮完成设置。

图 4-104

图 4-105

（5）此时可以看到时间轴面板中复制的视频增加了长度，制作了人物慢动作效果，如图 4-106 所示。

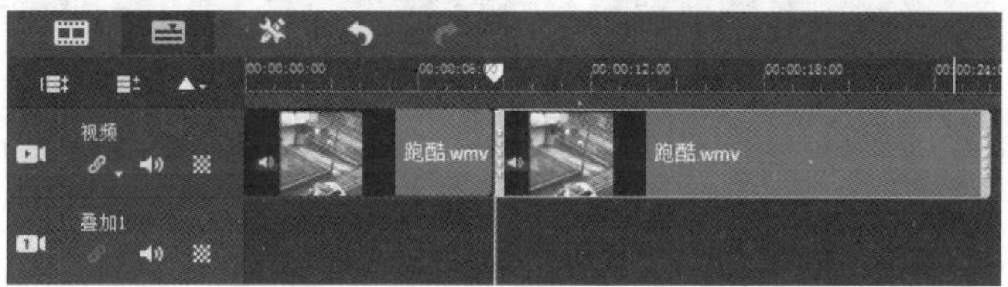

图 4-106

（6）单击导航面板中的“播放修整后的素材”按钮，预览最终效果，如图 4-107 所示。

图 4-107

4.3.2 掌握素材的排序方式

1. 按名称排序

按名称排序是指按照素材的名称排列媒体素材。单击素材库上方的“对素材库中的素材排序”

按钮，在弹出的下拉列表中选择“按名称排序”选项，如图 4-108 所示。完成上述操作后，素材库中的素材即可按照素材的名称进行排序，如图 4-109 所示。

图 4-108

图 4-109

2. 按类型排序

按类型排序是指按照素材的类型排列媒体素材。单击素材库上方的“对素材库中的素材排序”按钮，在弹出的下拉列表中选择“按类型排序”选项，如图 4-110 所示。完成上述操作后，素材库中的素材将按照素材的类型进行排序，如图 4-111 所示。

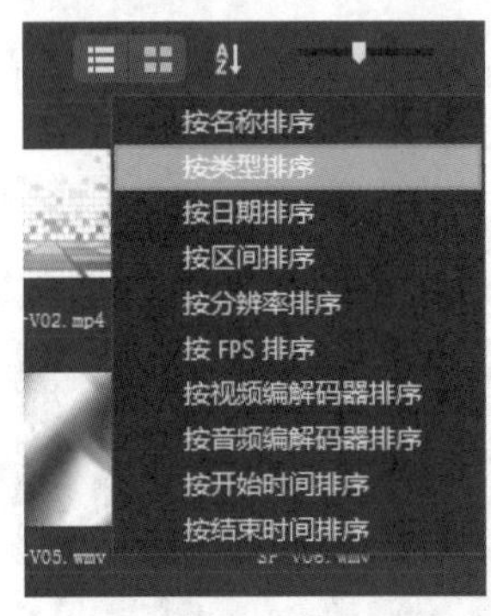

图 4-110

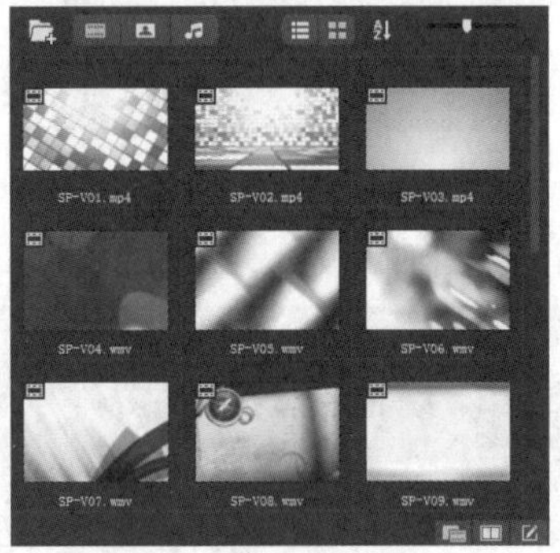

图 4-111

3. 按日期排序

按日期排序是指按照素材的使用或编辑日期排列媒体素材。单击素材库上方的“对素材库中的素材排序”按钮，在弹出的下拉列表中选择“按日期排序”选项，如图 4-112 所示。完成上述操作后，素材库中的素材将按照素材的使用日期进行排序，如图 4-113 所示。

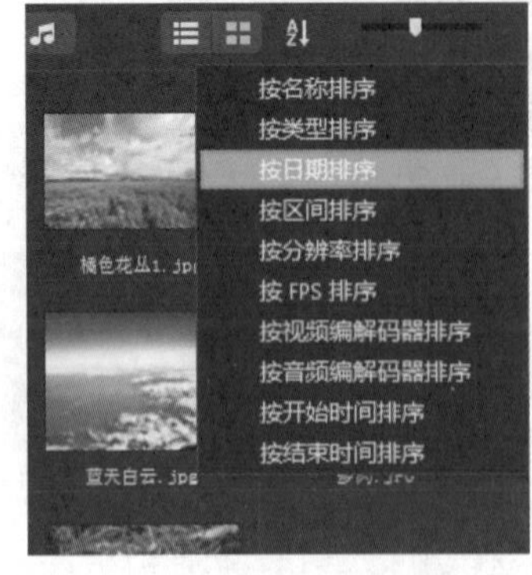

图 4-112

图 4-113

4.3.3 设置素材的显示模式

会声会影包含仅略图、仅文件名及略图和文件名 3 种素材显示模式。

1. 仅略图显示

在会声会影中修整素材前，用户可以根据自己的需要将时间轴面板中的缩略图设置成不同的显示模式。

进入会声会影 2019，在时间轴面板的视频轨中插入一张图像素材，如图 4-114 所示。此时，视频轨中的素材是以缩略图和文件名的方式显示的，在菜单栏中执行“设置”→“参数选择”命令，如图 4-115 所示。

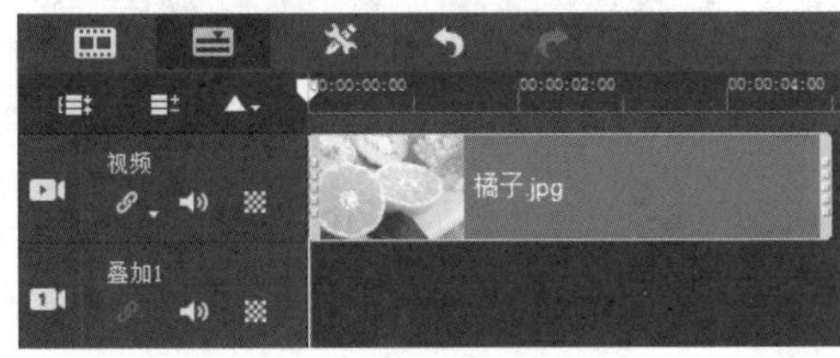

图 4-114

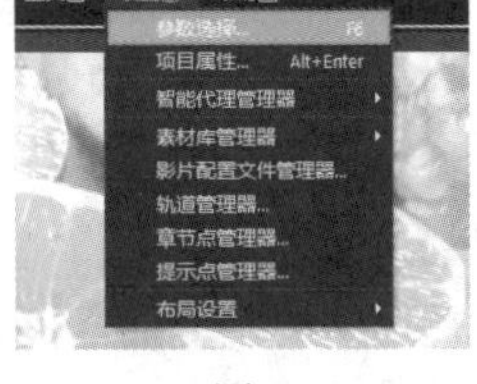

图 4-115

弹出“参数选择”对话框，单击“素材显示模式”右侧的下拉按钮，在弹出的下拉列表中选择“仅略图”选项，如图 4-116 所示。单击“确定”按钮，即可将图像设置为仅缩略图显示模式，如图 4-117 所示。

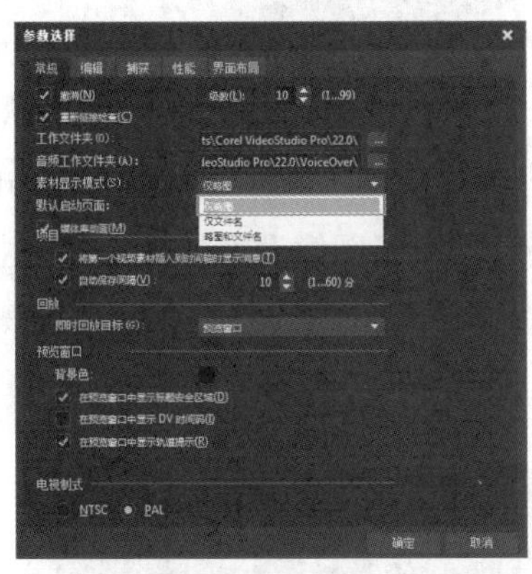

图 4-116

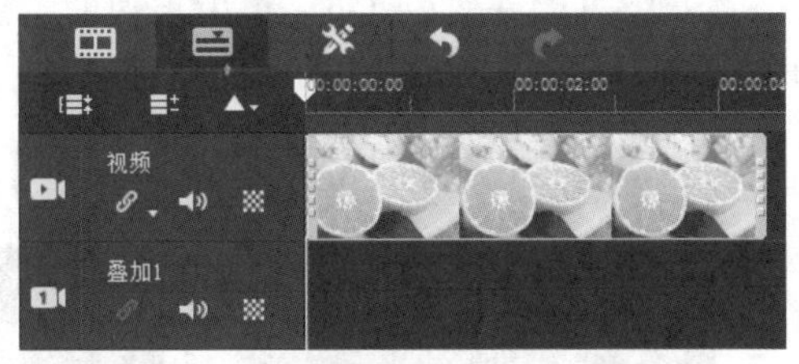

图 4-117

2. 仅文件名显示

在时间轴面板的视频轨中插入图像素材，如图 4-118 所示。此时，视频轨中的素材是以缩略图的方式显示的，在菜单栏中执行“设置”→“参数选择”命令，如图 4-119 所示。

图 4-118

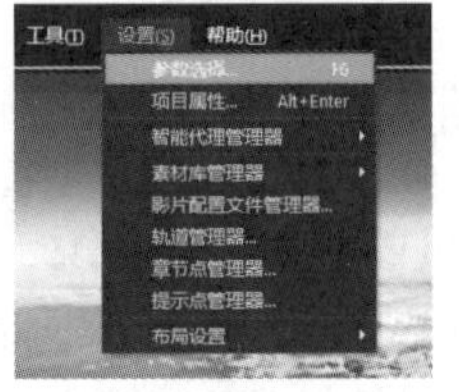

图 4-119

弹出“参数选择”对话框，单击“素材显示模式”右侧的下拉按钮，在弹出的下拉列表中选择“仅文件名”选项，如图 4-120 所示。单击“确定”按钮，即可将图像设置为仅文件名显示模式，如图 4-121 所示。

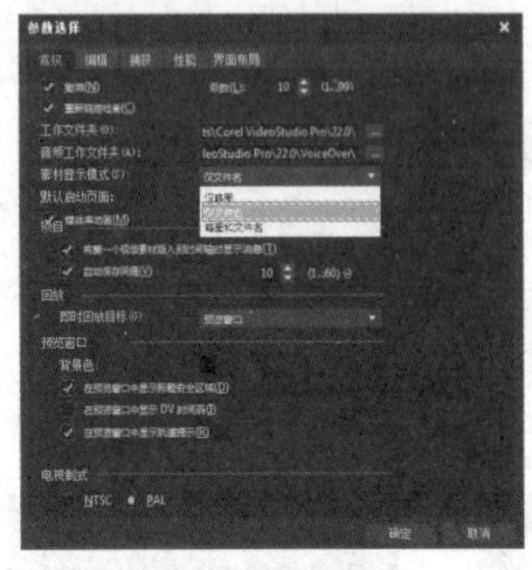

图 4-120

图 4-121

3. 略图和文件名显示

在时间轴面板的视频轨中插入图像素材，如图 4-122 所示。此时，视频轨中的素材是以文件名的方式显示的，在菜单栏中执行“设置”→“参数选择”命令，如图 4-123 所示。

图 4-122

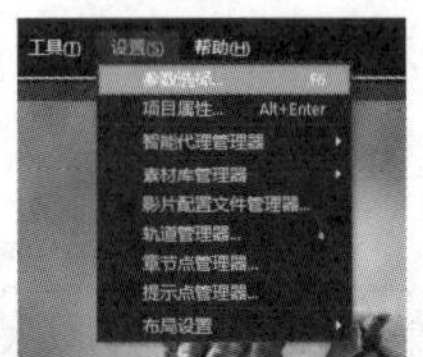

图 4-123

弹出“参数选择”对话框，单击“素材显示模式”右侧的下拉按钮，在弹出的下拉列表中选择“略图和文件名”选项，如图 4-124 所示。单击“确定”按钮，即可将图像设置为略图和文件名同时显示模式，如图 4-125 所示。

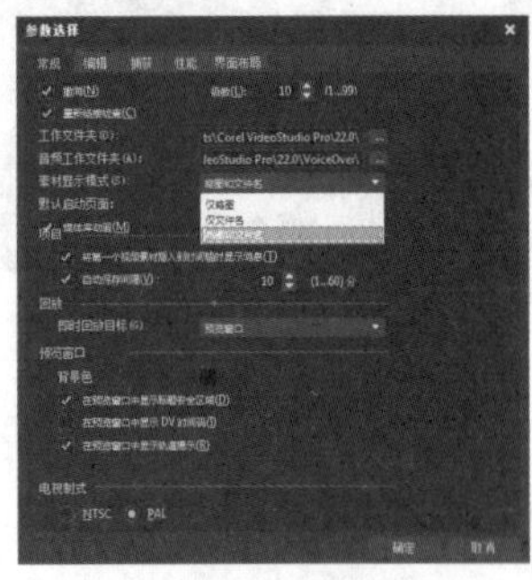

图 4-124

图 4-125

4.3.4 设置视频的回放

在电影中经常可以看到打碎的镜子复原或泼出去的水收回来的效果，在会声会影中也能轻松地制作出这种效果。

进入会声会影 2019，在视频轨中插入一段视频，如图 4-126 所示。在视频素材上单击鼠标右键，在弹出的快捷菜单中执行“复制”命令，如图 4-127 所示。

图 4-126

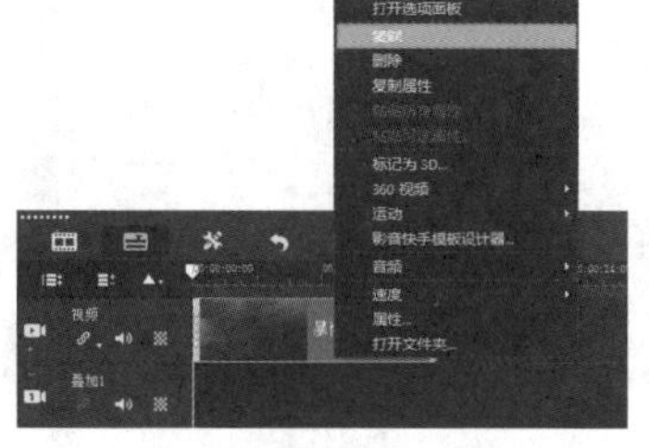

图 4-127

当鼠标指针变成形状时，在视频素材后单击即可粘贴视频，如图 4-128 所示。打开选项面板，选中“反转视频”复选框，如图 4-129 所示。

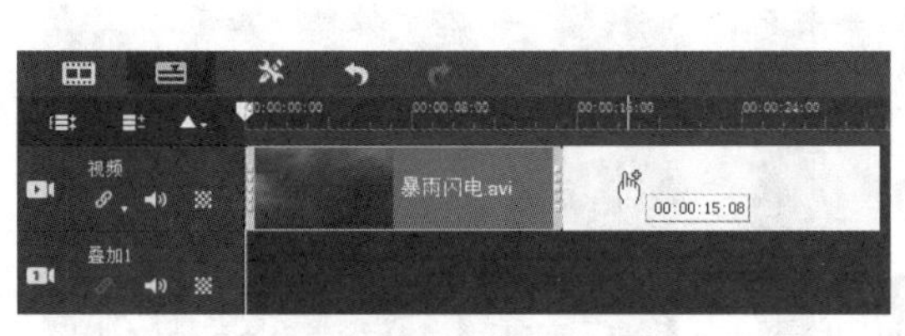

图 4-128

图 4-129

完成操作后，即可回放视频，如图 4-130 所示，视频效果如图 4-131 所示。

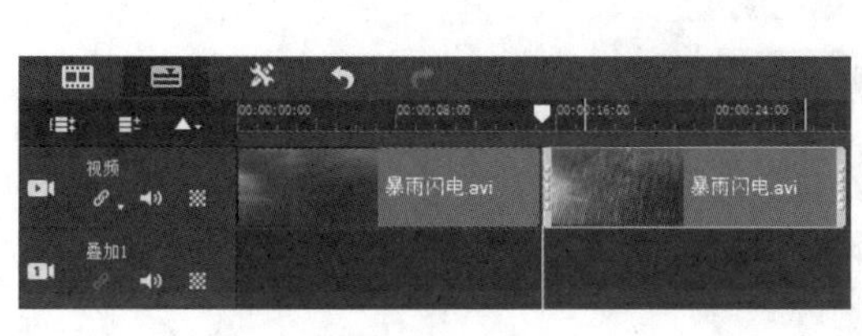

图 4-130

图 4-131

4.3.5 对素材进行变形

在会声会影中，除了可以调整素材的大小外，还可以任意倾斜或扭曲素材，使素材应用得更加自由。

进入会声会影 2019，在视频轨中插入图像素材，如图 4-132 所示。用同样的方法在覆叠轨 1 中插入图像素材，如图 4-133 所示。

图 4-132

图 4-133

选中需要变形的覆叠素材，将鼠标指针移至左下角的绿色调节点上，按住鼠标左键将其向右上方拖曳，如图 4-134 所示。拖曳至合适位置后，释放鼠标左键即可完成左下角调节点的调整，如图 4-135 所示。

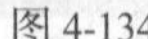
图 4-134　　图 4-135

将鼠标移至图像右下角的调节点上，按住鼠标左键将其向左上方拖动，至合适位置后释放鼠标左键，即可完成右下角调节点的调整，如图 4-136 所示。用同样的方法将素材另外两个节点调整到合适位置，如图 4-137 所示。

图 4-136　　图 4-137

完成上述操作后，便完成了素材的变形操作，单击导航面板中的“播放修整后的素材”按钮，即可预览最终效果，如图 4-138 所示。

图 4-138

4.3.6 通过色调校正素材画面颜色

在会声会影中，当用户对图像色彩不满意时，可以对其进行修整，得到自己想要的效果。

在视频轨中插入一张图像素材，如图 4-139 所示。打开选项面板，选择“颜色”选项卡，如图 4-140 所示。

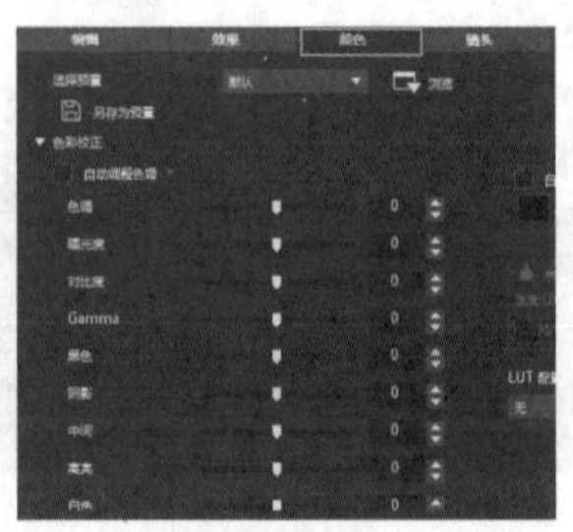

图 4-139　　图 4-140

拖曳“色调”滑块调整参数为 -65，如图 4-141 所示。在预览窗口中可看到更改色调后的素材图像颜色效果，如图 4-142 所示。

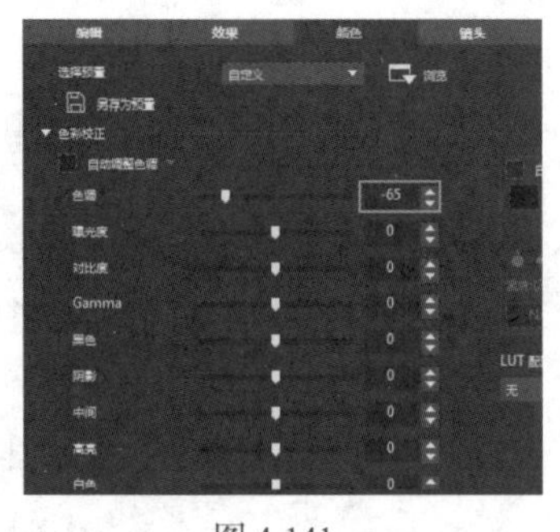
图 4-141

图 4-142

提示

调整色调能调整画面颜色，调整饱和度能调整图像的色彩浓度，调整亮度能调整图像的明暗，调整对比度能调整图像明暗对比，调整 Gamma 值能调整图像明暗平衡。

4.4 课堂练习——添加圣诞老人素材

【知识要点】通过“对象”素材库加载外部的对象素材，为圣诞卡片添加圣诞老人素材，以丰富画面，如图 4-143 所示。

【所在位置】素材 \ 第 4 章 \ 4.4\ 添加圣诞老人素材 .VSP

图 4-143

4.5 课后习题——替换花的照片

【知识要点】在会声会影中用照片制作电子相册视频时，如果用户对视频轨中的照片素材不满意，则可以将照片素材替换为自己满意的素材。将花的照片替换成另一张照片素材，如图 4-144 所示。

【所在位置】素材 \ 第 4 章 \ 4.5\ 替换花照片 .VSP

图 4-144

第5章 剪辑视频素材

本章介绍

当一个视频制作成半成品时，我们需要对视频进行剪辑处理，这样才能让我们的视频效果达到最佳。本章主要介绍在会声会影中对素材进行场景分割、修剪等操作。

课堂学习目标

- 掌握剪辑视频素材的多种方法
- 掌握分割视频的方法
- 掌握多重修整视频素材的方法
- 掌握剪辑单一素材的方法

5.1 剪辑视频素材的多种方法

在会声会影中，用户可以对视频素材进行相应的剪辑。剪辑视频素材在视频制作中起着极为重要的作用，用户可以去除视频素材中不需要的部分，并将最精彩的部分应用到视频中。掌握一些常用的视频剪辑的方法，可以制作出更为流畅、完美的视频。

5.1.1 课堂案例——剪辑泡泡紫视频

【学习目标】掌握通过按钮剪辑视频的方法。

【知识要点】在会声会影中，其中一个剪辑视频的方法就是通过按钮来进行视频剪辑。将一段已经制作好的泡泡紫视频进行剪辑，分割为 3 个部分，只播放需要的一个片段，如图 5-1 所示。

【所在位置】素材 \ 第 5 章 \ 5.1.1\ 剪辑泡泡紫视频 .VSP

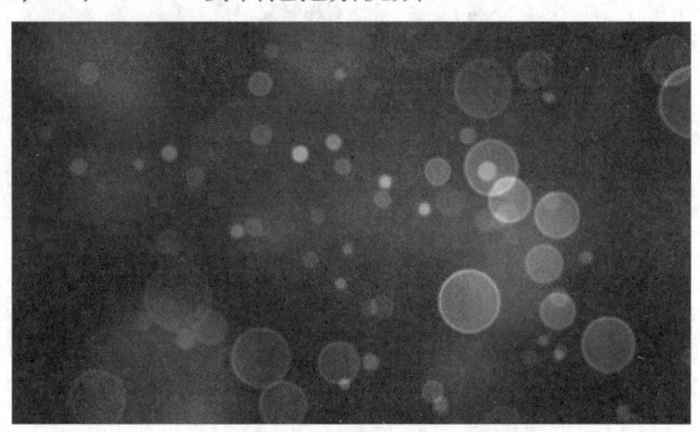

图 5-1

（1）进入会声会影 2019，在素材库中选择一个视频插入视频轨中（素材 \ 第 5 章 \5.1.1\ 泡泡紫 .WMV），如图 5-2 所示。

（2）在导航面板中，拖曳标记至合适位置，单击“根据滑轨位置分割素材”按钮标记素材起始位置，如图 5-3 所示。

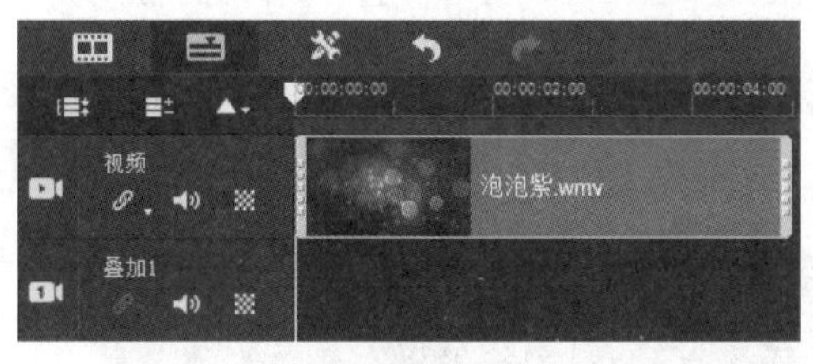

图 5-2

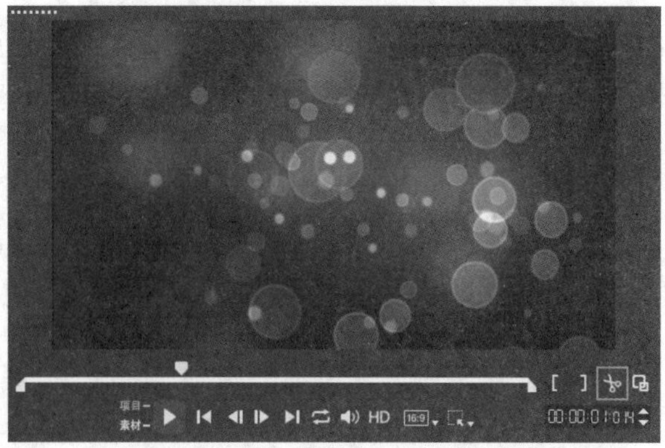

图 5-3

（3）用同样的方法，设置素材结束点位置，如图 5-4 所示。

（4）完成操作后，在故事板视图中可以看到素材被分割成了 3 个部分，如图 5-5 所示。

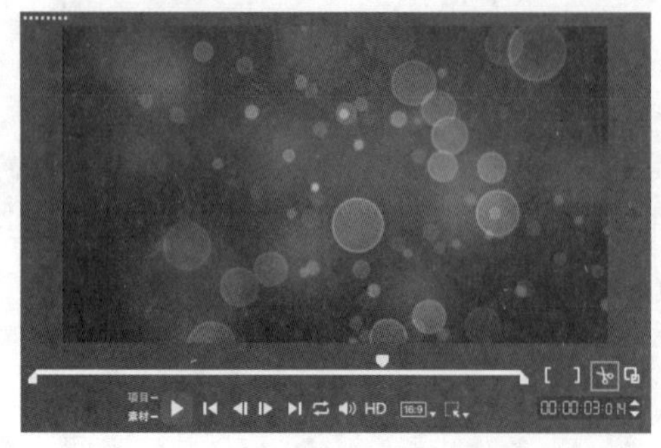

图 5-4

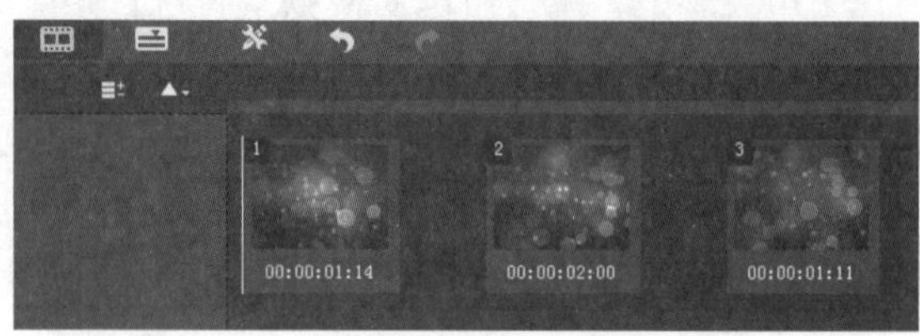

图 5-5

（5）单击导航面板中的“播放修整后的素材”按钮，即可预览视频的最终效果，如图 5-6 所示。

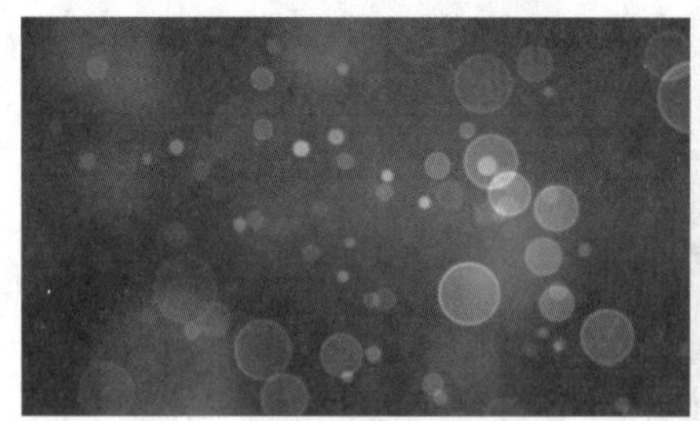

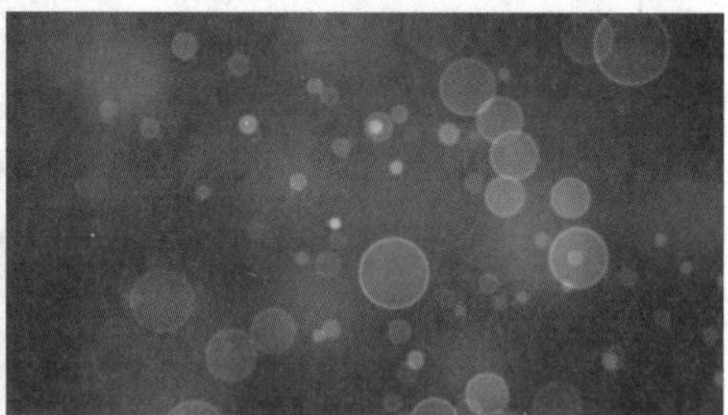

图 5-6

5.1.2 通过按钮剪辑视频

在会声会影中，用户可以单击“根据滑轨位置分割素材”按钮来剪辑视频素材。进入会声会影 2019，在时间轴中插入一段视频素材，如图 5-7 所示。在时间轴视图中将时间线移到 00:00:02:00 处，如图 5-8 所示。

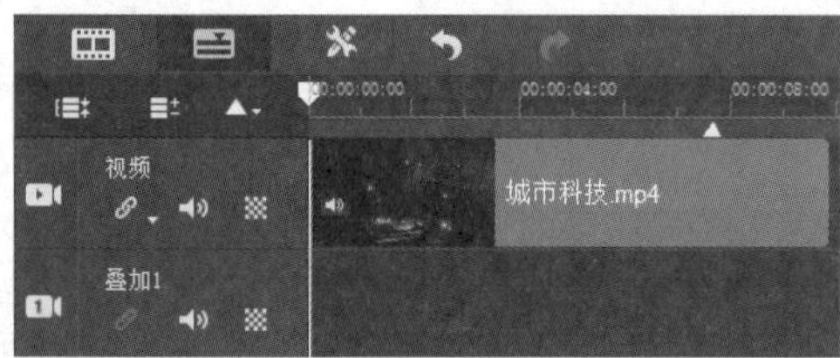

图 5-7

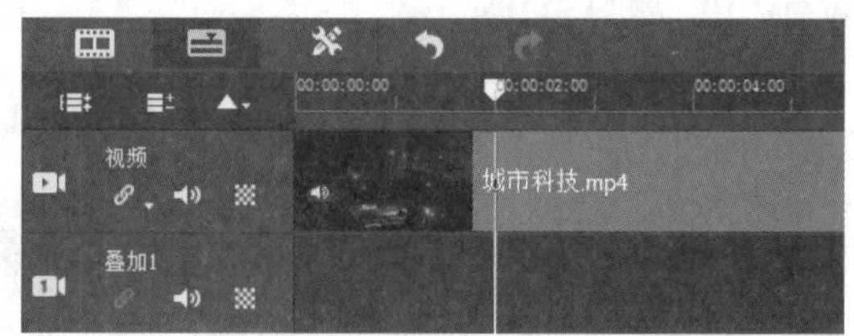

图 5-8

在导航面板中，单击“根据滑轨位置分割素材”按钮，如图 5-9 所示。完成操作后，视频素材即被分割为两段，如图 5-10 所示。

图 5-9

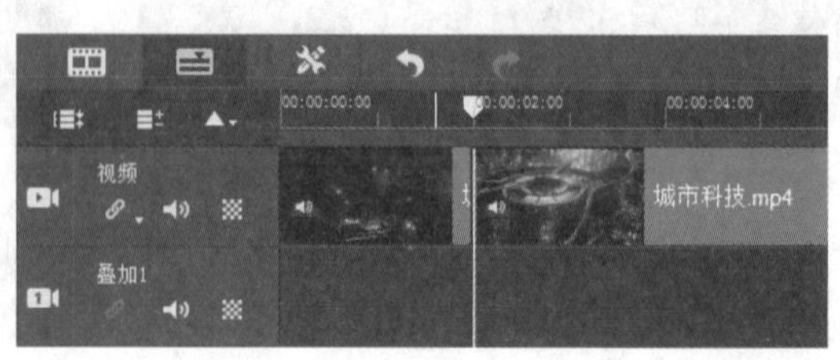

图 5-10

提示

在会声会影中，单击“根据滑轨位置分割素材”按钮后，如果想撤销该剪辑操作，可以按 Ctrl+Z 组合键还原到之前的状态。

在时间轴面板的视频轨中，将时间线移至 00:00:04:00 处，如图 5-11 所示。

在导航面板中，单击“根据滑轨位置分割素材”按钮，再次对视频素材进行分割，如图 5-12 所示。

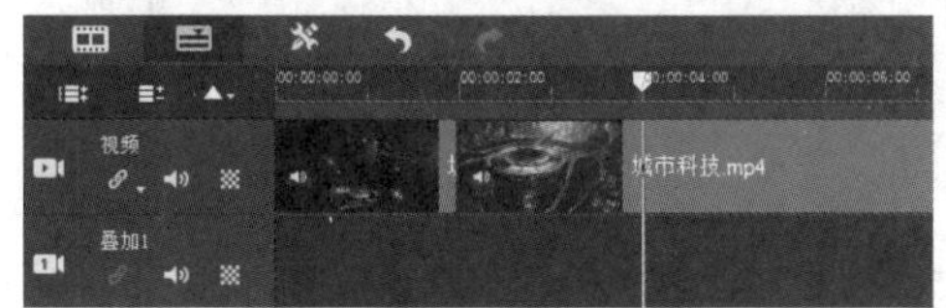

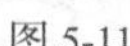
图 5-11

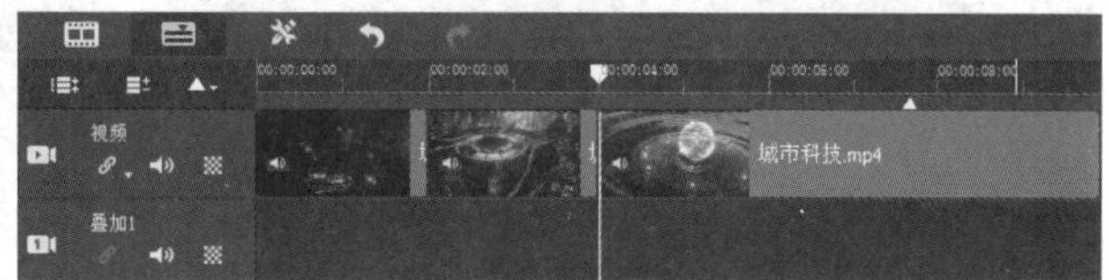

图 5-12

5.1.3 通过时间轴剪辑视频

在会声会影中，通过时间轴剪辑视频素材也是一种常用的方法，该方法主要通过单击“开始标记”按钮和“结束标记”按钮来实现对视频素材的剪辑操作。

进入会声会影 2019，在视频轨中插入一段视频素材，如图 5-13 所示，在时间轴面板中，将时间线移至 00:00:02:00 处，如图 5-14 所示。

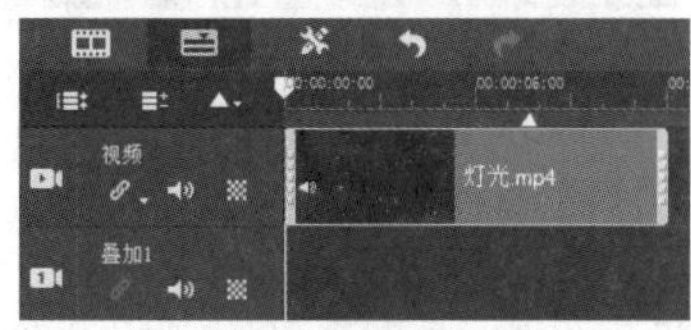

图 5-13

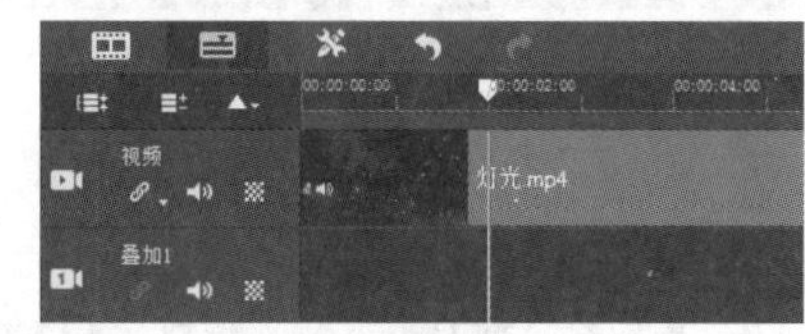

图 5-14

在导航面板中单击“开始标记”按钮，如图 5-15 所示。

图 5-15

此时，在视频轨上方会显示一条橘红色线条，如图 5-16 所示。

图 5-16

在时间轴面板中，再次将时间线移至 00:00:04:00 处，如图 5-17 所示。

在导航面板中单击“结束标记”按钮，确定视频的终点位置，如图 5-18 所示。

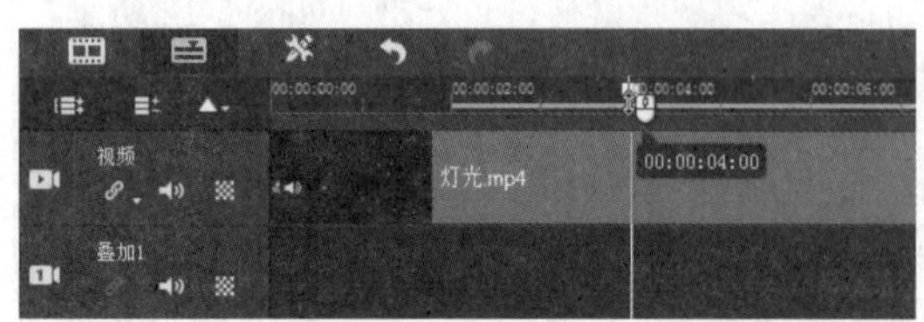

图 5-17

图 5-18

此时，视频片段中选定的区域将以橘红色线条表示，如图 5-19 所示。

图 5-19

提示

在时间轴面板中，将时间线定位到视频片段中的相应位置，按 F3 键，可以快速设置开始标记；按 F4 键，可以快速设置结束标记。

在导航面板中单击“播放”按钮，预览剪辑后的视频效果如图 5-20 所示。

图 5-20

5.1.4 通过修整标记剪辑视频

在会声会影中，用户也可以通过修整标记来剪辑视频素材。在视频轨中插入一段视频素材，用户可以在视频轨中查看视频素材的长度，如图 5-21 所示。

图 5-21

在导航面板中，将鼠标指针移至滑轨起始修整标记上，此时鼠标指针呈双向箭头形状，如图 5-22 所示。在起始修整标记上按住鼠标左键并向右拖曳，至合适位置后释放鼠标左键，即可完成视频起始片段的剪辑，如图 5-23 所示。

图 5-22

图 5-23

在导航面板中，将鼠标指针移至滑轨结束修整标记上，如图 5-24 所示。在结束修整标记上按住鼠标左键并向左拖曳，至合适位置后释放鼠标左键，即可完成视频结束片段的剪辑，如图 5-25 所示。

图 5-24

图 5-25

在时间轴面板的视频轨中，视频片段中选定的区域将以橘红色线条表示，如图 5-26 所示。

图 5-26

5.1.5 通过直接拖曳剪辑视频

在会声会影中，较为快捷的视频剪辑方法是在素材缩略图上直接对视频素材进行剪辑。在视频轨中插入一段视频素材，在视频轨中可以查看视频素材的长度，如图 5-27 所示。

在视频轨中，将鼠标指针移至视频素材的末端位置，此时鼠标指针呈双向箭头形状，如图 5-28 所示。

图 5-27

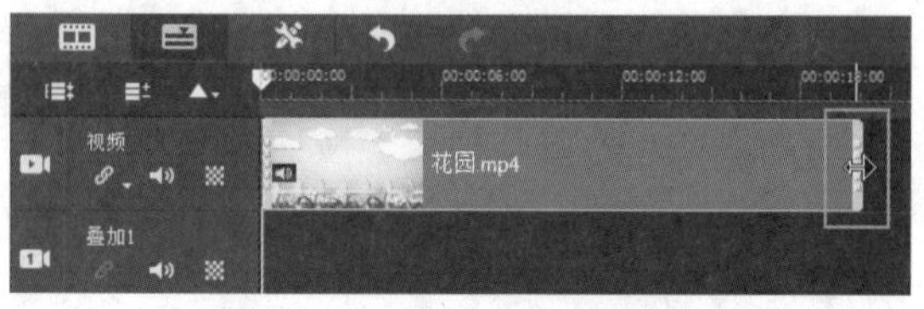

图 5-28

在视频末端位置处，按住鼠标左键并向左拖曳，显示的虚线框表示视频剪辑后剩余的部分，如图 5-29 所示。

释放鼠标左键即可完成视频末端位置的剪辑，如图 5-30 所示。

图 5-29

图 5-30

5.2 按场景分割视频

在会声会影中，使用按场景分割功能可以将不同场景下拍摄的视频内容分割成多个不同的视频片段。

5.2.1 课堂案例——分割多段视频

【学习目标】掌握分割视频画面的方法。

【知识要点】用户可以将视频轨中的视频素材进行分割，使其变为多个小段的视频，然后为每个小段视频制作相应特效，如图 5-31 所示。

【所在位置】素材 \ 第 5 章 \ 5.2.1\ 分割多段视频 .VSP

图 5-31

（1）进入会声会影 2019，在时间轴面板的视频轨中插入一段视频素材（素材 \ 第 5 章 \5.2.1\ 小菊花 .mp4），如图 5-32 所示。

（2）在视频轨中将时间线移至需要分割素材的位置，如图 5-33 所示。

图 5-32

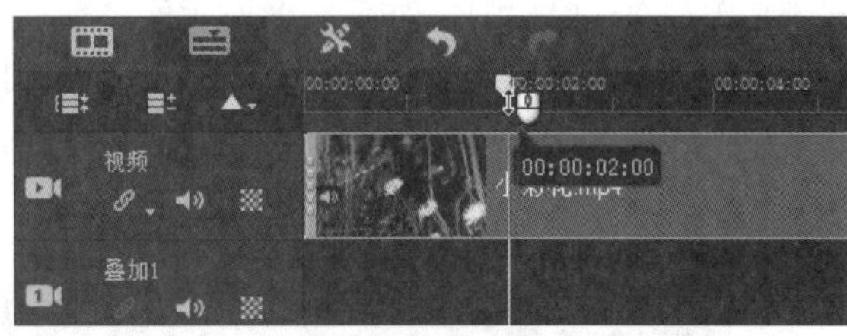

图 5-33

（3）在视频轨中的视频素材上单击鼠标右键，在弹出的快捷菜单中执行“分割素材”命令，如图 5-34 所示。

（4）在时间轴面板中的时间线位置，将视频素材分割成了两段，如图 5-35 所示。

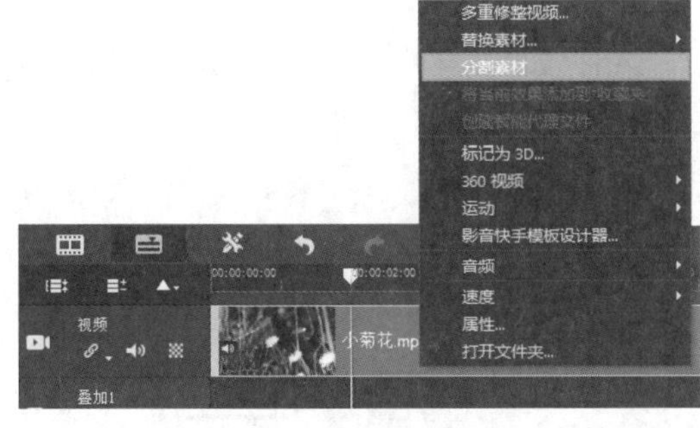

图 5-34

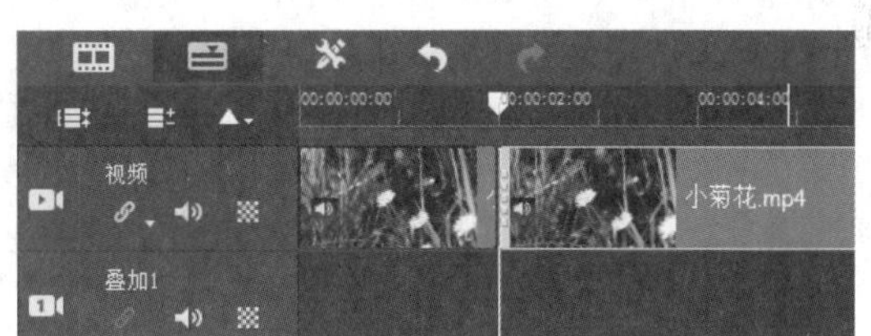

图 5-35

（5）用与上面同样的操作方法，再次对视频轨中的视频进行分割，如图 5-36 所示。

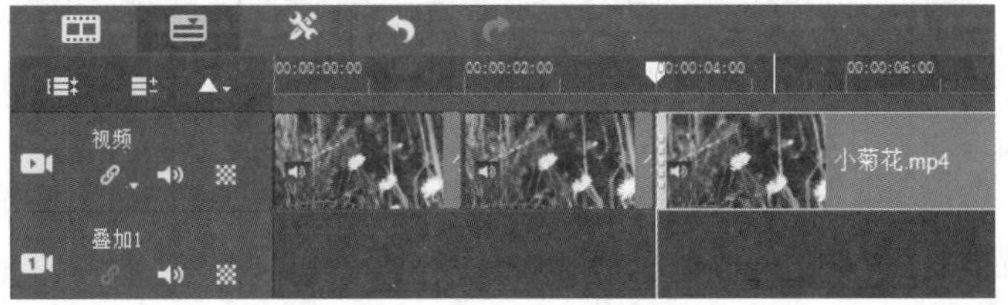

图 5-36

（6）素材分割完成后，单击导航面板中的“播放修整后的素材”按钮，预览视频效果如图 5-37 所示。

图 5-37

5.2.2 按场景分割

利用按场景分割功能可以将不同场景下拍摄的视频捕获成不同的文件。进入会声会影 2019，在视频轨中插入一段视频，如图 5-38 所示。

展开选项面板，单击“按场景分割”按钮，如图 5-39 所示。

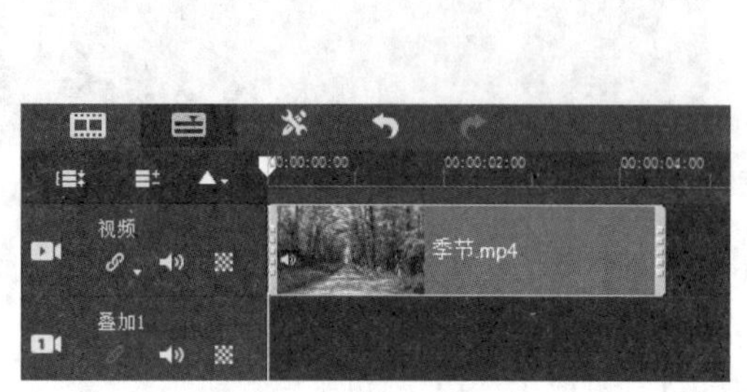

图 5-38

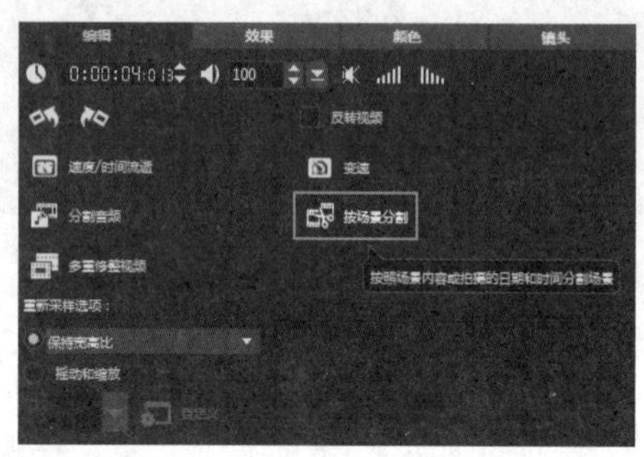

图 5-39

弹出“场景”对话框，在该对话框中单击“选项”按钮，如图 5-40 所示。在打开的对话框中设置“敏感度”为 50，如图 5-41 所示，单击“确定”按钮回到“场景”对话框。

图 5-40

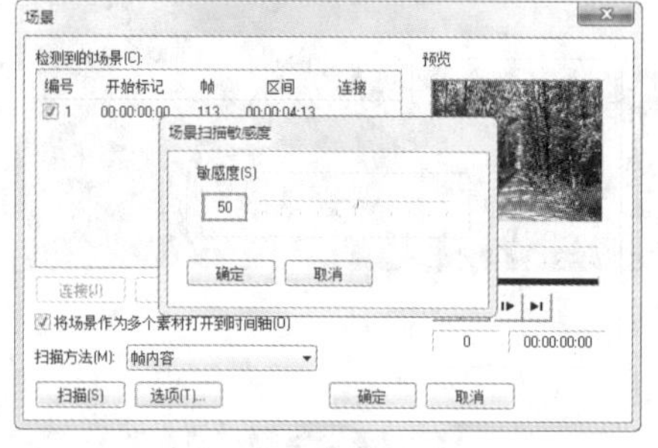

图 5-41

单击“扫描”按钮，即可根据视频中的场景变化进行扫描，扫描结束后按照编号显示出段落，如图 5-42 所示。单击“确定”按钮，视频轨中的视频素材就已经按照场景完成分割了，如图 5-43 所示。

图 5-42

图 5-43

“场景”对话框中各主要选项的含义如下。

- 连接：单击该按钮，可以将多个不同的场景进行连接、合成。
- 分割：单击该按钮，可以将多个不同的场景进行分割。
- 重置：单击该按钮，可以将已经扫描的视频场景恢复到未分割前的状态。

- 将场景作为多个素材打开到时间轴：选中该复选框，可以将场景片段作为多个素材插入时间轴面板中，并进行应用。
- 扫描方法：在该下拉列表中，用户可以选择视频扫描的方法，默认选项为“帧内容”。
- 扫描：单击该按钮，可以开始对视频素材进行扫描。
- 选项：单击该按钮，可以设置检测视频场景时的敏感度值。
- 预览：在预览区域内，可以预览扫描的视频场景片段。

5.2.3 通过素材库分割场景

在会声会影中，按场景分割视频功能非常强大，制作专业的视频时，这个功能也是常用到的。下面将介绍如何在素材库中分割场景。

进入“媒体”素材库，在素材库中的空白位置上单击鼠标右键，在弹出的快捷菜单中执行“插入媒体文件”命令，如图 5-44 所示。弹出“浏览媒体文件”对话框，在其中选择需要按场景分割的视频素材，如图 5-45 所示。

图 5-44

图 5-45

单击“打开”按钮，即可在素材库中添加选择的视频素材，如图 5-46 所示。选中需要分割的视频文件，单击鼠标右键，在弹出的快捷菜单中执行“按场景分割”命令，如图 5-47 所示。

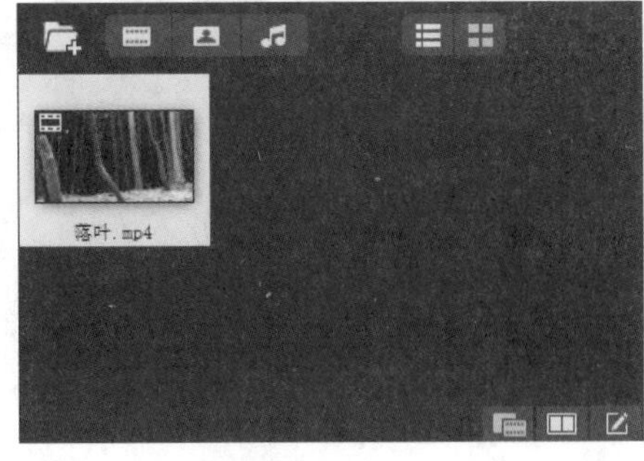

图 5-46

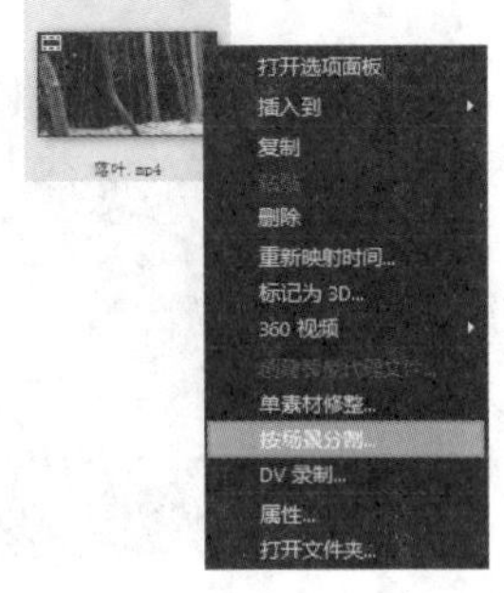

图 5-47

执行命令后，弹出“场景”对话框，其中显示了一个视频片段，单击左下角的“扫描”按钮，如图 5-48 所示。稍等片刻，即可扫描出视频中的多个不同场景，如图 5-49 所示。

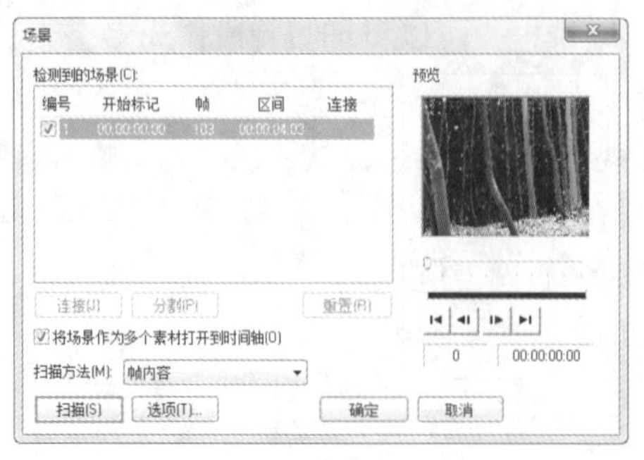

图 5-48

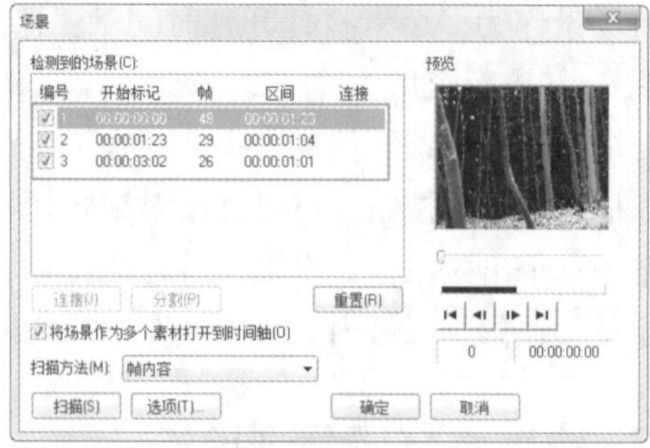

图 5-49

完成上述操作后，单击“确定”按钮，即可在素材库中显示按照场景分割的 3 个视频素材，如图 5-50 所示。

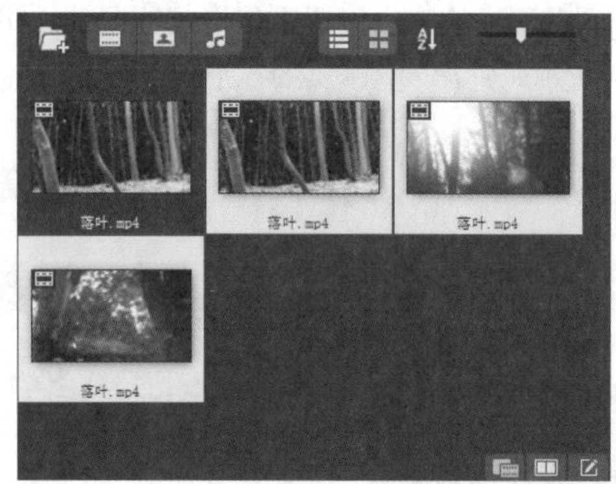

图 5-50

5.2.4 通过故事板分割场景

在会声会影中，用户不仅能够在素材库中分割场景，还可以在故事板中分割场景。

在故事板中插入一段视频素材，如图 5-51 所示。选中需要分割的视频文件，在菜单栏中执行“编辑”→“按场景分割”命令，如图 5-52 所示。

图 5-51

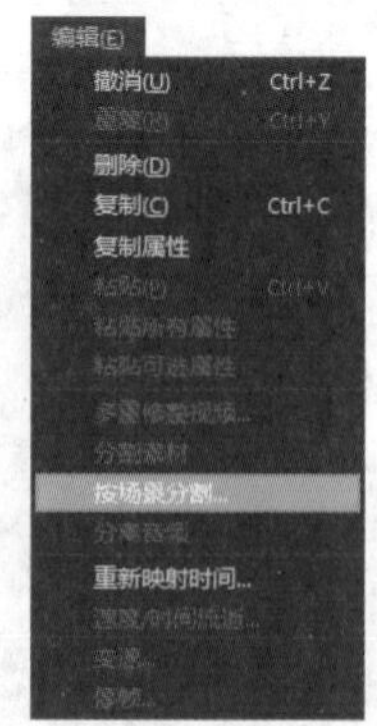

图 5-52

弹出“场景”对话框，单击“扫描”按钮，如图 5-53 所示，然后开始扫描视频中的场景变化，扫描结束后将按照编号显示出分割的视频片段，如图 5-54 所示。

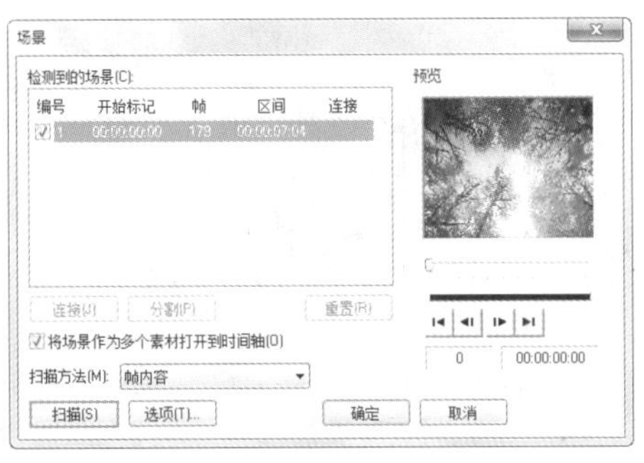

图 5-53

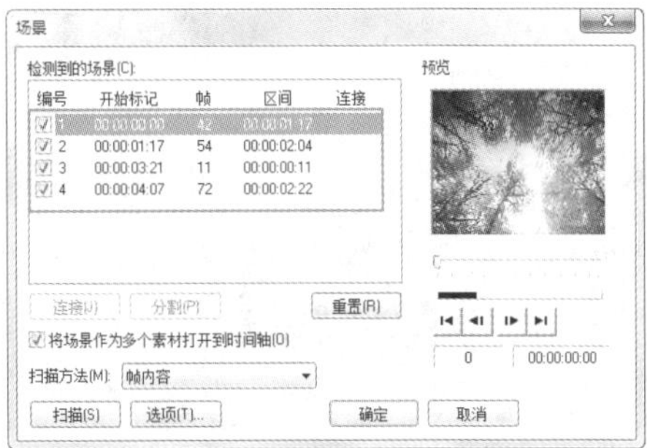

图 5-54

分割完成后，单击“确定”按钮，在故事板中会显示分割的多个场景片段，如图 5-55 所示。

图 5-55

切换至时间轴视图，在视频轨中也可以查看分割的视频效果，如图 5-56 所示。

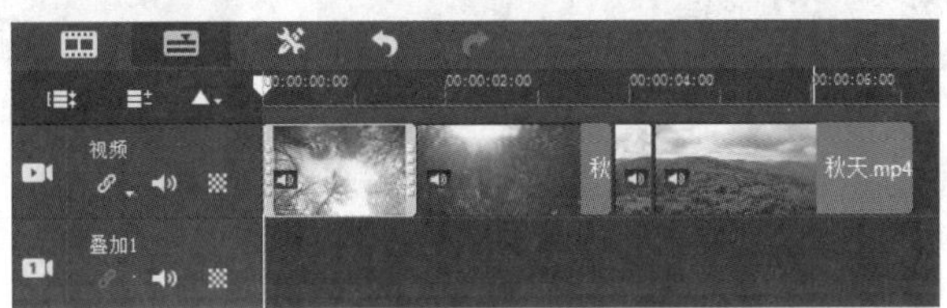

图 5-56

5.3 视频素材的多重修整

“多重修整视频”功能相对“按场景分割”功能而言更为灵活，还可以在已经标记了起始点和终点的修整素材上进行更为精细的修整。

5.3.1 课堂案例——修整猫咪视频

【学习目标】掌握多重修整影片的方法。

【知识要点】要想从一段视频中间一次性修整出多段视频片段，可使用“多重修整视频”功能，创建出不同场景的多个视频，如图 5-57 所示。

【所在位置】素材 \ 第 5 章 \ 5.3.1\ 修整猫咪视频 .VSP

图 5-57

（1）进入会声会影 2019，在视频轨中插入一段视频文件（素材 \ 第 5 章 \5.3.1\ 猫咪 .mp4），如图 5-58 所示。

（2）单击“显示选项面板”按钮，展开“编辑”选项面板，单击“多重修整视频”按钮，如图 5-59 所示。

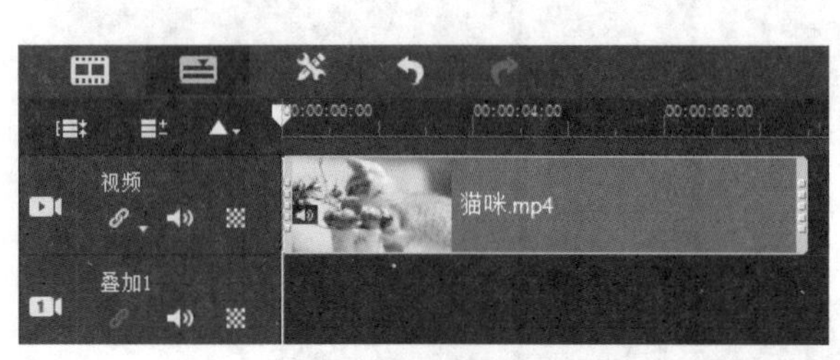

图 5-58

图 5-59

（3）弹出“多重修整视频”对话框，在其中单击“设置开始标记”按钮，标记视频的起始位置，如图 5-60 所示。

（4）单击“播放”按钮，播放至合适位置后，单击“暂停”按钮。单击“设置结束标记”按钮，确定素材结束位置，选定的区间将显示在对话框下方的下拉列表中，如图 5-61 所示。

图 5-60

图 5-61

（5）单击预览窗口下方的“播放”按钮，查找下一个区间的起始位置，至适当位置后单击“暂停”按钮。单击“设置开始标记”按钮，标记素材的开始位置，如图 5-62 所示。

（6）单击“播放”按钮，查找区间结束位置，播放到适当位置后单击“设置结束标记”按钮，确定素材结束位置，在对话框下方的列表中将显示选定的区间，如图 5-63 所示。

图 5-62

图 5-63

（7）单击“确定”按钮，返回会声会影工作界面，在视频轨中显示了刚剪辑的两个视频片段，如图 5-64 所示。

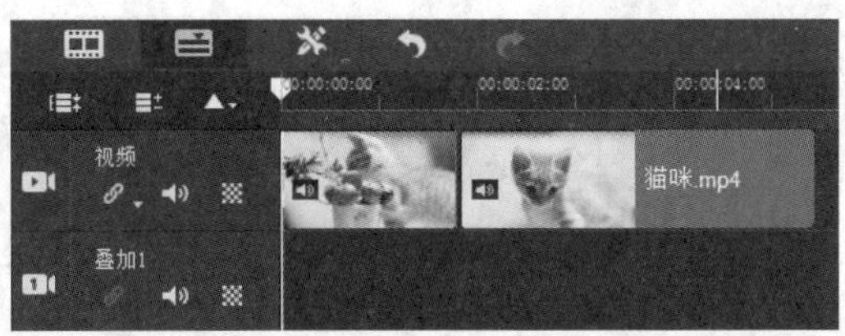

图 5-64

（8）单击导航面板中的“播放修整后的素材”按钮，即可预览视频的最终效果，如图 5-65 所示。

图 5-65

5.3.2 熟悉多重修整视频

在多重修整视频之前，需要先打开“多重修整视频”对话框，其方法很简单，执行“多重修整视频”命令即可。将视频素材添加至素材库中，然后将素材拖曳至故事板中，在视频素材上单击鼠标右键，在弹出的快捷菜单中执行“多重修整视频”命令，如图 5-66 所示，或在菜单栏中执行“编辑”→“多重修整视频”命令，如图 5-67 所示。

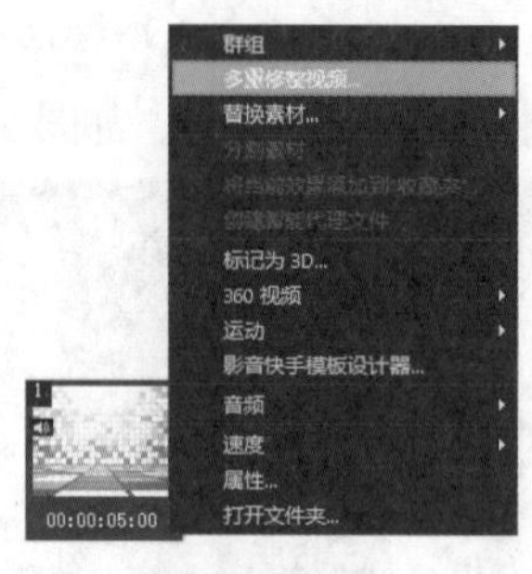

图 5-66

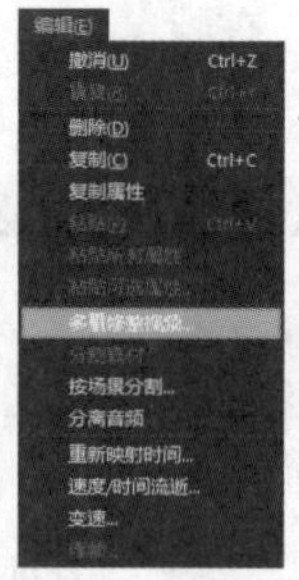

图 5-67

执行命令后，弹出“多重修整视频”对话框，拖曳对话框下方的滑块，即可预览视频画面，如图 5-68 所示。

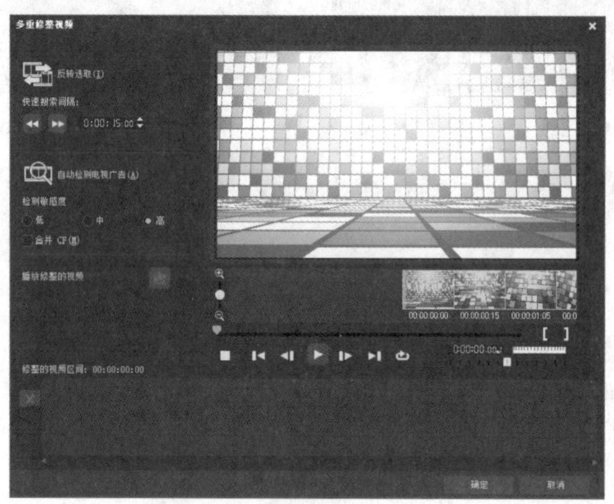

图 5-68

“多重修整视频”对话框中各主要选项的含义如下。

- 反转选取：可以反向选取视频素材的片段。
- 向后搜索：可以将时间线定位到视频第 1 帧的位置。
- 向前搜索：可以将时间线定位到视频最后 1 帧的位置。
- 自动检测电视广告：可以自动检测视频片段中的电视广告。
- 检测敏感度：在该选项组中，包含低、中、高 3 种敏感度设置，用户可根据实际需要进行相应选择。
- 仅播放修整的视频：可以播放修整后的视频片段。
- 修整的视频区间：在该列表框中，显示了修整的多个视频片段文件。
- 设置开始标记：可以设置视频的开始标记位置。
- 设置结束标记：可以设置视频的结束标记位置。
- 转到特定的时间码 0:00:01:00：可以转到特定的时间码位置，在精确剪辑视频帧位置时非常有效。

5.3.3 快速搜索视频间隔

在“多重修整视频”对话框中，设置“快速搜索间隔”为“0:00:04:00”，如图 5-69 所示。单击“向前搜索”按钮，如图 5-70 所示，即可快速搜索视频间隔。

图 5-69

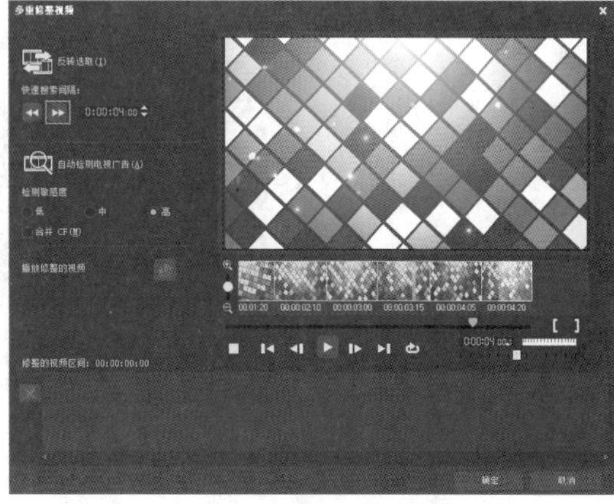

图 5-70

5.3.4 标记视频素材片段

在“多重修整视频”对话框中进行相应的设置，即可标记视频片段的起点和终点，以修整视频素材。在“多重修整视频”对话框中，将滑块拖曳至合适位置后，单击“设置开始标记”按钮，确定视频的起始点，如图 5-71 所示。

单击预览窗口下方的“播放”按钮，播放视频素材，至合适位置后单击“暂停”按钮。单击“设置结束标记”按钮，确定视频的终点，选定的区间即可显示在对话框下方的下拉列表中，完成标记第 1 个修整片段起点和终点的操作，如图 5-72 所示。

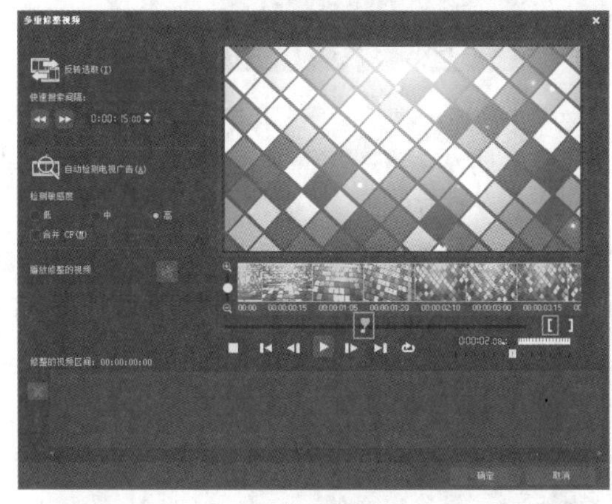

图 5-71

图 5-72

5.3.5 删除所选视频文件

如果对标记的视频素材片段不满意，想要删除所标记的视频素材片段，可以在对话框下方的下拉列表中选中该视频素材片段，单击其左侧的“删除所选素材”按钮，如图 5-73 所示。

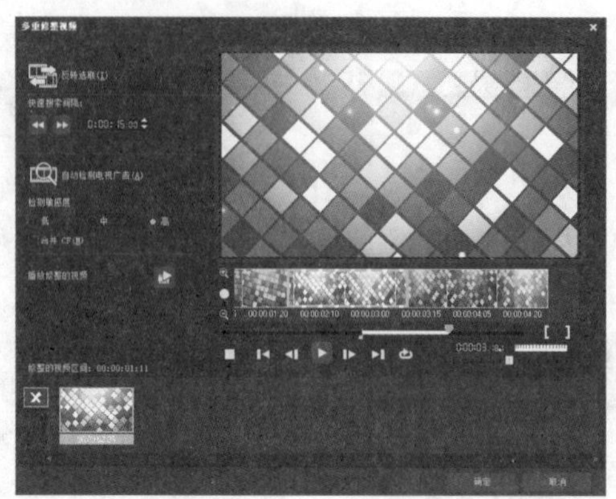

图 5-73

5.3.6 修整更多视频片段

在会声会影中，可以在“多重修整视频”对话框中修整更多的片段。比起一般的剪辑功能，“多重修整视频”功能可以实现多段剪辑，也就是说可以更方便快捷地把视频中好的部分多段保留下来。

在视频轨中插入视频，如图 5-74 所示。单击“显示选项面板”按钮，展开“编辑”选项面板，单击“多重修整视频”按钮，如图 5-75 所示。

图 5-74

图 5-75

执行命令后，弹出“多重修整视频”对话框，如图 5-76 所示。在“多重修整视频”对话框中拖动滑块，单击“设置开始标记”按钮标记起始位置，如图 5-77 所示。

图 5-76

图 5-77

单击预览窗口下方的“播放”按钮查看视频素材，至合适位置后单击“暂停”按钮，如图 5-78 所示。单击对话框右侧的“设置结束标记”按钮，确定视频的终点位置，如图 5-79 所示。

图 5-78

图 5-79

用同样的方法进行多次修整后，在对话框下方将显示出修剪的视频，如图 5-80 所示，单击“确定”按钮完成多重修整操作，返回会声会影工作界面，在时间轴面板中即可看到已修剪出的视频片段，如图 5-81 所示。

图 5-80

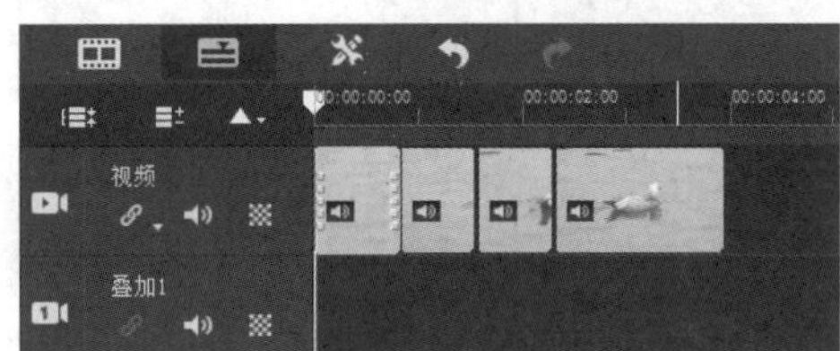

图 5-81

5.3.7 精确标记视频片段

在会声会影中，用户不仅能够在“多重修整视频”对话框中修整更多片段，还可以在对话框中精确标记片段。

在视频轨中插入一段视频素材，如图 5-82 所示。在视频素材上单击鼠标右键，在弹出的快捷菜单中执行“多重修整视频”命令，如图 5-83 所示。

图 5-82

图 5-83

执行命令后，弹出“多重修整视频”对话框，单击“设置开始标记”按钮，标记视频的起始位置，如图 5-84 所示。在“转到特定时间码”数值框中输入“0:00:04:00”，将时间线定位到视频中第 4 秒的位置处，如图 5-85 所示。

图 5-84

图 5-85

单击“设置结束标记”按钮，选定的区间将显示在对话框下方的下拉列表中，如图 5-86 所示。继续在“转到特定时间码”数值框中输入“0:00:06:00”，将时间线定位到视频中第 6 秒的位置处，单击“设置开始标记”按钮，标记第 2 段视频的起始位置，如图 5-87 所示。

图 5-86

图 5-87

在“转到特定时间码”数值框中输入“0:00:22:00”，将时间线定位到视频中第 22 秒的位置处，单击“设置结束标记”按钮，标记第 2 段视频的结束位置，如图 5-88 所示。单击“确定”按钮，返回会声会影工作界面，视频轨中显示了刚剪辑的两个视频片段，如图 5-89 所示。

图 5-88

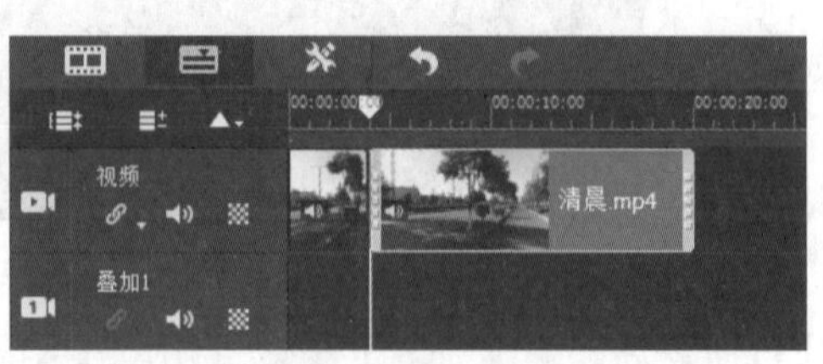

图 5-89

切换至故事板视图，在其中可以查看剪辑的视频区间参数，如图 5-90 所示。

图 5-90

5.4 剪辑单一素材

在会声会影中，用户可以对媒体素材库中的视频素材进行单一剪辑，然后将修整后的视频插入视频轨中。在素材库中插入一段视频素材，如图 5-91 所示。在视频素材上单击鼠标右键，在弹出的快捷菜单中执行“单素材修整”命令，如图 5-92 所示。

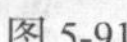

图 5-91　　图 5-92

执行命令后，弹出“单素材修整”对话框，如图 5-93 所示。在“转到特定的时间码”数值框中输入“0:00:03:00”，将时间线定位到视频中第 3 秒的位置处，单击“设置开始标记”按钮，标记视频开始位置，如图 5-94 所示。

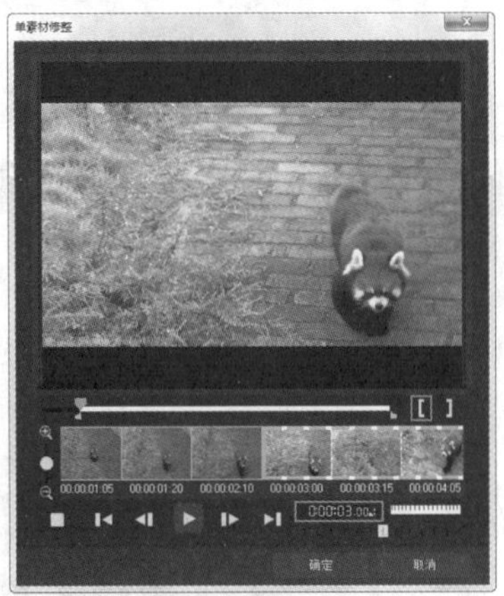

图 5-93　　图 5-94

继续在“转到特定的时间码”数值框中输入“0:00:07:00”，将时间线定位到视频中第 7 秒的位置处，如图 5-95 所示。单击“设置结束标记”按钮，标记视频结束位置，如图 5-96 所示。视频修剪完成后，单击“确定”按钮，返回会声会影工作界面即可完成修整。

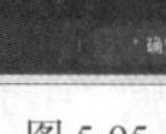

图 5-95

图 5-96

5.5 课堂练习——剪辑粒子红视频

【知识要点】利用修剪栏进行视频剪辑。将一段粒子红视频通过修剪栏进行剪辑，效果如图 5-97 所示。

【所在位置】素材 \ 第 5 章 \ 5.5\ 剪辑粒子红视频 .VSP

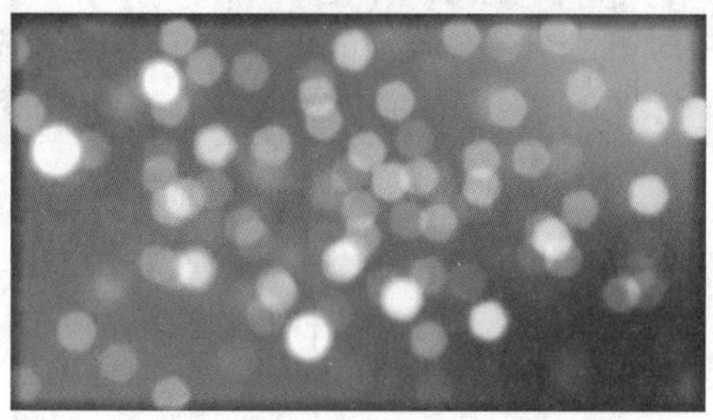

图 5-97

5.6 课后习题——剪辑唯美粒子视频

【知识要点】 在会声会影中插入一段唯美粒子视频，再利用时间轴来进行视频剪辑，效果如图 5-98 所示。

【所在位置】素材 \ 第 5 章 \ 5.6\ 修剪唯美粒子视频 .VSP

图 5-98

第6章 视频转场的应用

本章介绍

一个完美的视频少不了精彩的转场特效，转场特效能够使视频中场景的转换更加自然和流畅。转场就像人体的关节，连接着视频的各个部分。本章将具体介绍如何制作出精彩的转场特效，让视频变得更加完美。

课堂学习目标

- 了解“转场”面板
- 掌握转场效果的应用
- 掌握替换、移动与删除转场效果的操作方法
- 掌握转场属性的设置

6.1 认识转场

镜头之间的过渡或素材之间的转换称为转场。转场是指在变换场景的时候使用一些特殊的效果，在素材与素材之间产生自然、流畅和平滑的过渡。会声会影为用户提供了上百种转场效果。用户运用这些转场效果，可以让素材之间的过渡更加完美，从而制作出绚丽多彩的视频作品。本节主要介绍转场效果的基础知识，包括“转场”选项面板等内容。

6.1.1 转场效果概述

每一个非线性编辑软件都很重视对视频转场效果的设计，若转场效果运用得当，可以增加视频的观赏性和流畅性，从而提高视频的艺术档次。

在视频编辑工作中，素材与素材之间的连接称为切换。常用的切换方法有两种。第 1 种方法是一个素材与另一个素材紧密连接，使其直接过渡，这种方法称为“硬切换”；第 2 种方法称为“软切换”，它是使用一些特殊的效果，在素材与素材之间产生自然、流畅和平滑的过渡，如图 6-1 所示。

图 6-1

6.1.2 “转场”选项面板

在“转场”选项面板中，各选项主要用于编辑视频转场效果。用户可以在该面板中调整各转场效果的区间长度，设置转场的边框效果、边框色彩及柔化边缘等属性，如图 6-2 所示。

图 6-2

在“转场”选项面板中，各主要选项的具体含义如下。

- 区间：该数值框用于调整转场播放时间的长度，显示当前转场所需要的播放时间，时间码上的数字代表“小时：分钟：秒：帧”。单击其右侧的按钮，可以调整数值的大小，也可以单击时间码上的数字，当数字处于闪烁状态时，输入新的数字后按 Enter 键确认，即可改变原来视频转场的播放时间长度。图 6-3 所示为调整转场效果区间长度前后的对比效果。

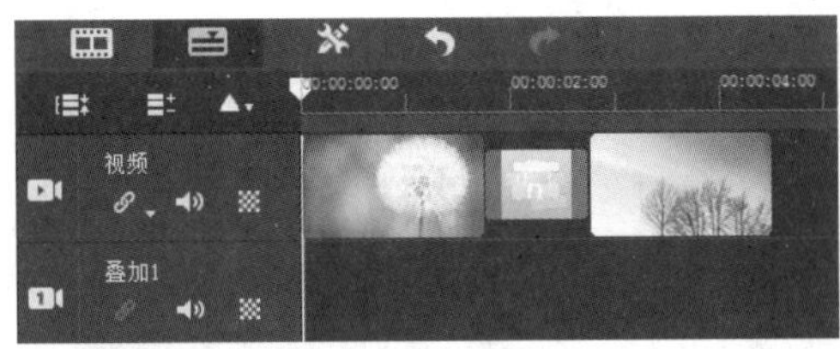

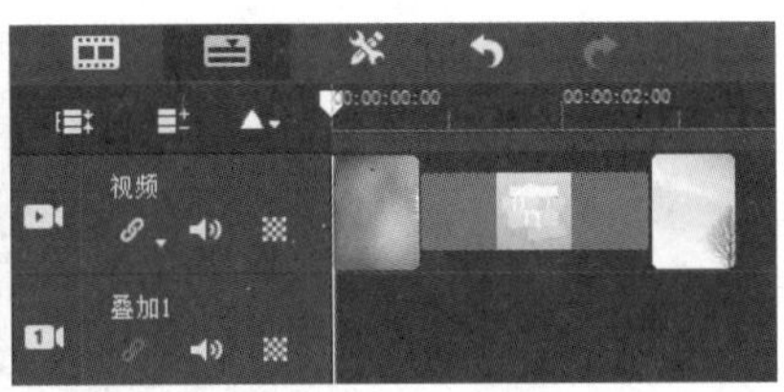

图 6-3

在会声会影中，除了通过“区间”数值框更改转场效果的区间长度外，用户还可以在视频轨中选中需要调整区间的转场效果，将鼠标指针移至右端的橙黄色竖线上，待鼠标指针呈双向箭头形状时，按住鼠标左键并向左或向右拖曳，如图 6-4 所示。这样可以手动调整转场的区间长度，如图 6-5 所示。

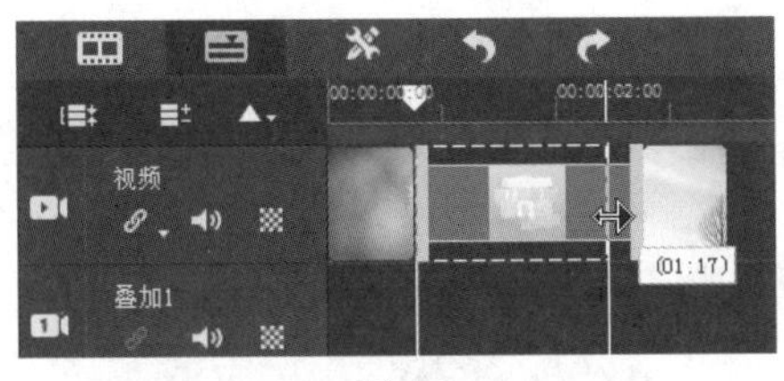

图 6-4　　图 6-5

● 边框：在“边框”右侧的数值框中，用户可以输入相应的数值来改变转场边框的宽度，也可以单击其右侧的按钮来调整数值的大小。图 6-6 所示为调整转场边框宽度的前后对比效果。

图 6-6

● 色彩：单击“色彩”右侧的色块，在弹出的颜色面板中，用户可以根据需要改变转场边框的颜色。图 6-7 所示为改变转场边框颜色的前后对比效果。

图 6-7

● 柔化边缘：该选项右侧有 4 个按钮，代表转场的 4 种柔化边缘程度，用户可以根据需要单击相应的柔边按钮，设置视频的转场柔化边缘效果。图 6-8 所示为改变转场柔化边缘的前后对比效果。

图 6-8

- 方向：单击“方向”选项组中的按钮，可以决定转场效果的播放方向。根据用户添加的转场效果不同，转场方向可供使用的数量也会不同。图 6-9 所示为“旋转”转场特效的两个方向变化效果。

图 6-9

6.2 转场的基本操作

在会声会影中，影片剪辑就是选取要用的视频片段并将其重新排列组合，而转场就是连接两段视频的方式，所以转场效果的应用在视频编辑领域中占有很重要的地位。本节主要介绍转场的基本操作，希望读者熟练掌握本节内容。

6.2.1 课堂案例——制作喜迎新春

【学习目标】掌握手动添加转场效果的操作方法。

【知识要点】插入图片素材图片，并对其应用“对开门”转场效果。“对开门”转场效果是素材 A 以对开门的效果来显示素材 B，如图 6-10 所示。

【所在位置】素材 \ 第 6 章 \ 6.2.1\ 制作喜迎新春 .VSP

图 6-10

（1）进入会声会影 2019，在故事板中插入素材“蜡梅飘香.jpg”和“喜迎新春.jpg”，如图 6-11 所示。

（2）单击“转场”按钮，切换至“转场”素材库，在素材库中选择“对开门”转场效果，如图 6-12 所示。

图 6-11

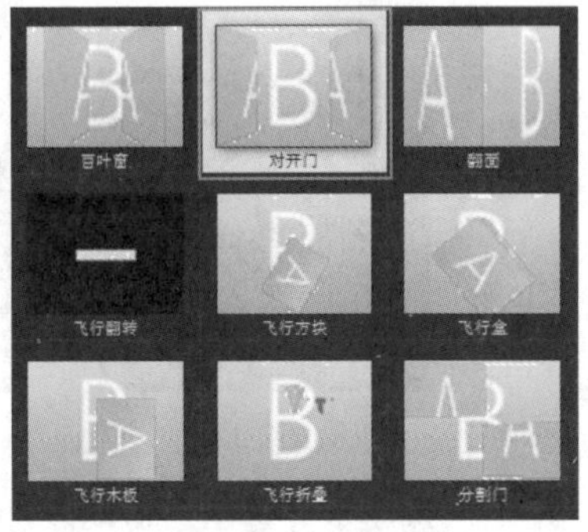

图 6-12

（3）按住鼠标左键并拖曳“对开门”转场效果至故事板中的两幅图像素材之间，如图 6-13 所示。

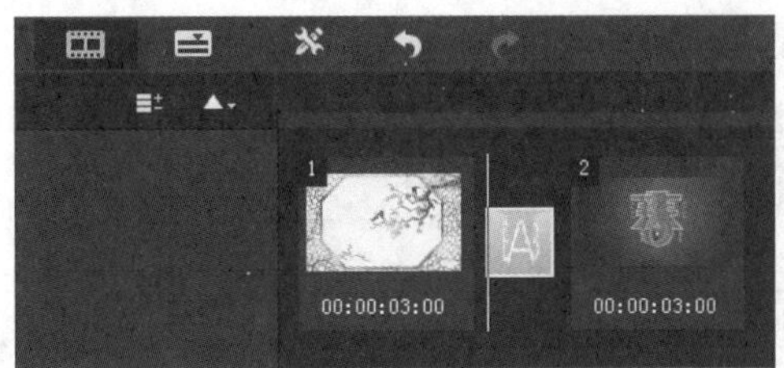

图 6-13

（4）在导航面板中单击“播放修整后的素材”按钮，即可预览“对开门”转场效果，如图 6-14 所示。

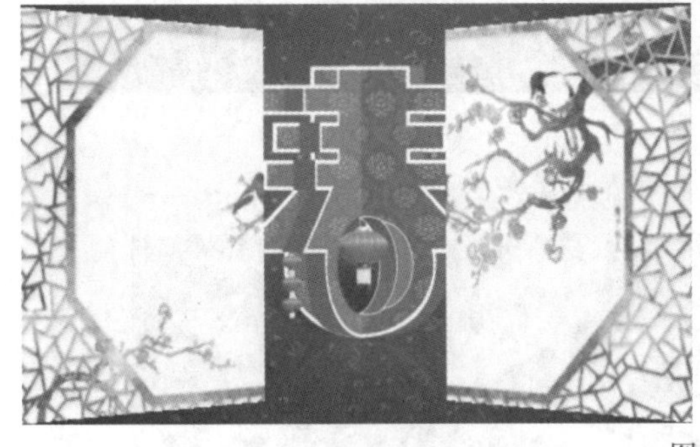

图 6-14

6.2.2 自动添加转场

自动添加转场是指在将照片或视频素材导入会声会影项目中时，软件已经在各段素材中添加了转场效果。当用户需要将大量的静态图像制作成视频相册时，使用自动添加的转场效果最为方便。

执行“设置”→“参数选择”命令，如图 6-15 所示。执行命令后，弹出“参数选择”对话框，如图 6-16 所示。

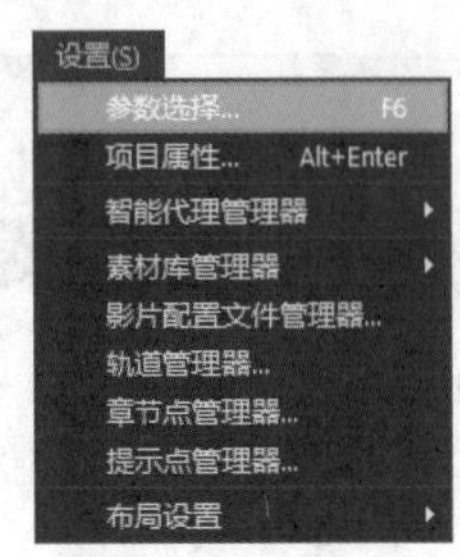

图 6-15

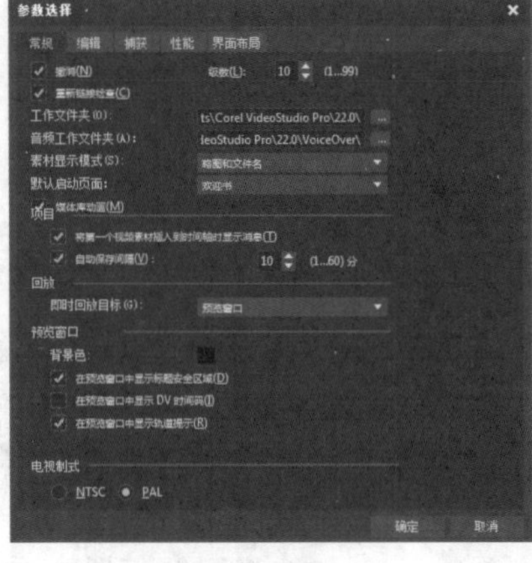

图 6-16

切换至“编辑”选项卡，选中“自动添加转场效果”复选框，如图 6-17 所示。然后单击“确定”按钮完成设置，返回会声会影工作界面，在故事板中插入两张素材图片，软件会自动添加转场效果，如图 6-18 所示。

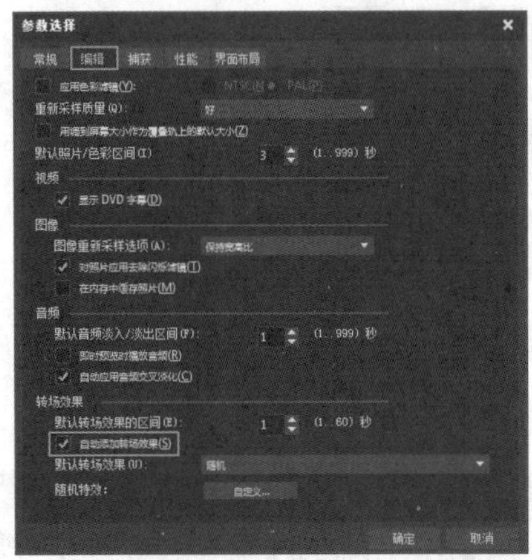

图 6-17

图 6-18

单击导航面板中的“播放修整后的素材”按钮，预览视频效果，如图 6-19 所示。

图 6-19

其中，在“编辑”选项卡中，单击“随机特效”右侧的“自定义”按钮，如图 6-20 所示。在弹出的“自定义随机特效”对话框中单击右边的“全选”按钮，如图 6-21 所示，可将下拉列表中列出的所有转场效果都列为可自动添加的随机转场效果。

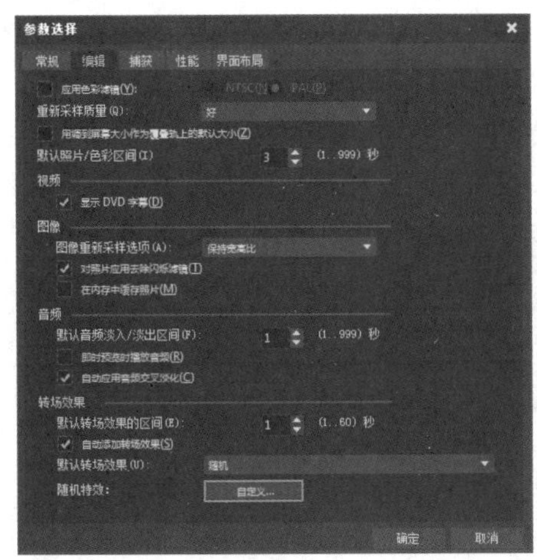

图 6-20

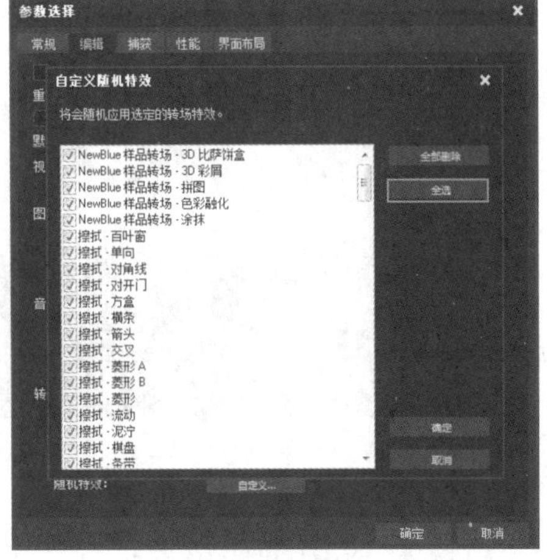

图 6-21

6.2.3 手动添加转场

手动添加转场是指通过手动拖曳的方式将转场效果拖曳至视频轨中的两段素材之间，以实现影片播放过程中的柔和过渡效果。

在故事板中插入两幅素材图像，在素材库的左侧单击“转场”按钮，如图 6-22 所示。切换至“转场”素材库，单击素材库上方的“画廊”下拉按钮，在弹出的下拉列表中选择“果皮”选项，如图 6-23 所示。打开“果皮”转场组，在其中选择“翻页”转场效果，如图 6-24 所示。

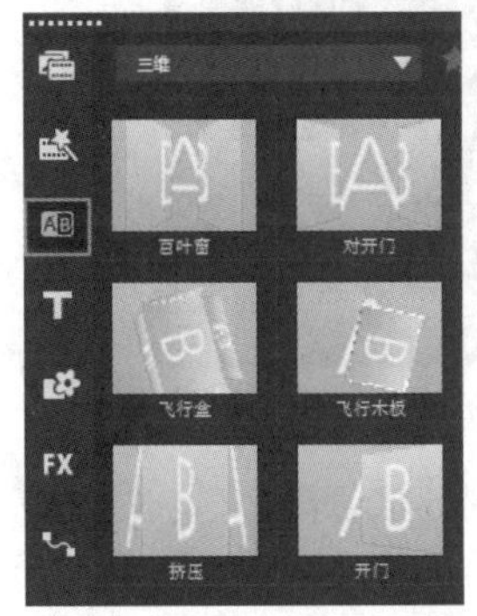

图 6-22

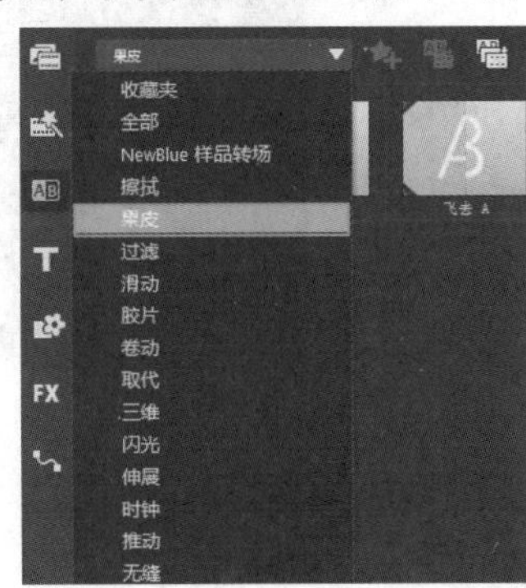

图 6-23

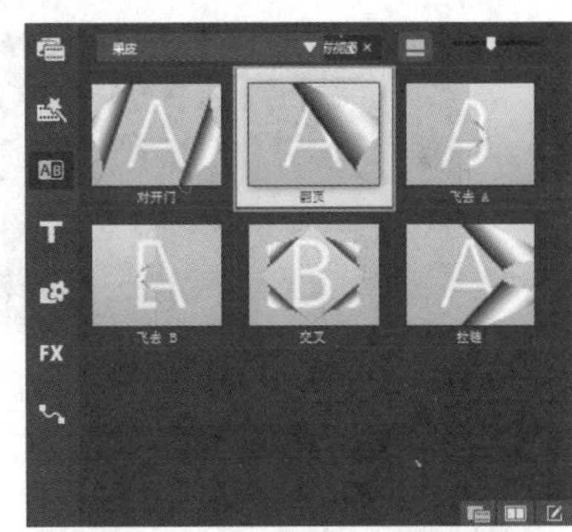

图 6-24

按住鼠标左键并将其拖曳至故事板中两幅素材图像之间的方格中，如图 6-25 所示。释放鼠标左键，即可添加“翻页”转场效果，如图 6-26 所示。

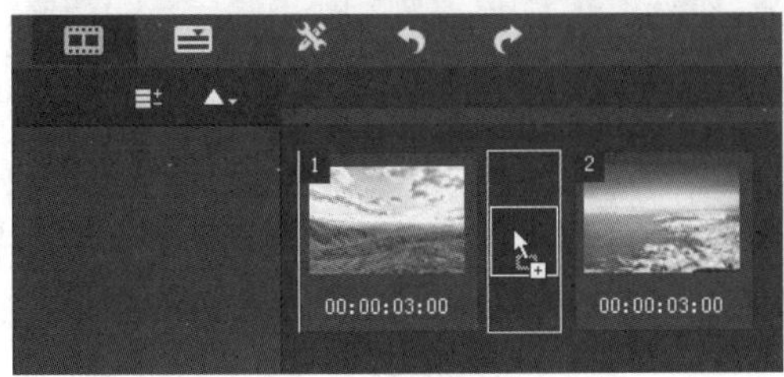

图 6-25

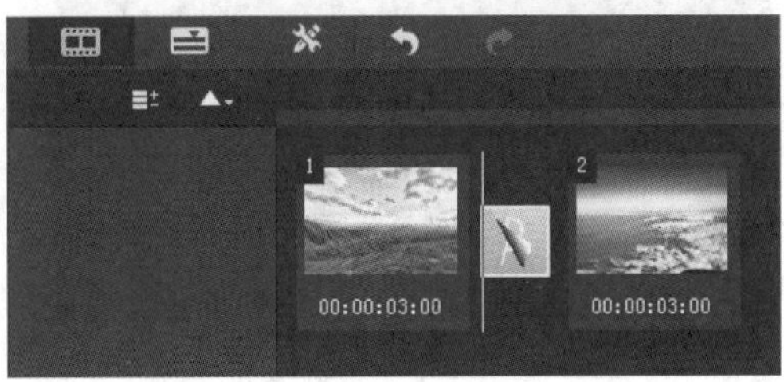

图 6-26

在导航面板中单击“播放修整后的素材”按钮，预览手动添加的转场效果，如图 6-27 所示。

图 6-27

6.2.4 对素材应用随机效果

在会声会影中，当随机效果应用于整个项目时，系统将随机挑选转场效果，并应用到当前项目的素材之间。

进入“编辑”面板，在故事板中插入两个素材，如图 6-28 所示。在素材库的左侧单击“转场”按钮，如图 6-29 所示。

图 6-28

图 6-29

切换至“转场”素材库，单击“对视频轨应用随机效果”按钮，如图 6-30 所示。完成操作后，即可在素材图像之间添加随机转场效果，如图 6-31 所示。

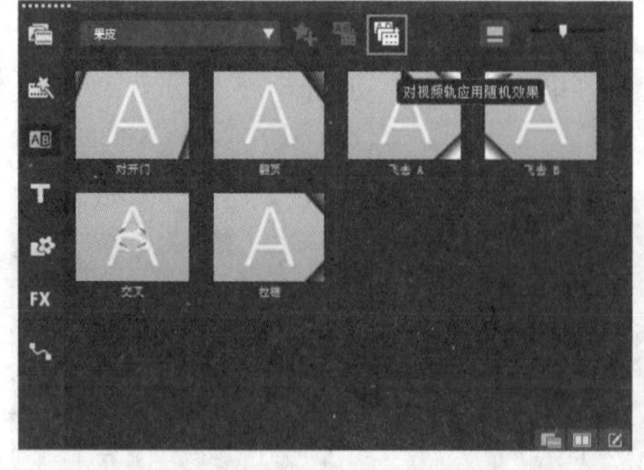

图 6-30

图 6-31

在导航面板中单击“播放修整后的素材”按钮，预览随机添加的转场效果，如图 6-32 所示。

图 6-32

6.2.5 对素材应用当前效果

单击“对视频轨应用当前效果”按钮，系统将把当前选中的转场效果应用到当前项目的所有素材之间。

进入“编辑”面板，在故事板中插入素材，如图 6-33 所示。切换至“转场”素材库，单击素材库上方的“画廊”下拉按钮，在弹出的下拉列表中选择“过滤”选项，如图 6-34 所示。

图 6-33

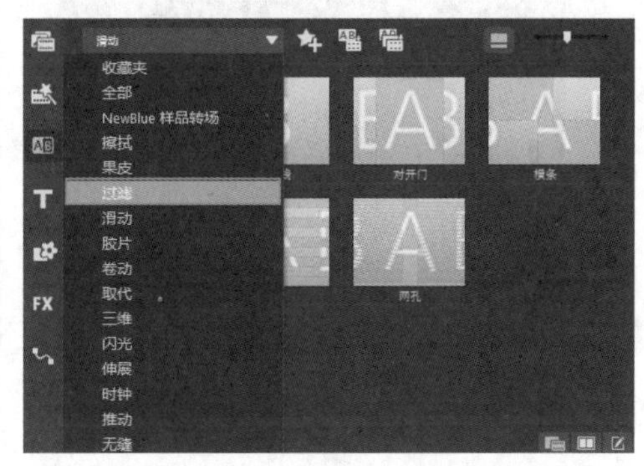

图 6-34

打开“过滤”转场组，在其中选择“飞行”转场效果，如图 6-35 所示。单击素材库上方的“对视频轨应用当前效果”按钮，如图 6-36 所示。

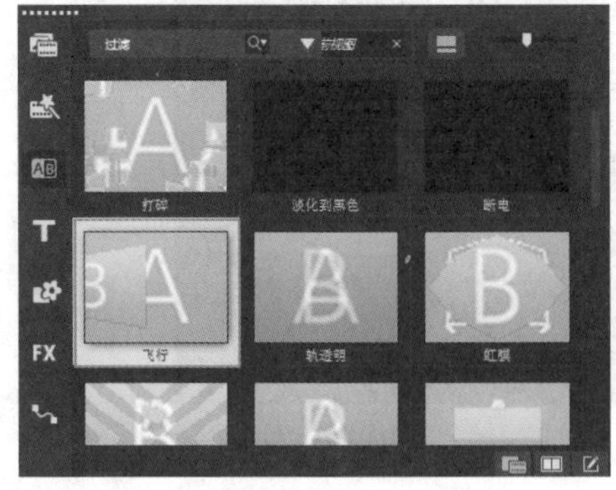

图 6-35

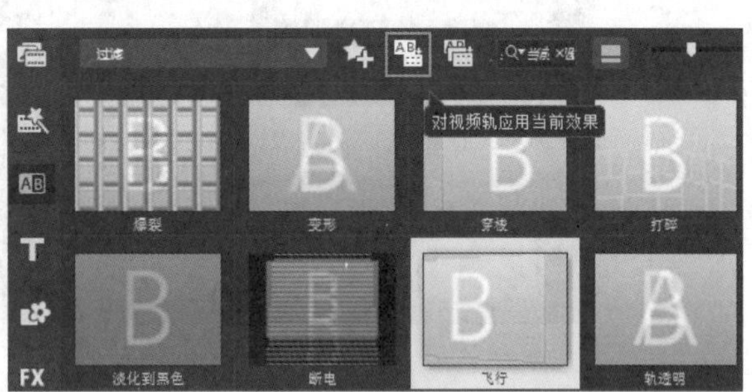

图 6-36

在导航面板中单击“播放修整后的素材”按钮，预览添加的转场效果，如图 6-37 所示。

图 6-37

6.2.6 添加到收藏夹

在会声会影中，如果需要经常使用某个转场效果，可以将其添加到“收藏夹”转场组中，以便日后使用。

在“编辑”面板中，单击“转场”按钮，进入“转场”素材库，如图 6-38 所示。在“全部”选项组中选中自己喜欢的转场效果，然后单击鼠标右键，如图 6-39 所示。

图 6-38

图 6-39

在弹出的快捷菜单中执行“添加到收藏夹”命令，如图 6-40 所示。执行上述命令后，完成收藏转场效果的操作，在“收藏夹”选项组中可以预览效果，如图 6-41 所示。

图 6-40

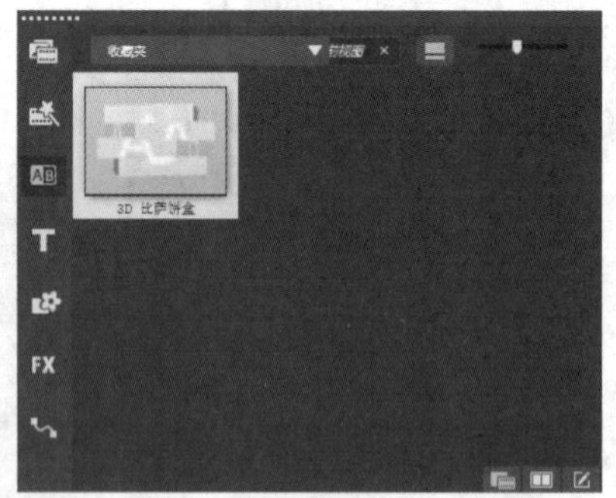

图 6-41

提示

用户也可以直接单击窗口上方的“添加到收藏夹”按钮，将转场效果添加至“收藏夹”转场组中。

6.2.7 从收藏夹中删除

在会声会影中，将转场效果添加至“收藏夹”转场组后，如果不再需要该转场效果，可以将其从“收藏夹”中删除。从“收藏夹”转场组中删除转场效果的操作非常简单，用户首先切换至“转场”素材库，进入“收藏夹”转场组，在其中选中需要删除的转场效果，单击鼠标右键，在弹出的快捷菜单中执行“删除”命令，如图 6-42 所示。执行命令后，弹出对话框，提示是否删除此略图，如图 6-43 所示。单击“是”按钮，即可从“收藏夹”转场组中删除该转场效果。

图 6-42

图 6-43

提示

在会声会影中，除了可以运用以上方法删除转场效果外，用户还可以在“收藏夹”转场组中选中相应的转场效果，然后按 Delete 键，快速从“收藏夹”转场组中删除选中的转场效果。

6.3 替换、移动与删除转场效果

在会声会影中，用户不仅可以根据自己的意愿快速替换或删除转场效果，还可以将常用的转场效果移动到其他素材之间进行过渡。

6.3.1 课堂案例——替换天空视频的转场效果

【学习目标】掌握替换转场效果的方法。

【知识要点】打开一个已经添加好转场效果的项目文件，如果想要对该转场效果进行修改，可以在转场素材库中选择自己喜欢的转场效果，对其进行替换，如图 6-44 所示。

【所在位置】素材 \ 第 6 章 \ 6.3.1\ 替换天空视频的转场效果 .VSP

图 6-44

（1）进入会声会影 2019，执行“文件”→“打开项目”命令，打开一个项目文件（素材\第 6 章\6.3.1\天空 .VSP），如图 6-45 所示。

图 6-45

（2）在导航面板中单击“播放修整后的素材”按钮，预览现有的转场效果，如图 6-46 所示。

图 6-46

（3）切换至“转场”素材库，单击窗口上方的“画廊”下拉按钮，在弹出的下拉列表中，选择“擦拭”选项，如图 6-47 所示。

（4）打开“擦拭”转场组，在其中选择“百叶窗”转场效果，如图 6-48 所示。

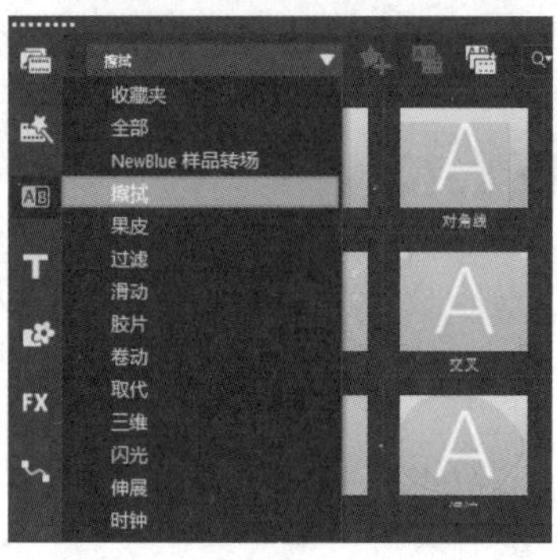

图 6-47

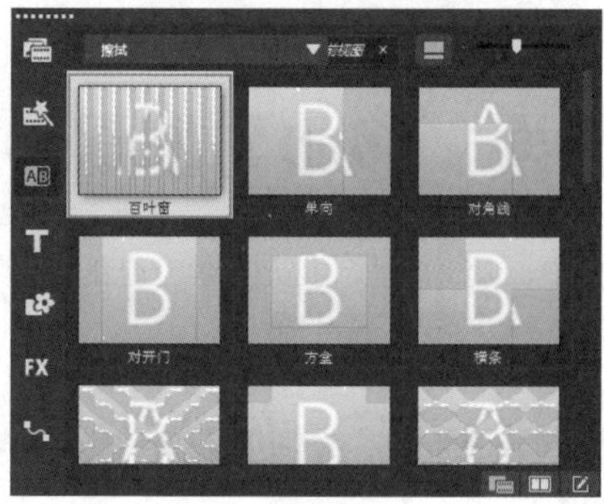

图 6-48

（5）切换至故事板视图，在选择的转场效果上按住鼠标左键，并将其拖曳至视频轨中两幅图像素材之间已有的转场效果处，如图 6-49 所示。

（6）释放鼠标左键，即可替换之前添加的转场效果，如图 6-50 所示。

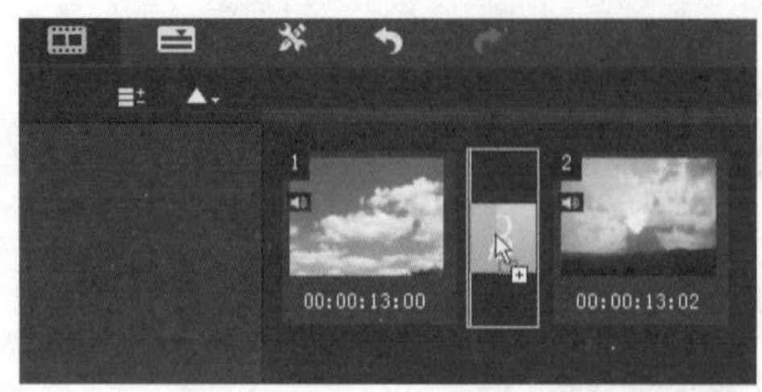

图 6-49

图 6-50

（7）在导航面板中单击“播放修整后的素材”按钮，预览替换之后的转场效果，如图 6-51 所示。

图 6-51

6.3.2 替换转场效果

在会声会影中，在图像素材之间添加相应的转场效果后，如果用户对该转场效果不满意，那么可以对其进行替换。

在时间轴视图中，可以看到已经添加好转场效果的素材，如图 6-52 所示。

图 6-52

在导航面板中单击“播放修整后的素材”按钮，预览现有的转场效果，如图 6-53 所示。

图 6-53

切换至“转场”素材库，单击窗口上方的“画廊”下拉按钮，在弹出的下拉列表中，选择“果皮”选项，如图 6-54 所示。打开“果皮”转场组，在其中选择“交叉”转场效果，如图 6-55 所示。

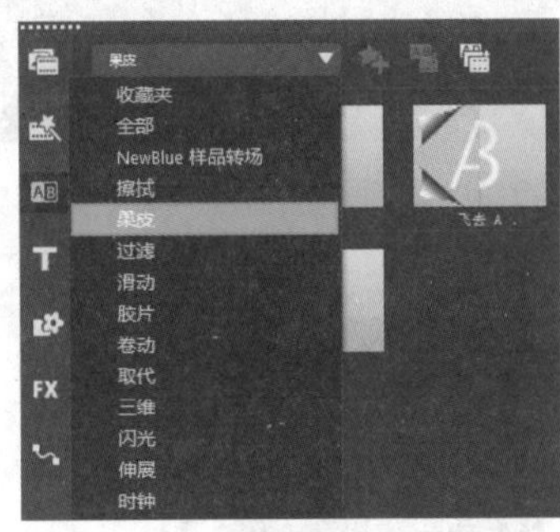

图 6-54

图 6-55

在选择的转场效果上按住鼠标左键，并将其拖曳至视频轨中两幅图像素材之间已有的转场效果处，如图 6-56 所示。释放鼠标左键，即可替换之前添加的转场效果，如图 6-57 所示。

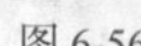

图 6-56

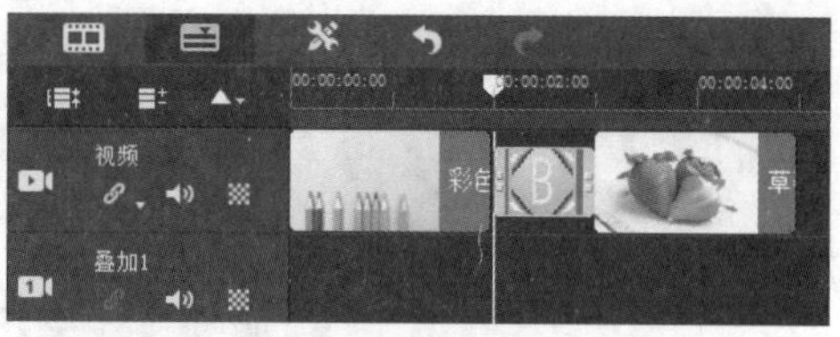

图 6-57

在导航面板中单击“播放修整后的素材”按钮，预览替换之后的转场效果，如图 6-58 所示。

图 6-58

提示

在“转场”素材库中选中相应的转场效果后，单击鼠标右键，在弹出的快捷菜单中执行“对视频轨应用当前效果”命令，弹出相应的对话框，提示是否要替换已添加的转场效果，单击“是”按钮，也可以快速替换视频轨中的转场效果。

6.3.3 移动转场效果

在会声会影中，若用户需要调整转场效果的位置，则可先选中需要移动的转场效果，然后再将其拖曳至合适位置。

执行“文件”→“打开项目”命令，打开一个项目文件，如图 6-59 所示。

在故事板中选中第 1 幅图像与第 2 幅图像之间的转场效果，按住鼠标左键并将其拖曳至第 2 幅图像与第 3 幅图像之间，如图 6-60 所示。

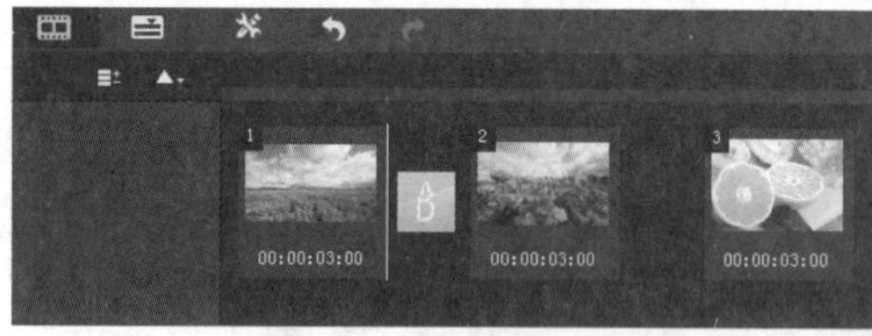

图 6-59

图 6-60

释放鼠标左键，移动转场效果，如图 6-61 所示。

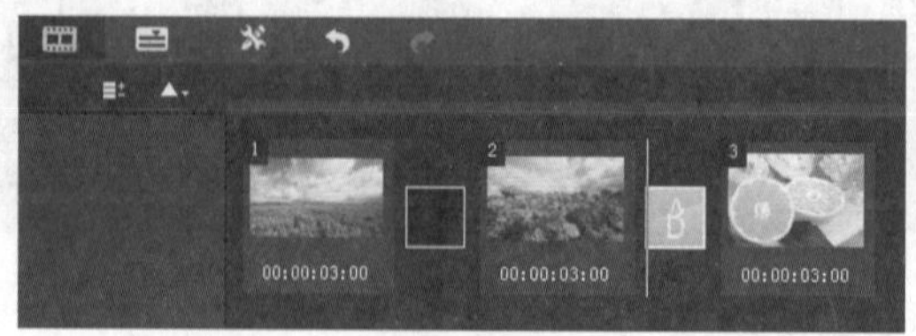

图 6-61

在导航面板中单击“播放修整后的素材”按钮，预览移动转场效果后的视频效果，如图 6-62 所示。

图 6-62

6.3.4 删除转场效果

在会声会影中，为素材添加转场效果后，用户若对添加的转场效果不满意，可以将其删除。删除转场效果的方法很简单，在故事板或视频轨中，选中需要删除的转场效果，单击鼠标右键，在弹出的快捷菜单中执行“删除”命令，如图 6-63 所示。执行操作后，即可删除选中的转场效果，如图 6-64 所示。

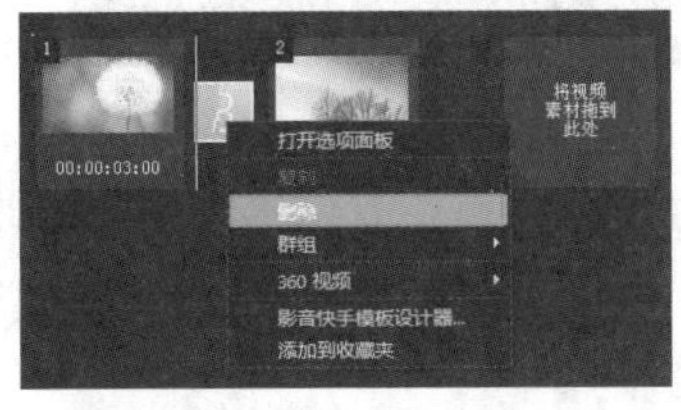

图 6-63

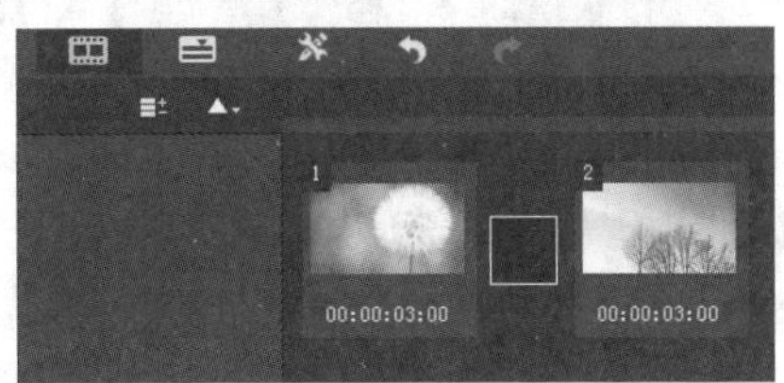

图 6-64

6.4 设置转场属性

添加转场到素材之间后，还可以对转场的时间、方向、边框等属性进行设置。

6.4.1 课堂案例——自定义转场效果

【学习目标】掌握设置转场属性的方法。

【知识要点】根据需要对转场效果进行自定义设置，在“转场”选项面板中为视频的转场添加边框及颜色，如图 6-65 所示。

【所在位置】素材 \ 第 6 章 \ 6.4.1\ 自定义转场效果 .VSP

图 6-65

（1）进入会声会影 2019，在故事板中插入素材“81046.jpg”和“81047.jpg”，如图 6-66 所示。

（2）在两幅素材图像之间添加“星形 - 擦拭”转场效果，如图 6-67 所示。

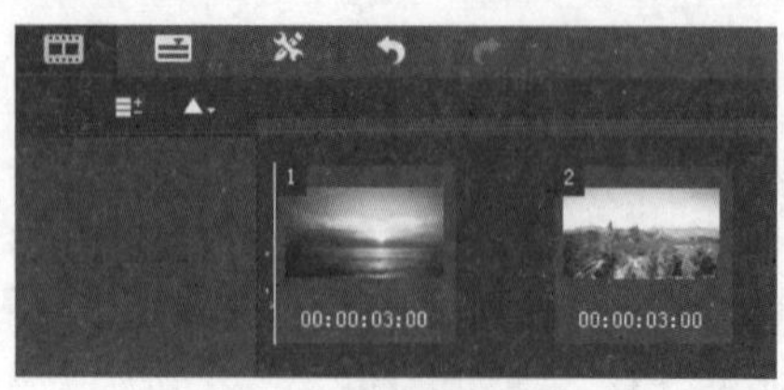

图 6-66

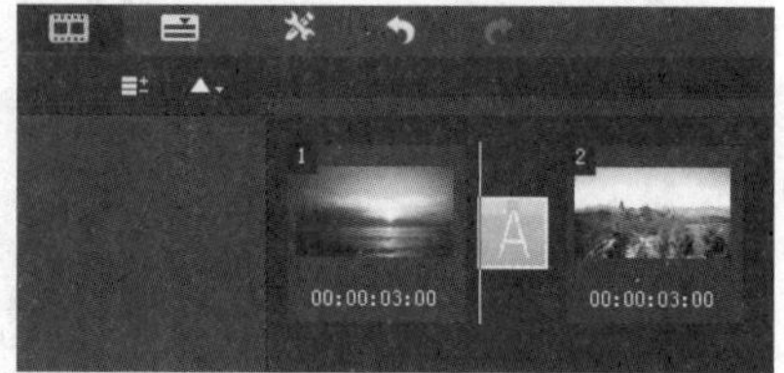

图 6-67

（3）在导航面板中单击“播放修整后的素材”按钮，预览视频转场效果，如图 6-68 所示。

（4）在“转场”选项面板的“边框”数值框中输入“1”，设置边框大小，方向设置为向内、“色彩”设置为橙色、“柔化边缘”设置为中等柔化边缘，如图 6-69 所示。

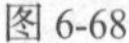

图 6-68

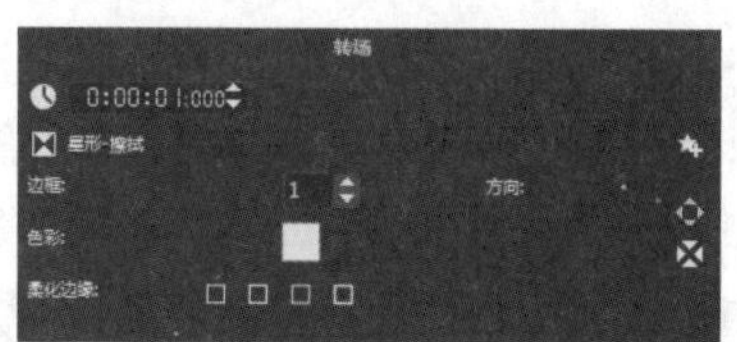

图 6-69

（5）在导航面板中单击“播放修整后的素材”按钮，预览自定义转场后的转场效果，如图 6-70 所示。

图 6-70

6.4.2 调整转场时间长度

在会声会影中，转场的区间参数是可以进行调整的。对转场区间的调整，可以改变转场片段的视频时间。

1. 选项面板设置

启动会声会影 2019，在视频轨中添加两张素材图片，如图 6-71 所示。单击“转场”按钮，进入“转场”素材库，选择“菱形 B”转场效果，将其添加到素材之间，如图 6-72 所示。

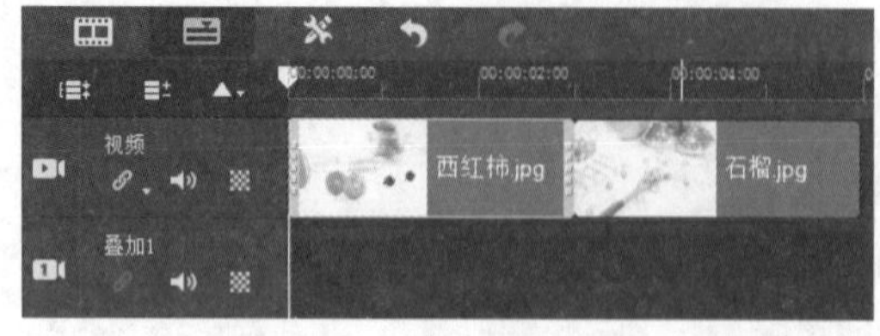

图 6-71

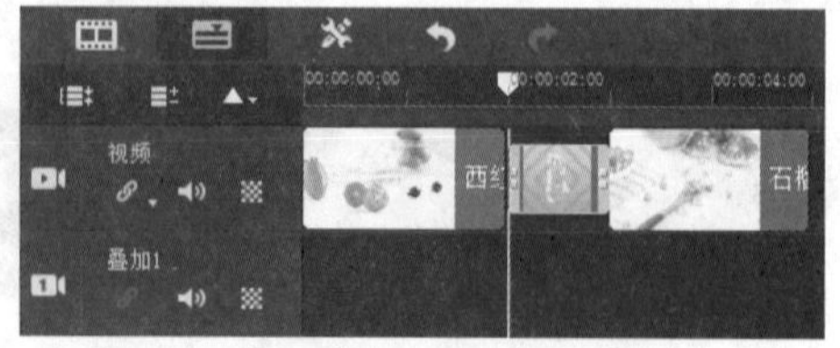

图 6-72

单击“显示选项面板”按钮，进入“转场”选项面板，此时默认的转场区间为 1 秒，如图 6-73 所示。在区间中单击，当区间数值处于闪烁状态时输入新的区间数值，如图 6-74 所示。

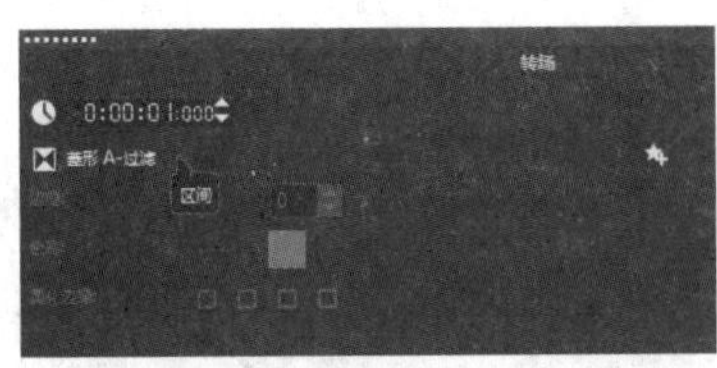

图 6-73

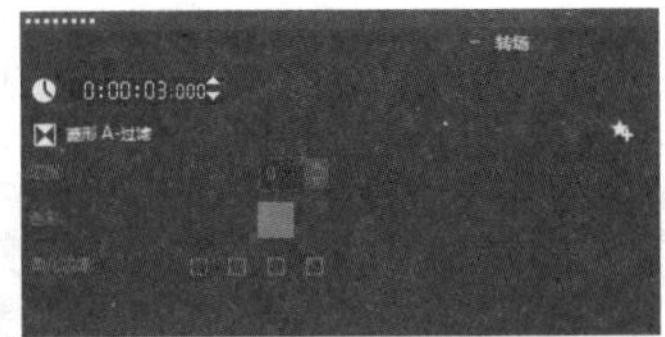

图 6-74

此时时间轴中的转场区间即发生改变，如图 6-75 所示。

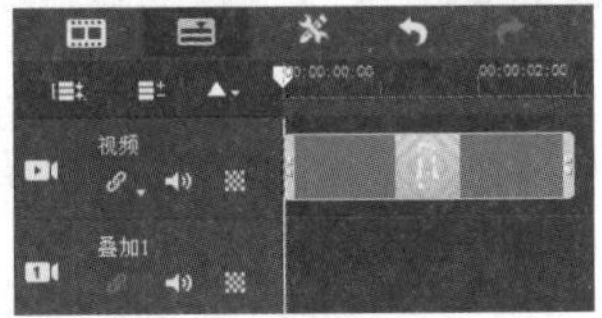

图 6-75

2. 时间轴设置

选中视频轨中的转场，按住鼠标左键拖动区间一侧，此时可以看到鼠标指针后显示的区间，如图 6-76 所示。释放鼠标左键即可修改区间，如图 6-77 所示。

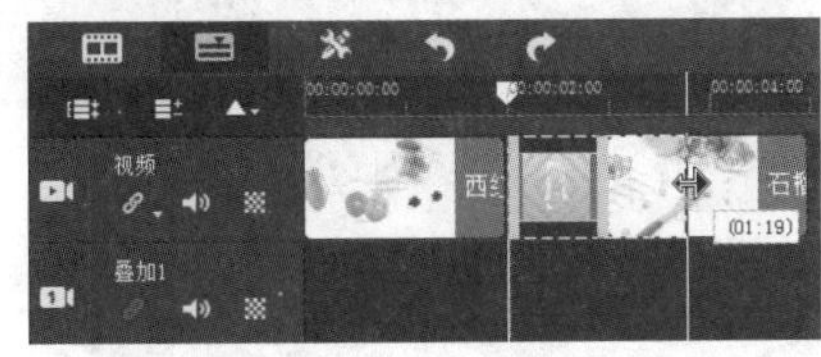

图 6-76

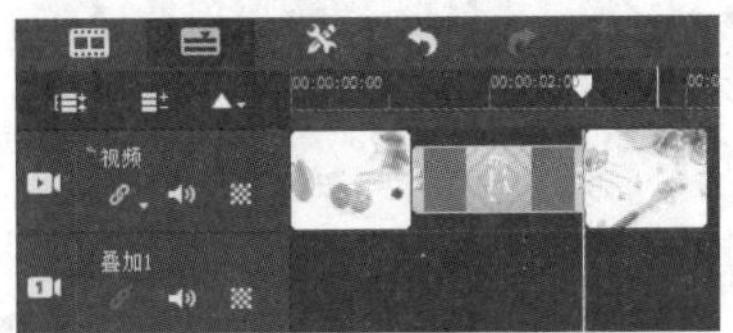

图 6-77

3. 设置默认转场时间

执行“设置”→“参数选择”命令，如图 6-78 所示。弹出对话框，切换至“编辑”选项卡，在“默认转场效果的区间”后设置区间数值为 3 秒，如图 6-79 所示。单击“确定”按钮即可修改默认的转场区间，修改默认转场区间后，在素材之间添加的转场统一为 3 秒。

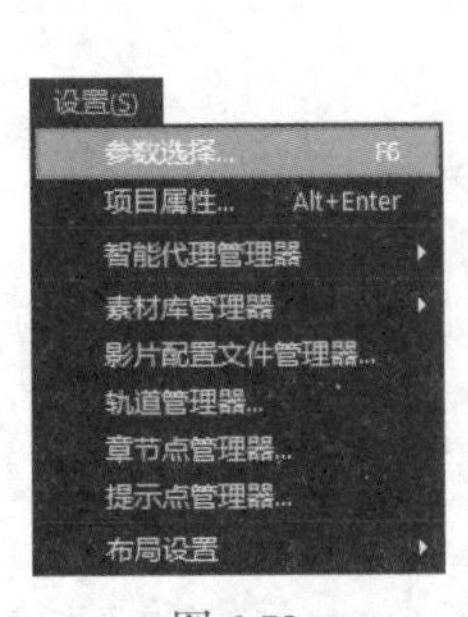

图 6-78

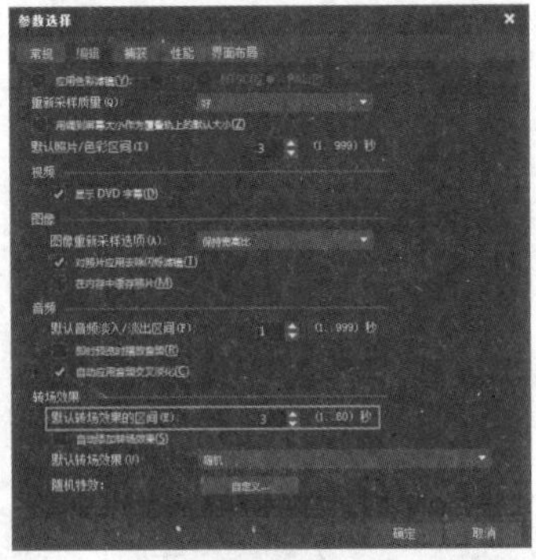

图 6-79

6.4.3 设置转场边框效果

在会声会影中，用户可以为转场效果设置相应的边框样式及颜色，从而为转场效果锦上添花，加强效果的美观度。

在故事板中插入素材，如图 6-80 所示。在两幅素材图像之间添加“菱形 A- 擦拭”转场效果，如图 6-81 所示。

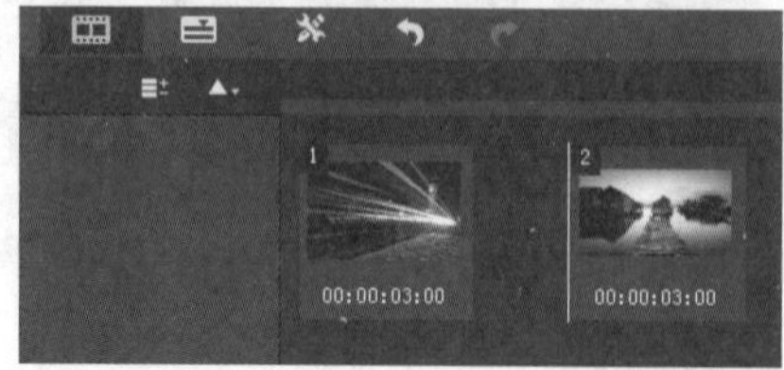

图 6-80

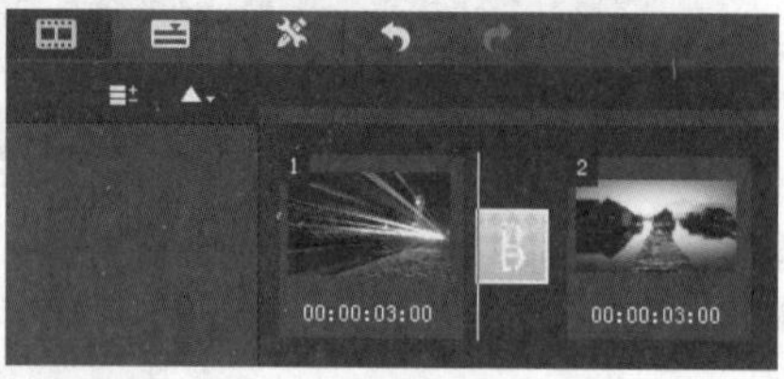

图 6-81

在导航面板中单击“播放修整后的素材”按钮，预览视频的转场效果，如图 6-82 所示。在“转场”选项面板的“边框”数值框中输入“1”、“色彩”设置为灰色、“柔化边缘”设置为无柔化边缘，如图 6-83 所示。

图 6-82

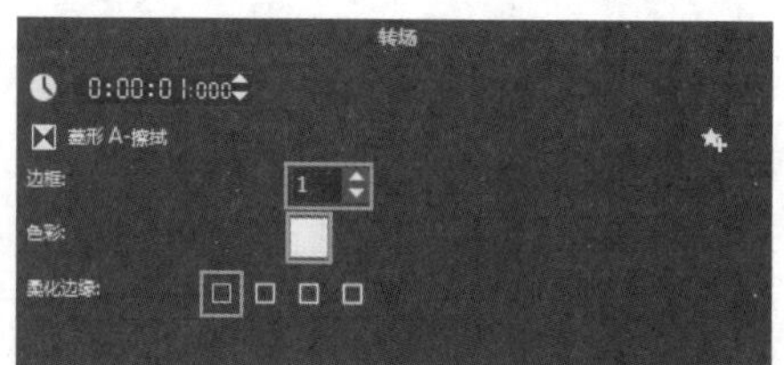

图 6-83

在导航面板中单击“播放修整后的素材”按钮，预览设置边框后的转场效果，如图 6-84 所示。

图 6-84

6.4.4 改变转场的方向

在会声会影中，选择不同的转场效果，其“方向”选项组中的选项会不一样。

执行“文件”→“打开项目”命令，打开一个项目文件，如图 6-85 所示。在导航面板中单击“播放修整后的素材”按钮，预览视频转场效果，如图 6-86 所示。

图 6-85

图 6-86

在故事板中选中需要设置方向的转场效果，在“转场”选项面板的“方向”选项组中，单击“左上到右下”按钮，如图 6-87 所示。完成操作后，即可改变转场效果的运动方向。在导航面板中单击“播放修整后的素材”按钮，预览更改方向后的转场效果，如图 6-88 所示。

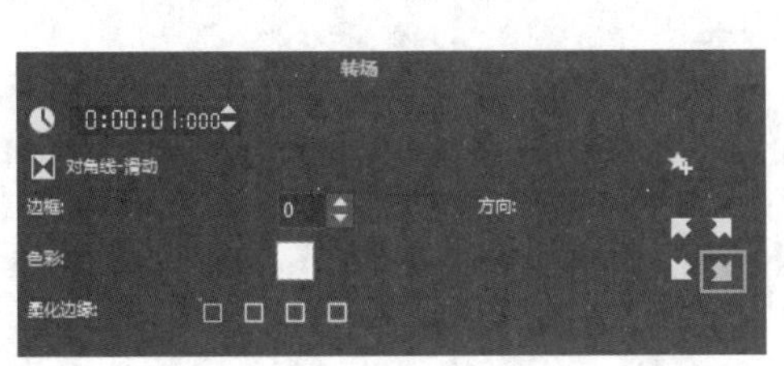

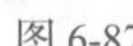
图 6-87

图 6-88

6.5 课堂练习——自然风光翻页

【知识要点】对素材应用“翻页”转场效果。“翻页”转场效果是素材 A 以翻页的效果显示素材 B，如图 6-89 所示。

【所在位置】素材 \ 第 6 章 \ 6.5\ 自然风光翻页 .VSP

图 6-89

6.6 课后习题——应用折叠盒转场

【知识要点】对素材应用“折叠盒”转场效果。“折叠盒”转场效果是素材 A 以折叠成盒子的效果切换到素材 B，如图 6-90 所示。

【所在位置】素材 \ 第 6 章 \ 6.6\ 应用折叠盒转场 .VSP

图 6-90

第7章 视频滤镜的应用

本章介绍

在视频中经常会看到一些梦幻、变形、发光等的画面效果，这些效果并不是拍摄出来的，而是通过后期制作出来的。会声会影提供了多种滤镜效果，用户编辑视频素材时，可以将它们应用到视频素材上。视频滤镜不仅可以修复视频素材的瑕疵，还可以令视频产生绚丽的视觉效果，使制作出来的视频更具有表现力。

课堂学习目标

- 掌握添加与删除滤镜的方法
- 熟悉如何设置视频滤镜
- 掌握调整视频色彩的方法

7.1 认识滤镜

滤镜的操作是非常简单的，但是真正用起来却很难恰到好处。滤镜只有与通道、图层等联合使用，才能取得最佳的艺术效果。如果想在最适当的时候应用最恰当的滤镜，除了需要具有一定的美术功底之外，还需要用户对滤镜足够的熟悉并且有一定的操控能力，甚至需要具有很丰富的想象力。

7.1.1 视频滤镜

滤镜可以制作视频素材的特殊效果，如马赛克和涟漪等，如图 7-1 所示。它可以作为一种修正拍摄错误的方式，也可以用来实现视频特定的创意效果。越来越多的滤镜特效出现在各种影视节目中，使画面更加生动、绚丽多彩。

视频滤镜是指可以应用到视频素材上的效果，它可以套用在素材的每一个画面上，改变视频素材的外观和样式。用户可以设定开始和结束值，还可以控制滤镜强弱与速度等。

图 7-1

7.1.2 滤镜的“效果”选项面板

在会声会影中，用户不仅可以使用滤镜，还可以根据个人需要自定义滤镜。在“效果”选项面板中，可以替换滤镜、自定义滤镜、交换或删除滤镜等，如图 7-2 所示。

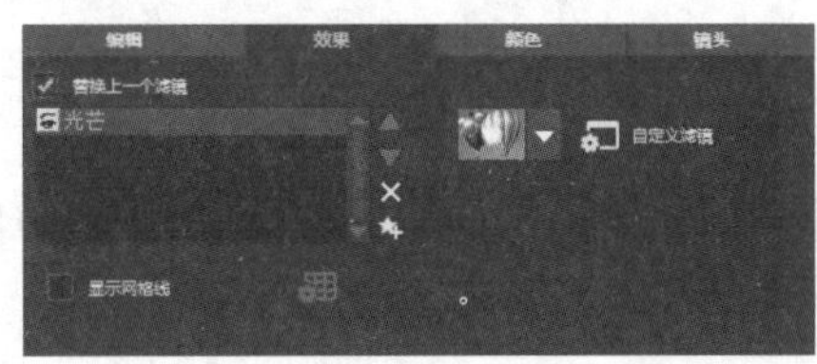

图 7-2

滤镜的“效果”选项面板中各个选项的名称和功能含义如下。

- 替换上一个滤镜：选中该复选框，当将新滤镜应用到素材中时，将会替换素材中已经应用的滤镜。如果希望在素材中应用多个滤镜，则不选中此复选框。
- 已用滤镜：显示已经应用到素材中的视频滤镜列表。
- 上移滤镜■：单击该按钮可以调整视频滤镜在列表中的位置，使当前选中的滤镜提前应用。
- 下移滤镜■：单击该按钮可以调整视频滤镜在列表中的位置，使当前选中的滤镜延后应用。
- 删除滤镜☒：单击该按钮可以从视频滤镜列表中删除选中的视频滤镜。
- 预设■：会声会影为滤镜效果预设了多种不同的类型。单击右侧的下拉按钮，从弹出的下拉列表中可以选择不同的预设类型，即可将其应用到素材中。

- 自定义滤镜：单击“自定义滤镜”按钮，在弹出的对话框中可以自定义滤镜属性。根据所选滤镜类型的不同，在弹出的对话框中可以设置不同的选项参数。
- 显示网格线：选中该复选框，可以在预览窗口中显示网格线效果。
- 网格线选项：此按钮只有在选中了“显示网格线”复选框的前提下才能单击，单击该按钮可以自定义网格线的属性。

7.2 添加、删除与替换滤镜

在滤镜使用的过程中，最基础的就是添加、删除与替换滤镜效果，想要制作出专业的滤镜特效，必须打好基础。

7.2.1 课堂案例——添加雨点效果

【学习目标】掌握添加视频滤镜的操作方法。

【知识要点】应用“雨点”滤镜能够为视频或图像添加下雨的效果，从而美化视频，效果如图 7-3 所示。

【所在位置】素材 \ 第 7 章 \ 7.2.1\ 添加雨点效果 .VSP

图 7-3

（1）启动会声会影 2019，用鼠标右键单击视频轨，在弹出的快捷菜单中执行“插入照片”命令，添加图片素材“广场 .jpg”，如图 7-4 所示。

（2）用鼠标右键单击视频轨中的素材“广场 .jpg”，在弹出的快捷菜单中执行“打开选项面板”命令，在“编辑”选项面板中的“重新采样选项”下拉列表中选择“调到项目大小”选项，如图 7-5 所示。

图 7-4

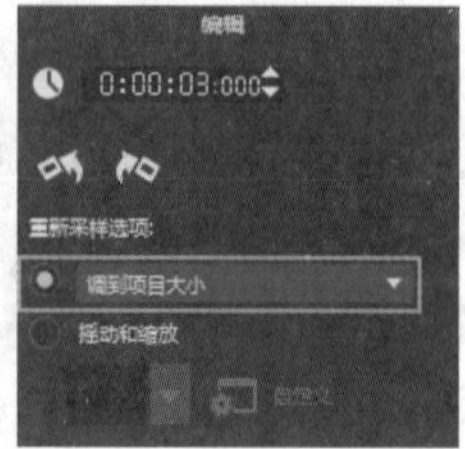

图 7-5

（3）单击“滤镜”按钮，在“特殊”滤镜组中选择“雨点”滤镜，按住鼠标左键将它拖到视频轨中的“广场.jpg”素材上，如图 7-6 所示。

（4）用鼠标右键单击视频轨中的素材“广场.jpg”，在弹出的快捷菜单中执行“打开选项面板”命令，在“效果”选项面板中的“预设”下拉列表中选择第 2 个预设模式，如图 7-7 所示。

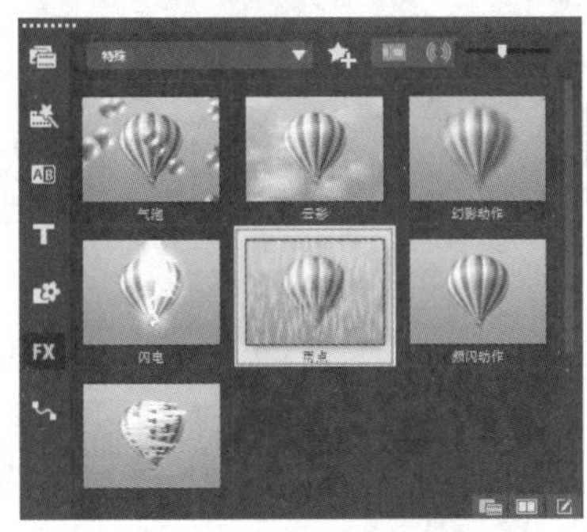

图 7-6

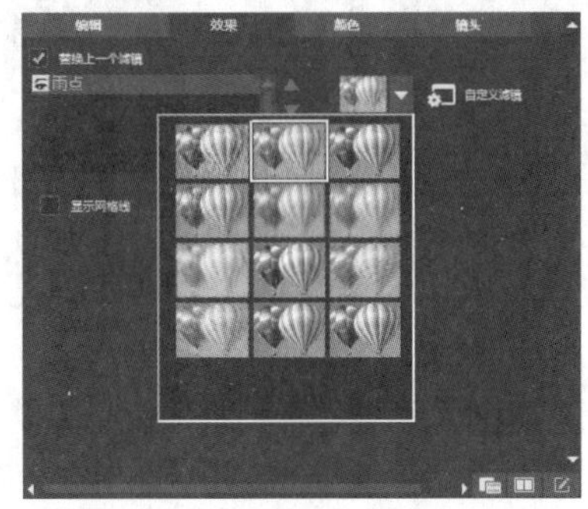

图 7-7

（5）添加“雨点”滤镜成功，预览最终效果，如图 7-8 所示。

图 7-8

7.2.2 添加单个视频滤镜

若需要制作特殊的视频效果，则可以为视频素材添加相应的视频滤镜，使视频素材产生符合需要的效果。

进入会声会影 2019，用鼠标右键单击视频轨，在弹出的快捷菜单中执行“插入照片”命令，添加图片素材，如图 7-9 所示。单击“滤镜”按钮，在“全部”滤镜组中选中“波纹”滤镜，如图 7-10 所示，按住鼠标左键将它拖到视频轨中的素材上。

图 7-9

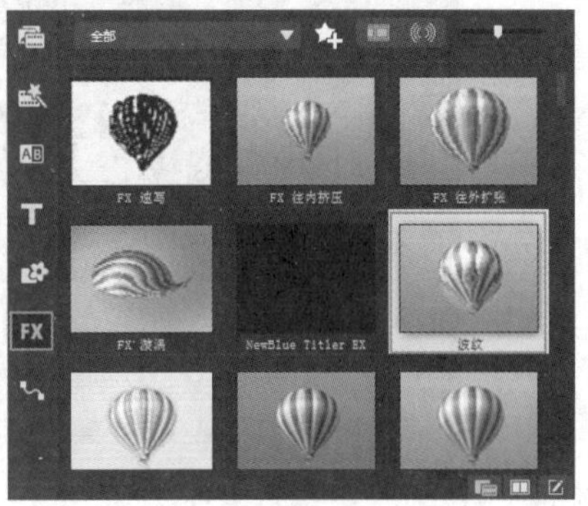

图 7-10

添加滤镜效果完成，预览最终效果，如图 7-11 所示。

图 7-11

7.2.3 添加多个视频滤镜

在会声会影中，当一个图像素材应用了多个视频滤镜时，所产生的效果是多个视频滤镜效果的叠加。

添加图片素材，如图 7-12 所示。用鼠标右键单击视频轨中的素材，在弹出的快捷菜单中执行“打开选项面板”命令，在“编辑”选项面板中的“重新采样选项”下拉列表中选择“调到项目大小”选项，如图 7-13 所示。

图 7-12

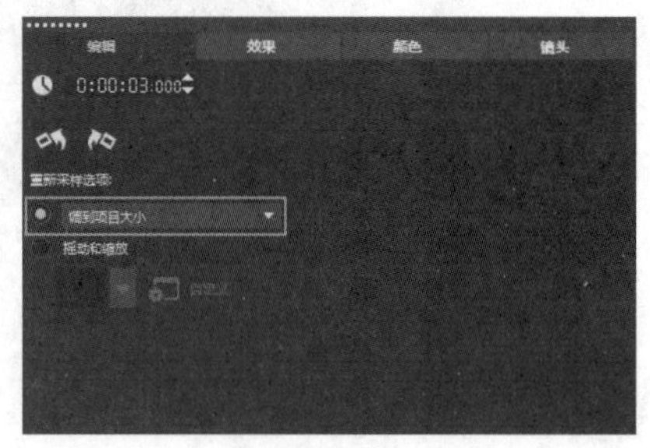

图 7-13

单击“滤镜”按钮，在“全部”滤镜组中选中“波纹”滤镜，如图 7-14 所示，按住鼠标左键将它拖到视频轨中的素材上。用鼠标右键单击视频轨中的素材，在弹出的快捷菜单中执行“打开选项面板”命令，在“效果”选项面板中取消选中“替换上一个滤镜”复选框，如图 7-15 所示。

图 7-14

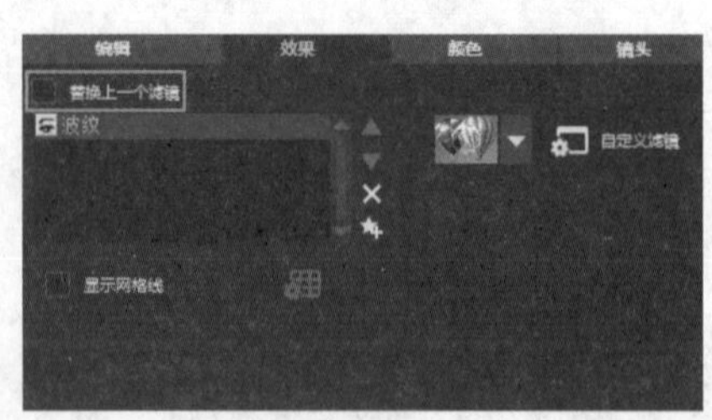

图 7-15

继续在“全部”滤镜组中选中“气泡”滤镜，按住鼠标左键将它拖到视频轨中的素材上，如图 7-16 所示。

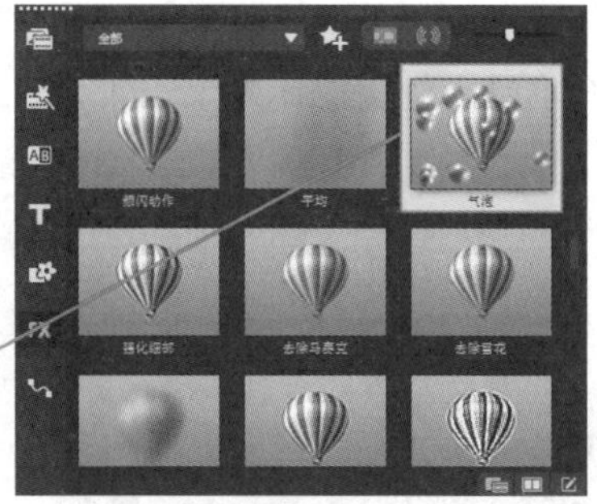

图 7-16

多个滤镜添加完成，如图 7-17 所示，预览最终效果，如图 7-18 所示。

图 7-17

图 7-18

7.2.4 删除视频滤镜

为一个视频素材添加了多个滤镜后，若发现某个滤镜并未达到自己所需要的效果，则可以将该滤镜删除。

用鼠标右键单击视频轨中的素材，在弹出的快捷菜单中执行“打开选项面板”命令，在“效果”选项面板中单击需要删除的滤镜，单击“删除”按钮，如图 7-19 所示，即可将该滤镜效果删除。

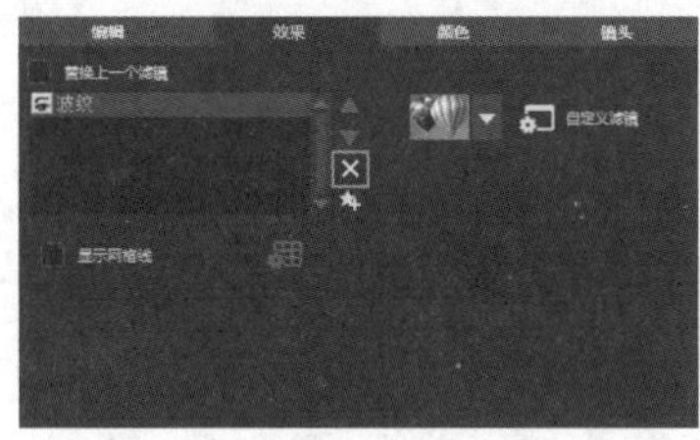

图 7-19

7.2.5 替换视频滤镜

为视频素材添加视频滤镜后，如果发现添加的滤镜所产生的效果并不是自己所需要的，那么可以选择其他视频滤镜来替换现有的视频滤镜。

进入会声会影 2019，打开一个已经添加好滤镜的项目文件，如图 7-20 所示。

图 7-20

打开“效果”选项面板，选中“替换上一个滤镜”复选框，如图 7-21 所示。打开“自然绘图”滤镜组，在其中选择“自动草绘”滤镜效果，如图 7-22 所示，将它拖到视频轨中的素材上。

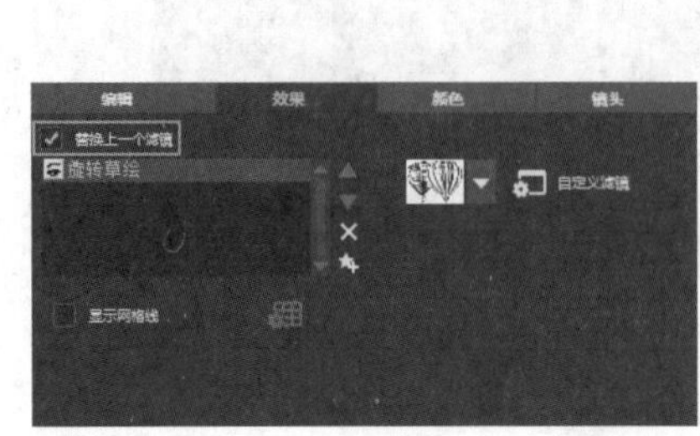

图 7-21

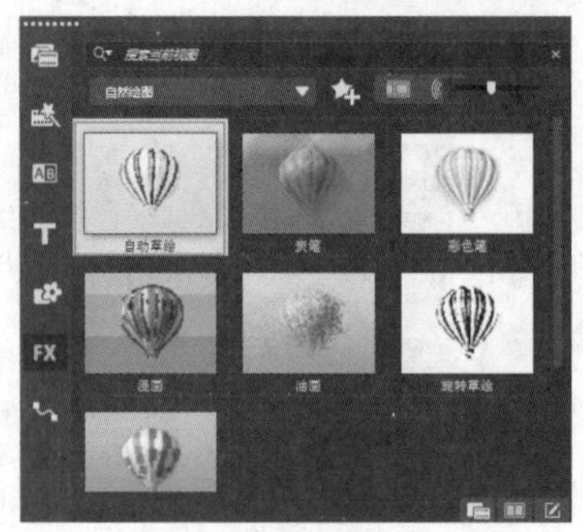

图 7-22

在导航面板中单击“播放修整后的素材”按钮，预览替换视频滤镜后的效果，如图 7-23 所示。

图 7-23

7.3 设置视频滤镜

虽然会声会影供用户选择的视频滤镜样式很多，但用户也可以自定义滤镜样式。

7.3.1 课堂案例——应用“漩涡”滤镜创建扭曲效果

【学习目标】掌握自定义视频滤镜的操作方法。

【知识要点】应用“漩涡”滤镜能够扭曲视频素材或图像素材，制造漩涡的视觉效果，如图 7-24 所示。

【所在位置】素材 \ 第 7 章 \7.3.1\“漩涡”滤镜创建扭曲效果 .VSP

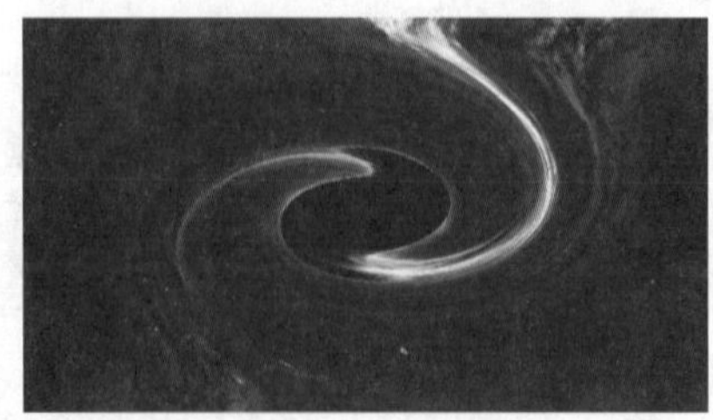

图 7-24

（1）启动会声会影 2019，用鼠标右键单击视频轨，在弹出的快捷菜单中执行“插入照片”命令，添加图片素材“素材 .jpg”，如图 7-25 所示。

（2）单击“滤镜”按钮，在“二维映射”滤镜组中选中“漩涡”滤镜，如图 7-26 所示，按住鼠标左键将它拖到视频轨中的素材“素材 .jpg”上。

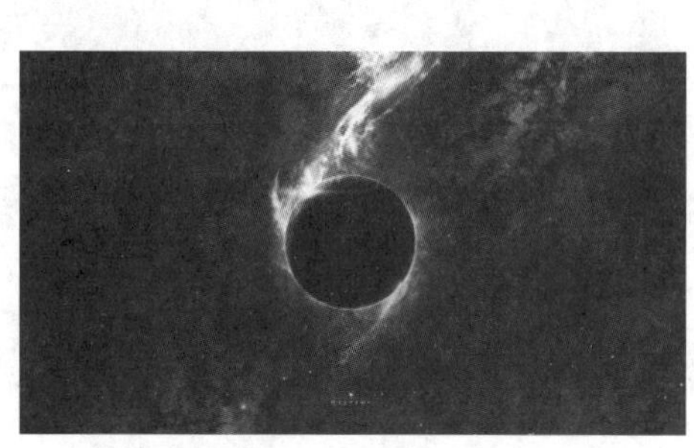

图 7-25

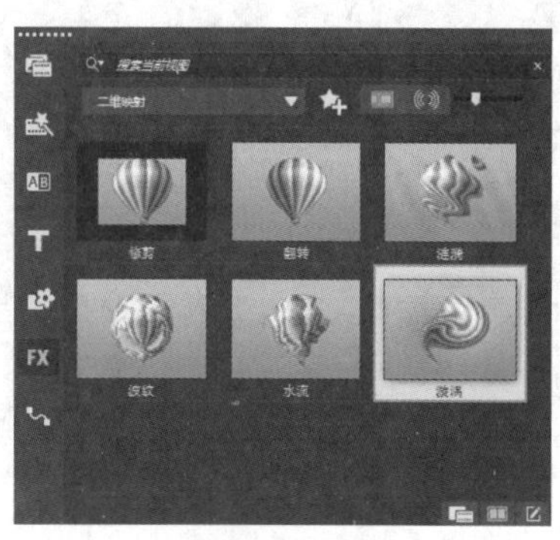

图 7-26

（3）用鼠标右键单击视频轨中的素材“素材 .jpg”，在弹出的快捷菜单中执行“打开选项面板”命令，在“编辑”选项面板中调整视频轨素材“素材 .jpg”的区间为 13 秒，如图 7-27 所示。

（4）在“效果”选项面板中单击“自定义滤镜”按钮，如图 7-28 所示。

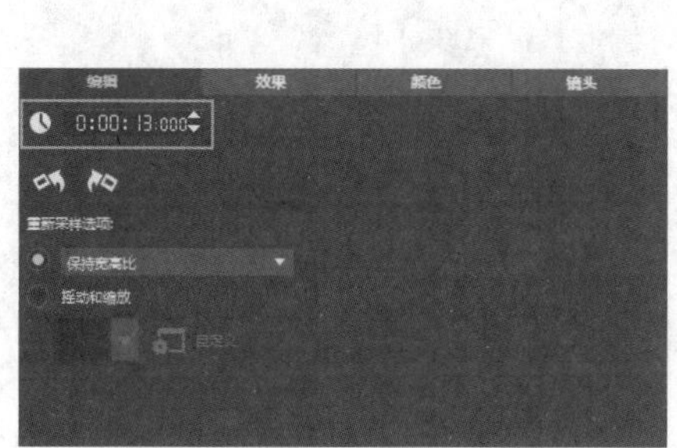
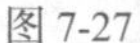

图 7-27

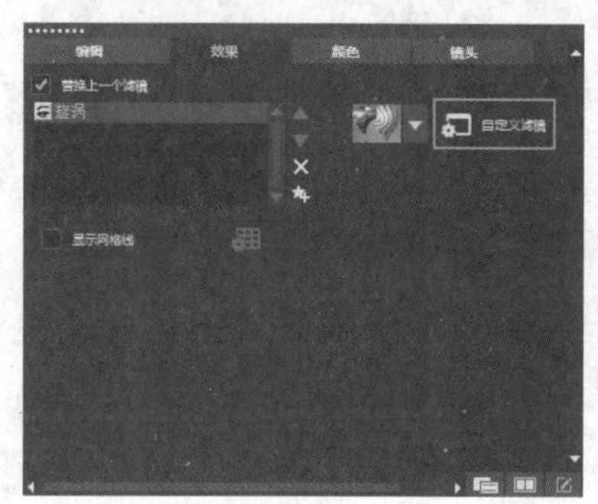

图 7-28

（5）弹出“漩涡”对话框，选择第 1 个关键帧，选中“顺时针”单选按钮，设置“扭曲”参数为 0，如图 7-29 所示。

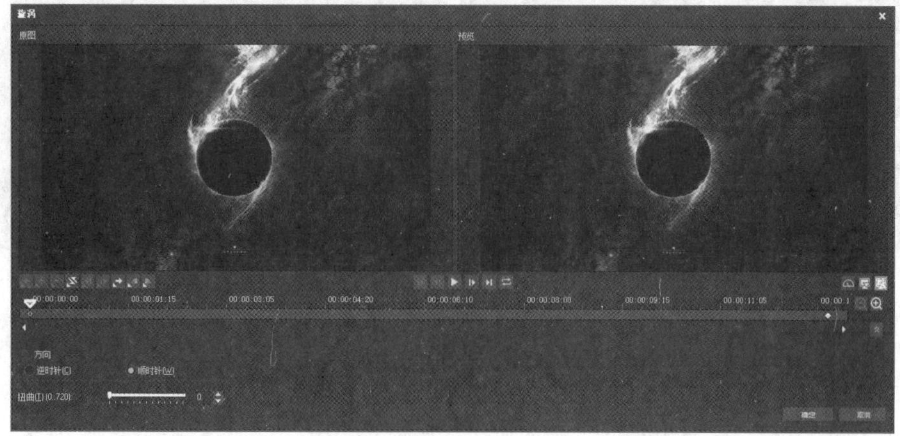

图 7-29

（6）在时间轴 00:00:01:15 处创建第 2 个关键帧，设置“扭曲”参数为 0，如图 7-30 所示。

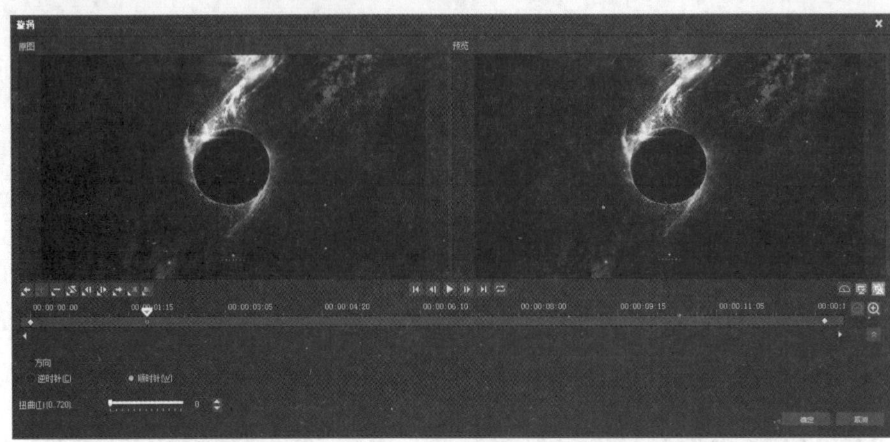

图 7-30

（7）选择最后一个关键帧，设置“扭曲”参数为 535，如图 7-31 所示。

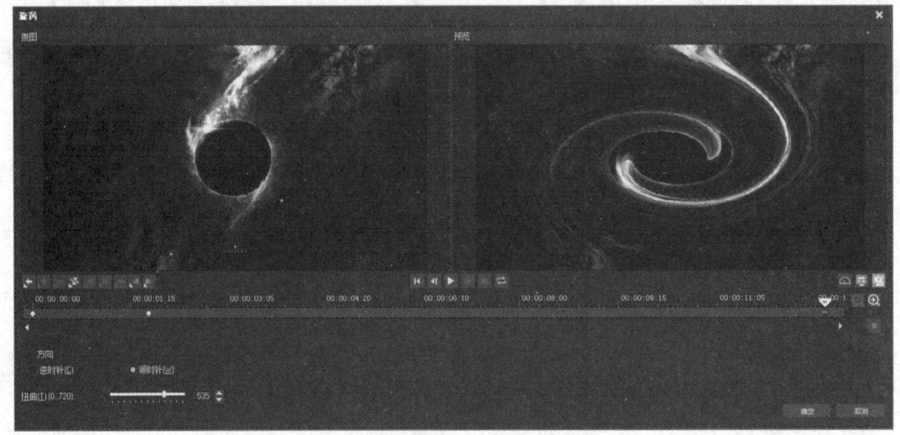

图 7-31

（8）添加“漩涡”滤镜成功，预览最终效果，如图 7-32 所示。

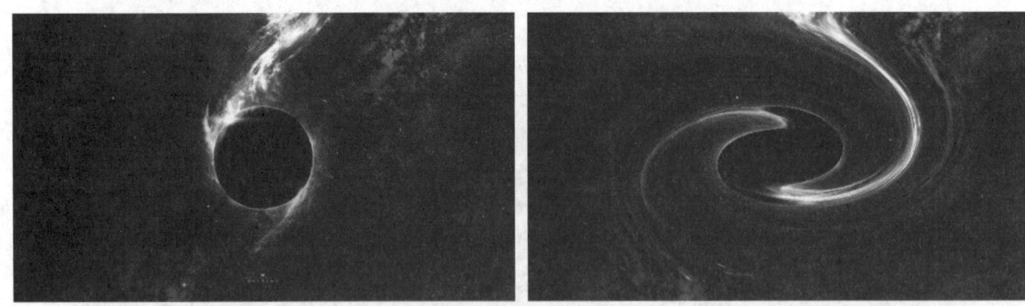

图 7-32

7.3.2 指定视频滤镜的预设样式

在会声会影中，每一个视频滤镜都会提供多个预设的滤镜样式。进入会声会影 2019，打开一个项目文件，如图 7-33 所示。

图 7-33

查看视频轨中的文件，如图 7-34 所示。用鼠标右键单击视频轨中的素材，在弹出的快捷菜单中执行“打开选项面板”命令，如图 7-35 所示。

图 7-34

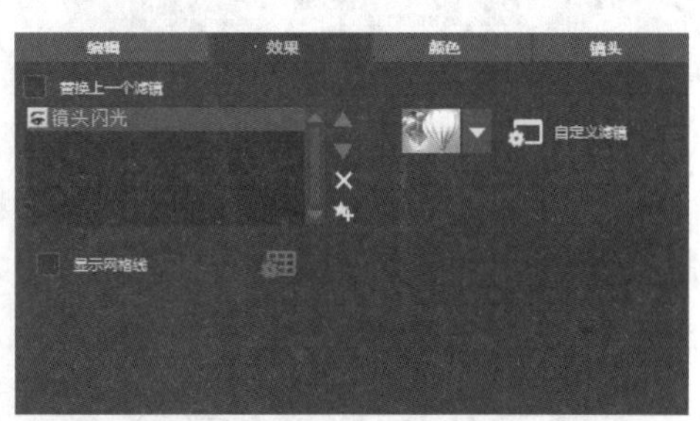

图 7-35

单击“预设”右侧的下拉按钮，在弹出的下拉列表中选择最后一个预设效果，如图 7-36 所示。

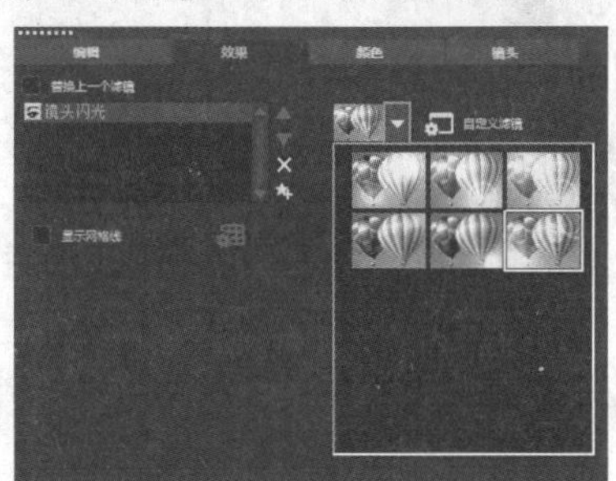

图 7-36

完成操作后即可为素材指定滤镜预设样式，预览视频滤镜预设样式效果，如图 7-37 所示。

图 7-37

7.3.3 自定义视频滤镜

为视频添加相应的滤镜后，单击选项面板中的“自定义滤镜”按钮，在弹出的对话框中可以设置滤镜特效的相关属性，使制作的视频效果更符合用户的需求。

在会声会影中，利用视频滤镜可以模拟各种艺术效果来对素材进行美化，为素材添加闪电或气泡等效果，从而制作出精美的视频作品，如图 7-38 所示。

图 7-38

添加视频滤镜后，滤镜效果将会应用到视频素材的每一帧上，用户可以通过调整滤镜的属性来控制起始帧到结束帧之间的滤镜强度、效果和速度等。应用“闪电”滤镜后，在“效果”选项面板中单击“自定义滤镜”按钮，弹出“闪电”对话框，如图 7-39 所示。

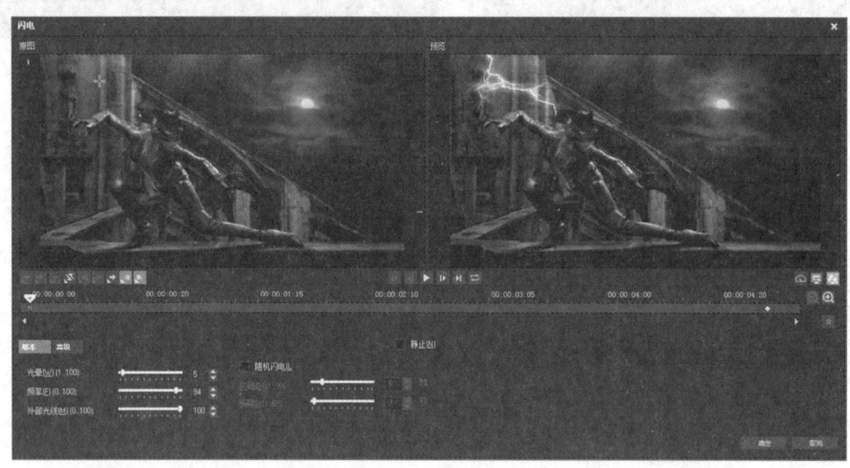

图 7-39

在该对话框中，各选项基本的功能介绍如下。

- 原图：该区域显示的图像为应用视频滤镜前的效果。
- 预览：该区域显示的图像为应用视频滤镜后的效果。
- 转到上一个关键帧：单击该按钮，可以使上一个关键帧处于编辑状态。
- 添加关键帧：单击该按钮，可以将当前帧设置为关键帧。
- 删除关键帧：单击该按钮，可以删除选定的关键帧。
- 翻转关键帧：单击该按钮，可以翻转时间轴中关键帧的顺序，视频序列将从终止关键帧开始到起始关键帧结束。
- 将关键帧移到左边：单击该按钮，可以将关键帧向左侧移动一帧。

- 将关键帧移到右边：单击该按钮，可以将关键帧向右侧移动一帧。
- 转到下一个关键帧：单击该按钮，可以使下一个关键帧处于编辑状态。
- 淡入：单击该按钮，可以设置视频滤镜的淡入效果。
- 淡出：单击该按钮，可以设置视频滤镜的淡出效果。
- 转到起始帧：单击该按钮，可以回到起始帧。
- 左移一帧：单击该按钮，可以向左侧移动一帧。
- 播放：单击该按钮，可以开始播放预览画面。
- 右移一帧：单击该按钮，可以向右侧移动一帧。
- 转到终止帧：单击该按钮，可以回到终止帧。
- 播放速度：单击该按钮，可以改变预览画面播放的速度。
- 启用设备：单击该按钮，可以使用外部的设备进行播放，如 DV 设备。
- 更换设备：在单击了“启用设备”按钮的前提下才能单击此按钮，单击该按钮，可以选择播放设备或修改设备属性。
- 缩放控件：使用该控件，可以使时间轴放大或缩小。
- 显示 / 隐藏设置：单击该按钮，可以展开或隐藏设置面板。

7.4 调整视频色彩

会声会影的“暗房”滤镜组中共有 9 个滤镜。下面讲解其中的“自动曝光”“亮度和对比度”“色彩平衡”和“色调和饱和度”滤镜。

7.4.1 课堂案例——更改花海色调

【学习目标】掌握使用滤镜调整素材色调的方法。

【知识要点】为素材添加“色彩平衡”滤镜，可以使素材场景富有意境。“色彩平衡”滤镜能平衡视频中的色彩，效果如图 7-40 所示。

【所在位置】素材 \ 第 7 章 \ 7.4.1\ 更改花海色调 .VSP

图 7-40

（1）启动会声会影 2019，添加图片素材“秋菊花田 .jpg”，如图 7-41 所示。

（2）用鼠标右键单击视频轨中的素材，在弹出的快捷菜单中执行“打开选项面板”命令，在“编辑”选项面板中的“重新采样选项”下拉列表中选择“调到项目大小”选项，如图 7-42 所示。

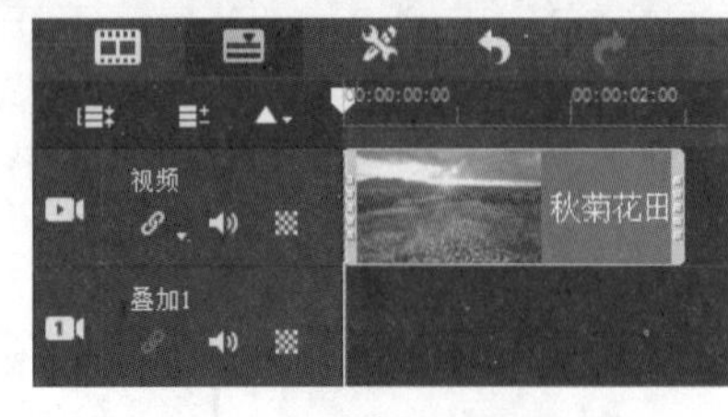

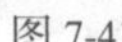

图 7-41

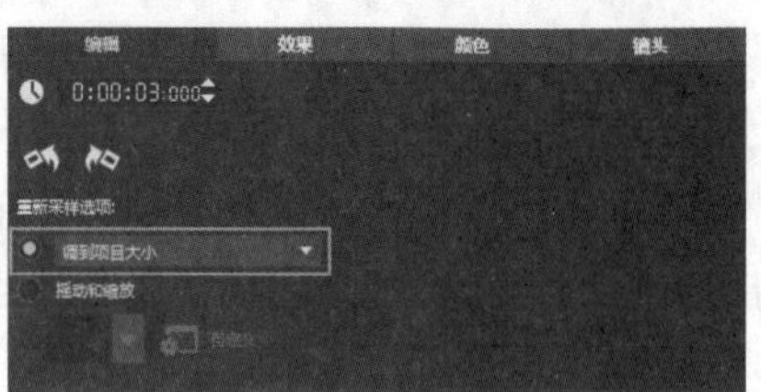

图 7-42

（3）单击“滤镜”按钮，在素材库中选中“色彩平衡”滤镜，如图 7-43 所示，按住鼠标左键将它拖到视频轨中的素材上。

（4）用鼠标右键单击视频轨中的素材，在弹出的快捷菜单中执行“打开选项面板”命令，在“效果”选项面板中的“预设”下拉列表中选择第 6 个预设模式，如图 7-44 所示。

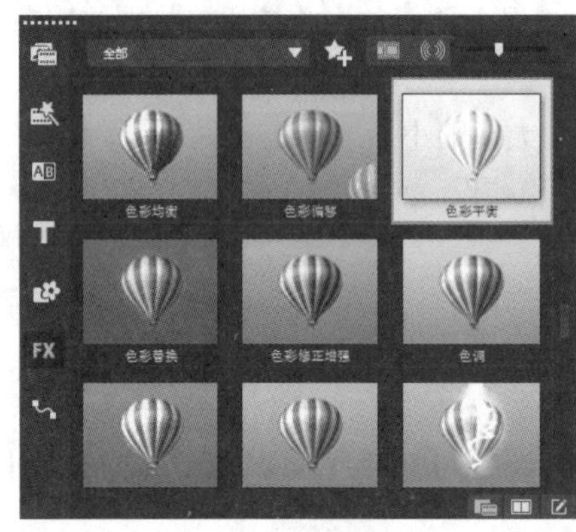

图 7-43

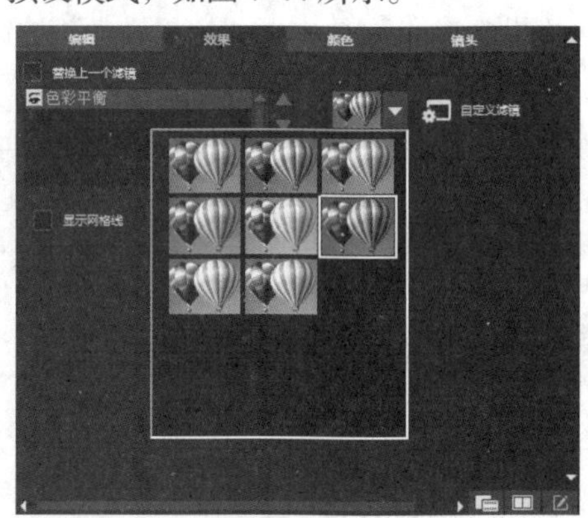

图 7-44

（5）添加“色彩平衡”滤镜成功，预览最终效果，如图 7-45 所示。

图 7-45

7.4.2 “自动曝光”滤镜

在会声会影中，应用“自动曝光”滤镜能够让视频或图像自动进行曝光，美化视频或图像效果。

进入会声会影 2019，添加图片素材，如图 7-46 所示。单击“滤镜”按钮，在“暗房”滤镜组中选中“自动曝光”滤镜，如图 7-47 所示，按住鼠标左键将它拖到视频轨中的素材上。

图 7-46

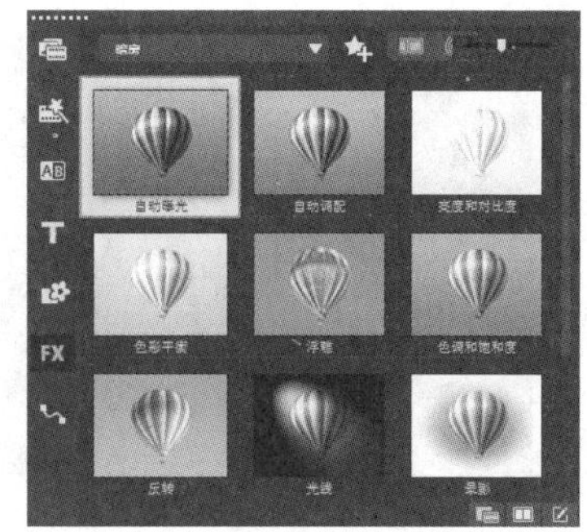

图 7-47

添加“自动曝光”滤镜完成，预览最终效果，如图 7-48 所示。

图 7-48

7.4.3 “亮度和对比度”滤镜

在会声会影中，应用“亮度和对比度”滤镜能够调整视频或图像的画面亮度和颜色的对比度，美化视频或图像效果。

进入会声会影 2019，用鼠标右键单击视频轨，在弹出的快捷菜单中执行“插入照片”命令，添加图片素材，如图 7-49 所示。单击“滤镜”按钮，在“暗房”滤镜组中选中“亮度和对比度”滤镜，如图 7-50 所示，按住鼠标左键将它拖到视频轨中的素材上。

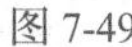

图 7-49

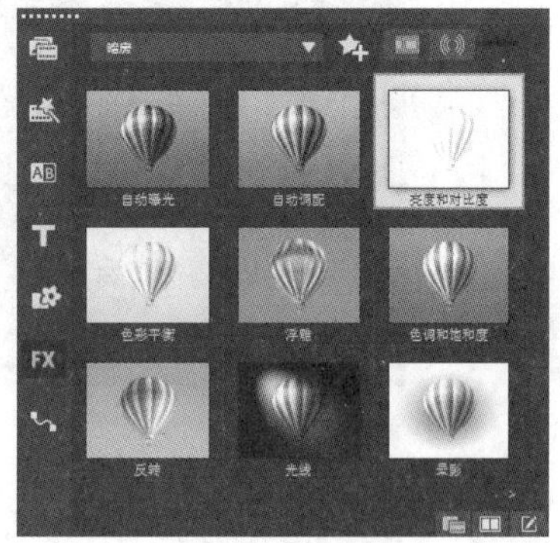

图 7-50

用鼠标右键单击视频轨中的素材，在弹出的快捷菜单中执行“打开选项面板”命令，在“效果”选项面板中的“预设”下拉列表中选择第 7 个预设模式，如图 7-51 所示。添加“亮度和对比度”滤镜成功，预览最终效果，如图 7-52 所示。

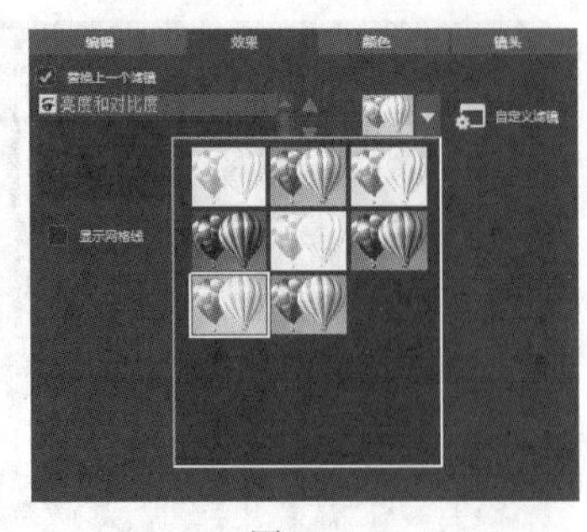

图 7-51

图 7-52

7.4.4 “色彩平衡”滤镜

在会声会影中，应用“色彩平衡”滤镜能够调整视频或图像的画面色彩，美化视频或图像效果。

进入会声会影 2019，用鼠标右键单击视频轨，在弹出的快捷菜单中执行“插入照片”命令，添加图片素材，如图 7-53 所示。单击“滤镜”按钮，在“暗房”滤镜组中选中“色彩平衡”滤镜，如图 7-54 所示，按住鼠标左键将它拖到视频轨中的素材上。

图 7-53

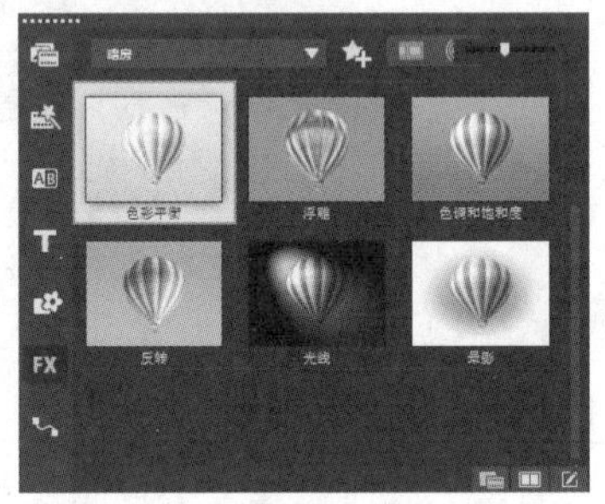

图 7-54

用鼠标右键单击视频轨中的素材，在弹出的快捷菜单中执行“打开选项面板”命令，在“效果”选项面板中的“预设”下拉列表中选择第 3 个预设模式，如图 7-55 所示。添加“色彩平衡”滤镜成功，预览最终效果，如图 7-56 所示。

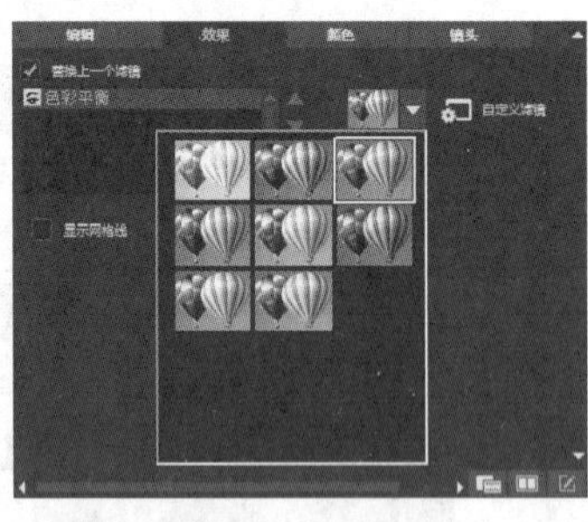

图 7-55

图 7-56

7.4.5 “色调和饱和度”滤镜

在会声会影中，应用“色调和饱和度”滤镜能够改变视频或画面的色调和饱和度，美化视频或图像效果。添加图片素材，如图 7-57 所示。单击“滤镜”按钮，在“暗房”滤镜组中选中“色调和饱和度”滤镜，如图 7-58 所示，按住鼠标左键将它拖到视频轨中的素材上。

图 7-57

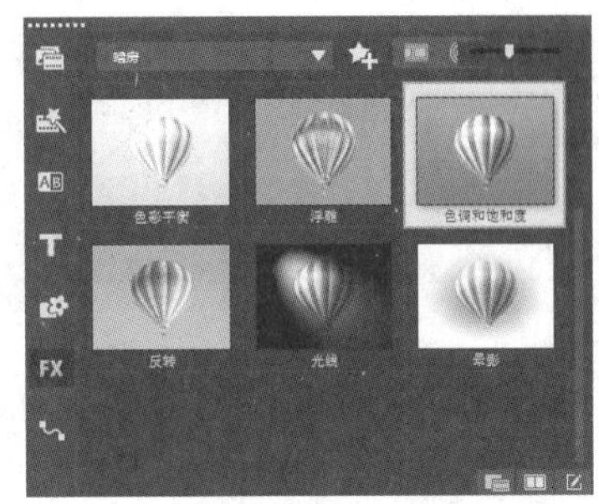

图 7-58

用鼠标右键单击视频轨中的素材，在弹出的快捷菜单中执行“打开选项面板”命令，在“效果”选项面板中的“预设”下拉列表中选择第 2 个预设模式，如图 7-59 所示。添加“色调和饱和度”滤镜完成，预览最终效果，如图 7-60 所示。

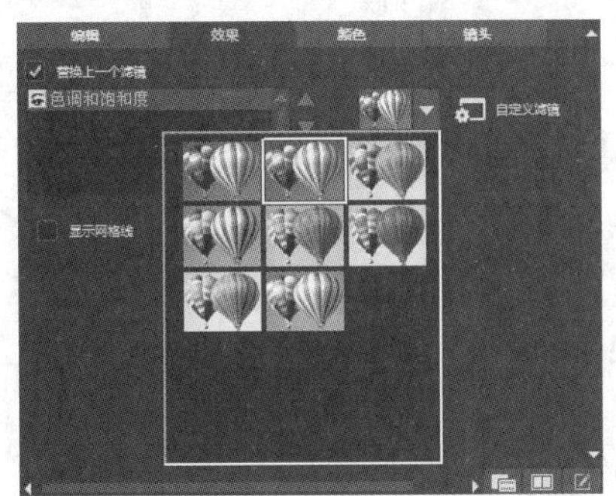

图 7-59

图 7-60

7.5 课堂练习——添加闪电滤镜

【知识要点】“闪电”滤镜能制作出闪电的效果，如图 7-61 所示。

【所在位置】素材 \ 第 7 章 \ 7.5\ 添加闪电滤镜 .VSP

图 7-61

7.6 课后习题——制作精美水彩画

【知识要点】给一张素材图片制作精美的水彩效果。在会声会影中，“水彩”滤镜能制作出水彩画的效果，如图 7-62 所示。

【所在位置】素材 \ 第 7 章 \ 7.6\ 制作精美水彩画 .VSP

图 7-62

第8章 视频覆叠特效的制作

本章介绍

在会声会影中，覆叠轨是非常重要的轨道，它能够像视频轨一样添加各种效果，且能够让其中的图像和视频轨的图像同时播放，这样就能简单地制作出画中画的效果了。利用覆叠轨，我们还能制作精美的相框效果。

课堂学习目标

- 了解覆叠特效的基本设置
- 熟悉覆叠素材的基本操作
- 掌握覆叠素材的设置与调整
- 掌握视频遮罩特效和路径运动的制作方法

8.1 覆叠特效的基本设置

在电视或电影中，人们会看到一段视频在播放的同时，往往还嵌套播放了另一段视频，这就是常说的画中画，即覆叠效果。覆叠特效的应用，在有限的画面空间中，创造了更加丰富的画面内容。通过会声会影中的覆叠功能，用户可以很轻松地制作出静态或动态的画中画效果，从而使视频作品更具观赏性。

8.1.1 课堂案例——制作望远镜遮罩特效

【学习目标】掌握覆叠的基本设置方法。

【知识要点】为覆叠素材创建望远镜遮罩特效。在会声会影中，望远镜遮罩特效是指覆叠轨中的素材以望远镜的形状遮罩在视频轨中的素材上，如图 8-1 所示。

【所在位置】素材 \ 第 8 章 \8.1.1\ 制作望远镜遮罩特效 .VSP

图 8-1

（1）进入会声会影 2019，执行“文件”→“打开项目”命令，打开一个项目文件（素材 \ 第 8 章 \8.1.1\ 猎物 .VSP），如图 8-2 所示。

（2）在预览窗口中预览打开的项目，如图 8-3 所示。

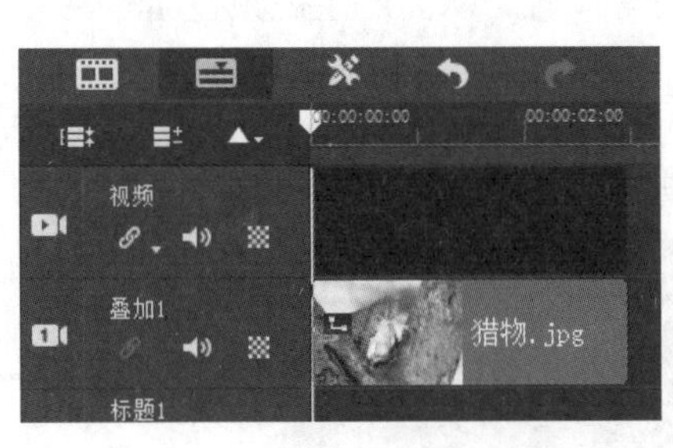

图 8-2

图 8-3

（3）在覆叠轨中，选中需要设置望远镜遮罩特效的覆叠素材，如图 8-4 所示。

（4）打开“效果”选项面板，单击“遮罩和色度键”按钮，打开相应的选项面板，选中“应用覆叠选项”复选框，如图 8-5 所示。

（5）单击“类型”下拉按钮，在弹出的下拉列表中选择“遮罩帧”选项，如图 8-6 所示。

（6）打开覆叠遮罩列表，在其中选择望远镜遮罩样式，如图 8-7 所示。

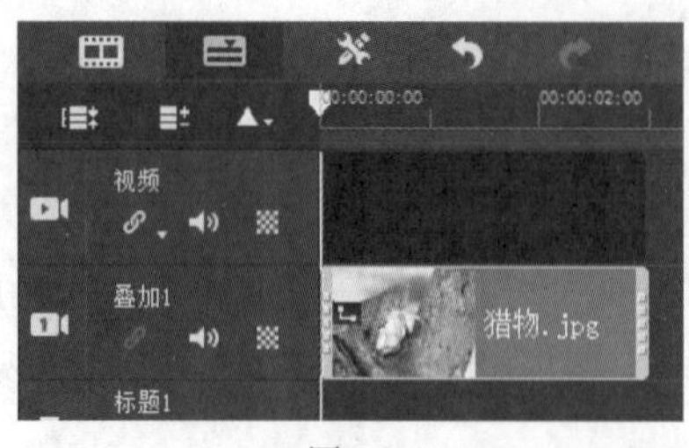

图 8-4

图 8-5

图 8-6

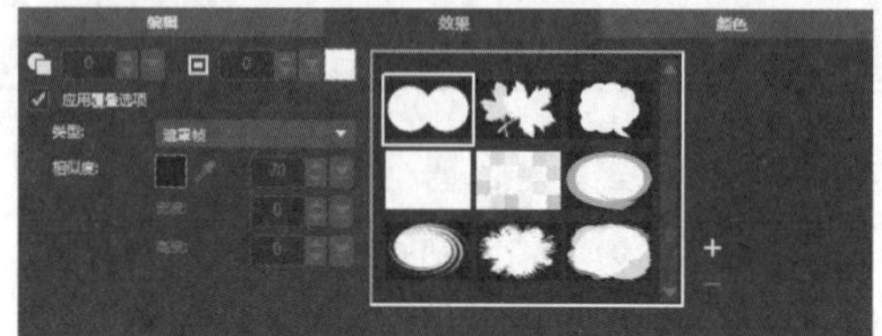

图 8-7

（7）在导航面板中单击“播放修整后的素材”按钮，预览视频中的望远镜遮罩效果，如图 8-8 所示。

图 8-8

8.1.2 覆叠素材的属性设置

覆叠功能是会声会影提供的一种视频编辑方法。它将视频素材添加到时间轴视图中的覆叠轨中，用户可以对视频素材进行淡入淡出、进入退出及停靠位置等设置，从而产生视频叠加的效果，使视频更加精彩。

运用会声会影的覆叠功能，用户可以在编辑视频的过程中使视频具有更多的表现方式。选中覆叠轨中的素材文件，在“效果”选项面板中可以设置覆叠素材的相关属性与运动特效，如图 8-9 所示。

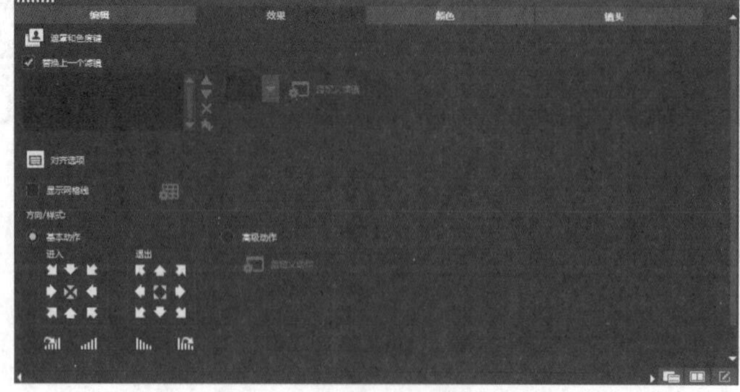

图 8-9

在“效果”选项面板中，各主要选项的具体含义如下。

- 遮罩和色度键：单击该按钮，在弹出的选项面板中可以设置覆叠素材的透明度、边框、覆叠类型和相似度等属性。
- 对齐选项：单击该按钮，在弹出的下拉列表中可以设置当前视频的位置及视频的宽高比。
- 替换上一个滤镜：选中该复选框，新的滤镜将替换素材原来的滤镜效果，并应用到覆叠素材上。若需要在覆叠素材中应用多个滤镜，则可取消选中该复选框。
- 自定义滤镜：单击该按钮，可以根据需要对当前添加的滤镜进行自定义设置。
- 进入 / 退出：设置素材进入或离开屏幕时的方向。
- 暂停区间前旋转 / 暂停区间后旋转：单击相应的按钮，可以在覆叠画面进入或离开屏幕时应用旋转效果，同时可在导航面板中设置旋转之前或之后的暂停区间。
- 淡入动画效果：单击该按钮，可以将淡入效果添加到当前素材中。
- 淡出动画效果：单击该按钮，可以将淡出效果添加到当前素材中。
- 方向 / 样式：可以设置素材进入或退出视频动画的方向。
- 高级动作：选中该单选按钮，可以设置覆叠素材的路径运动效果。

8.1.3 透明度和遮罩的设置

在“效果”选项面板中，单击“遮罩和色度键”按钮，将展开“遮罩和色度键”选项面板，在其中可以设置覆叠素材的透明度、边框和遮罩特效，如图 8-10 所示。

图 8-10

在“遮罩和色度键”选项面板中，各主要选项的含义如下。

- 透明度：在该数值框中输入相应的参数，或者拖曳滑块，可以设置素材的透明度。
- 边框：在该数值框中输入相应的参数，或者拖曳滑块，可以设置边框的宽度，单击右侧的颜色色块，可以选择边框的颜色。
- 应用覆叠选项：选中该复选框，可以将覆叠素材渲染为透明。
- 相似度：指定要渲染为透明的色彩范围。单击右侧的颜色色块，可以选择要渲染为透明的颜色。单击按钮，可以在覆叠素材中选取色彩。
- 宽度 / 高度：从覆叠素材中修剪不需要的边框时，可设置要修剪素材的高度和宽度。
- 覆叠预览：会声会影为覆叠选项窗口提供了预览功能，使用户能够同时查看素材调整前后的画面，方便比较调整前后的效果。

8.2 覆叠素材的基本操作

使用覆叠功能，可以将视频素材添加到覆叠轨中，然后对视频素材的大小、位置及透明度等属性进行调整，从而产生视频叠加效果。

8.2.1 课堂案例——制作旅行相框

【学习目标】掌握添加并调整覆叠素材的方法。

【知识要点】添加覆叠素材，并将覆叠轨中的素材进行变形，使素材能够自由变化，如图 8-11 所示。

【所在位置】素材 \ 第 8 章 \ 8.2.1\ 制作旅行相框 .VSP

图 8-11

（1）进入会声会影 2019，在视频轨中插入“相框 .jpg”素材，如图 8-12 所示。

（2）在覆叠轨中单击鼠标右键，在弹出的快捷菜单中执行“插入照片”命令，如图 8-13 所示。

图 8-12

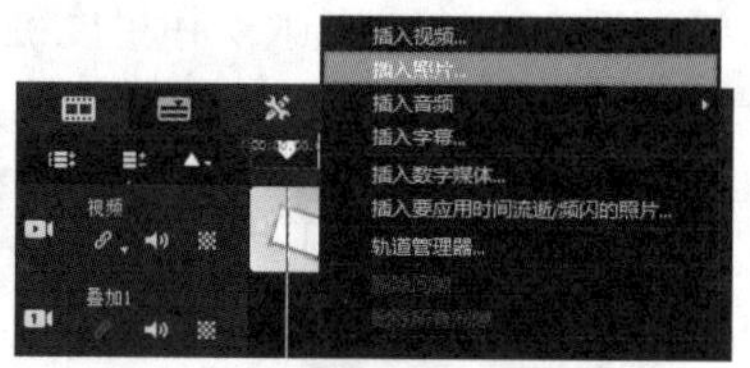

图 8-13

（3）弹出“浏览照片”对话框，在其中选择“旅行 .jpg”素材图像，如图 8-14 所示。

（4）单击“打开”按钮，即可在覆叠轨中添加相应的覆叠素材，如图 8-15 所示。

图 8-14

图 8-15

（5）在预览窗口中，拖曳素材四周的绿色控制柄，使素材变形，如图 8-16 所示。

（6）完成上述操作后，即可完成覆叠素材的变形。单击导航面板中的“播放修整后的素材”按钮，预览覆叠效果，如图 8-17 所示。

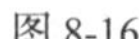

图 8-16

图 8-17

8.2.2 添加覆叠素材文件

在会声会影中，用户可以根据需要在覆叠轨中添加相应的覆叠素材，从而制作出更具观赏性的视频作品。

在视频轨中插入一幅素材图像，如图 8-18 所示。在覆叠轨中单击鼠标右键，在弹出的快捷菜单中执行“插入照片”命令，如图 8-19 所示。

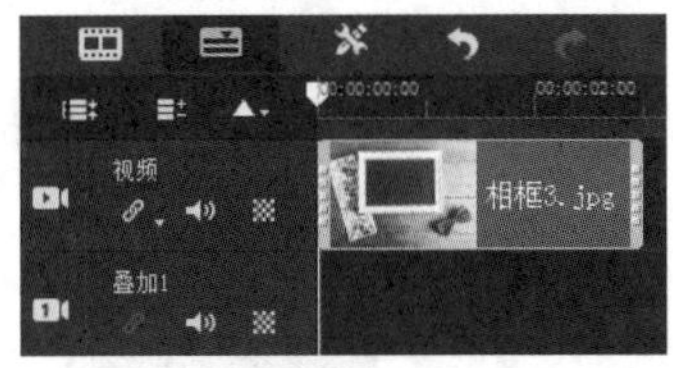

图 8-18

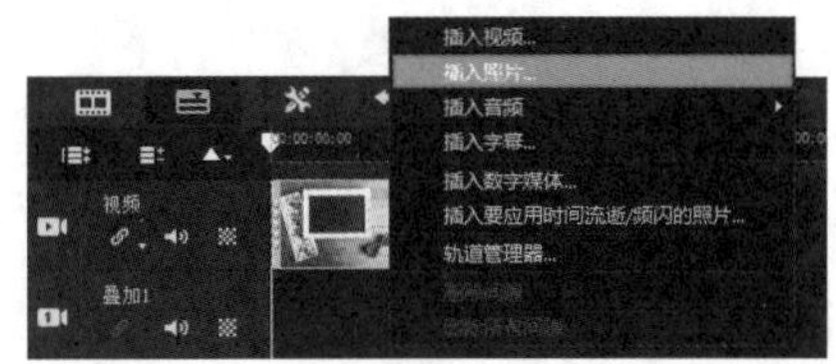

图 8-19

在覆叠轨中添加覆叠素材，如图 8-20 所示。在预览窗口中，拖曳素材四周的控制柄，调整覆叠素材的位置和大小，如图 8-21 所示。

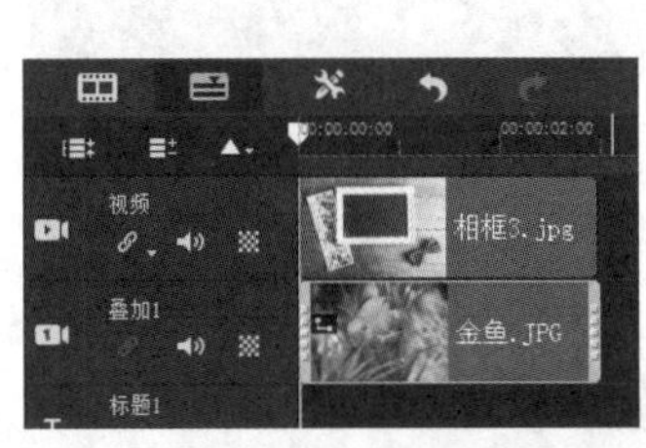

图 8-20

图 8-21

完成上述操作后，即可完成覆叠素材的添加。单击导航面板中的“播放修整后的素材”按钮，预览覆叠效果，如图 8-22 所示。

图 8-22

提示

用户还可以将计算机中自己喜欢的图像素材直接拖曳至会声会影的覆叠轨中，释放鼠标左键，便可快速添加覆叠素材。

8.2.3 删除覆叠素材文件

在会声会影中，如果不需要覆叠轨中的素材，可以将其删除。打开一个项目文件，如图 8-23 所示。在预览窗口中，预览打开的项目，如图 8-24 所示。

图 8-23

图 8-24

在时间轴面板的覆叠轨中，选中需要删除的覆叠素材，如图 8-25 所示。单击鼠标右键，在弹出的快捷菜单中执行“删除”命令，如图 8-26 所示。

图 8-25

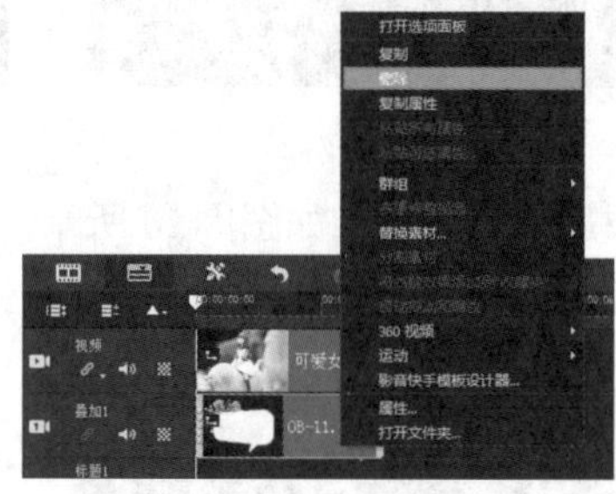

图 8-26

完成上述操作后，即可删除覆叠轨中的素材，如图 8-27 所示。在预览窗口中，预览删除覆叠素材后的效果，如图 8-28 所示。

图 8-27

图 8-28

8.3 覆叠素材的设置与调整

在会声会影中，用户还可以根据需要设置或调整覆叠素材，使制作的覆叠素材更加美观，让视频的动态内容更加丰富。

8.3.1 课堂案例——制作带边框的画中画

【学习目标】掌握对覆叠素材进行设置与调整的方法。

【知识要点】运用会声会影的覆叠功能，可以在画面中制作出多重画面的效果，还可以根据需要为画中画添加边框、透明度和动画等效果，如图 8-29 所示。

【所在位置】素材 \ 第 8 章 \8.3.1\ 制作带边框的画中画 .VSP

图 8-29

（1）进入会声会影 2019，执行“文件”→“打开项目”命令，打开一个项目文件（素材 \ 第 8 章 \8.3.1\ 蓝色风景 .VSP），如图 8-30 所示。

（2）在预览窗口中，预览打开的项目，如图 8-31 所示。

图 8-30

图 8-31

（3）选中覆叠轨 1 中的素材，展开“效果”选项面板，单击“遮罩和色度键”按钮，在展开的选项面板中设置“边框”参数为 3，如图 8-32 所示。

图 8-32

（4）在预览窗口中，预览设置边框后的覆叠效果，如图 8-33 所示。

（5）用同样的方法，在选项面板中设置覆叠轨 2 中的素材的“边框”参数为 3，在预览窗口中可以预览设置边框后的覆叠效果，画中画特效如图 8-34 所示。

图 8-33

图 8-34

8.3.2 进入动画效果的设置

在“进入”选项组中包括“从左上方进入”“从上方进入”“从右上方进入”等进入方向和一个“静止”选项，可以设置覆叠素材的进入动画效果。打开一个项目文件，如图 8-35 所示。选中需要设置进入动画的覆叠素材，如图 8-36 所示。

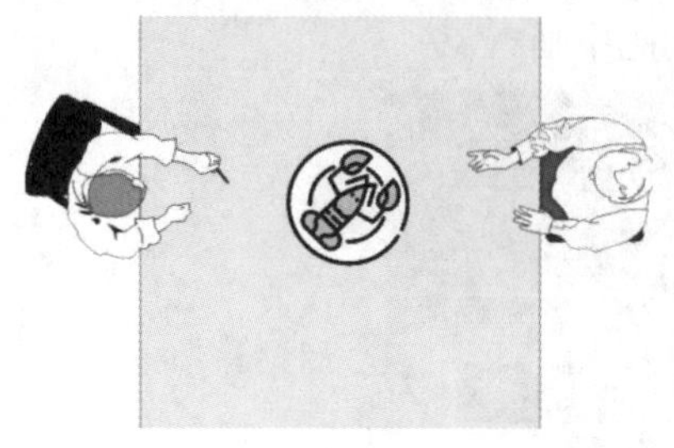

图 8-35

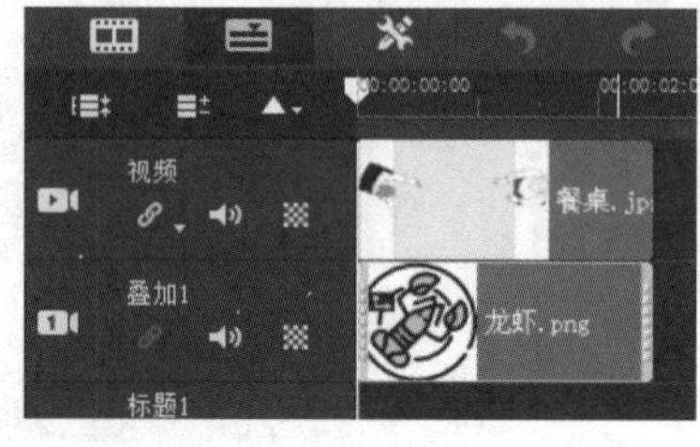

图 8-36

在“效果”选项面板的“进入”选项组中单击“从上方进入”按钮，如图 8-37 所示。

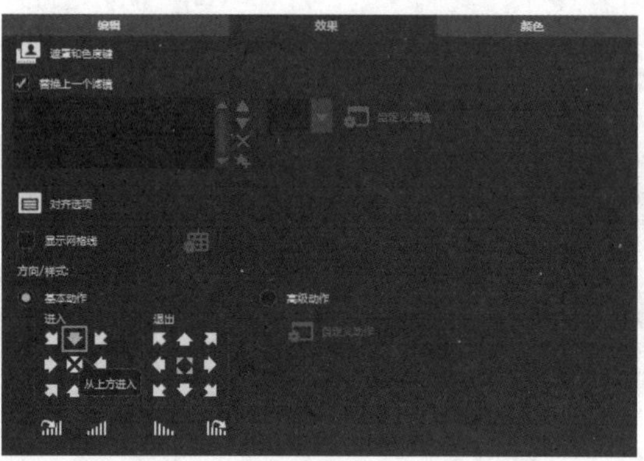

图 8-37

完成上述操作后，即可完成覆叠素材的进入动画效果的设置。在导航面板中单击“播放修整后的素材”按钮，预览设置的进入动画，如图 8-38 所示。

图 8-38

8.3.3 退出动画效果的设置

在“退出”选项组中包括“从左上方退出”“从上方退出”“从右上方退出”等退出方向和一个“静止”选项，可以设置覆叠素材的退出动画效果。打开一个项目文件，如图 8-39 所示。选中需要设置退出动画的覆叠素材，如图 8-40 所示。

图 8-39

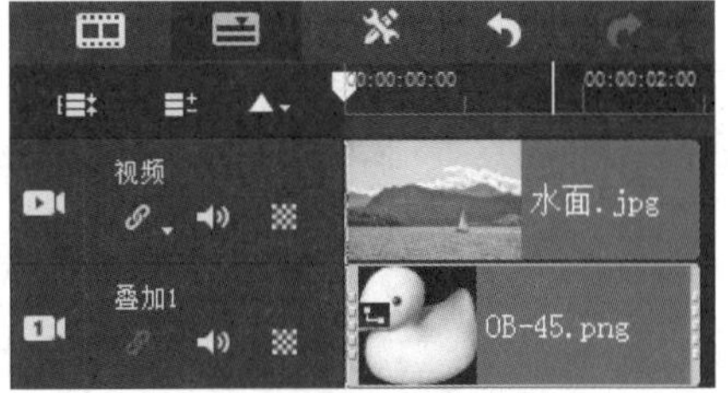

图 8-40

在“效果”选项面板的“退出”选项组中单击“从上方退出”按钮，如图 8-41 所示。

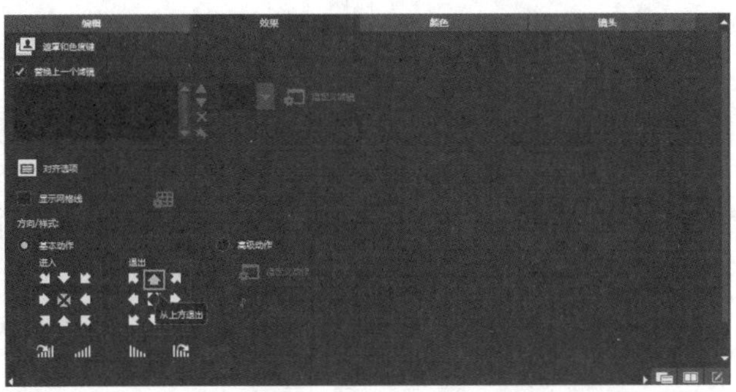

图 8-41

完成上述操作后，即可完成覆叠素材的进入动画效果的设置。在导航面板中单击“播放修整后的素材”按钮，预览设置的退出动画，如图 8-42 所示。

图 8-42

8.3.4 淡入淡出效果的设置

在会声会影中，用户可以制作覆叠素材的淡入淡出效果，使视频播放起来更加协调、流畅。打开一个项目文件，如图 8-43 所示。选中需要设置淡入与淡出动画的覆叠素材，如图 8-44 所示。

图 8-43

图 8-44

在“效果”选项面板中，选中第 1 个素材，单击“淡出动画效果”按钮，如图 8-45 所示。选中第 2 个素材，单击“淡入动画效果”按钮，如图 8-46 所示。

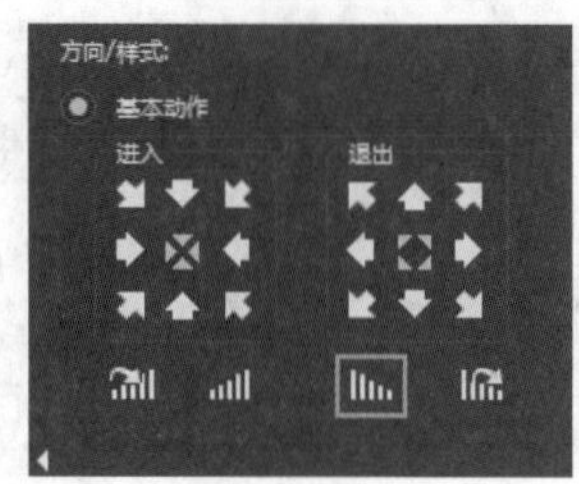

图 8-45

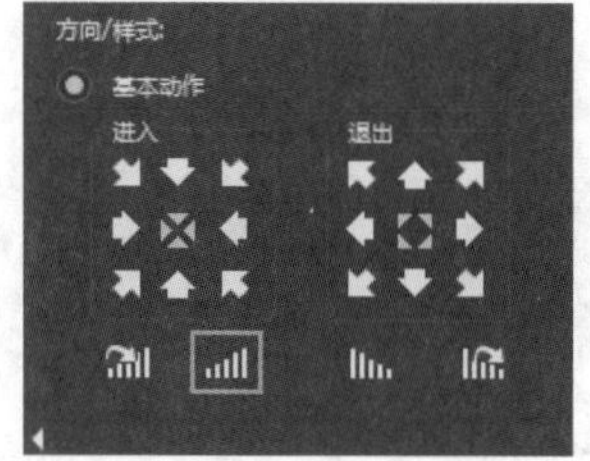

图 8-46

完成上述操作后，即可设置覆叠素材的淡入淡出动画效果。在导航面板中单击“播放修整后的素材”按钮，预览设置的淡入淡出动画效果，如图 8-47 所示。

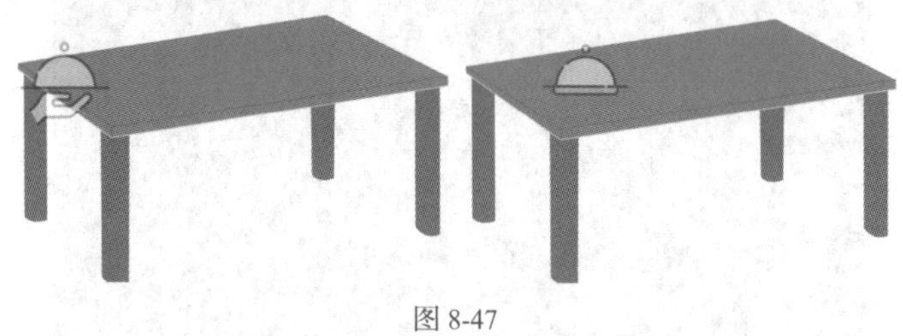
图 8-47

8.3.5 覆叠透明度的设置

在会声会影中，用户还可以根据需要设置覆叠素材的透明度，将素材以半透明的形式进行重叠，呈现出若隐若现的效果。在“透明度”数值框中输入相应的数值，即可设置覆叠素材的透明度。

在覆叠轨中选中需要设置透明度的覆叠素材，如图 8-48 所示。打开“效果”选项面板，单击“遮罩和色度键”按钮，如图 8-49 所示。

图 8-48

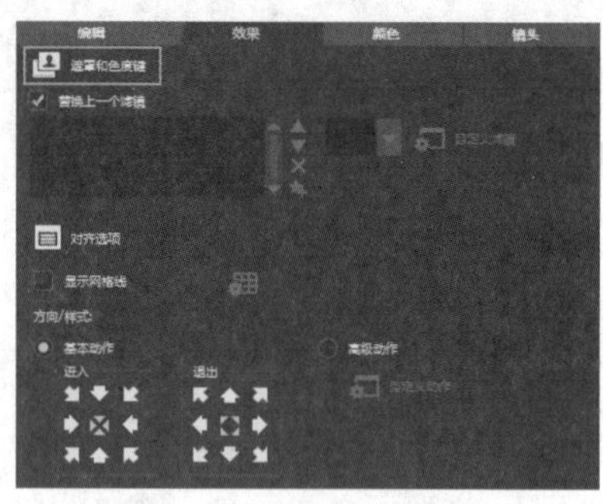

图 8-49

打开“遮罩和色度键”选项面板，在“透明度”数值框中输入“70”，如图 8-50 所示。完成操作后，即可完成覆叠素材的透明度效果的设置。在预览窗口中可以预览视频效果，如图 8-51 所示。

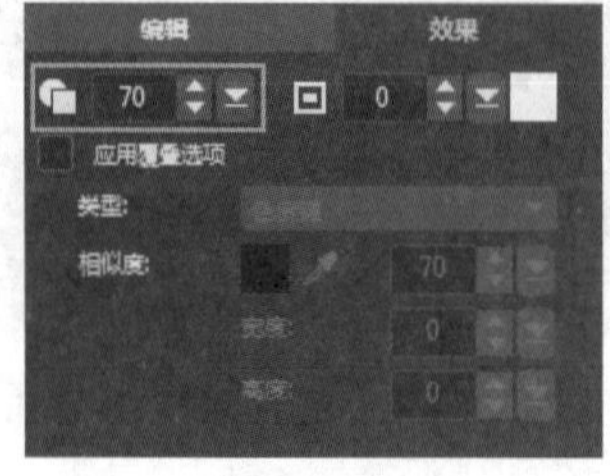

图 8-50

图 8-51

8.3.6 覆叠边框的设置

为了更好地突出覆叠素材，用户可以为所添加的覆叠素材设置边框。边框是为视频添加装饰的另一种简单而实用的方式，它能够让枯燥的画面变得生动。

在覆叠轨中选中需要设置边框的覆叠素材，如图 8-52 所示。打开“效果”选项面板，单击“遮罩和色度键”按钮，如图 8-53 所示。

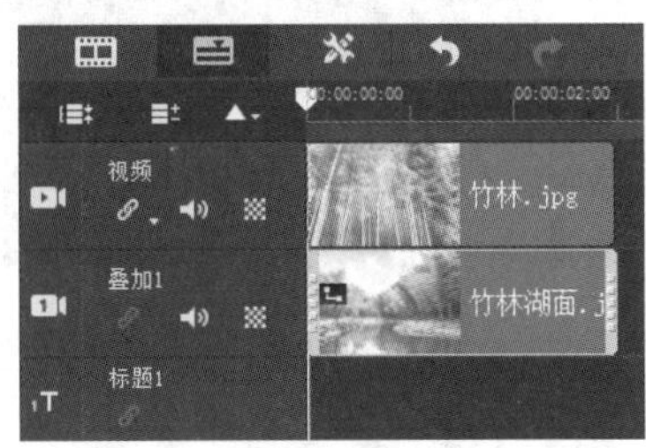

图 8-52

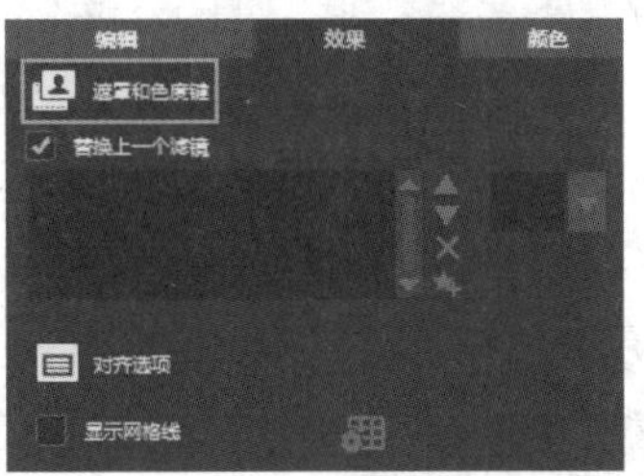

图 8-53

打开“遮罩和色度键”选项面板，在“边框”数值框中输入“3”，如图 8-54 所示。完成操作后，即可完成覆叠素材边框效果的设置。在预览窗口中预览视频效果，如图 8-55 所示。

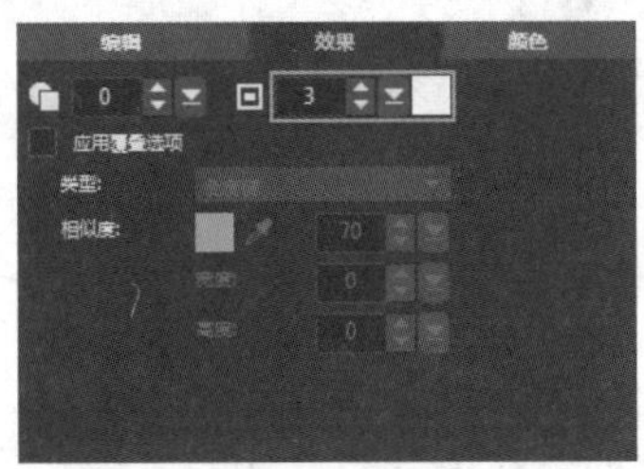

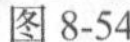

图 8-54

图 8-55

提示

设置覆叠素材的边框效果时，选项面板的“边框”数值框只能输入 0~10 的整数。

8.3.7 边框颜色的设置

为了使覆叠素材边框效果更加丰富，用户可以手动设置覆叠素材边框的颜色，使制作的视频更符合自己的要求。

打开一个项目文件，如图 8-56 所示。在预览窗口中预览打开的项目，如图 8-57 所示。

图 8-56

图 8-57

在覆叠轨中选中需要设置边框颜色的覆叠素材，如图 8-58 所示。打开“效果”选项面板，单击“遮罩和色度键”按钮，如图 8-59 所示。

图 8-58

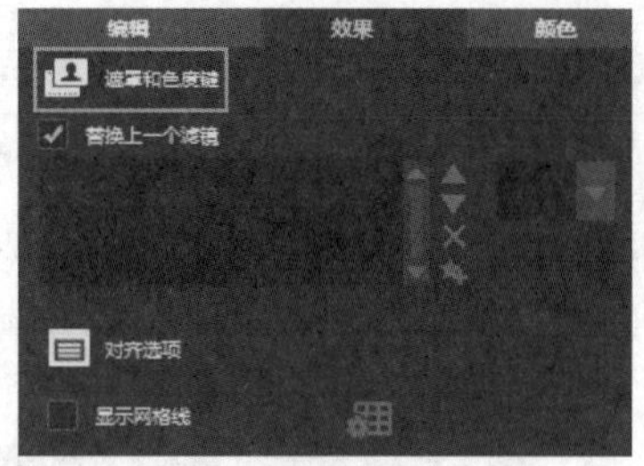

图 8-59

打开“遮罩和色度键”选项面板，单击“边框色彩”色块，在弹出的颜色面板中选择淡粉色，如图 8-60 所示。完成操作后，即可完成覆叠素材的边框颜色的更改，在预览窗口中可以预览视频效果，如图 8-61 所示。

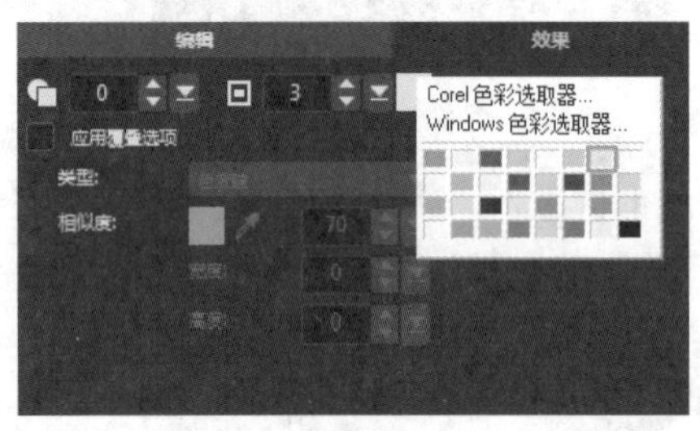

图 8-60

图 8-61

8.3.8 调整覆叠的高度

在会声会影中，如果覆叠素材过高，用户可以修剪覆叠素材的高度，使其符合需求。

在覆叠轨中选中需要修剪高度的覆叠素材，如图 8-62 所示。打开“效果”选项面板，单击“遮罩和色度键”按钮，打开相应的选项面板，在“高度”右侧的数值框中输入“30”，如图 8-63 所示。

图 8-62

图 8-63

完成上述操作后，即可完成覆叠素材高度的修剪，在预览窗口中可以预览修剪后的视频效果，如图 8-64 所示。

图 8-64

8.3.9 调整覆叠的宽度

在会声会影中，如果用户对覆叠素材的宽度不满意，那么可以对覆叠素材的宽度进行修剪。

在覆叠轨中选中需要修剪宽度的覆叠素材，如图 8-65 所示。打开“效果”选项面板，单击“遮罩和色度键”按钮，打开相应的选项面板，在“宽度”右侧的数值框中输入“23”，如图 8-66 所示。

图 8-65

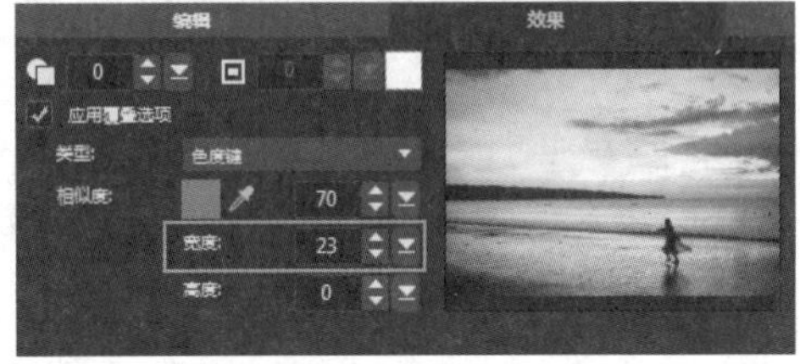

图 8-66

完成上述操作后，即可完成覆叠素材宽度的修剪。在预览窗口中可以预览修剪后的视频效果，如图 8-67 所示。

图 8-67

8.4 视频遮罩效果和路径运动

在会声会影中，用户可以根据需要在覆叠轨中设置覆叠素材的遮罩效果，使制作的视频作品更加美观。本节主要介绍设置覆叠素材遮罩效果的方法。

8.4.1 课堂案例——制作云朵遮罩特效

【学习目标】掌握视频遮罩特效的制作方法。

【知识要点】云朵遮罩特效是指覆叠轨中的素材被云朵的遮罩特效所覆盖，如图 8-68 所示。

【所在位置】素材 \ 第 8 章 \ 8.4.1\ 制作云朵遮罩特效 .VSP

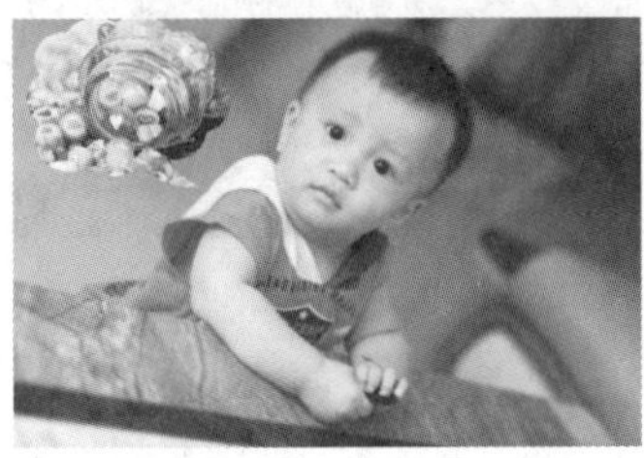

图 8-68

（1）进入会声会影 2019，执行“文件”→“打开项目”命令，打开一个项目文件（素材\第 8 章\8.4.1\思考 .VSP），如图 8-69 所示。

（2）在预览窗口中预览打开的项目，如图 8-70 所示。

图 8-69

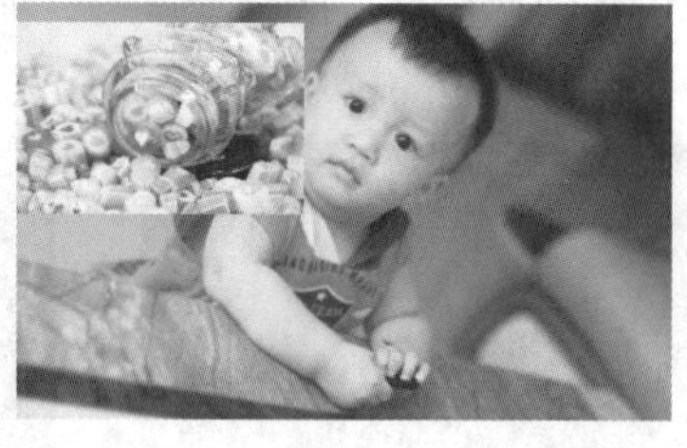

图 8-70

（3）在覆叠轨中选中需要设置云朵遮罩特效的覆叠素材，如图 8-71 所示。

（4）打开“效果”选项面板，单击“遮罩和色度键”按钮，打开相应的选项面板，选中“应用覆叠选项”复选框，如图 8-72 所示。

图 8-71

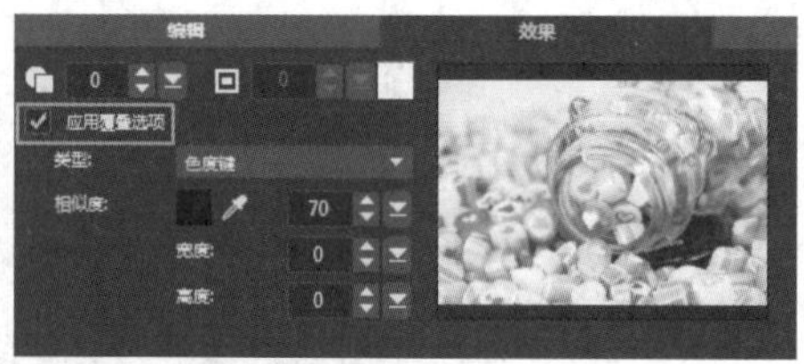

图 8-72

（5）单击“类型”下拉按钮，在弹出的下拉列表中选择“遮罩帧”选项，如图 8-73 所示。

（6）打开覆叠遮罩列表，在其中选择云朵遮罩样式，如图 8-74 所示。

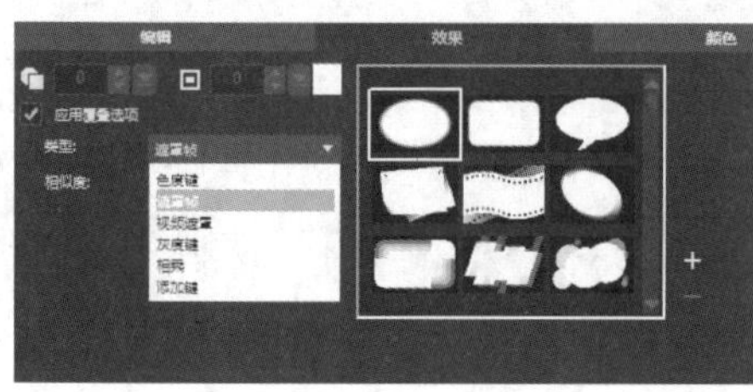

图 8-73

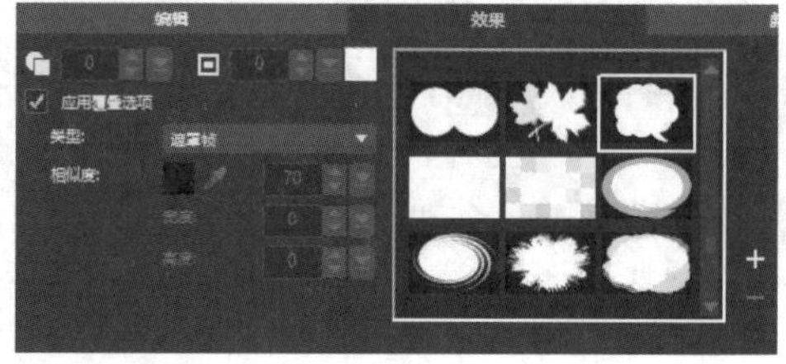

图 8-74

（7）在导航面板中单击“播放修整后的素材”按钮，预览云朵遮罩的效果，如图 8-75 所示。

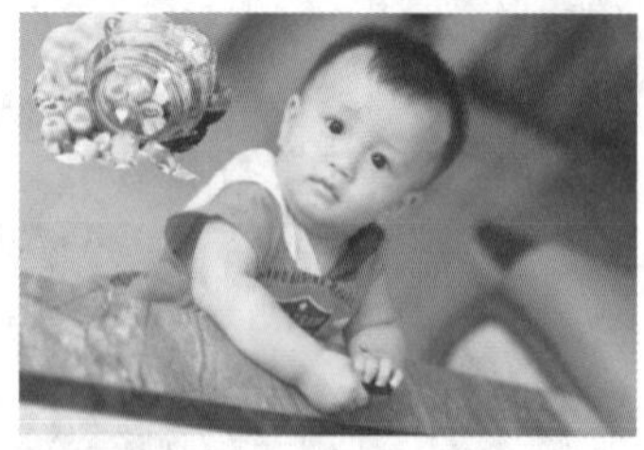

图 8-75

8.4.2 应用预设遮罩效果

遮罩能使素材局部透空，其原理是白色的部分显示，黑色的部分完全不显示，而灰色的部分呈半透明状态。会声会影中提供了多种预设遮罩效果。

在会声会影 2019 的视频轨和覆叠轨中分别添加一张素材图片，如图 8-76 所示。在预览窗口中预览效果，如图 8-77 所示。

图 8-76

图 8-77

选中需要设置遮罩特效的覆叠素材，打开“效果”选项面板，单击“遮罩和色度键”按钮，打开相应的选项面板，选中“应用覆叠选项”复选框，如图 8-78 所示。单击“类型”下拉按钮，在弹出的下拉列表中选择“遮罩帧”选项，如图 8-79 所示。

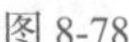

图 8-78

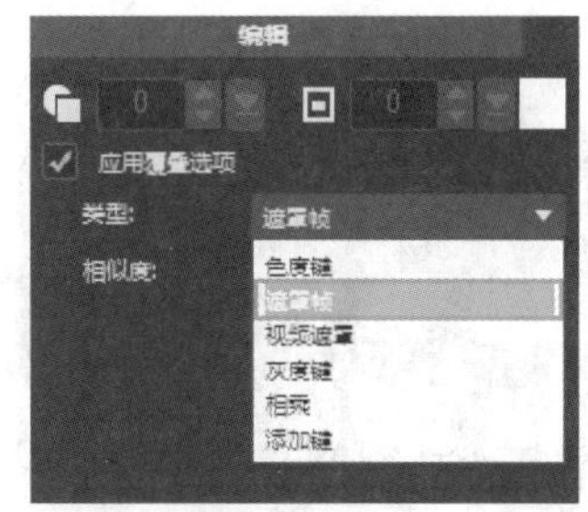

图 8-79

打开覆叠遮罩列表，在其中选择相应的遮罩效果，如图 8-80 所示。完成上述操作后，即可完成遮罩效果的添加，在导航面板中单击“播放修整后的素材”按钮，预览视频中的遮罩效果，如图 8-81 所示。

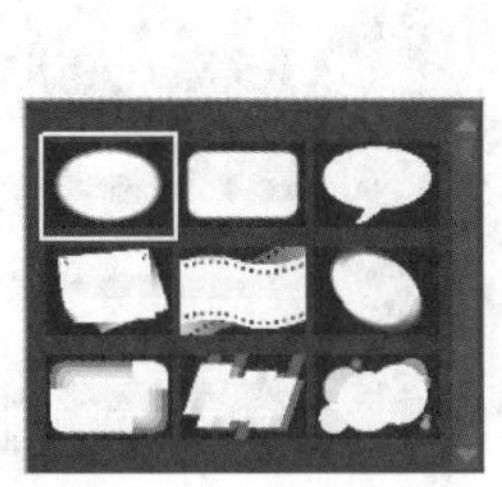

图 8-80

图 8-81

8.4.3 应用自定义遮罩效果

除了预设的遮罩效果外，用户还可以添加自定义遮罩效果。选中覆叠轨中的素材，单击“显示选项面板”按钮，展开“效果”选项面板，单击“遮罩和色度键”按钮，如图 8-82 所示。在“遮罩和色度键”面板中，选中“应用覆叠选项”复选框，在“类型”下拉列表中选择“遮罩帧”选项，如图 8-83 所示。

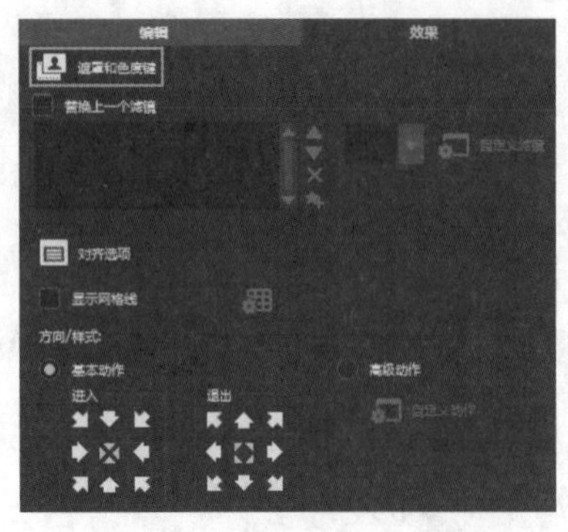

图 8-82

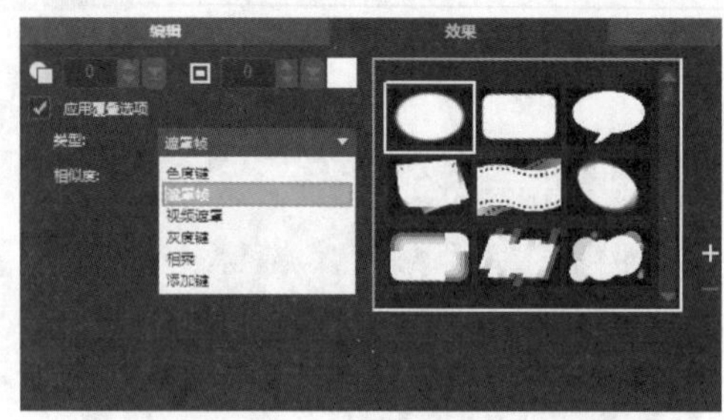

图 8-83

单击“添加遮罩项”按钮，如图 8-84 所示。弹出“浏览照片”对话框，在其中选择遮罩素材，单击“打开”按钮，如图 8-85 所示。

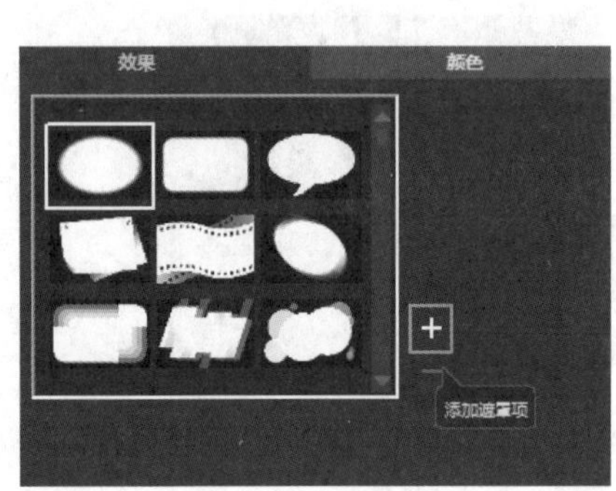

图 8-84

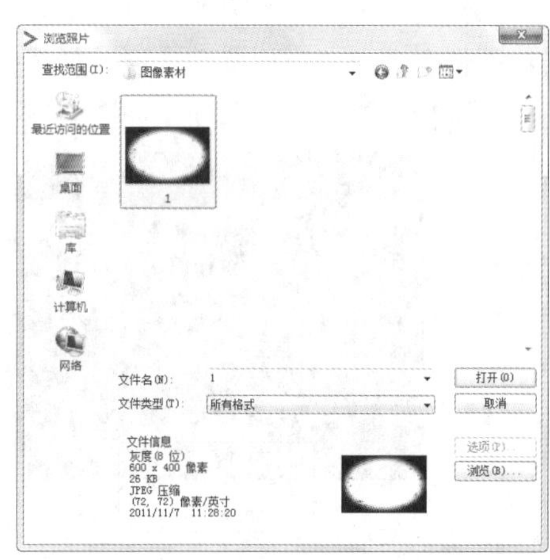

图 8-85

弹出对话框，单击“确定”按钮，如图 8-86 所示。此时的遮罩列表中即添加了自定义的遮罩，如图 8-87 所示。

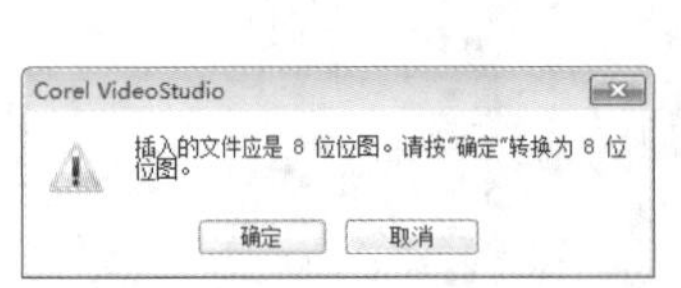

图 8-86

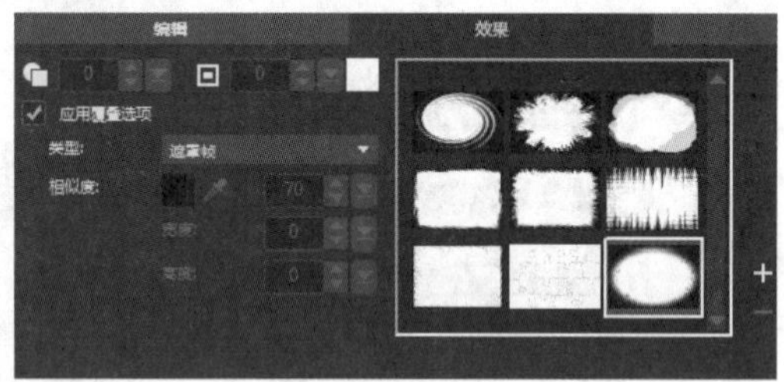

图 8-87

8.4.4 添加路径

会声会影中提供了路径运动功能，为素材添加路径后，素材会沿着路径进行运动。“路径”素材库提供了多种预设路径效果，将路径添加到覆叠轨中的素材上可以使素材沿着预设的路径运动。

打开一个项目文件，如图 8-88 所示。在预览窗口中，预览打开的项目，如图 8-89 所示。

图 8-88

图 8-89

单击“路径”按钮，在素材库中选中“P10”素材，如图 8-90 所示，将其拖曳至覆叠轨素材上。

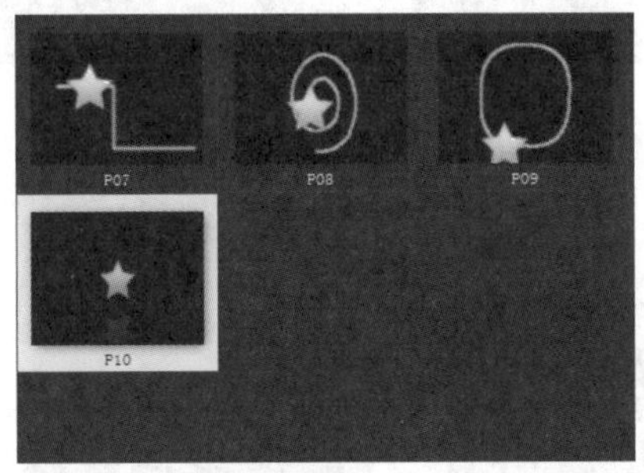

图 8-90

完成上述操作后，即可完成添加覆叠路径的操作。单击预览窗口中的“播放修整后的素材”按钮，预览视频效果，如图 8-91 所示。

图 8-91

8.4.5 删除路径

用户可以删除添加到素材上的路径。选中覆叠素材，单击鼠标右键，在弹出的快捷菜单中执行“运动”→“删除动作”命令，如图 8-92 所示；或者执行“编辑”→“删除路径”命令，如图 8-93 所示，即可删除路径。

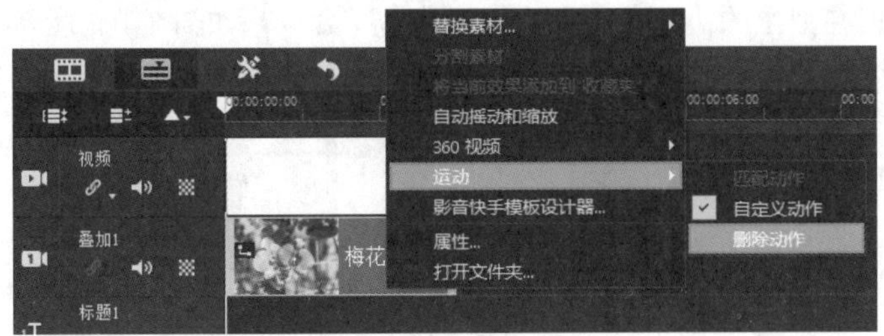

图 8-92

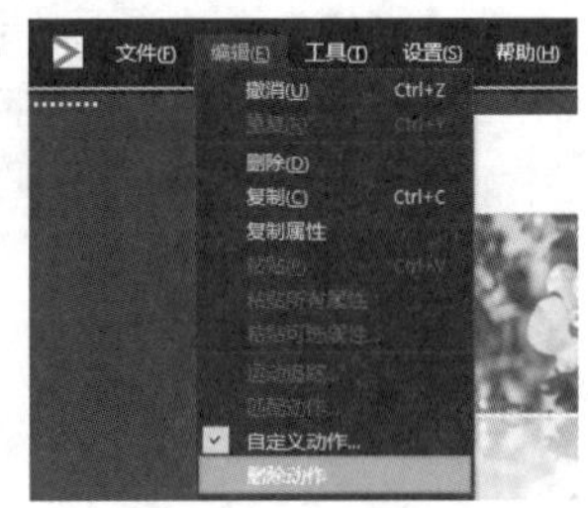

图 8-93

8.4.6 自定义路径

除了使用素材库中的预设路径外，用户还可以为覆叠轨中的素材自定义路径。选中覆叠轨中的素材，如图 8-94 所示。展开选项面板，选中“高级动作”单选按钮，如图 8-95 所示。

图 8-94

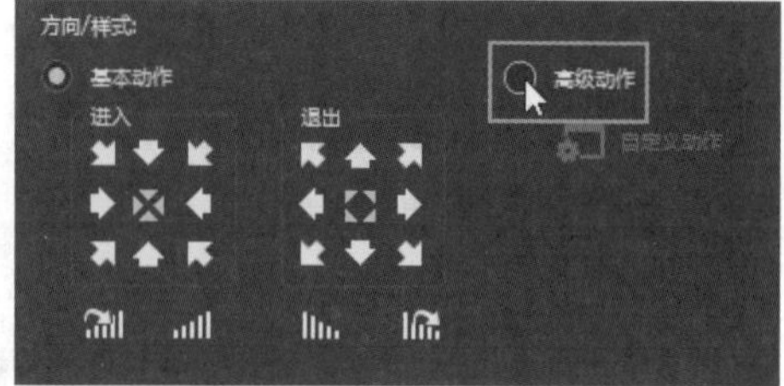

图 8-95

弹出“自定义动作”对话框，如图 8-96 所示。在预览窗口中拖曳素材的位置，即会显示出一条蓝色的路径运动轨迹，如图 8-97 所示。

图 8-96

图 8-97

在“旋转”选项组中设置“Y”的参数为 -30，在“阴影”选项组中设置“阴影不透明度”为 60，如图 8-98 所示。在“边界”选项组中设置“边界尺寸”为 2，在“镜面”选项组中设置“镜面阻光度”为 50，如图 8-99 所示。

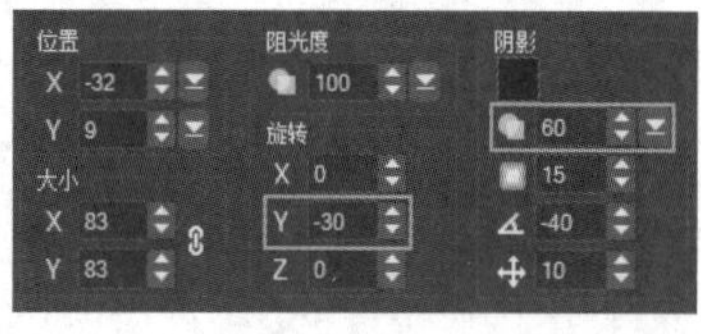

图 8-98

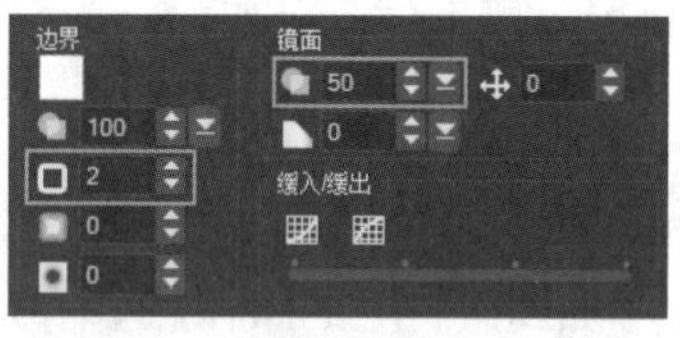

图 8-99

在第 1 个关键帧上单击鼠标右键，在弹出的快捷菜单中执行“复制”命令，如图 8-100 所示。选择第 2 个关键帧，单击鼠标右键，在弹出的快捷菜单中执行“粘贴”命令，如图 8-101 所示。

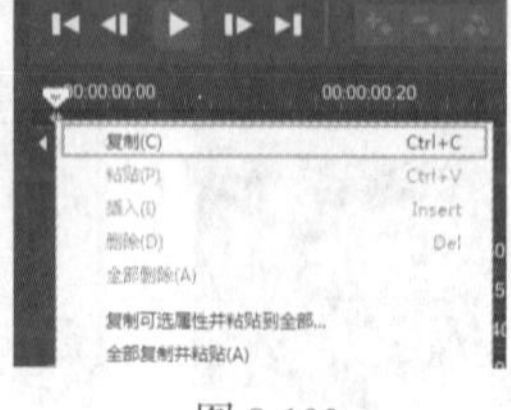

图 8-100

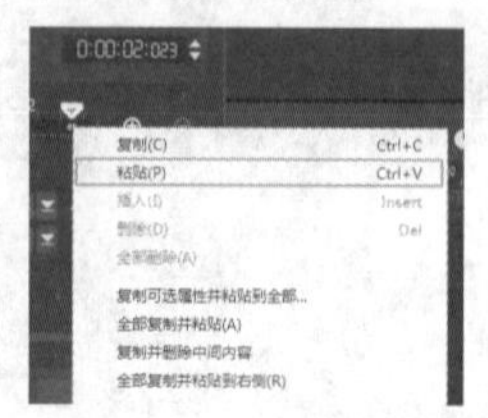

图 8-101

在预览窗口中拖曳素材的位置，并调整素材的大小及角度，如图 8-102 所示。单击“确定”按钮完成设置，在导航面板中单击“播放修整后的素材”按钮预览效果，如图 8-103 所示。

图 8-102

图 8-103

8.5 课堂练习——制作涂抹遮罩特效

【知识要点】为覆叠素材创建涂抹特效，制作趣味图片。在会声会影中，涂抹遮罩特效是指覆叠轨中的素材将被涂抹的遮罩特效所覆盖，如图 8-104 所示。

【所在位置】素材 \ 第 8 章 \ 8.5\ 制作涂抹遮罩效果 .VSP

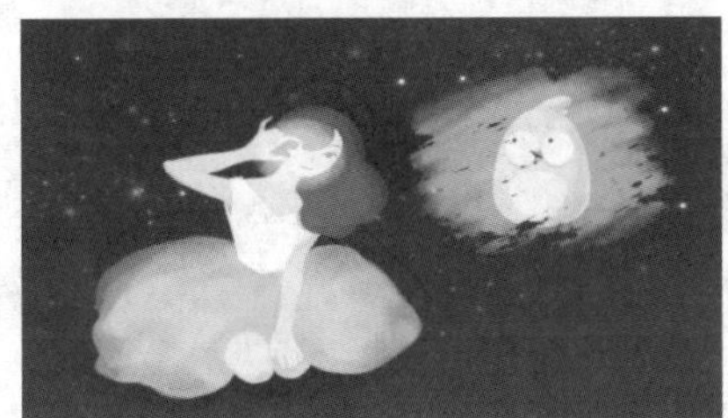

图 8-104

8.6 课后习题——制作视频遮罩特效

【知识要点】利用视频遮罩特效，制作涂抹相册的效果。在会声会影中，视频遮罩功能可以以视频动态的方式对画面遮罩效果进行播放，如图 8-105 所示。

【所在位置】素材 \ 第 8 章 \ 8.6\ 制作视频遮罩特效 .VSP

图 8-105

第9章 添加与制作字幕

本章介绍

字幕是指以文字形式显示电视、电影、舞台作品中的对话等非影像内容，也泛指影视作品后期加工的文字。将节目的语音内容以字幕进行显示，可以帮助观众理解节目内容，并且，由于很多字词同音，观众只有通过字幕文字和音频结合来观看，才能更加清楚节目内容。另外，字幕也能用于翻译外语节目，让不理解该外语的观众，既能听到原作的声音，又能理解视频内容。

课堂学习目标

- 掌握添加字幕的方法
- 掌握设置字幕样式的方法
- 掌握编辑标题属性的方法
- 掌握动态字幕的制作方法
- 掌握字幕编辑器的使用方法

9.1 添加字幕

添加字幕是视频制作的重要环节之一，会声会影中的预设字幕可以直接使用，也可以将其添加到时间轴中进行再次编辑。

9.1.1 课堂案例——制作“静影沉璧”字幕

【学习目标】掌握添加字幕的方法。

【知识要点】会声会影的“标题”素材库中提供了丰富的预设标题，用户可以直接将其添加到标题轨上，再根据需要修改标题的内容，使其能够与视频融为一体，如图 9-1 所示。

【所在位置】素材 \ 第 9 章 \9.1.1\ 制作“静影沉璧”字幕 .VSP

图 9-1

（1）进入会声会影 2019，在视频轨中插入一幅素材图像“静影沉璧 .jpg”，如图 9-2 所示。

（2）在预览窗口中，预览素材图像的画面效果，如图 9-3 所示。

图 9-2

图 9-3

（3）单击“标题”按钮，切换至“标题”素材库，在右侧的素材库中显示了多种标题预设样式，选中相应的标题样式，如图 9-4 所示。

（4）按住鼠标左键并拖曳所选标题至标题轨中的适当位置，释放鼠标左键，即可添加标题字幕，如图 9-5 所示。

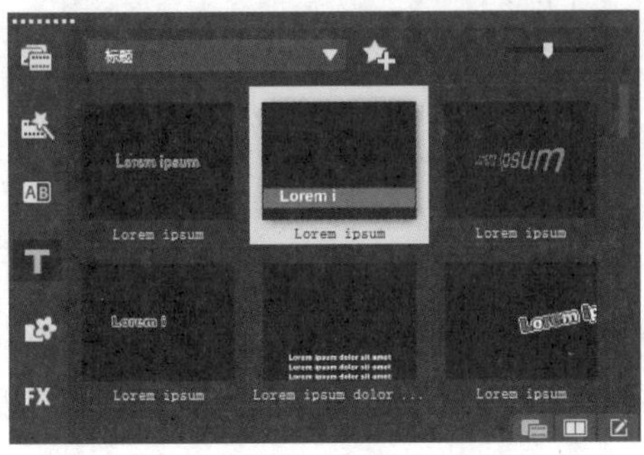

图 9-4

图 9-5

（5）双击添加的标题字幕，将其选中，如图 9-6 所示。

（6）更改文本内容，如图 9-7 所示。

图 9-6

图 9-7

（7）在“编辑”选项面板中设置字体属性，并调整标题文本为垂直方向，移动标题文本的位置，如图 9-8 所示。

（8）在导航面板中单击“播放修整后的素材”按钮，预览标题字幕效果，如图 9-9 所示。

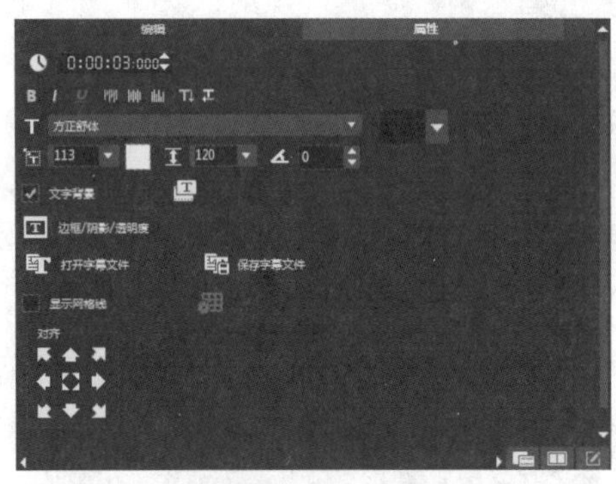

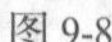

图 9-8

图 9-9

9.1.2 了解字幕与选项面板

想要制作好的字幕效果需要对选项面板有一定的了解。本小节主要介绍视频字幕的基本知识，包括字幕的简介、选项面板的简介，以及字幕的基本设置技巧等内容。

1. 标题字幕简介

在会声会影中，标题字幕是视频中必不可少的元素，好的标题不仅可以传达画面以外的信息，还可以增强视频的艺术效果。为视频设置漂亮的标题字幕，可以使视频更具有吸引力和感染力。“标题”素材库主要用于为视频添加文字说明，包括视频的片名、旁白等字幕。

在“标题”素材库中，提供了多种预设的标题样式，如图 9-10 所示。用户可根据需要选择相应的预设标题字幕。

在“标题”素材库中，各主要部分的含义如下。

- 标题：在该素材库中提供了多种字幕动画特效，每一种字幕特效的动画样式都不同，可根据需要进行选择与应用。
- 添加到收藏夹：单击该按钮，可以将喜欢的字幕特效添加到“收藏夹”选项组中。
- 字幕特效：选择相应的字幕特效后，在预览窗口中可以预览该字幕的动画效果，按住鼠标左键将其拖曳至时间轴面板中，即可应用字幕特效。

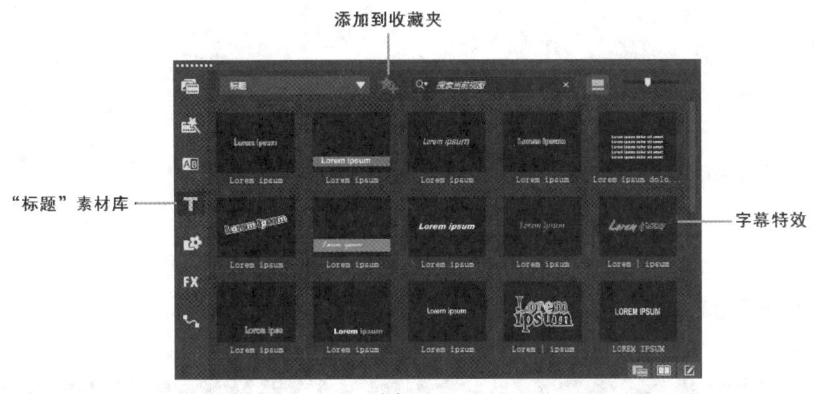

图 9-10

2. 选项面板简介

在学习制作标题字幕前，先介绍一下“编辑”与“属性”选项面板中各选项的设置，熟悉这些设置对制作标题字幕有着重要帮助。

（1）“编辑”选项面板

“编辑”选项面板主要用于设置标题字幕的属性，如设置标题字幕的大小、颜色和行间距等，如图 9-11 所示。

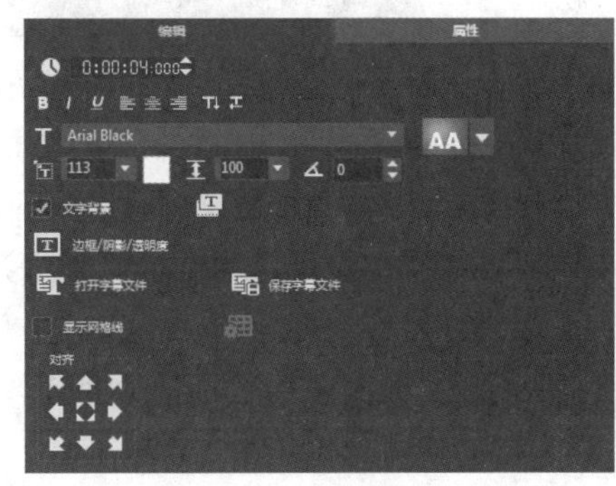

图 9-11

在“编辑”选项面板中，各主要选项的具体含义如下。

- 区间 0:00:05:002：该数值框用于调整标题字幕播放时间的长度，显示了播放当前标题字幕所需的时间，时间码上的数字代表“小时 : 分钟 : 秒 : 帧”。单击其右侧的区间按钮，可以调整数值的大小，也可以单击时间码上的数字，待数字处于闪烁状态时，输入新的数字后按 Enter 键确认，以改变原来标题字幕的播放时间长度。图 9-12 所示为调整字幕播放时间前后的对比效果。

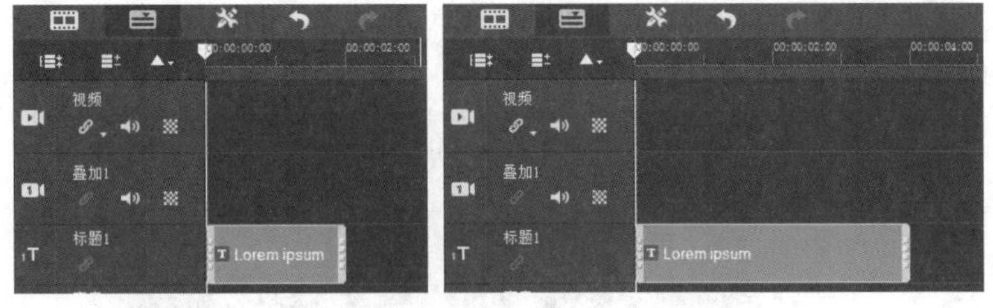

图 9-12

- 字体 Arial：单击“字体”右侧的下拉按钮，在弹出的下拉列表中显示了系统中所有的字体类型，可以根据需要选择相应的字体。
- 字体大小 75：单击“字体大小”右侧的下拉按钮，在弹出的下拉列表中选择相应的大小选项，即可调整文字的大小。图 9-13 所示为调整字幕大小前后的对比效果。

图 9-13

- 颜色：单击该色块，在弹出的颜色面板中，可以设置文字的颜色。
- 行间距：单击“行间距”右侧的下拉按钮，在弹出的下拉列表中选择相应的选项，可以设置文本的行间距。图 9-14 所示为调整字幕行间距后的前后对比效果。

图 9-14

- 按角度旋转：该数值框主要用于设置文本的旋转角度。
- 文字背景：选中该复选框，可以为文字添加背景效果。
- 边框 / 阴影 / 透明度：单击该按钮，用户可在弹出的对话框中根据需要设置文本的边框、阴影及透明度等效果。
- 将方向更改为垂直：单击该按钮，即可将文本垂直对齐；若再次单击该按钮，即可将文本水平对齐。
- 对齐：该组中提供了 3 个对齐按钮，分别为“左对齐”按钮、“居中”按钮及“右对齐”按钮，单击相应的按钮，即可将文本进行相应的对齐操作。

（2）“属性”选项面板

“属性”选项面板主要用于设置标题字幕的动画效果，如淡化、弹出、翻转、飞行、缩放及下降等字幕动画效果，如图 9-15 所示。

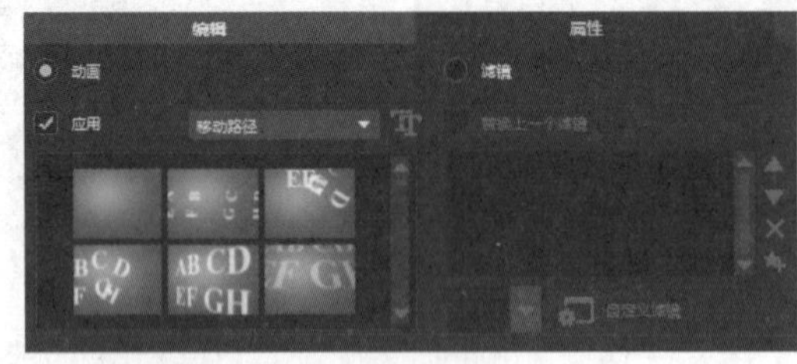

图 9-15

在“属性”选项面板中，各主要选项的具体含义如下。

- 动画：选中该单选按钮，即可设置文本的动画效果。
- 应用：选中该复选框，即可在下方设置文本的动画样式。图 9-16 所示为应用字幕动画后的特殊效果。

图 9-16

- 选取动画类型：单击“选取动画类型”右侧的下拉按钮，在弹出的下拉列表中选择相应的选项，即可显示相应的动画类型，如图 9-17 所示。
- 自定义动画属性：单击该按钮，在弹出的对话框中即可自定义动画的属性。
- 滤镜：选中该单选按钮，在下方即可为文本添加相应的滤镜效果。图 9-18 所示为应用滤镜后的字幕动画效果。

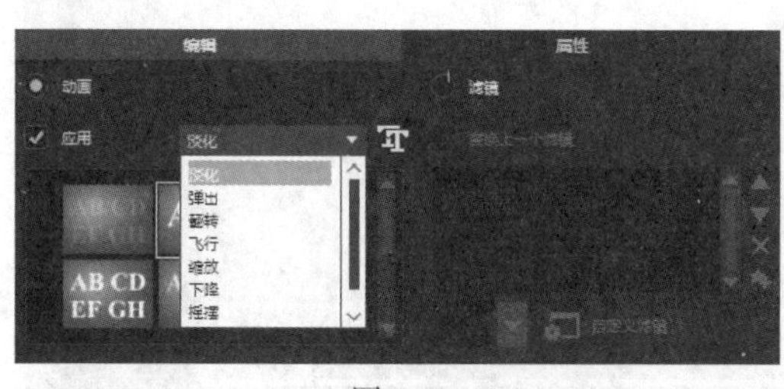

图 9-17

图 9-18

- 替换上一个滤镜：选中该复选框后，如果用户再次为标题添加滤镜效果，系统将自动替换上一次添加的滤镜效果；如果不选中该复选框，则可以在“滤镜”下拉列表中添加多个滤镜。

9.1.3 添加预设字幕

会声会影“标题”素材库中提供了多种预设字幕，直接拖曳预设字幕到时间轴中即可添加预设字幕。

1. 拖曳添加

与添加其他媒体文件到时间轴一样，标题素材也可以直接拖曳到时间轴中使用。添加一张素材图片到视频轨中，如图 9-19 所示。

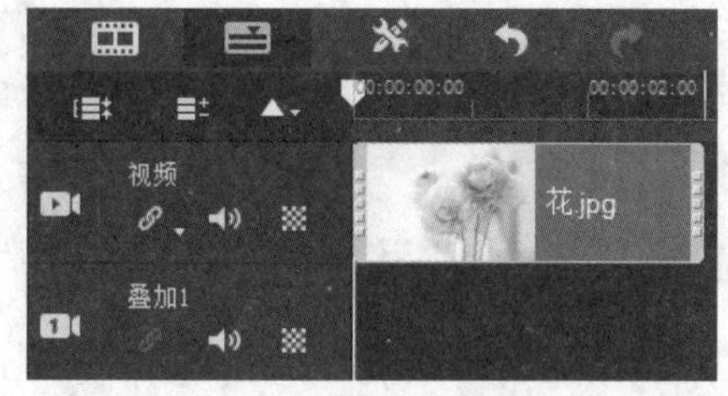

图 9-19

单击“标题”按钮，进入“标题”素材库，在预设标题中选中任意一个标题，如图 9-20 所示。在预览窗口中预览预设标题的效果，如图 9-21 所示。

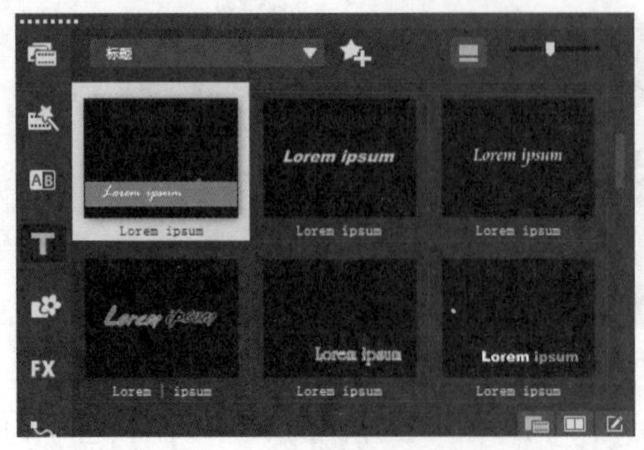

图 9-20

图 9-21

拖曳预设标题到标题轨中，如图 9-22 所示。单击导航面板中的“播放修整后的素材”按钮，预览添加标题样式后的效果，如图 9-23 所示。

图 9-22

图 9-23

2. 右键添加

在会声会影中，标题不仅可以添加在标题轨上，也可添加在视频轨及覆叠轨中。除了将标题直接拖曳到时间轴上，还可以选中“标题”素材库中的预设标题，单击鼠标右键，在弹出的快捷菜单中执行“插入到”命令，选择不同的轨道选项，如图 9-24 所示，添加到相应的轨道中。

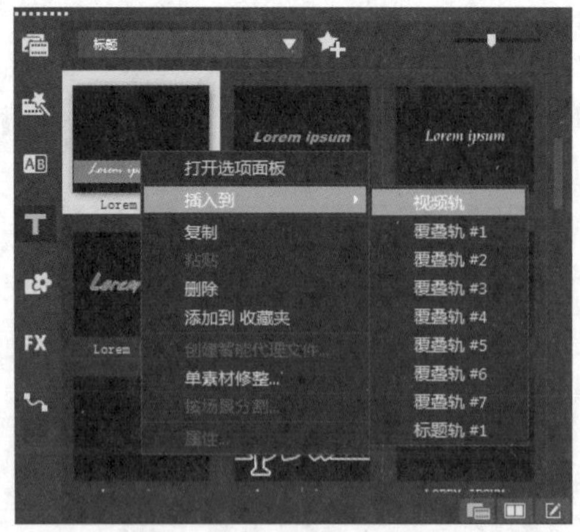

图 9-24

或执行“复制”命令，如图 9-25 所示。执行命令后，鼠标指针形状如图 9-26 所示，将鼠标指针放置在时间轴中的视频轨、覆叠轨或标题轨中均可。

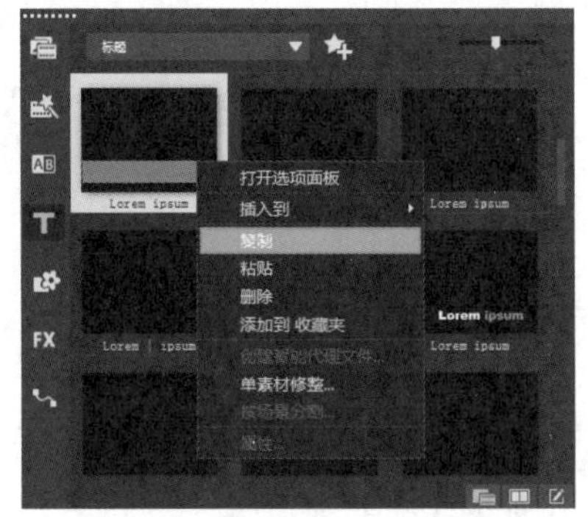

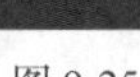

图 9-25

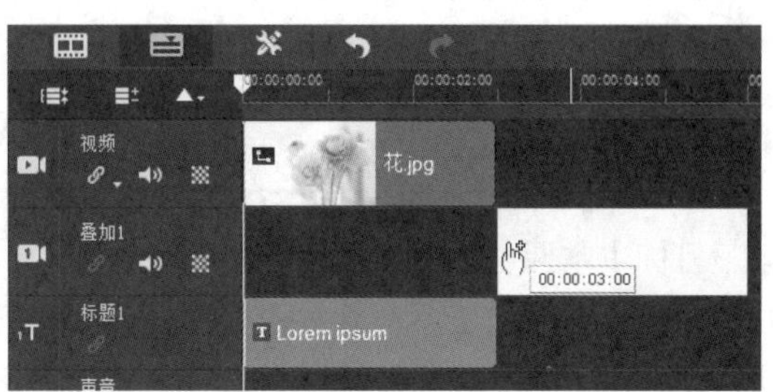

图 9-26

9.1.4 创建字幕

单击“标题”按钮后，在预览窗口中双击即可添加标题。在会声会影视频轨中添加一张素材图片，单击“标题”按钮，预览窗口中会出现提示字样，如图 9-27 所示。在预览窗口中双击可以进入标题的输入模式，如图 9-28 所示。

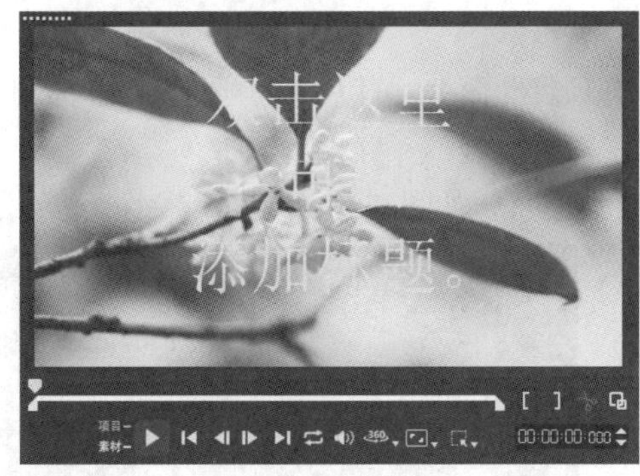

图 9-27

图 9-28

输入文字后，在输入框外单击，使标题进入编辑模式，拖曳字幕到合适的位置，如图 9-29 所示。在预览窗口中预览添加标题的效果，如图 9-30 所示。

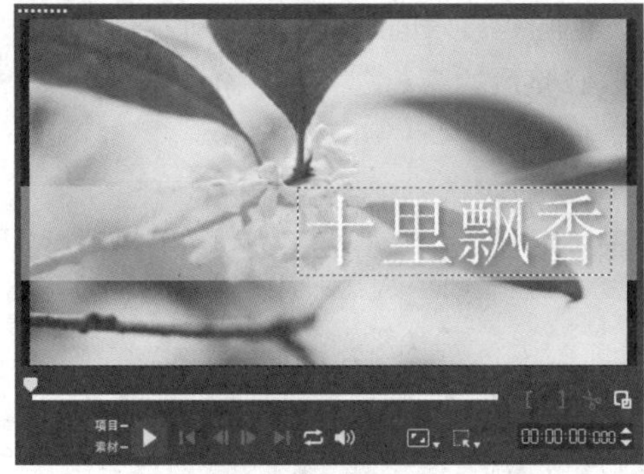

图 9-29

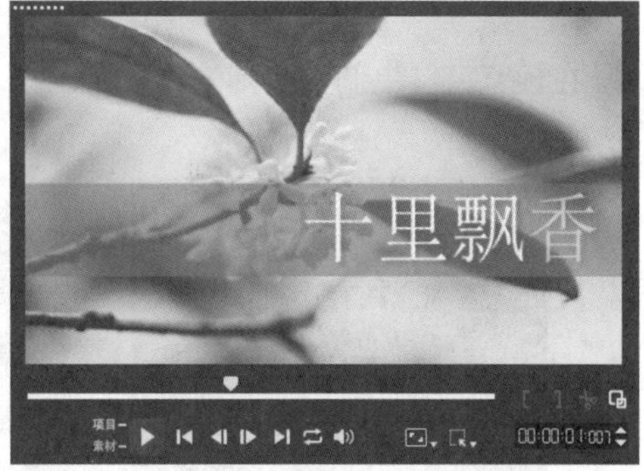

图 9-30

9.2 字幕样式

在会声会影中，创建的字幕以默认的设置显示，用户可以根据需要调整字幕的对齐方式、文本方向、预设标题格式等。

9.2.1 课堂案例——调整“蛟龙入海”字幕的方向

【学习目标】掌握更改文本显示方向的方法。

【知识要点】在添加了字幕后，根据需要更改标题字幕的显示方向，如图 9-31 所示。

【所在位置】素材 \ 第 9 章 \ 9.2.1\ 调整“蛟龙入海”字幕方向 .VSP

图 9-31

（1）进入会声会影 2019，执行“文件”→“打开项目”命令，打开一个项目文件（素材 \ 第 9 章 \9.2.1\ 蛟龙入海 .VSP），如图 9-32 所示。

（2）在标题轨中双击需要设置文本显示方向的标题字幕，如图 9-33 所示。

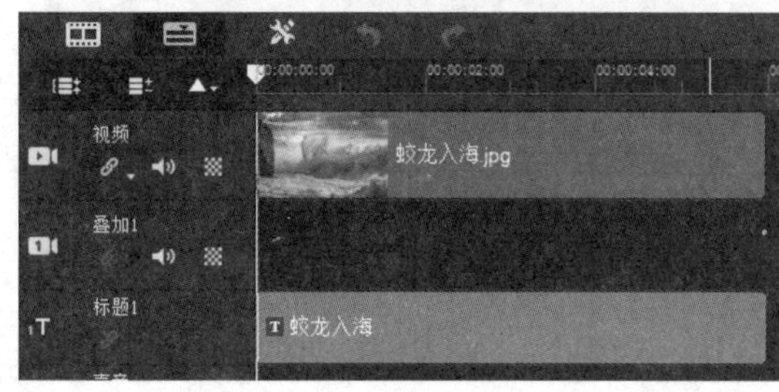

图 9-32

图 9-33

（3）在“编辑”选项面板中，单击“将方向更改为垂直”按钮，如图 9-34 所示。

（4）在预览窗口中调整字幕的位置，单击“播放修整后的素材”按钮，预览标题字幕效果，如图 9-35 所示。

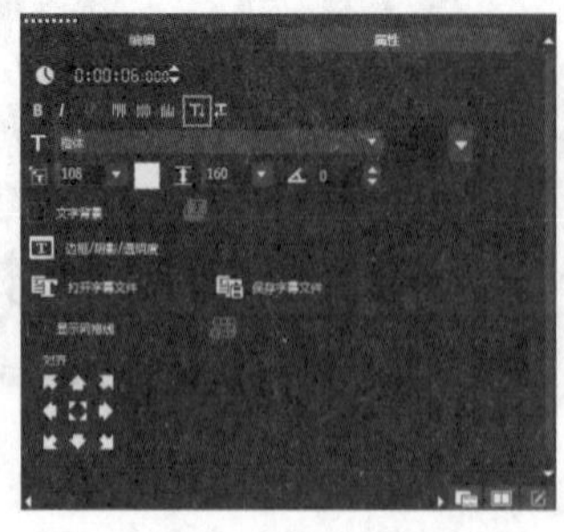

图 9-34

图 9-35

9.2.2 设置对齐样式

若需要创建大量段落文本字幕，则可以使用对齐样式对字幕进行对齐，对齐样式包括左对齐、居中和右对齐 3 种。在会声会影视频轨中添加一张素材图片，如图 9-36 所示。单击“标题”按钮，在预览窗口中输入字幕，进入选项面板，默认的对齐样式为“居中”，如图 9-37 所示。在预览窗口中预览文字居中的效果，如图 9-38 所示。

图 9-36

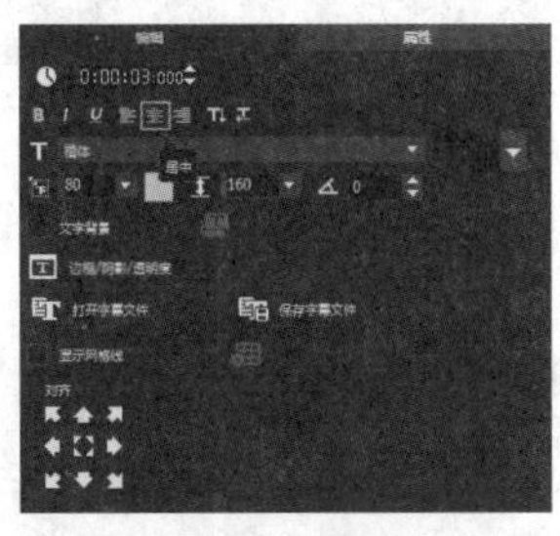

图 9-37

图 9-38

单击“左对齐”按钮，如图 9-39 所示。在预览窗口中预览文字左对齐的效果，如图 9-40 所示。

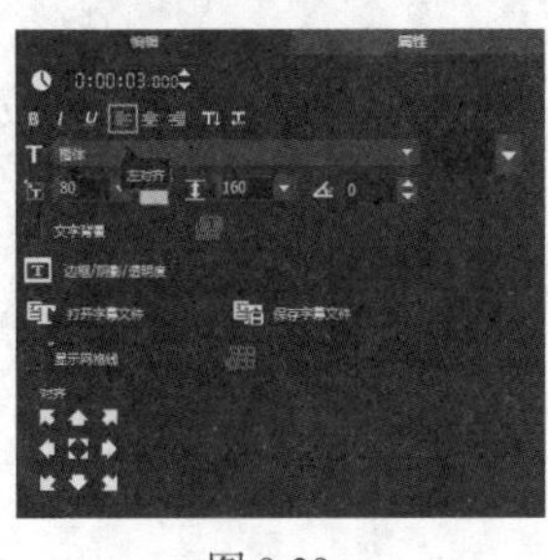

图 9-39

图 9-40

在选项面板中单击“右对齐”按钮，如图 9-41 所示。在预览窗口中预览文字右对齐的效果，如图 9-42 所示。

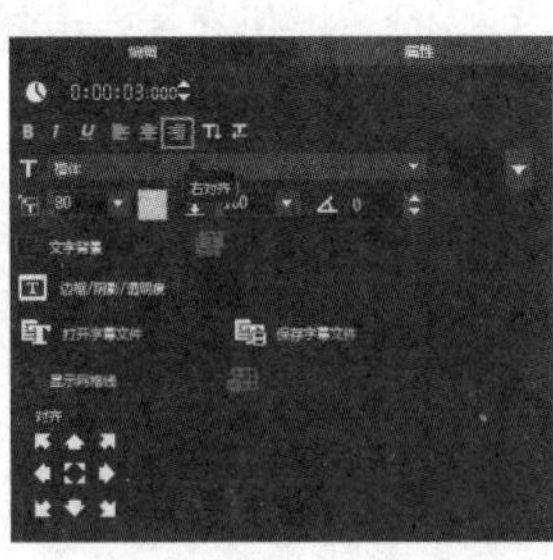

图 9-41

图 9-42

9.2.3 更改文本显示方向

在会声会影中创建的字幕默认为水平方向显示，在选项面板中可以将其更改为垂直方向显示。在视频轨中添加一张素材图片，如图 9-43 所示。单击“标题”按钮，在预览窗口中输入字幕，预览效果，如图 9-44 所示。

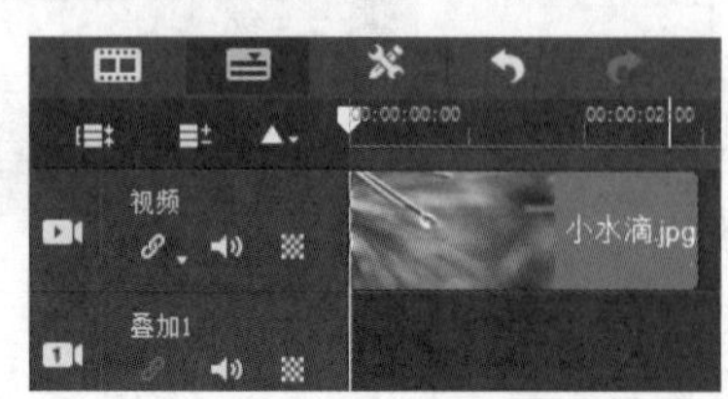

图 9-43

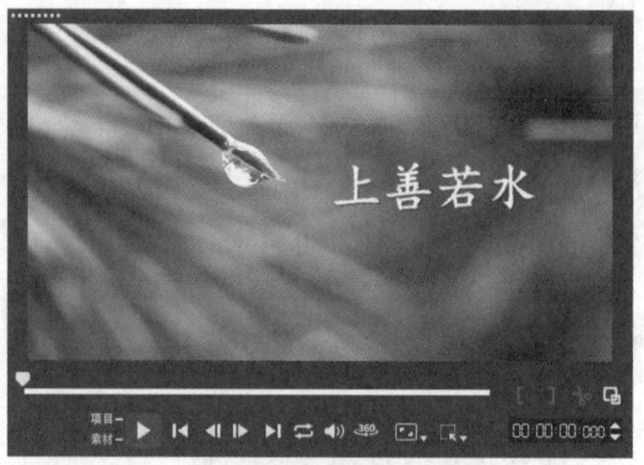

图 9-44

双击字幕，进入“编辑”选项面板，单击“将方向更改为垂直”按钮，如图 9-45 所示。此时的字幕已经更改了显示方向，在预览窗口中调整素材的位置，效果如图 9-46 所示。

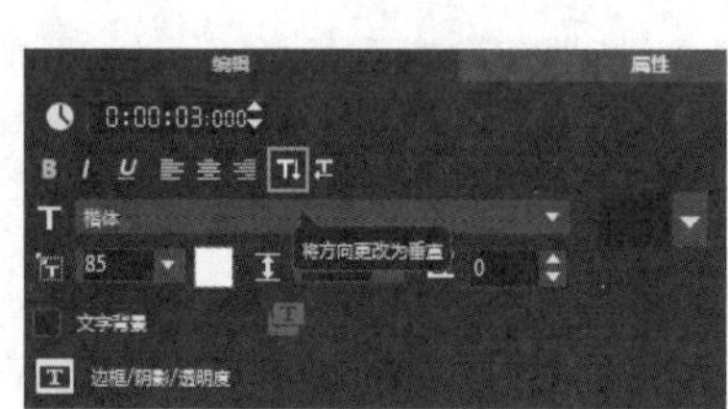

图 9-45

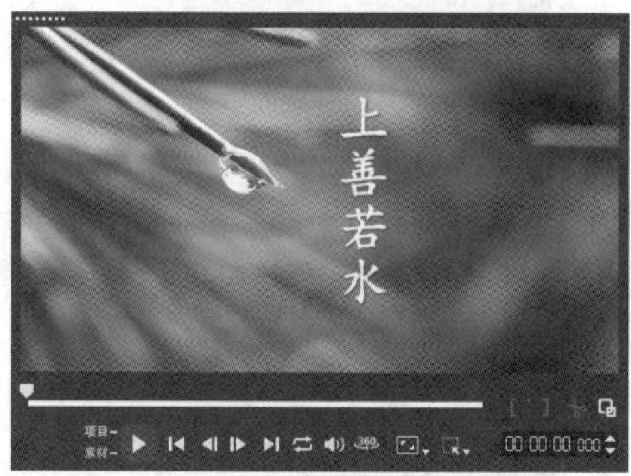

图 9-46

9.3 编辑标题属性

会声会影中的字幕编辑功能与 word 中对文字的处理方式相似，提供了较为完善的字幕编辑和设置功能，用户可以对字幕对象进行编辑和美化。

9.3.1 课堂案例——制作谢幕文字

【学习目标】掌握编辑文字属性的操作方法。

【知识要点】打开一个项目文件，利用行间距来制作谢幕文字，如图 9-47 所示。

【所在位置】素材 \ 第 9 章 \9.3.1\ 制作谢幕文字 .VSP

图 9-47

（1）进入会声会影 2019，执行“文件”→“打开项目”命令，打开一个项目文件（素材 \ 第 9 章 \9.3.1\ 字幕 .VSP），如图 9-48 所示。

（2）在标题轨中双击需要制作的标题字幕，如图 9-49 所示。

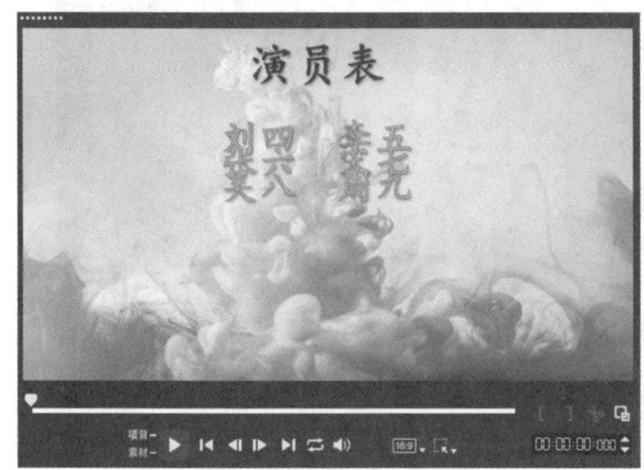

图 9-48

图 9-49

（3）单击“编辑”选项面板中的“行间距”右侧的下拉按钮，在弹出的下拉列表中选择“160”选项，如图 9-50 所示。

（4）完成操作后，即可完成谢幕文字的制作，效果如图 9-51 所示。

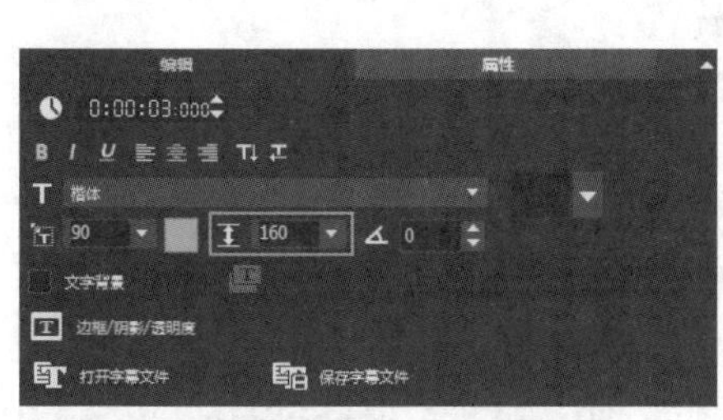

图 9-50

图 9-51

9.3.2 设置行间距

在会声会影中，用户可以根据需要对标题字幕的行间距进行相应设置，行间距的取值范围为 60~999 的整数。打开一个项目文件，如图 9-52 所示。在标题轨中双击需要设置行间距的标题字幕，如图 9-53 所示。

图 9-52

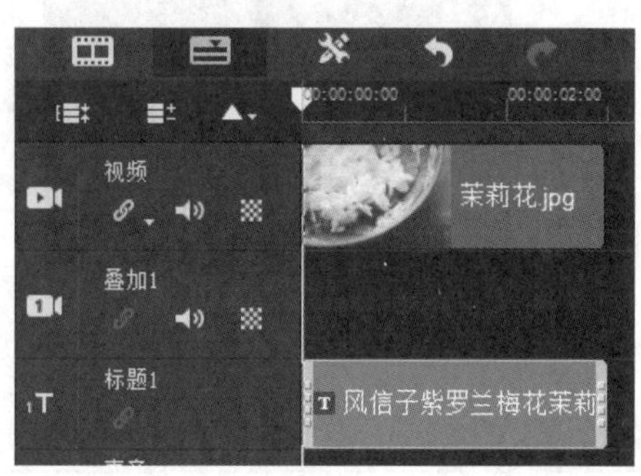

图 9-53

单击“编辑”选项面板中的“行间距”右侧的下拉按钮，在弹出的下拉列表中选择 160，如图 9-54 所示。完成操作后，即完成了标题字幕行间距的设置，效果如图 9-55 所示。

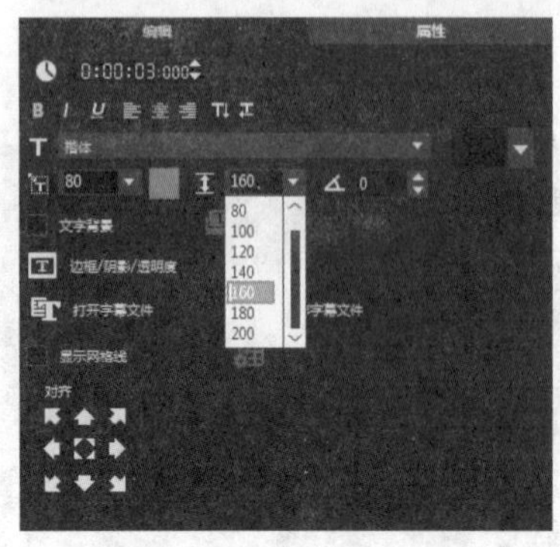

图 9-54

图 9-55

9.3.3 设置标题区间

在会声会影中，为了使标题字幕与视频同步播放，用户可根据需要调整标题字幕的区间长度。打开一个项目文件，如图 9-56 所示。在标题轨中双击需要设置区间的标题字幕，如图 9-57 所示。

图 9-56

图 9-57

在“编辑”选项面板中，设置标题字幕的“区间”为“0:00:05:000”，如图 9-58 所示。完成操作后，按 Enter 键确认，即完成了标题字幕区间长度的设置，如图 9-59 所示。单击“播放修整后的素材”按钮，预览字幕效果。

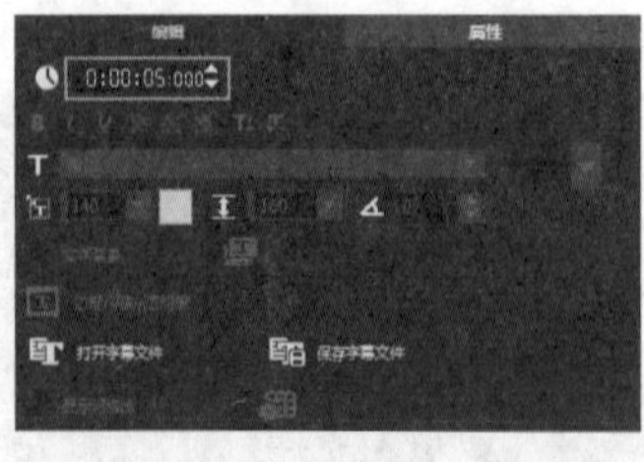

图 9-58

图 9-59

9.3.4 设置标题的字体、大小与颜色

在会声会影中，用户可以设置文字的字体、大小和颜色等。

1. 设置字体

用户可以对标题轨中的标题字体类型进行更改，使其在视频中显示效果更佳。打开一个项目文件，如图 9-60 所示。在标题轨中双击需要设置字体的标题字幕，如图 9-61 所示。

图 9-60

图 9-61

在“编辑”选项面板中，单击“字体”右侧的下拉按钮，在弹出的下拉列表中选择“隶书”选项，如图 9-62 所示。完成操作后，即可更改标题字体，单击“播放修整后的素材”按钮，预览字幕效果，如图 9-63 所示。

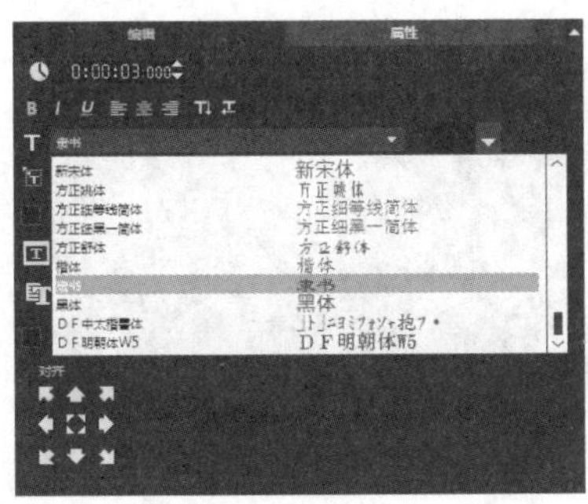

图 9-62

图 9-63

2. 设置字体大小

如果用户对标题轨中的文字大小不满意，则可以对文字大小进行更改。打开一个项目文件，如图 9-64 所示。在标题轨中双击需要设置大小的标题字幕，如图 9-65 所示。

图 9-64

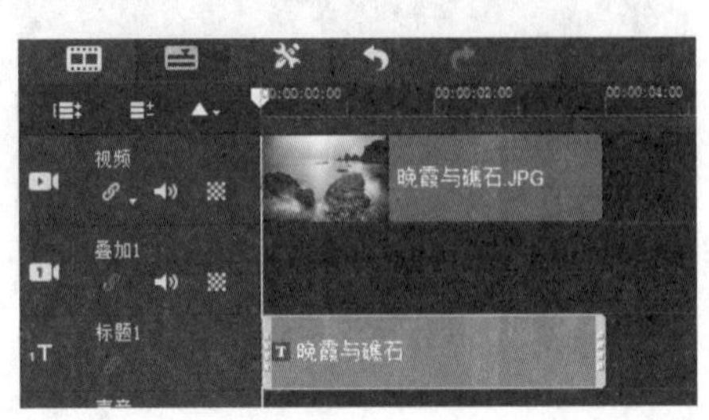

图 9-65

在“编辑”选项面板的“字体大小”数值框中，输入“120”，按 Enter 键确认，如图 9-66 所示。完成操作后，即完成了标题文字大小的更改，单击“播放修整后的素材”按钮，预览字幕效果，如图 9-67 所示。

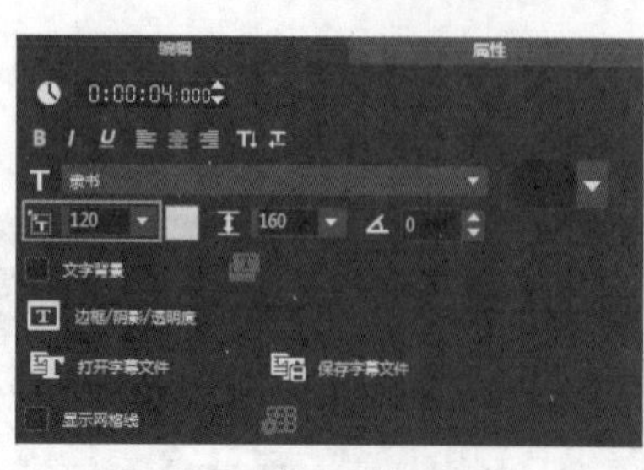

图 9-66

图 9-67

3. 设置文字的颜色

用户还可以根据素材与标题字幕的匹配程度，更改标题文字的颜色。除了可以运用色彩选项中的颜色外，用户还可以运用 Corel 色彩选取器和 Windows 色彩选取器中的颜色。

打开一个项目文件，如图 9-68 所示。在标题轨中双击需要设置文字颜色的标题字幕，如图 9-69 所示。

图 9-68

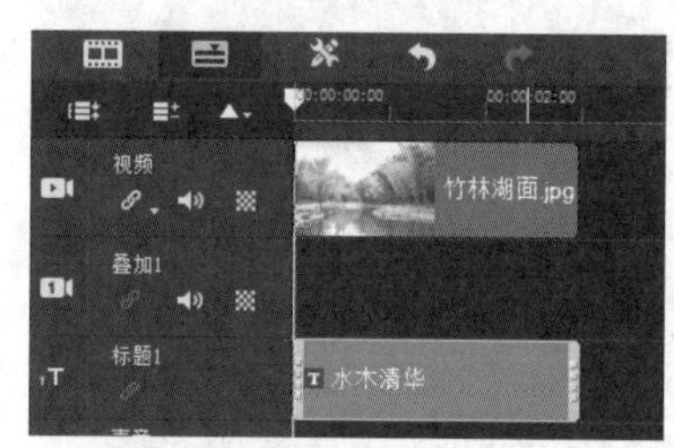

图 9-69

在“编辑”选项面板中单击“颜色”色块，在弹出的颜色面板中选择淡绿色，如图 9-70 所示。完成操作后，即可完成标题文字颜色的更改，单击“播放修整后的素材”按钮，预览字幕效果，如图 9-71 所示。

图 9-70

图 9-71

9.3.5 旋转角度

文字的旋转角度除了可以在选项面板中设置外，还可以直接在预览窗口中进行调整。单击标题按钮，在预览窗口中双击即可输入文字，如图 9-72 所示。

图 9-72

在预览窗口中将鼠标放置在文字编辑框外的红色节点上，此时的鼠标指针显示如图 9-73 所示。按住鼠标左键并拖曳即可旋转角度，如图 9-74 所示，释放鼠标左键即可调整文字的角度。

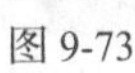

图 9-73

图 9-74

或在选项面板中，修改“按角度旋转”数值框中的数值，如图 9-75 所示。调整角度后，在预览窗口中预览最终效果，如图 9-76 所示。

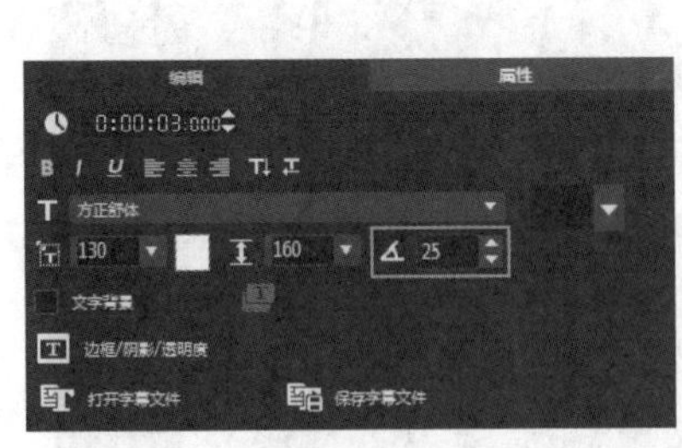

图 9-75

图 9-76

9.3.6 设置字幕边框

为标题添加边框，能突出标题内容。在“边框 / 阴影 / 透明度”对话框中可以对文字的边框大小、边框颜色、透明度等参数进行设置。

在视频轨中添加素材图片，单击“标题”按钮，在预览窗口中双击，输入字幕，并调整大小与位置，如图 9-77 所示。

图 9-77

进入“编辑”选项面板，单击“边框 / 阴影 / 透明度”按钮，如图 9-78 所示。弹出“边框 / 阴影 / 透明度”对话框，如图 9-79 所示。

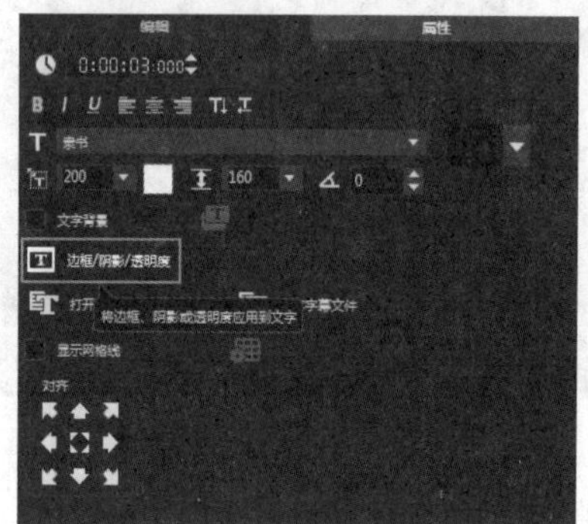

图 9-78

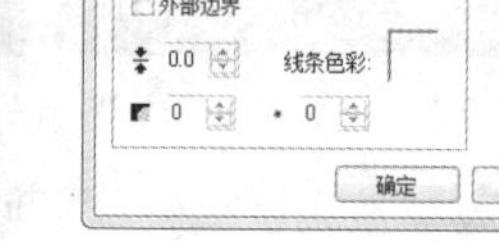

图 9-79

选中“外部边界”复选框，设置“边框宽度”为 30.0、“柔化边缘”为 20，并设置线条颜色，如图 9-80 所示。在预览窗口中预览外部边界的效果，如图 9-81 所示。

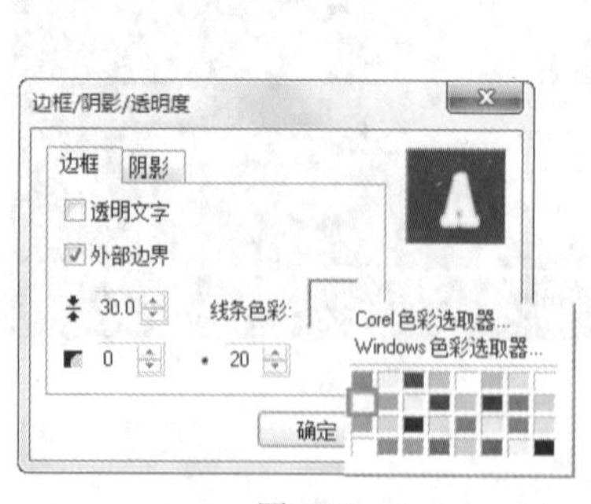

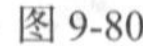

图 9-80

图 9-81

下面对“边框 / 阴影 / 透明度”对话框中“边框”选项卡中的参数进行详细介绍。

1. 透明文字

选中“透明文字”复选框，设置边框宽度及颜色后，文字会镂空显示，如图 9-82 所示。

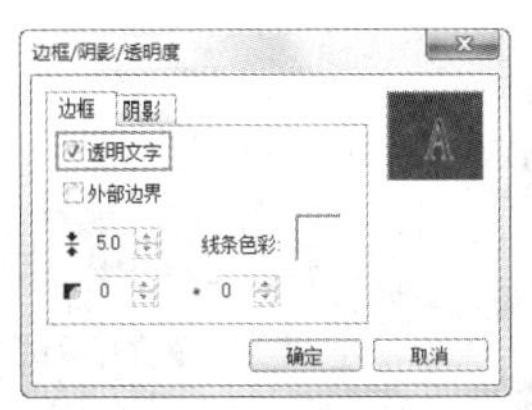

图 9-82

2. 外部边界

为文字添加边框，选中该复选框后，对应调整边框宽度及边框色彩，边框的效果如图 9-83 所示。

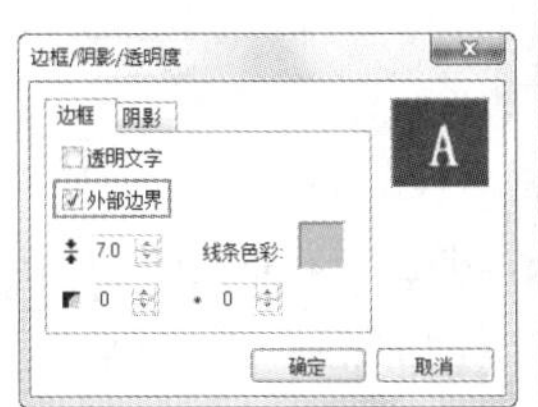

图 9-83

3. 边框宽度

在“边框宽度”数值框中直接输入边框的数值，或单击上下两个三角按钮来调整边框的宽度。

4. 线条色彩

单击“线条色彩”后的色块，在弹出的面板中可以直接选择颜色，如图 9-84 所示。或单击色彩选取器选项，在弹出的对话框中可以自定义颜色；单击“Windows 色彩选取器”选项后，弹出“颜色”对话框，单击“规定自定义颜色”按钮后，即可选择不同的颜色，如图 9-85 所示。

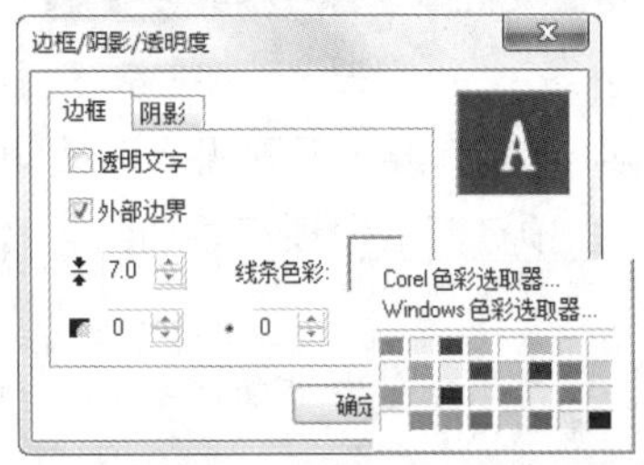

图 9-84

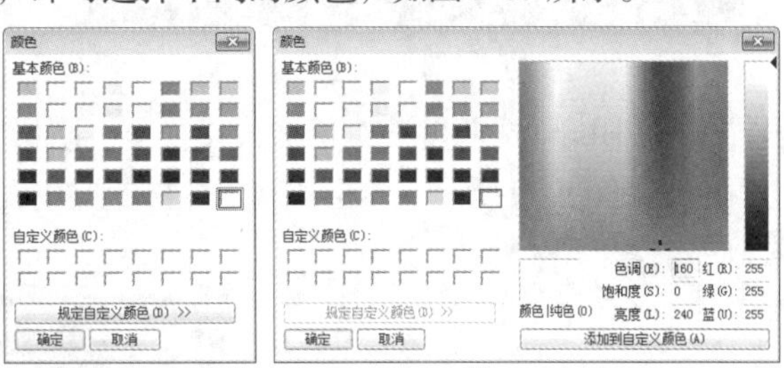

图 9-85

5. 文字透明度

在“文字透明度”数值框中输入的数值越大，透明度越低，数值范围为 0 ~ 99。图 9-86 所示为修改文字透明度后的效果。

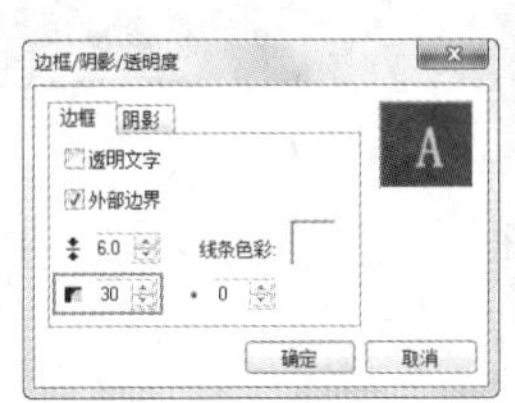

图 9-86

6. 柔化边缘

设置“柔化边缘”后，文字的边缘会出现柔化效果，如图 9-87 所示。

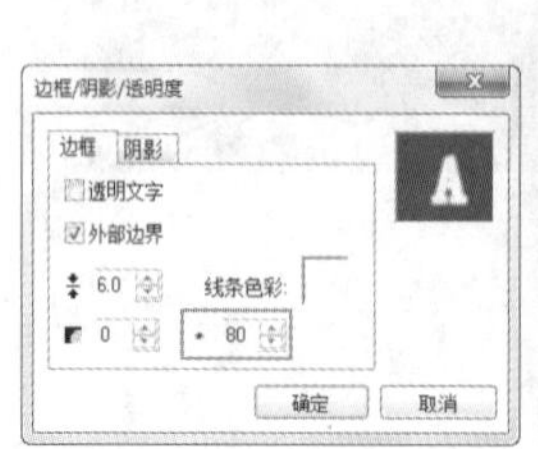

图 9-87

9.3.7 设置字幕阴影

标题阴影是指对标题设置阴影效果。在会声会影中，共有 4 种标题阴影效果。单击“标题”按钮，在预览窗口中双击，输入字幕，如图 9-88 所示。在选项面板中单击“边框 / 阴影 / 透明度”按钮，如图 9-89 所示。

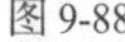

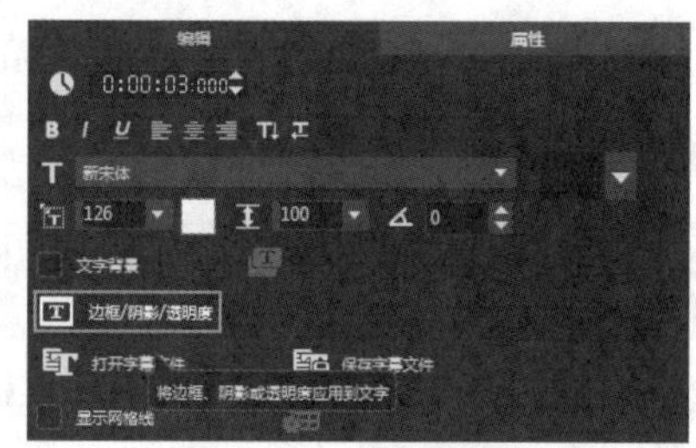

图 9-88　　图 9-89

弹出“边框 / 阴影 / 透明度”对话框，切换至“阴影”选项卡，单击“下垂阴影”按钮，并设置参数与颜色，如图 9-90 所示。单击“确定”按钮完成设置，在预览窗口中预览添加阴影的效果，如图 9-91 所示。

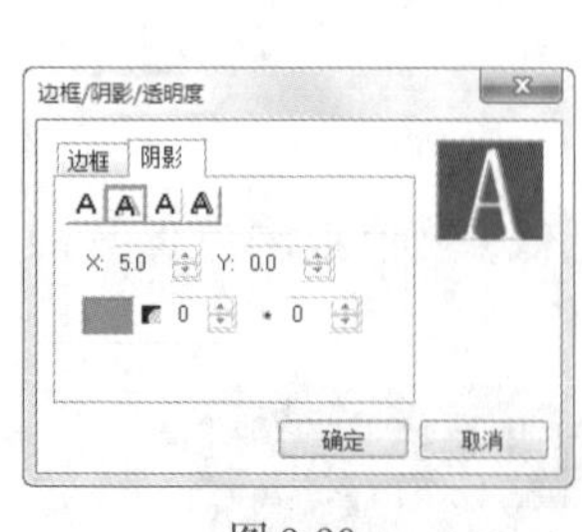

图 9-90　　图 9-91

同样，用户也可以在“边框 / 阴影 / 透明度”对话框中选择其他阴影，并设置参数与颜色，如图 9-92 所示，“突起阴影”的效果如图 9-93 所示。

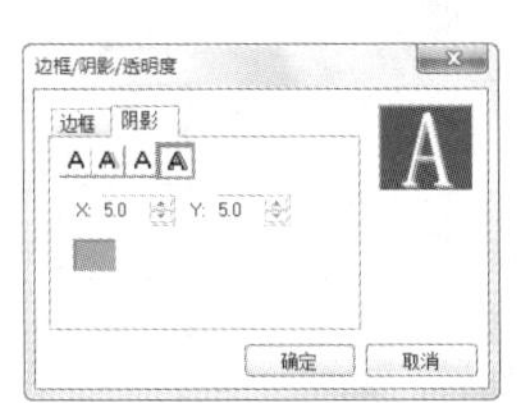

图 9-92

图 9-93

下面对“阴影”选项卡内各参数进行介绍。

- 无阴影 A：默认选项，文字没有添加任何阴影。
- 下垂阴影 A：单击该按钮后，为文字添加下垂阴影。
- 光晕阴影 A：单击该按钮后，在文字的周围添加光晕阴影。
- 突起阴影 A：单击该按钮后，为文字添加突起阴影。

9.3.8 设置文字背景

在会声会影中，用户可以自己设置文字的背景。打开一个项目文件，如图 9-94 所示。在标题轨中双击需要设置文本背景的标题字幕，如图 9-95 所示。

图 9-94

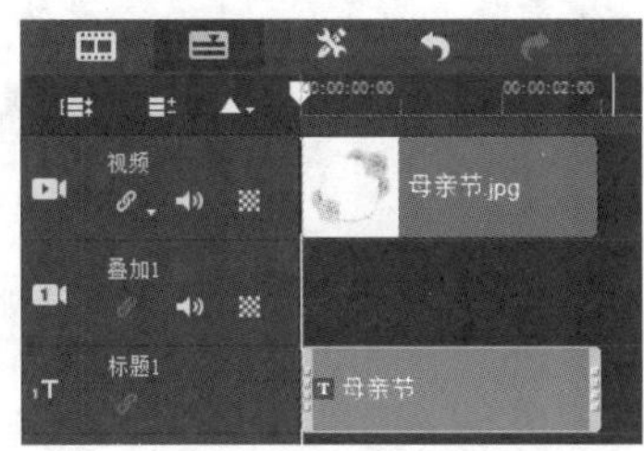

图 9-95

在“编辑”选项面板中，选中“文字背景”复选框，如图 9-96 所示。单击“自定义文字背景的属性”按钮，如图 9-97 所示。

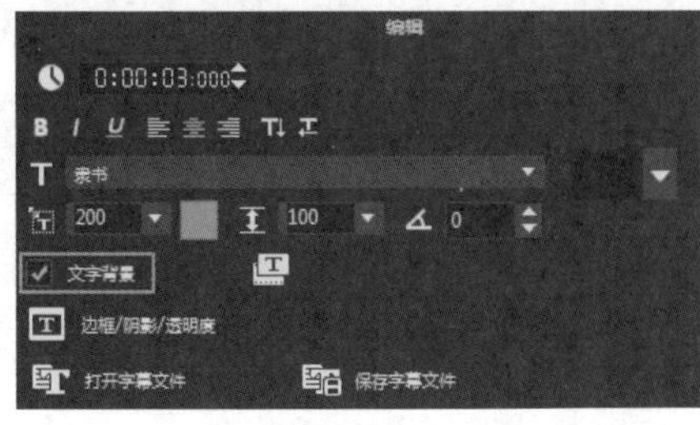

图 9-96

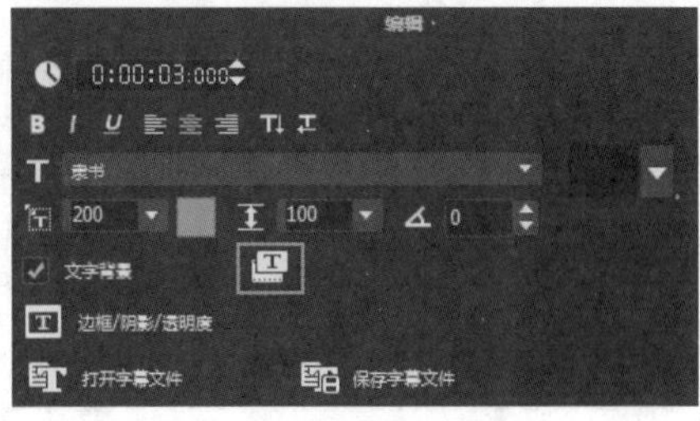

图 9-97

弹出“文字背景”对话框，单击“与文本相符”下方的下拉按钮，在弹出的下拉列表中选择“圆角矩形”选项，如图 9-98 所示。在“放大”右侧的数值框中输入“20”，如图 9-99 所示。

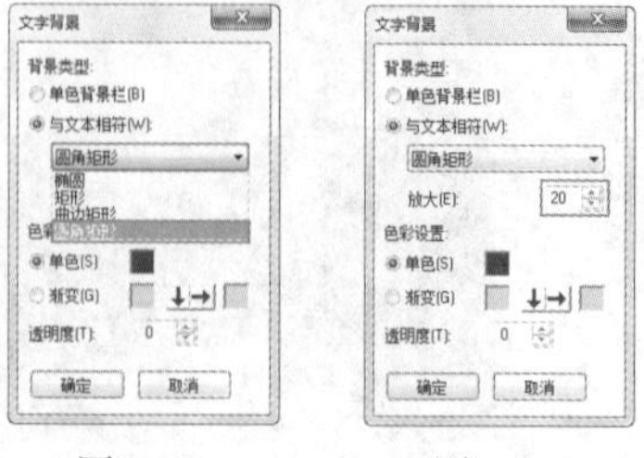

图 9-98　　图 9-99

在“色彩设置”选项组中，选中“渐变”单选按钮，如图 9-100 所示。在右侧设置渐变颜色的色块，在下方设置“透明度”为 20，如图 9-101 所示。

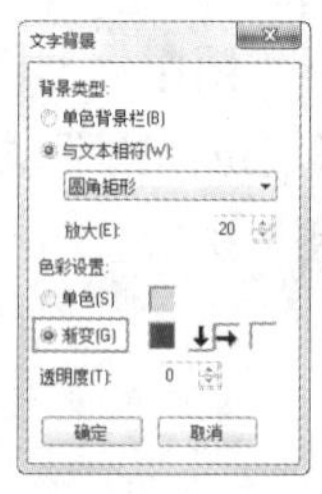

图 9-100

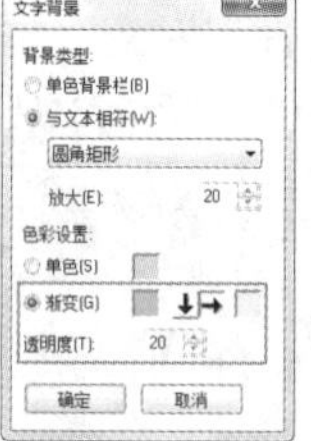

图 9-101

设置完成后，单击“确定”按钮，即可设置文本背景，单击“播放修整后的素材”按钮，预览标题字幕效果，如图 9-102 所示。

图 9-102

9.4 制作动态字幕效果

在视频中创建标题后，还可以为标题添加动画效果。用户可套用多种生动活泼、动感十足的标题动画。本节主要介绍字幕动画效果的制作方法，主要包括淡化效果、弹出效果、翻转效果、缩放效果和下降效果等。

9.4.1 课堂案例——制作飞行效果

【学习目标】掌握动态字幕效果的制作方法。

【知识要点】本案例使用飞行动画来制作文字飞行效果，使视频中的字幕沿着一定的路径飞行，如图 9-103 所示。

【所在位置】素材 \ 第 9 章 \ 9.4.1\ 制作飞行效果 .VSP

图 9-103

（1）进入会声会影 2019，执行“文件”→“打开项目”命令，打开一个项目文件（素材 \ 第 9 章 \9.4.1\ 字幕 .VSP）。

（2）在标题轨中双击需要制作飞行效果的标题字幕，如图 9-104 所示。此时预览窗口中的标题字幕为选中状态，如图 9-105 所示。

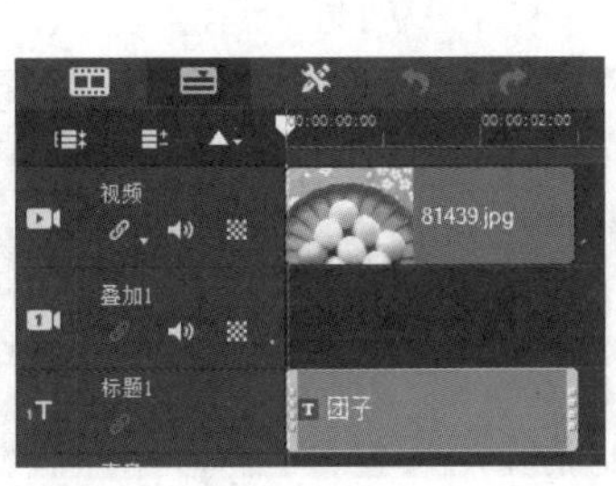

图 9-104

图 9-105

（3）在“属性”选项面板中，选中“动画”单选按钮和“应用”复选框，单击“选取动画类型”下拉按钮，在弹出的下拉列表中选择“飞行”选项，如图 9-106 所示。

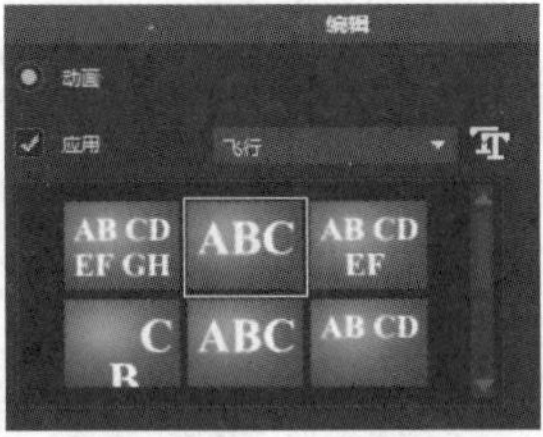

图 9-106

（4）在导航面板中单击“播放修整后的素材”按钮，预览字幕的飞行效果，如图 9-107 所示。

图 9-107

9.4.2 淡化效果

淡化动画制作出的字幕效果在各种影视节目中是很常见的。

打开一个项目文件，如图 9-108 所示。在标题轨中双击需要制作淡化效果的标题字幕，此时预览窗口中的标题字幕为选中状态，如图 9-109 所示。

图 9-108

图 9-109

在“属性”选项面板中，选中“动画”单选按钮和“应用”复选框，如图 9-110 所示。

在下方的预设动画类型下拉列表中选择相应的淡化样式，如图 9-111 所示。

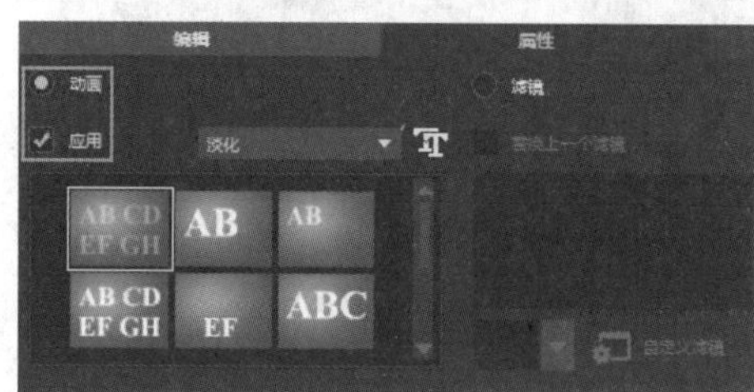

图 9-110

图 9-111

在导航面板中单击“播放修整后的素材”按钮，预览字幕的淡化效果，如图 9-112 所示。

图 9-112

9.4.3 弹出效果

在会声会影中，弹出效果是指可以使文字产生由画面上的某个分界线弹出显示的动画效果。

打开一个项目文件，如图 9-113 所示。在标题轨中双击需要制作弹出效果的标题字幕，此时预览窗口中的标题字幕为选中状态，如图 9-114 所示。

图 9-113

图 9-114

在“属性”选项面板中，选中“动画”单选按钮和“应用”复选框，单击“选取动画类型”的下拉按钮，在弹出的下拉列表中选择“弹出”选项，如图 9-115 所示。

在下方的预设动画类型下拉列表中选择相应的弹出样式，如图 9-116 所示。

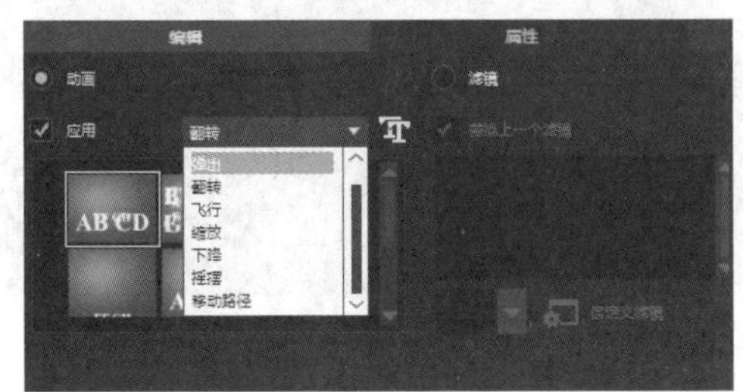

图 9-115

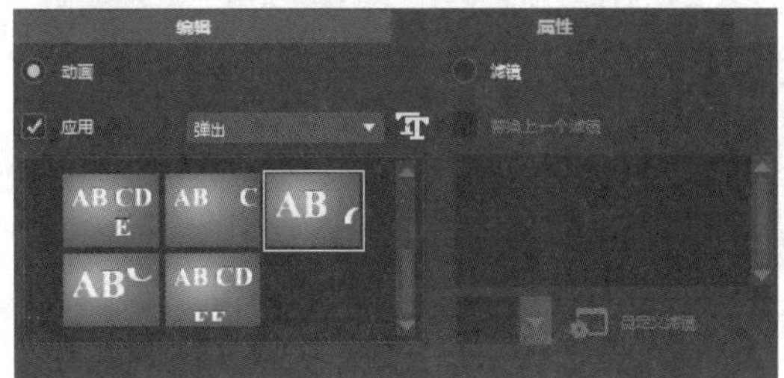

图 9-116

在导航面板中单击“播放修整后的素材”按钮，预览字幕的弹出效果，如图 9-117 所示。

图 9-117

9.4.4 翻转效果

在会声会影中，翻转效果可以使文字产生翻转回旋的动画效果。

打开一个项目文件，如图 9-118 所示。在标题轨中双击需要制作翻转效果的标题字幕，此时预览窗口中的标题字幕为选中状态，如图 9-119 所示。

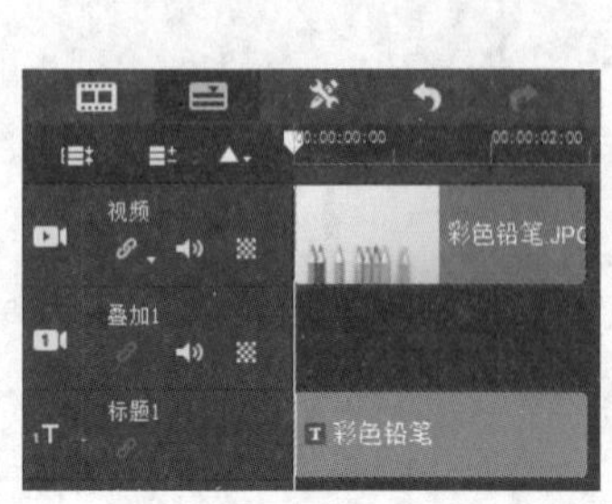

图 9-118

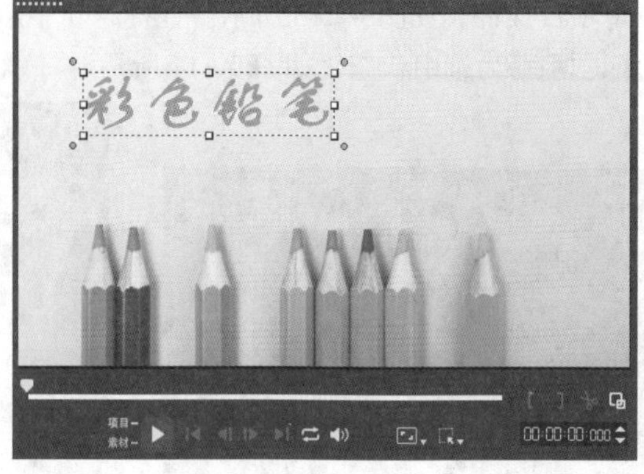

图 9-119

在“属性”选项面板中，选中“动画”单选按钮和“应用”复选框，单击“选取动画类型”的下拉按钮，在弹出的下拉列表中选择“翻转”选项，如图 9-120 所示。

在下方的预设动画类型下拉列表中选择相应的翻转样式，如图 9-121 所示。

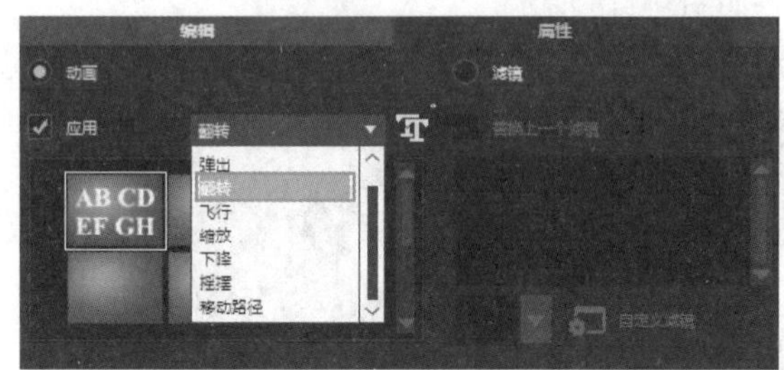

图 9-120

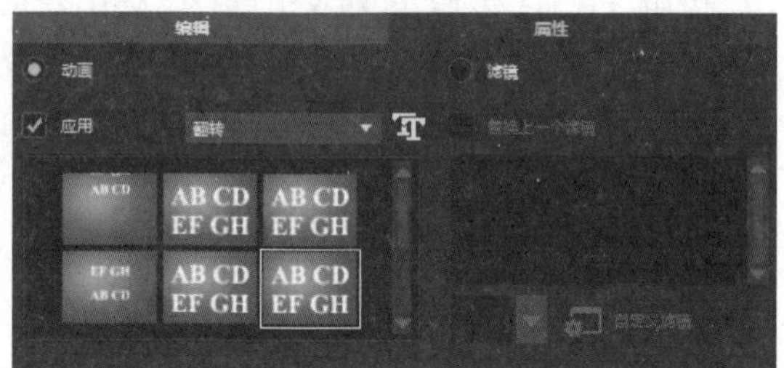

图 9-121

在导航面板中单击“播放修整后的素材”按钮，预览字幕的翻转效果，如图 9-122 所示。

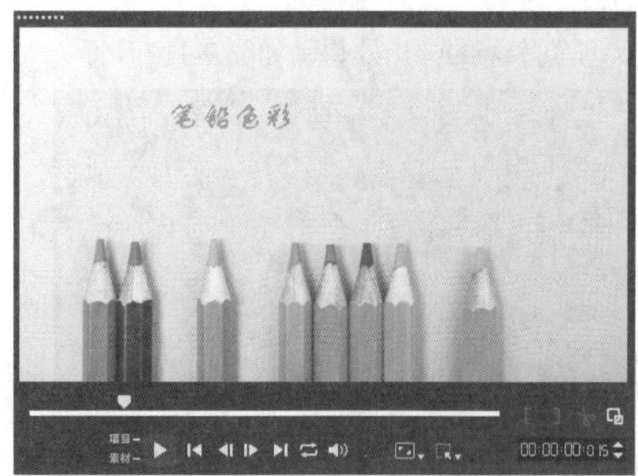

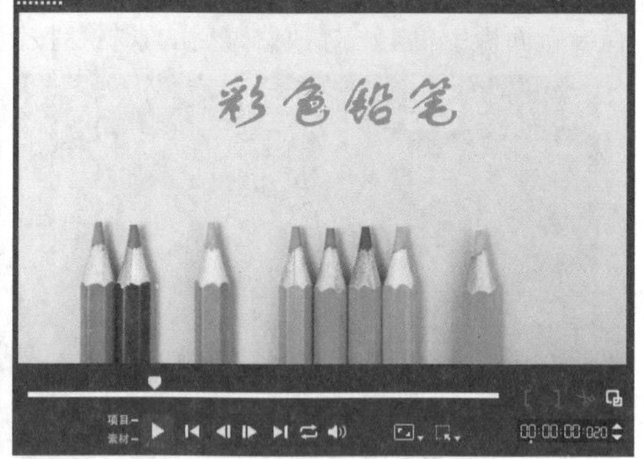

图 9-122

9.4.5 缩放效果

在会声会影中，缩放效果可以使文字在运动的过程中产生放大或缩小的动画效果。

打开一个项目文件，如图 9-123 所示。在标题轨中双击需要制作缩放效果的标题字幕，此时预览窗口中的标题字幕为选中状态，如图 9-124 所示。

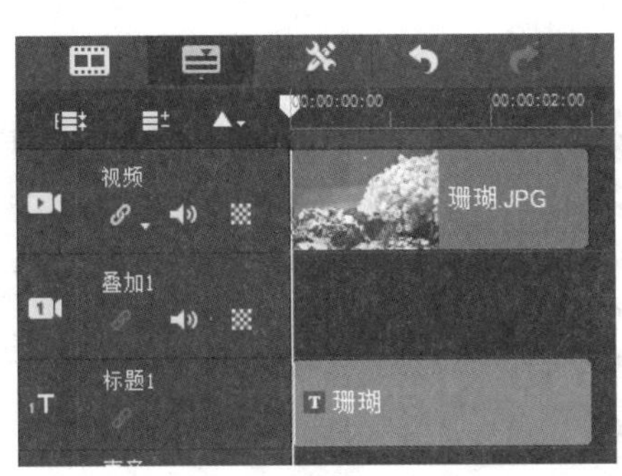

图 9-123

图 9-124

在“属性”选项面板中，选中“动画”单选按钮和“应用”复选框，单击“选取动画类型”的下拉按钮，在弹出的下拉列表中选择“缩放”选项，如图 9-125 所示。

在下方的预设动画类型下拉列表中选择相应的缩放样式，如图 9-126 所示。

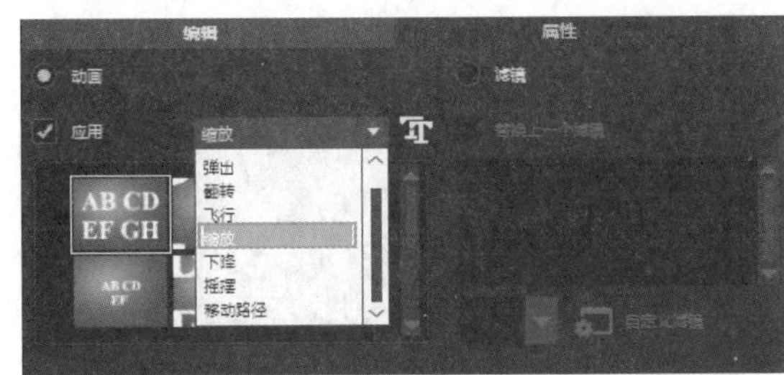

图 9-125

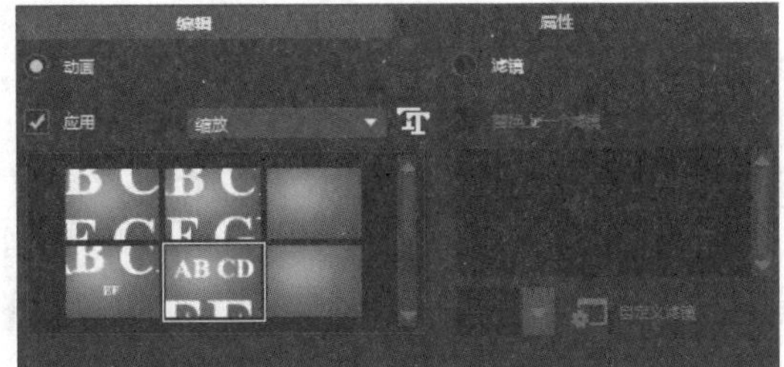

图 9-126

在导航面板中单击“播放修整后的素材”按钮，预览字幕的缩放动画效果，如图 9-127 所示。

图 9-127

9.4.6 下降效果

在会声会影中，下降效果可以使文字在运动的过程中产生由大到小逐渐变化的动画效果。

打开一个项目文件，如图 9-128 所示。在标题轨中双击需要制作下降效果的标题字幕，此时预览窗口中的标题字幕为选中状态，如图 9-129 所示。

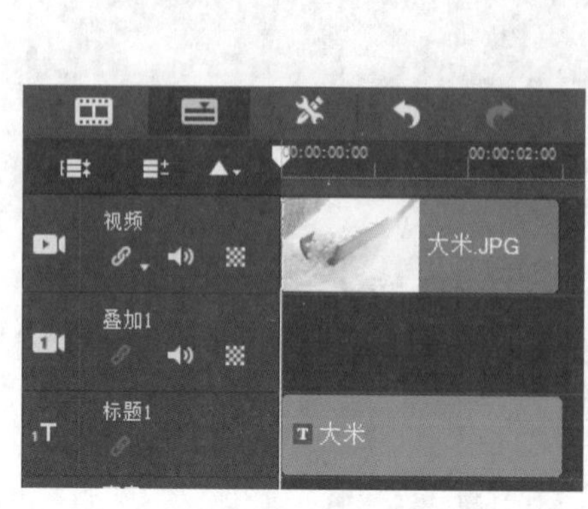

图 9-128

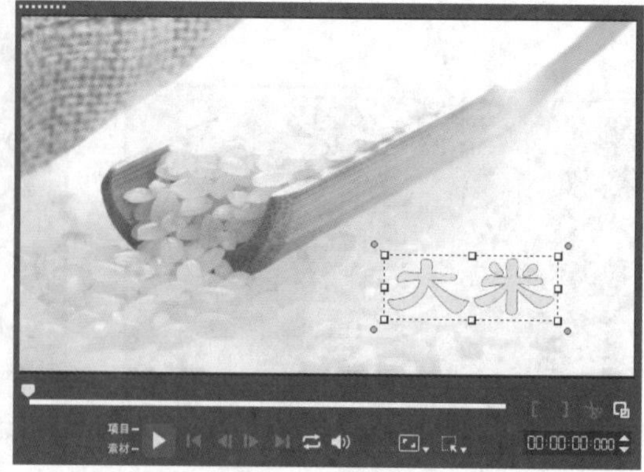

图 9-129

在“属性”选项面板中，选中“动画”单选按钮和“应用”复选框，单击“选取动画类型”的下拉按钮，在弹出的下拉列表中选择“下降”选项，如图 9-130 所示。

在下方的预设动画类型下拉列表中选择相应的下降样式，如图 9-131 所示。

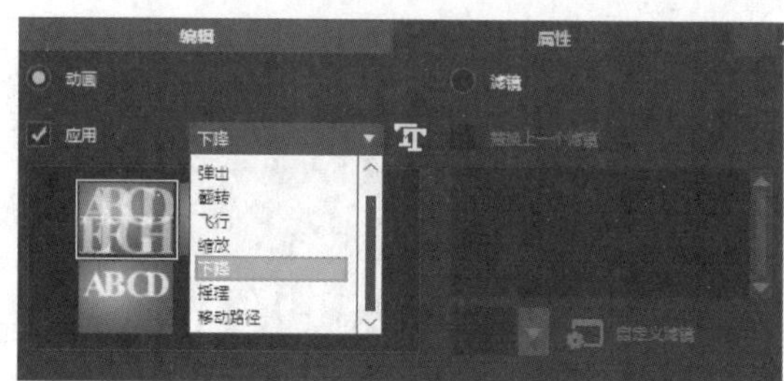

图 9-130

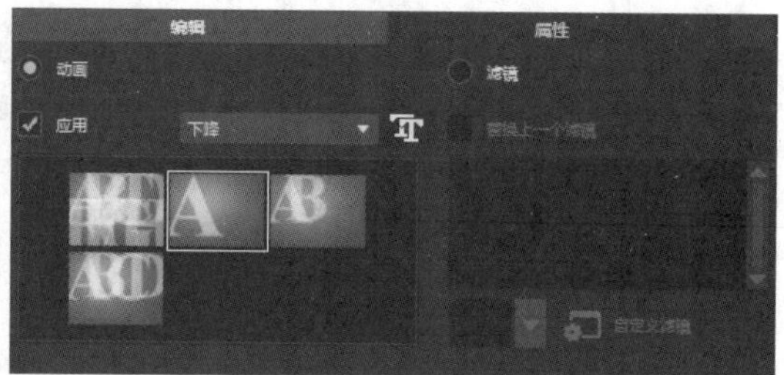

图 9-131

在导航面板中单击“播放修整后的素材”按钮，预览字幕的下降动画效果，如图 9-132 所示。

图 9-132

9.4.7 移动路径效果

在会声会影中，移动路径效果可以使视频效果中的标题字幕产生沿指定路径运动的动画效果。打开一个项目文件，如图 9-133 所示。在标题轨中双击需要制作移动路径效果的标题字幕，此时预览窗口中的标题字幕为选中状态，如图 9-134 所示。

图 9-133

图 9-134

在“属性”选项面板中，选中“动画”单选按钮和“应用”复选框，单击“选取动画类型”的下拉按钮，在弹出的下拉列表中选择“移动路径”选项，如图 9-135 所示。

在下方的预设动画类型下拉列表中选择相应的移动路径，如图 9-136 所示。

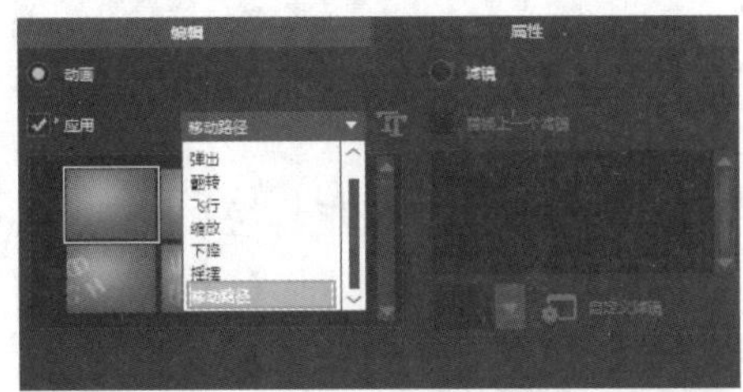

图 9-135

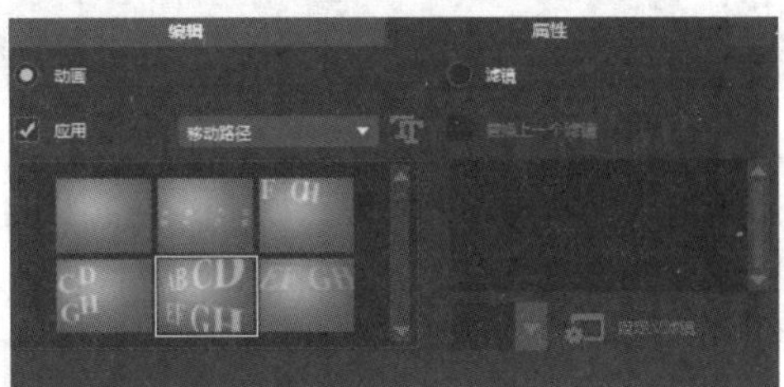

图 9-136

在导航面板中单击“播放修整后的素材”按钮，预览字幕的移动路径效果，如图 9-137 所示。

图 9-137

9.5 字幕编辑器

在字幕编辑器中，用户可以更加精确地为视频素材添加字幕效果。需要注意的是，字幕编辑器不能使用在静态的素材图像上，只能使用在动态的媒体素材上。

9.5.1 课堂案例——制作片头字幕

【学习目标】掌握字幕编辑器的使用方法。

【知识要点】只有选中相应的视频文件，才可以使用“字幕编辑器”对话框创建字幕，如图 9-138 所示。

【所在位置】素材\第 9 章\9.5.1\制作片头字幕.VSP

（1）进入会声会影 2019，在视频轨中插入一段视频素材（素材\第 9 章\9.5.1\水秀山明.mp4），如图 9-139 所示。

（2）在预览窗口中预览视频素材的效果，如图 9-140 所示。

图 9-138

图 9-139

图 9-140

（3）选中需要添加字幕的素材，在时间轴面板的上方单击“自定义工具栏”按钮，在弹出的对话框中选中“字幕编辑器”复选框，如图 9-141 所示。

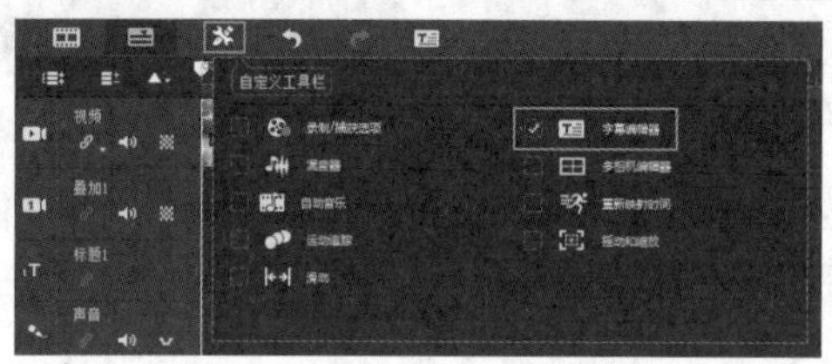

图 9-141

（4）此时，在时间轴面板的上方出现了“字幕编辑器”按钮，单击“字幕编辑器”按钮，如图 9-142 所示。完成操作后，弹出“字幕编辑器”对话框，如图 9-143 所示。

图 9-142

图 9-143

（5）在窗口的右上方单击“添加新字幕”按钮，如图 9-144 所示。下方会新增一个标题字幕文件，如图 9-145 所示。

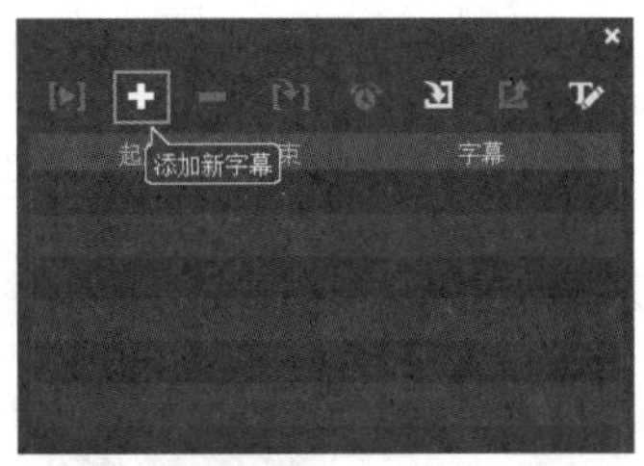

图 9-144

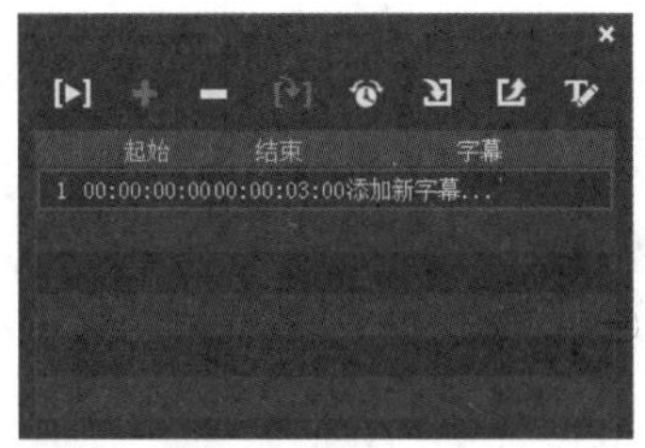

图 9-145

（6）在“字幕”一列中单击，然后输入相应字幕内容，如图 9-146 所示。

（7）在预览窗口中预览创建的标题字幕内容，如图 9-147 所示。

图 9-146

图 9-147

（8）在“字幕编辑器”对话框中，单击“文本选项”按钮，如图 9-148 所示。弹出“文本选项”对话框，如图 9-149 所示。

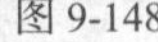

图 9-148

图 9-149

（9）单击“字体”右侧的下拉按钮，在弹出的下拉列表中选择“方正舒体”选项；单击“字号”右侧的下拉按钮，在弹出的下拉列表中选择“90”选项；单击“发光阴影”色块，在弹出的颜色面板中选择褐色，如图 9-150 所示。

（10）单击“确定”按钮，返回“字幕编辑器”对话框，单击“确定”按钮，返回会声会影工作界面，在标题轨中显示了刚创建的字幕内容，如图 9-151 所示。

（11）在导航面板中单击“播放修整后的素材”按钮，预览标题字幕效果，如图 9-152 所示。

图 9-150

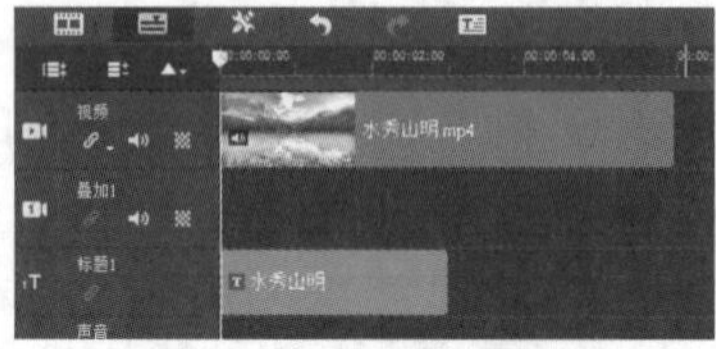

图 9-151

图 9-152

9.5.2 了解字幕编辑器

在会声会影中，字幕编辑器是用来在视频中创建字幕文件的。在视频轨中选中需要创建字幕的视频文件，单击“自定义工具栏”按钮，在弹出的对话框中选中“字幕编辑器”复选框，如图 9-153 所示。此时再单击时间轴面板上方的“字幕编辑器”按钮，如图 9-154 所示。

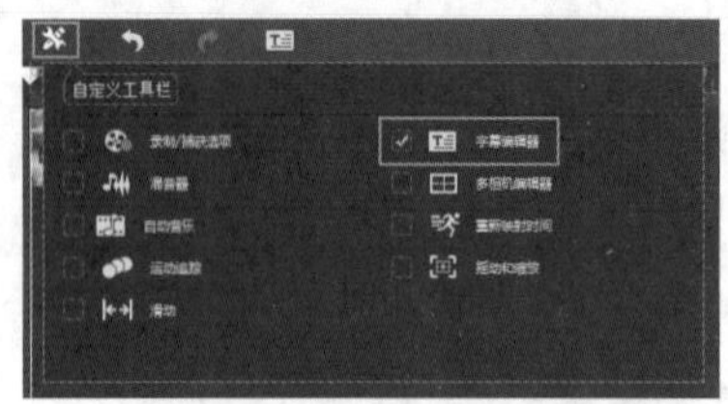

图 9-153

图 9-154

完成操作后，即可打开“字幕编辑器”对话框，如图 9-155 所示。

图 9-155

在“字幕编辑器”对话框中，各主要选项和按钮的含义如下。

- 设置开始标记：在视频中标记画面的开始位置。
- 设置结束标记：在视频中标记画面的结束位置。
- 拆分：单击该按钮，将拆分视频文件。
- 录音质量：可以显示视频中的语音品质信息。
- 敏感度：设置扫描的敏感度，包括高、中、低 3 个选项。
- 扫描：单击该按钮，可以扫描视频中需要添加的字幕数量。
- 波形视图：单击该按钮，可以在音频波形与视频画面之间进行切换，如图 9-156 所示。

图 9-156

- 播放：单击该按钮，可以播放当前选中的字幕文件。
- 添加新字幕：单击该按钮，可以在视频中新增一个字幕文件。
- 删除选择的字幕：单击该按钮，可以在视频中删除选中的字幕文件。
- 合并字幕：单击该按钮，可以合并字幕文件。
- 时间偏移：单击该按钮，可以设置字幕的时间偏移属性。
- 导入字幕文件：单击该按钮，可以导入字幕文件。
- 导出字幕文件：单击该按钮，可以导出字幕文件。
- 文本选项：单击该按钮，在弹出的对话框中，可以设置文本的属性，包括字体类型、字幕大小、字幕颜色和对齐方式等属性。

9.5.3 使用字幕编辑器

在了解了字幕编辑器之后，下面介绍字幕编辑器的使用方法。

选中需要添加字幕的素材，在时间轴面板的上方单击“字幕编辑器”按钮，如图 9-157 所示，完成操作后，打开“字幕编辑器”对话框，如图 9-158 所示。

图 9-157

图 9-158

在窗口的右上方单击“添加新字幕”按钮，如图 9-159 所示。完成操作后，在下方会新增一个标题字幕文件，如图 9-160 所示。

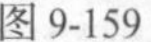
图 9-159

图 9-160

在“字幕”一列中单击，输入相应字幕内容，如图 9-161 所示。在预览窗口中即可预览创建的标题字幕内容，如图 9-162 所示。

图 9-161

图 9-162

9.6 课堂练习——制作滚动字幕

【知识要点】利用动态字幕特效，制作滚动文件。滚动字幕在电影、电视剧中都起着很重要的作用，如图 9-163 所示。

【所在位置】素材 \ 第 9 章 \ 9.6\ 制作滚动字幕 .VSP

图 9-163

9.7 课后习题——制作凸起字幕特效

【知识要点】利用文字的编辑属性，为标题字幕设置凸起特效，可以使标题字幕在视频中更加突出、明显。凸起字幕的效果，如图 9-164 所示。

【所在位置】素材 \ 第 9 章 \ 9.7\ 制作凸起字幕特效 .VSP

图 9-164

第10章 添加与编辑音频

本章介绍

影视作品是一门声画艺术，音频在视频中是一个不可或缺的元素。如果缺少了声音，再优美的画面也将黯然失色，而优美动听的背景音乐和深情款款的配乐不仅可以为视频锦上添花，更可以使视频颇具感染力，使视频更上一个台阶。

课堂学习目标

- 掌握音频的基本操作
- 掌握调整音频的方法
- 掌握添加音频滤镜的操作方法

10.1 认识音频特效

在会声会影中，用户不仅能对视频进行美化，也能对音乐进行修整，优秀的视频同样需要优秀的音乐特效来渲染氛围。本节主要介绍音乐特效的基础知识，为后面学习音乐处理技巧打好基础。

10.1.1 “音乐和声音”选项面板

在会声会影中，音频中包括两个选项面板，分别是“音乐和声音”选项面板和“自动音乐”选项面板。在“音乐和声音”选项面板中，用户可以调整音频素材的区间长度、音量大小、淡入淡出特效及将音频滤镜应用到音频轨等，如图 10-1 所示。

图 10-1

在“音乐和声音”选项面板中，各主要选项的含义如下。

- 区间0:00:02:000：该数值框以“时 : 分 : 秒 : 帧”的形式显示音频的区间，可以输入一个区间值来设置录音的长度或调整音频素材的长度。单击其右侧的微调按钮，可以调整数值的大小，也可以单击时间码上的数字，待数字处于闪烁状态时，输入新的数字后按 Enter 键确认，即可改变原来音频素材的播放时间长度。图 10-2 和图 10-3 所示为原音频素材与调整区间长度后的音频素材。

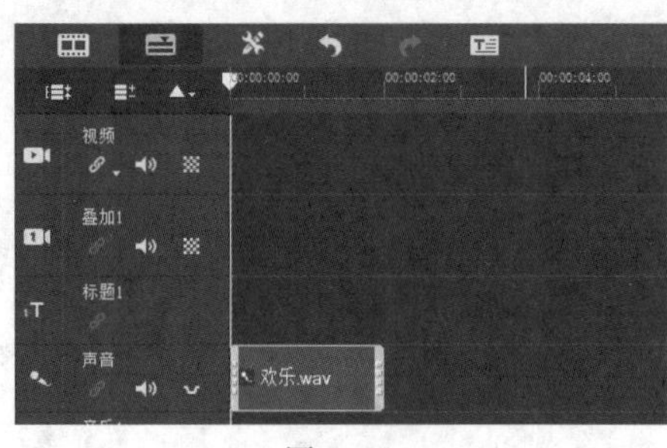

图 10-2

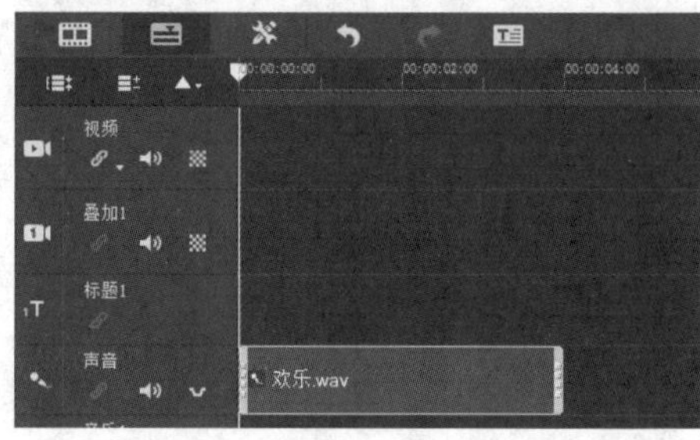

图 10-3

- 素材音量100：该数值框中的 100 表示原始声音大小，单击右侧的三角按钮，在弹出的音量调节器中可以通过拖曳滑块以百分比的形式调整视频和音频素材的音量，也可以直接在数值框中输入一个数值来调整素材的音量。
- 淡入：单击该按钮，可以使选择的音频素材的开始部分音量逐渐增大。
- 淡出：单击该按钮，可以使选择的音频素材的结束部分音量逐渐缩小。
- 速度 / 时间流逝：单击该按钮，弹出“速度 / 时间流逝”对话框，如图 10-4 所示。在该对话框中，可根据需要调整视频的播放速度。
- 音频滤镜：单击该按钮，即可弹出“音频滤镜”对话框，如图 10-5 所示。在该对话框中，可以将音频滤镜应用到所选的音频素材上。

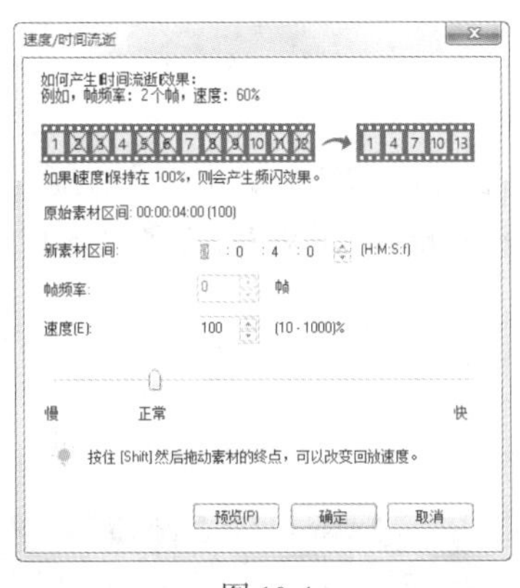

图 10-4

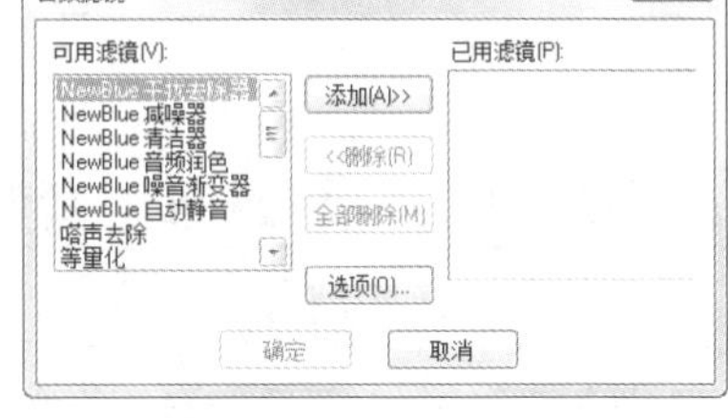

图 10-5

10.1.2 “自动音乐”选项面板

在“自动音乐”选项面板中，用户可以根据需要在其中选择相应的选项，单击“添加到时间轴”按钮，将选择的音频素材添加至时间轴中，图 10-6 所示为“自动音乐”选项面板。

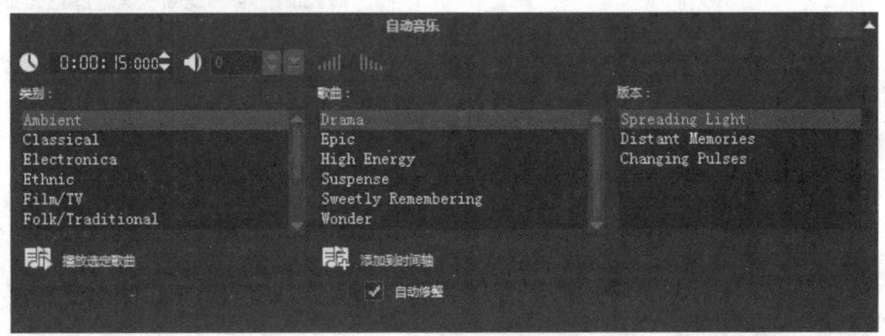

图 10-6

在“自动音乐”选项面板中，各主要选项的具体含义如下。

- 区间：该数值框用于显示所选音乐的总长度。
- 素材音量：该数值框用于调整所选音乐的音量。当值为 100 时，则可以保留音乐的原始音量。
- 淡入：在该下拉列表中，单击该按钮，可以使自动音乐开始部分的音量逐渐增大。
- 淡出：在该下拉列表中，单击该按钮，可以使自动音乐结束部分的音量逐渐减小。
- 类别：在该下拉列表中，可以选择不同的音乐类型。
- 歌曲：在该下拉列表中，可以选择同一类别的不同音乐。
- 版本：在该下拉列表中，可以选择不同版本的音乐。
- 播放选定歌曲：单击该按钮，即可播放选定的音乐。
- 添加到时间轴：单击该按钮，即可将播放的歌曲添加到时间轴中。
- 自动修整：选中该复选框，将自动修剪音频素材，并与视频区间长度一致。

10.2 音频的基本操作

音乐在视频后期制作中的作用不可忽视，将视频与音乐的高低起伏相结合，能使整个视频更具观赏性和视听性。本节将介绍添加音频、添加自动音乐、分割音频文件、删除音频、录制画外音等基本操作。

10.2.1 课堂案例——添加海边音频

【学习目标】掌握添加音频的操作方法。

【知识要点】插入一张海边风景图片，如图 10-7 所示，将音频文件直接添加至当前的声音轨或音乐轨中。

图 10-7

【所在位置】素材 \ 第 10 章 \10.2.1\ 添加海边音频 .VSP

（1）进入会声会影 2019，在视频轨中插入一幅图像素材（素材 \ 第 10 章 \10.2.1\ 海边 .jpg），如图 10-8 所示。

（2）在预览窗口中预览插入的图像素材效果，如图 10-9 所示。

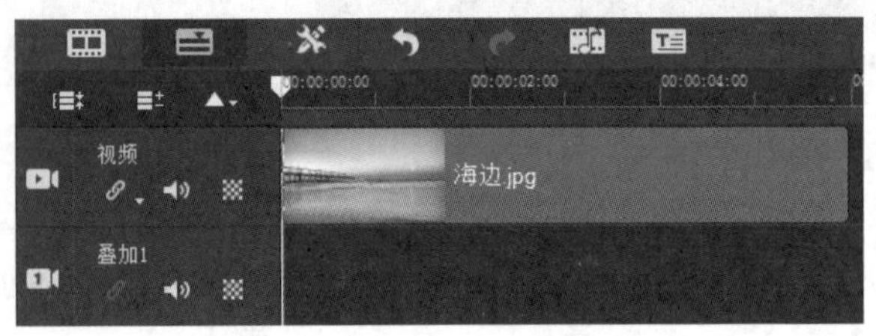

图 10-8

图 10-9

（3）在时间轴的空白位置处单击鼠标右键，在弹出的快捷菜单中执行“插入音频”→“到声音轨”命令，如图 10-10 所示。

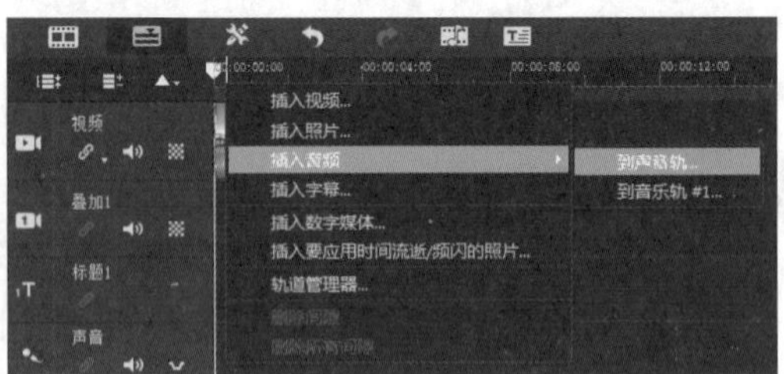

图 10-10

（4）弹出相应对话框，选择音频文件（素材 \ 第 10 章 \10.2.1\ 海边 .mp3），如图 10-11 所示。

（5）单击“打开”按钮，即可从文件夹中将音频文件添加至声音轨中，如图 10-12 所示。调整音频素材区间与图像素材区间相同。

图 10-11

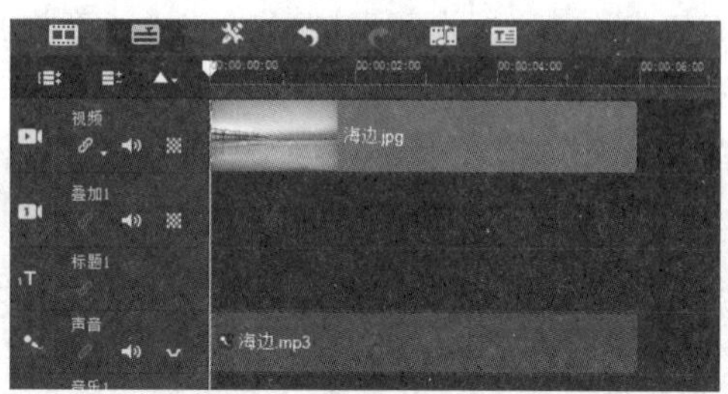

图 10-12

10.2.2 添加音频

在视频后期编辑过程中，添加音频是不可缺少的步骤。在会声会影中，用户可以直接添加素材库中的音频，也可以添加计算机中的音频。

在视频轨中添加视频素材，如图 10-13 所示。在“媒体”素材库中单击“显示音频文件”按钮，显示音频素材，如图 10-14 所示。

图 10-13

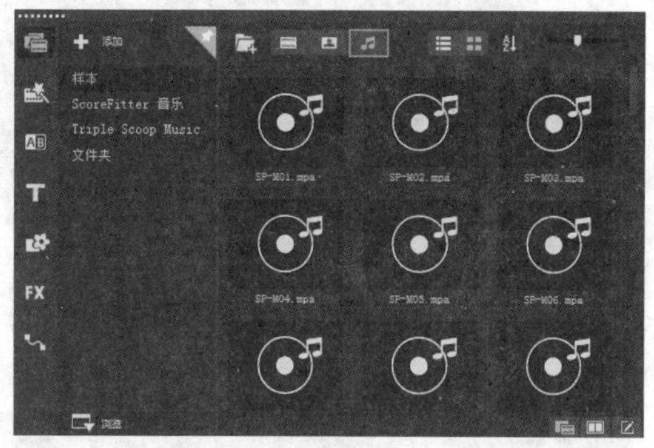

图 10-14

在“音频”素材库中，选中任意音频文件，将音频拖入声音轨中并调整区间，如图 10-15 所示。单击导航面板中的“播放修整后的素材”按钮，即可试听音频效果。

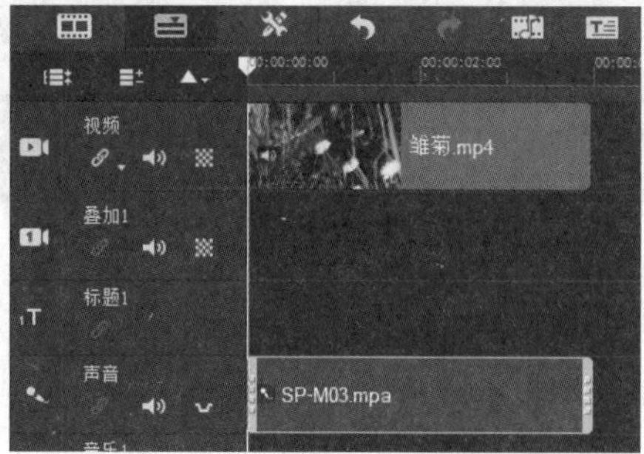

图 10-15

10.2.3 添加自动音乐

在会声会影中，自动音乐实际上就是一个预设的音乐库，用户可以在其中选择不同类型的音乐，根据视频的内容编辑音乐的风格或节拍。

在视频轨中添加一段视频素材，先单击“自定义工具栏”按钮，在弹出的对话框中选中“自动音乐”复选框，如图 10-16 所示，再单击时间轴中上方的“自动音乐”按钮，如图 10-17 所示。

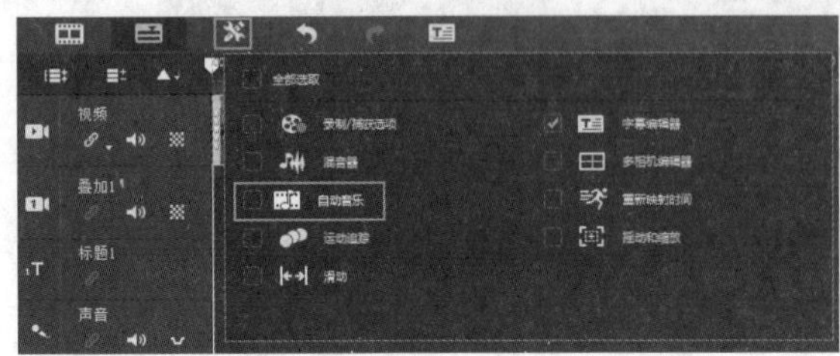

图 10-16

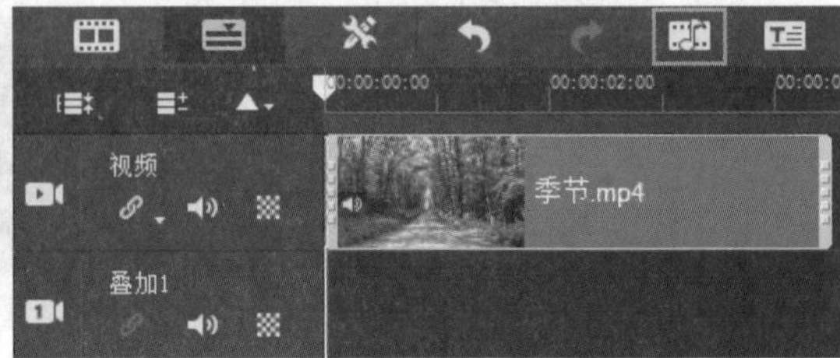

图 10-17

展开“自动音乐”选项面板，在“类别”下拉列表中选择一个选项，然后在“歌曲”下拉列表中选择一个选项，最后在“版本”下拉列表中选择一个选项，如图 10-18 所示。

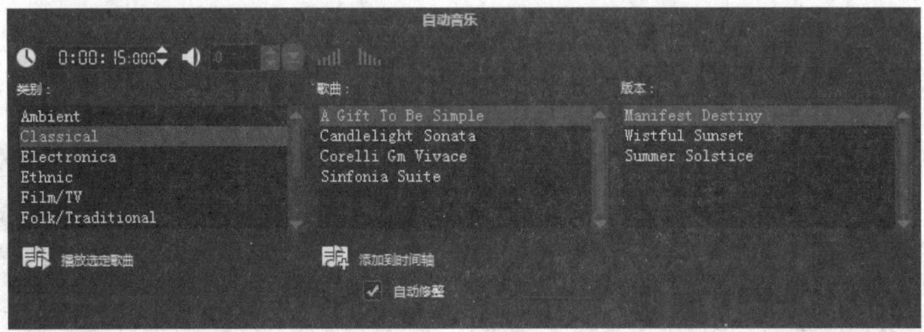

图 10-18

单击“播放选定歌曲”按钮，如图 10-19 所示，试听音乐效果。单击“停止”按钮，如图 10-20 所示，停止音乐的播放。

图 10-19

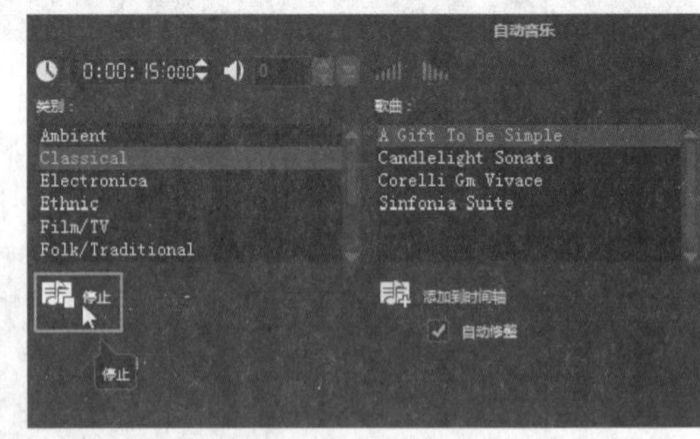

图 10-20

用同样的方法试听其他音乐，选择合适的音乐后，单击“添加到时间轴”按钮，如图 10-21 所示。在时间轴中即可查看添加的自动音乐，如图 10-22 所示。

图 10-21

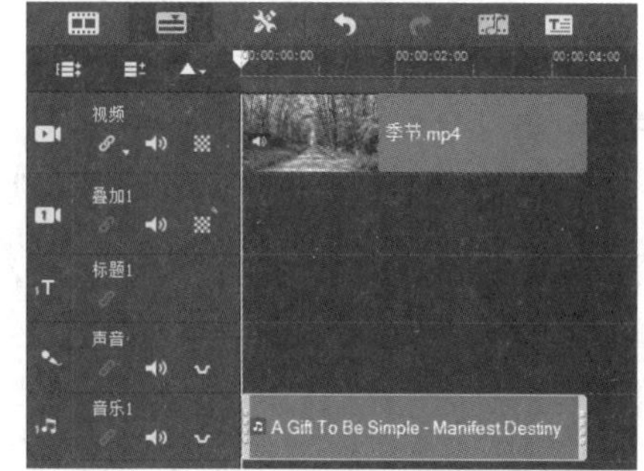

图 10-22

10.2.4 分割音频文件

若只需要一段音频中的片段，则可以进行分割音频的操作。将音频分割成多段，并选取需要的部分。

在素材库中选择一段音频素材，将其添加到声音轨中，如图 10-23 所示。选中时间轴中的音频文件，移动时间线到需要分割的音频位置，单击鼠标右键，在弹出的快捷菜单中执行“分割素材”命令，如图 10-24 所示。

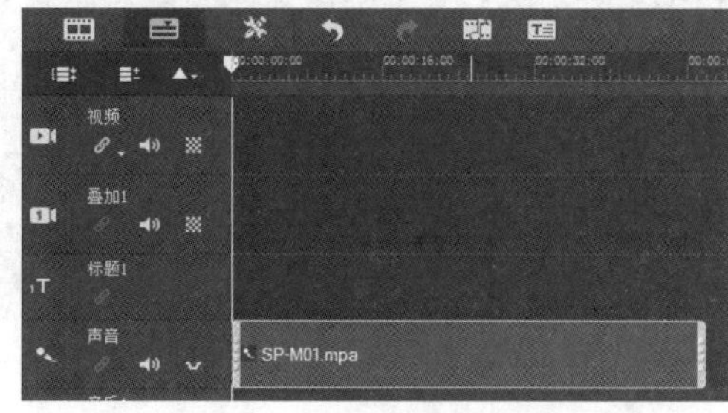

图 10-23

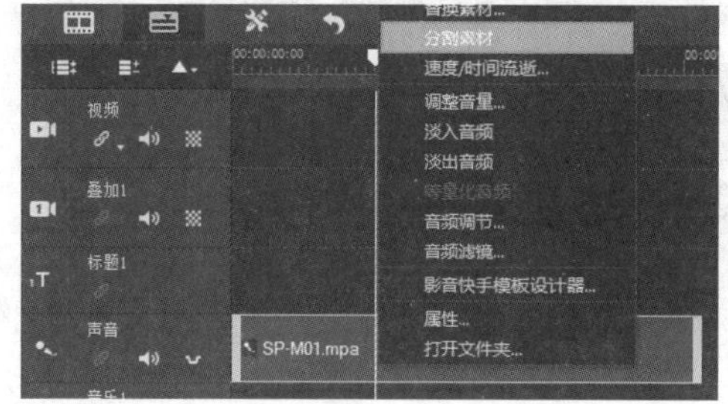

图 10-24

按照以上方法，可根据需要将整段音频素材随意分割成几个部分，如图 10-25 所示。

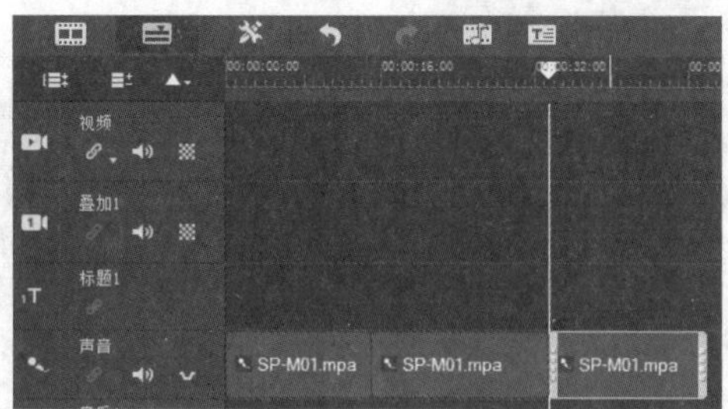

图 10-25

10.2.5 删除音频

用户可以将项目中的音频删除，然后为其添加其他的音频素材。选中时间轴上的音频素材，单击鼠标右键，在弹出的快捷菜单中执行“删除”命令，如图 10-26 所示。

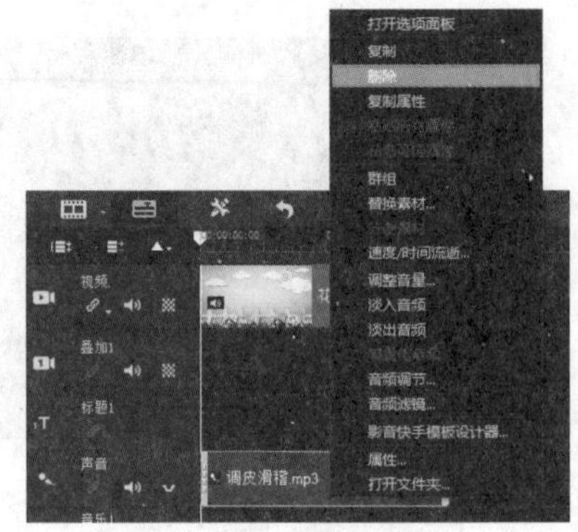

图 10-26

选中时间轴上的音频素材，按 Delete 键也可将其删除。

10.2.6 录制画外音

在会声会影中，将麦克风正确连接到计算机后，可以用麦克风录制语音文件并应用到视频中。先单击“自定义工具栏”按钮，在弹出的对话框中选中“录制 / 捕获选项”复选框，如图 10-27 所示。再单击时间轴上方的“录制 / 捕获选项”按钮，如图 10-28 所示。

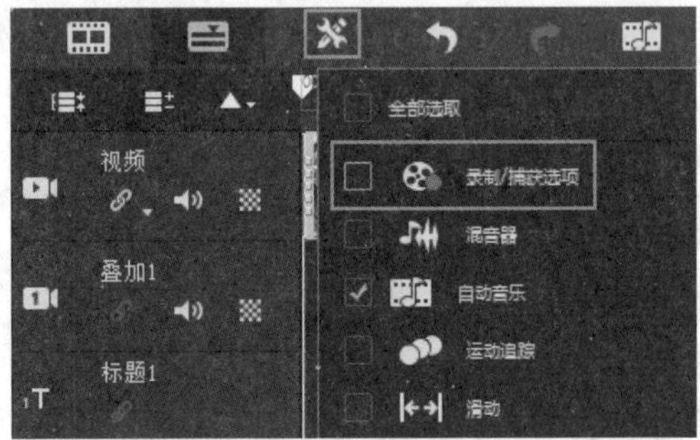

图 10-27

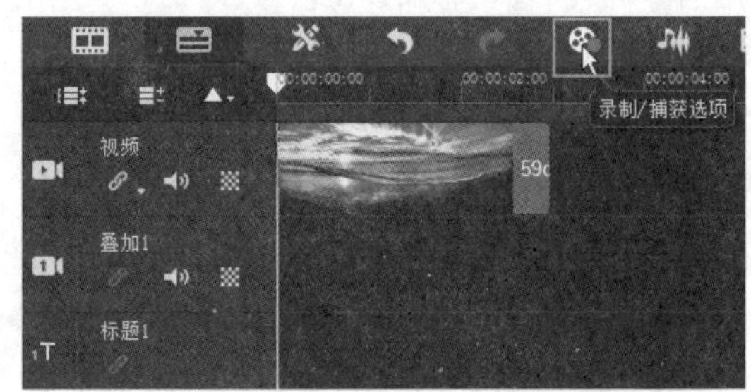

图 10-28

弹出“录制 / 捕获选项”对话框，单击“画外音”按钮，如图 10-29 所示。弹出“调整音量”对话框，如图 10-30 所示，可对着麦克风测试语音输入设备，检测仪表工作是否正常。

图 10-29

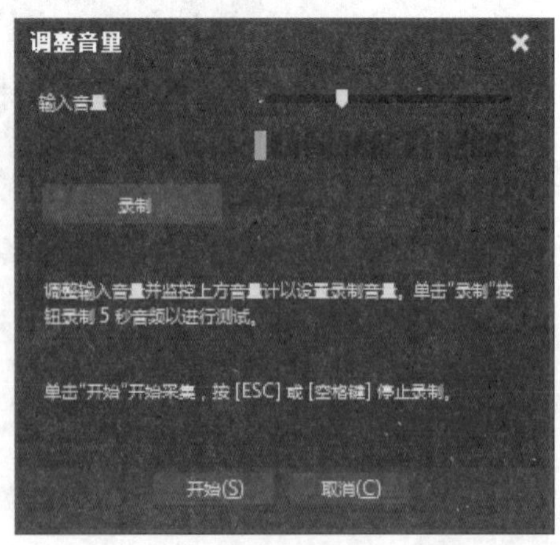

图 10-30

提示

用户也可以单击“录制”按钮，录制 5 秒的音频进行测试。

单击“开始”按钮即可通过麦克风录制语音，如图 10-31 所示。按 Esc 键即结束录音，录制结束后，语音素材会被插入到时间轴的声音轨中，如图 10-32 所示。

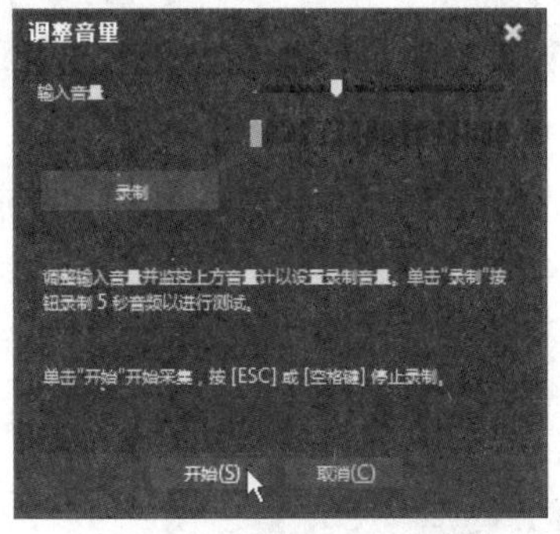

图 10-31

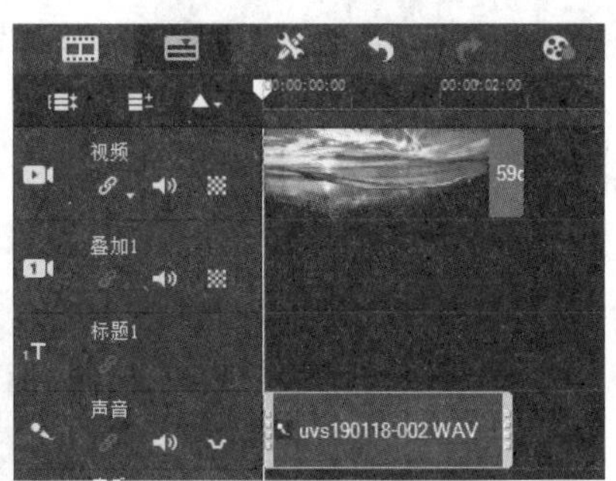

图 10-32

10.3 调整音频

添加音频后，用户还可对音频进行编辑调整，包括设置音频的淡入淡出效果、音量的调节、对音量进行重置及调节音频的左右声道等。

10.3.1 课堂案例——用混音器调节音量

【学习目标】掌握使用混音器调节音量的方法。

【知识要点】混音器可以动态调整音量调节线，它允许在播放视频的同时，实时调整某个轨道中的素材任意一点的音量。借助混音器可以像专业混音师一样混合出视频的精彩声响效果，如图 10-33 所示。

【所在位置】素材 \ 第 10 章 \ 10.3.1\ 用混音器调节音量 .VSP

图 10-33

（1）进入会声会影 2019，执行“文件”→“打开项目”命令，打开一个项目文件（素材 \ 第 10 章 \10.3.1\ 城市 .VSP），如图 10-34 所示。

（2）在预览窗口中预览打开的项目效果，如图 10-35 所示。

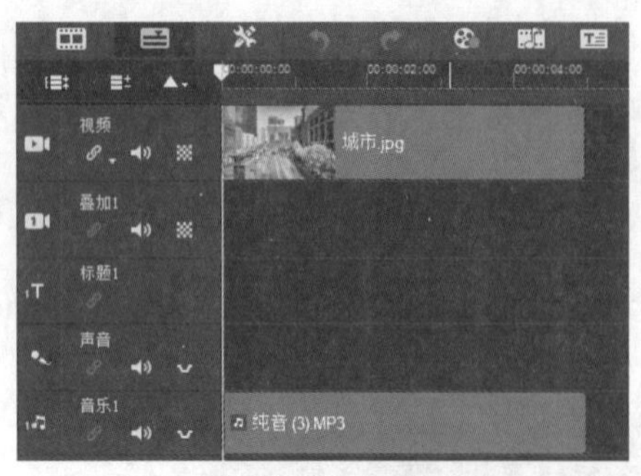

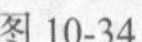
图 10-34

图 10-35

（3）单击时间轴上方的“混音器”按钮，切换至混音器视图，在“环绕混音”选项面板中单击“语音轨”按钮，如图 10-36 所示。

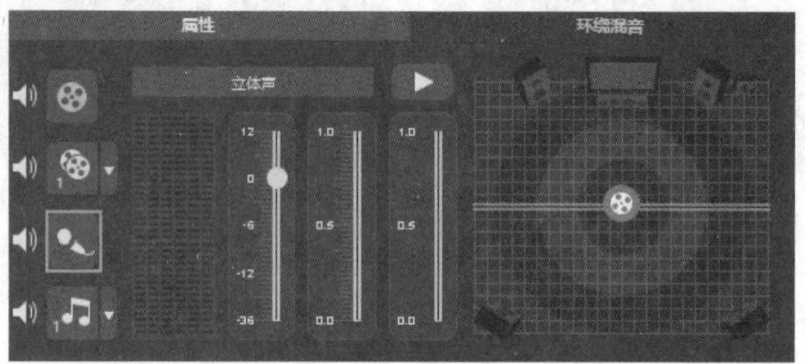

图 10-36

（4）选择要调节的音频轨道，在“环绕混音”选项面板中单击“播放”按钮，如图 10-37 所示。

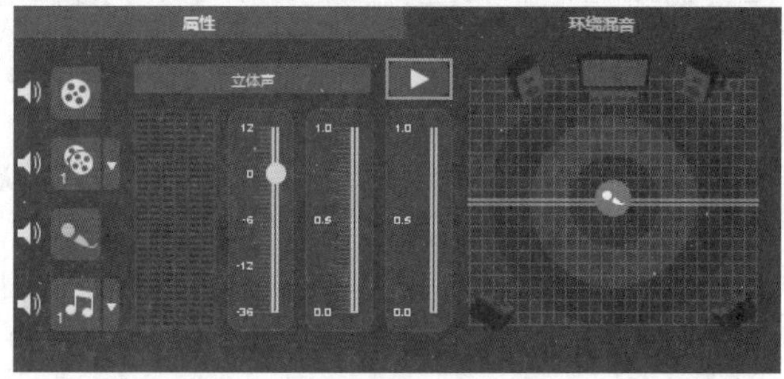

图 10-37

（5）试听选择的轨道中的音频，在混音器中可以看到音量的起伏变化，如图 10-38 所示。

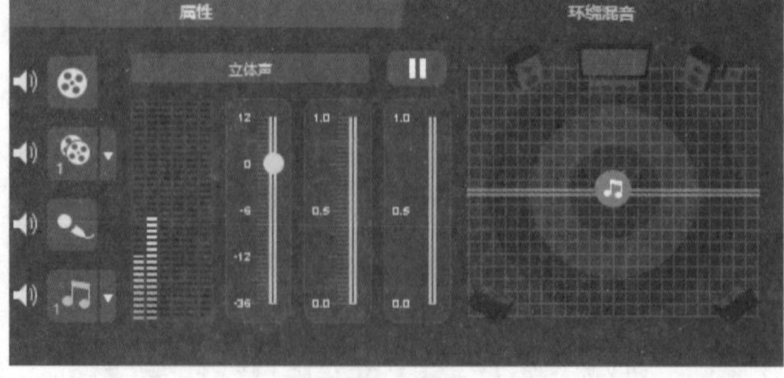

图 10-38

（6）单击“环绕混音”选项面板中的“音量”按钮，并按住鼠标左键将其向下拖曳，如图10-39 所示。

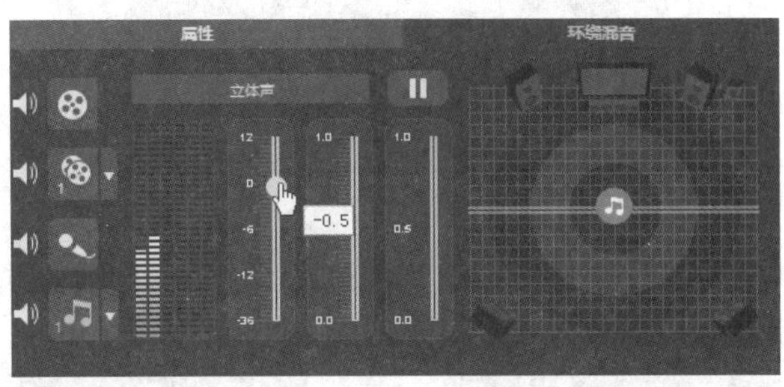

图 10-39

（7）播放并实时调节音量，在声音轨中可查看音频调节效果，如图 10-40 所示。

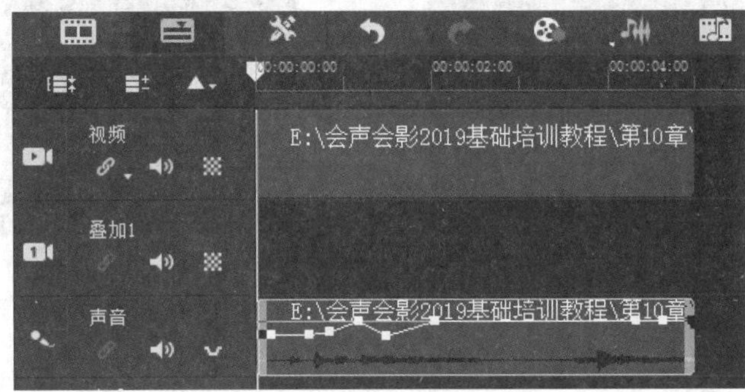

图 10-40

10.3.2 设置淡入淡出

使用淡入淡出的音频效果，可以避免音乐的突然出现和突然消失，使音乐能够有一种自然的过渡效果。

打开“媒体”素材库，显示音频文件，在其中选择“SP-M02.mpa”音频素材，如图 10-41 所示。在选中的音频素材上按住鼠标左键并将其拖曳至时间轴的声音轨中，如图 10-42 所示。

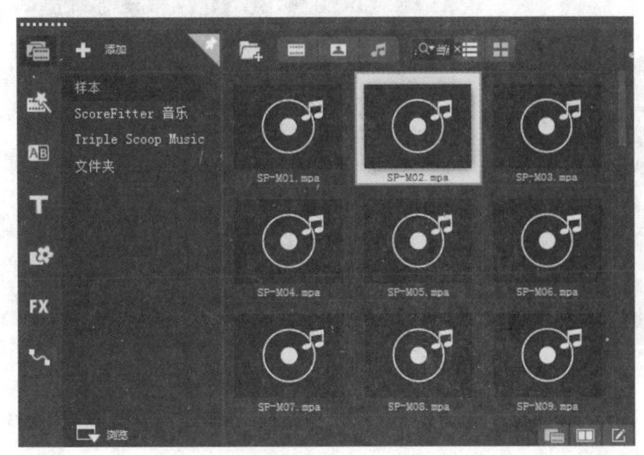

图 10-41

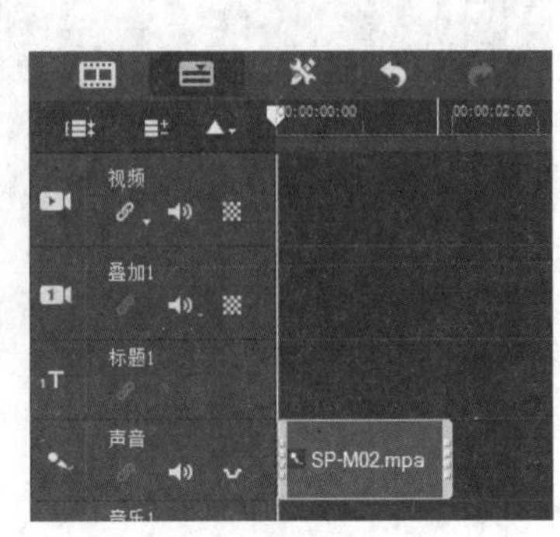

图 10-42

打开“音乐和声音”选项面板，在其中分别单击“淡入”按钮和“淡出”按钮，如图 10-43 所示。

图 10-43

完成上述操作后，即可完成音频的淡入淡出特效的添加。在时间轴上方单击“混音器”按钮，如图 10-44 所示。打开混音器视图，在其中可以查看淡入淡出的两个关键帧，如图 10-45 所示。

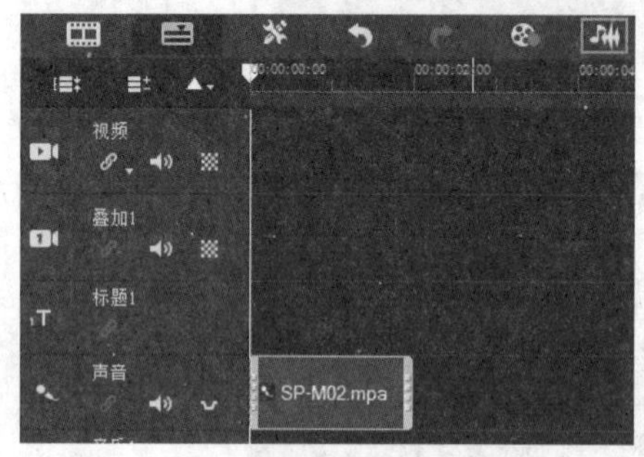

图 10-44

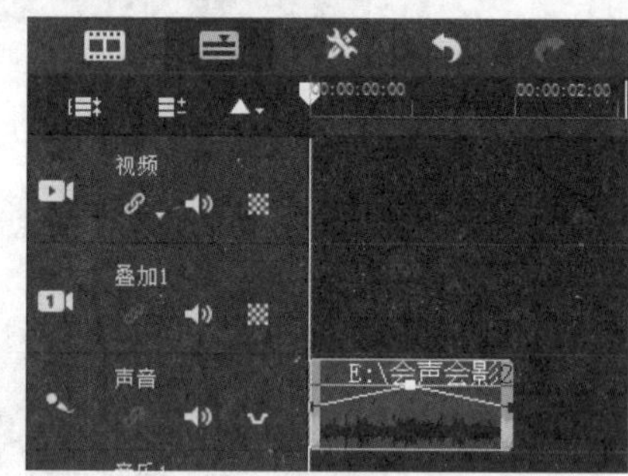

图 10-45

10.3.3 调节音量

在会声会影中选择带有音乐的视频或选择单独的音频文件，在选项面板中可以将音频的音量调大或调小，以达到完美的视听效果。

1. 选项面板调节

在视频轨中添加视频素材，如图 10-46 所示。展开选项面板，单击“素材音量”右侧的下拉按钮，如图 10-47 所示。

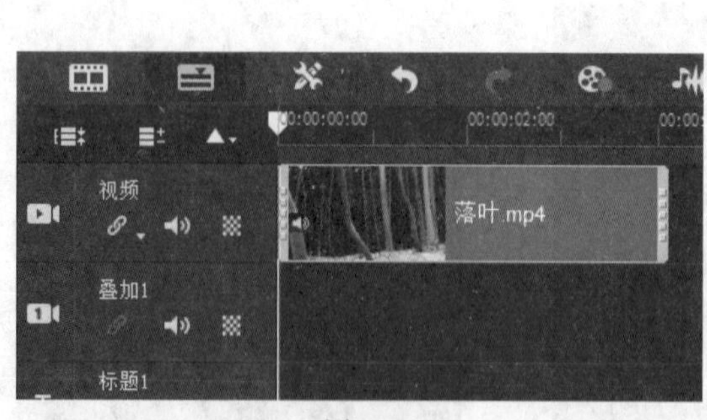

图 10-46

图 10-47

在弹出的音量调节器中拖动滑块到 50 处，如图 10-48 所示。或者直接在“素材音量”数值框中输入音量值，如图 10-49 所示。

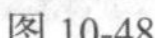
图 10-48

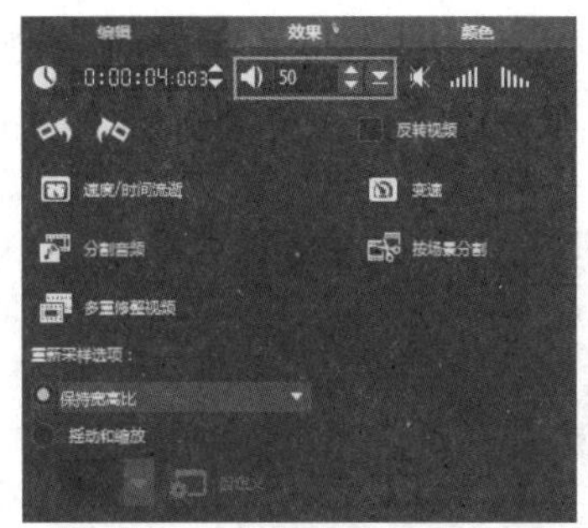
图 10-49

2. 鼠标右键调节

选中时间轴中的视频素材，单击鼠标右键，在弹出的快捷菜单中执行“音频”→“调整音量”命令，如图 10-50 所示。在弹出的对话框中设置相应的音量值，单击“确定”按钮即可，如图 10-51 所示。

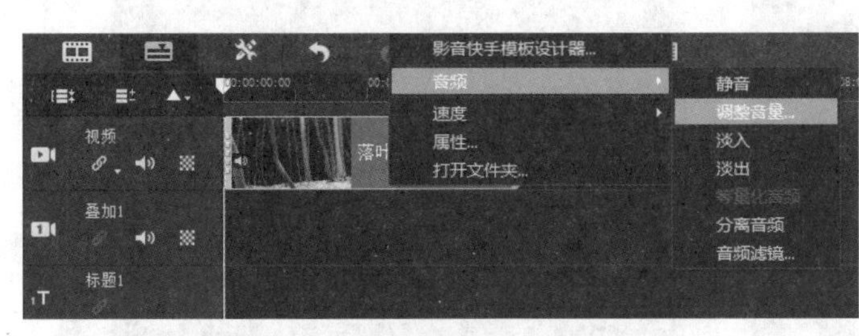

图 10-50

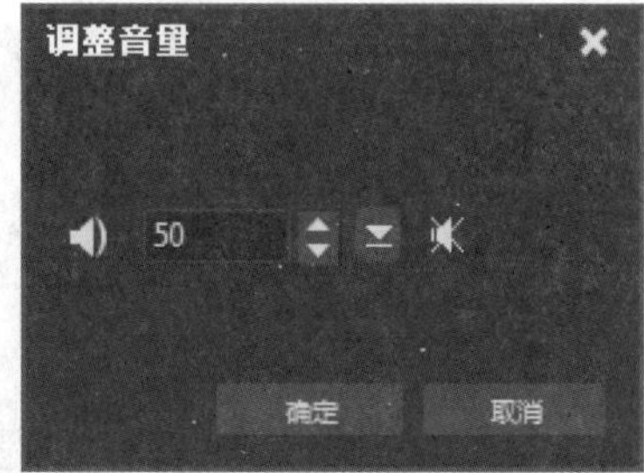

图 10-51

10.3.4 使用音量调节线调节音量

音量调节线即轨中央的水平线条。使用音量调节线可以在混响视图中添加关键帧，关键帧的高低决定该处音量的大小。用户可以根据视频情节的高低起伏，使用音量调节线调节音量，制作出相应的音乐效果。

打开一个项目文件，如图 10-52 所示，选中音频素材，单击时间轴上的“混音器”按钮，如图 10-53 所示。

图 10-52

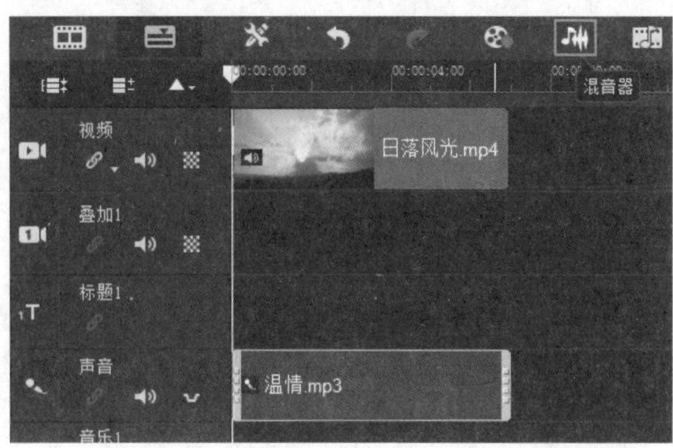

图 10-53

切换至混音器视图，将鼠标移至音频文件中间黄色的音量调节线上，此时鼠标呈向上箭头形状⇑，如图 10-54 所示。按住鼠标左键并向上拖动，到合适位置后释放鼠标左键，即可添加控制点，如图 10-55 所示。

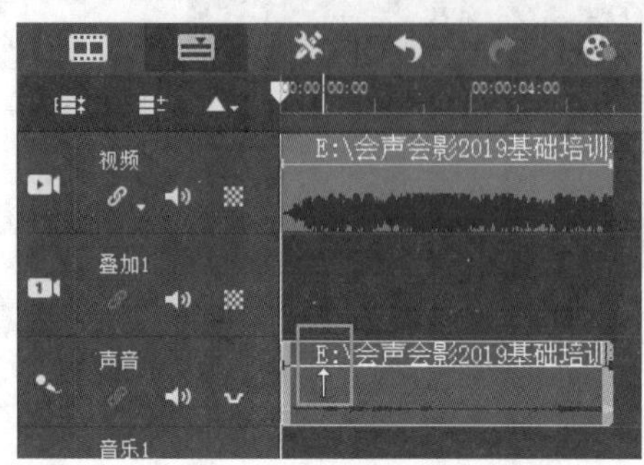

图 10-54

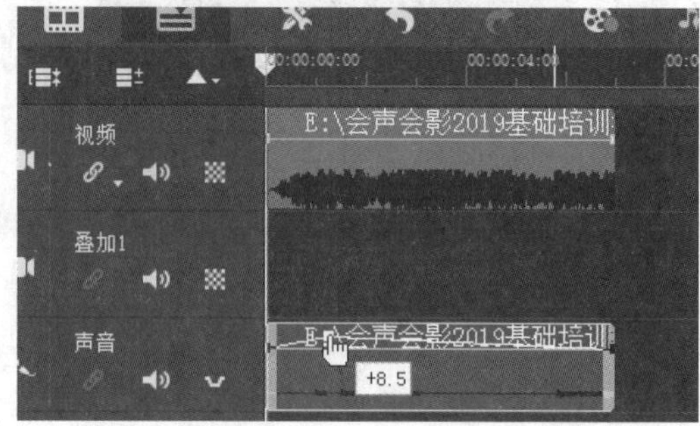

图 10-55

选中另外一处，按住鼠标左键并向下拖动，到合适位置后释放鼠标左键，即可添加第 2 个控制点，如图 10-56 所示。用同样的方法，在另一处向上拖动调节线，添加第 3 个控制点，如图 10-57 所示。

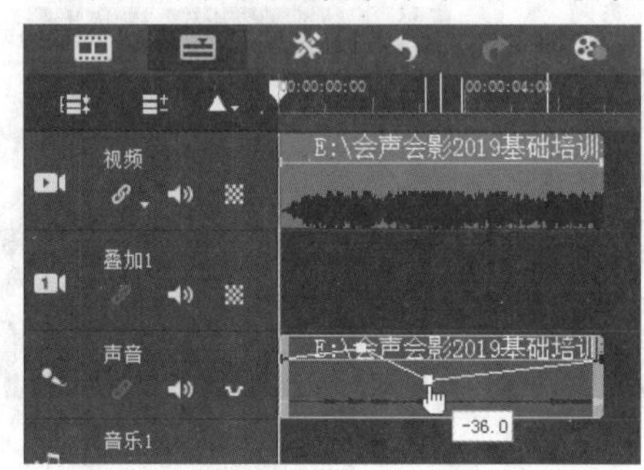

图 10-56

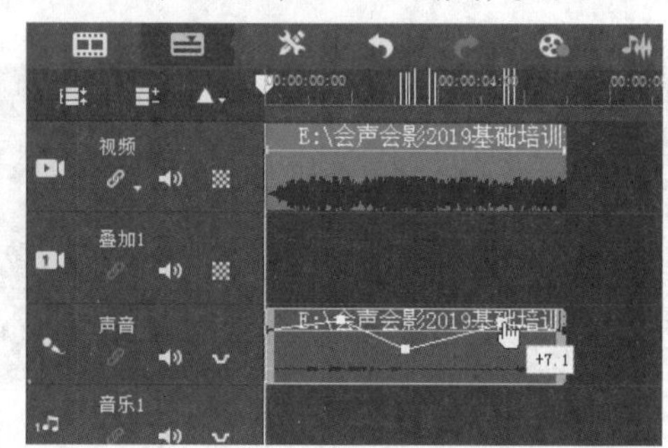

图 10-57

10.3.5 重置音量

使用音量调节线后，用户可以单个删除调节线中的控制点，也可执行“重置音量”命令将所有控制点全部删除。

选中时间轴中需要重置音量的音频素材，单击鼠标右键，在弹出的快捷菜单中执行“重置音量”命令，如图 10-58 所示。完成操作后，音量调节线中的控制点全部被删除，恢复到水平线状态，如图 10-59 所示。

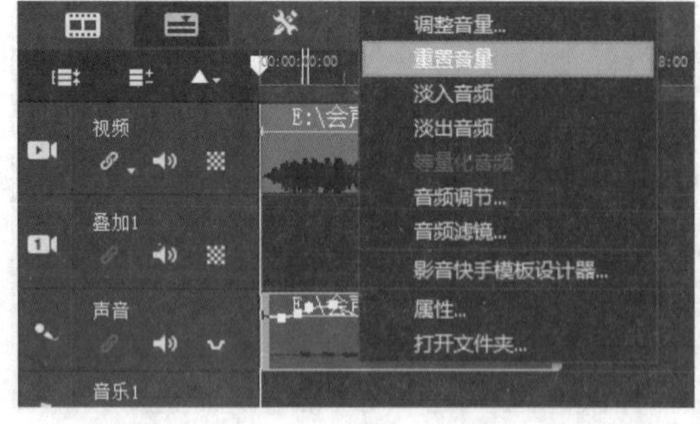

图 10-58

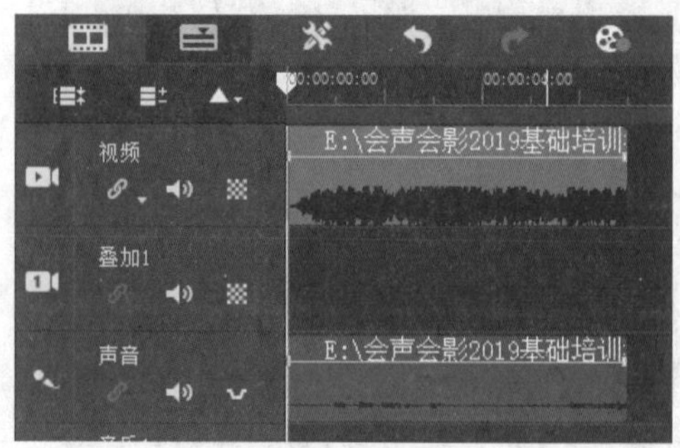

图 10-59

10.3.6 调节左右声道

所谓左右声道，通俗地讲就是左右耳机的声音输出。在会声会影中，用户可以通过“环绕混音”选项面板对左右声道进行调节。

选中时间轴中的音频素材，单击时间轴上方的“混音器”按钮，如图 10-60 所示。

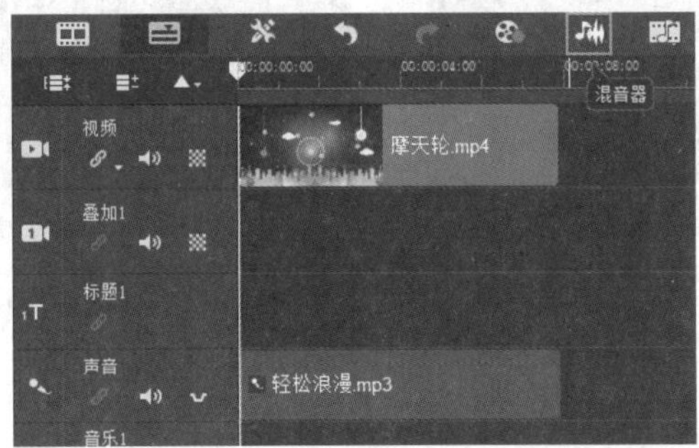

图 10-60

在“环绕混音”选项面板中单击“播放”按钮，如图 10-61 所示。播放音乐后，选中蓝色图标，按住鼠标左键向左拖动到合适的位置，如图 10-62 所示，释放鼠标后即可完成音频左声道的调节。

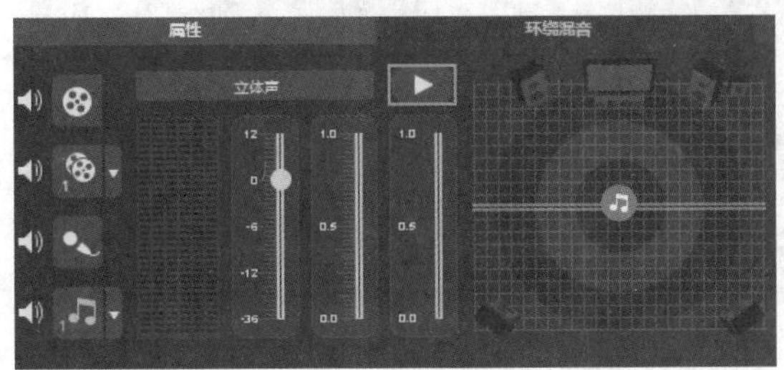

图 10-61

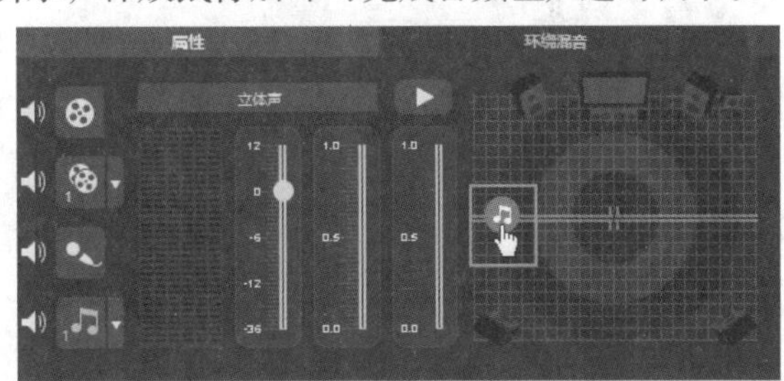

图 10-62

按住鼠标左键向右拖动蓝色图标，如图 10-63 所示，至合适的位置释放鼠标即可完成音频右声道的调节。完成操作后，音频素材的音量调节线上新增了多个控制点，如图 10-64 所示。

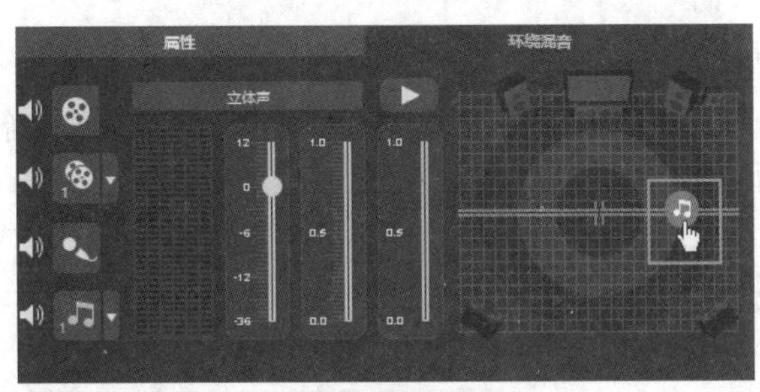

图 10-63

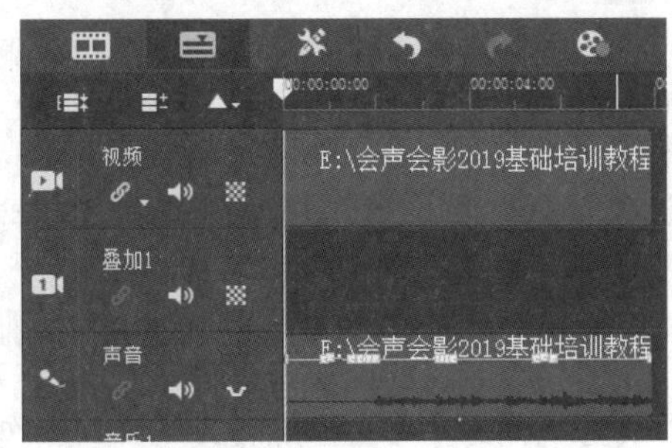

图 10-64

10.3.7 调整音频的播放速度

在会声会影中，用户可以设置音乐的播放速度和时间，使它能够与视频更好地配合。

打开一个项目文件，如图 10-65 所示。在声音轨中选中音频文件，在“音乐和声音”选项面板中单击“速度 / 时间流逝”按钮，如图 10-66 所示。

图 10-65

图 10-66

弹出“速度 / 时间流逝”对话框，在其中设置各项参数，如图 10-67 所示。单击“确定”按钮，即可完成对音频播放速度和时间的调整，如图 10-68 所示。

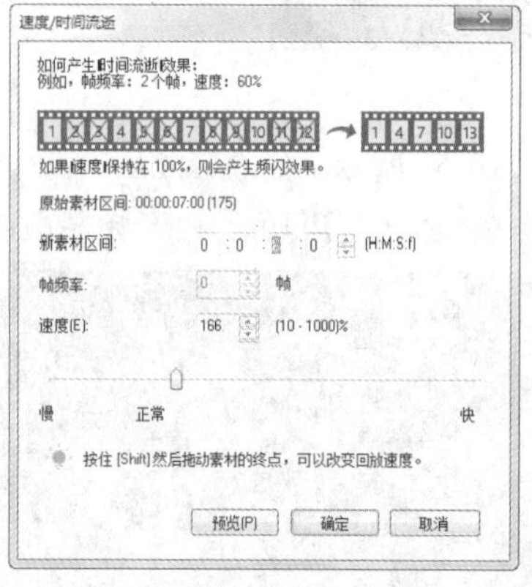

图 10-67

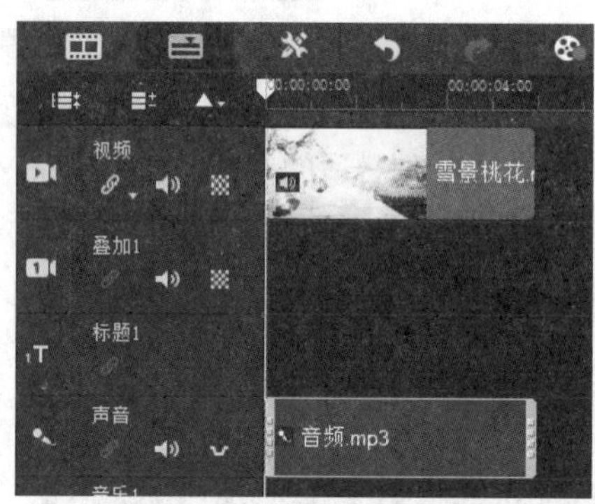

图 10-68

10.4 音频滤镜

会声会影不仅提供了视频、标题滤镜，还提供了音频滤镜，在音频上添加音频滤镜可以实现一些特殊的音效。将音频滤镜添加到声音轨或音乐轨的音频素材上，如等量化、放大、共鸣及回声等，可以使用户制作的背景音乐的音效更加完美、动听。

10.4.1 课堂案例——添加“删除噪音”音频滤镜

【学习目标】掌握添加音频滤镜的操作方法。

【知识要点】通过添加“删除噪音”音频滤镜来减少音频素材内的干扰音，让音频素材的声音更加清晰，如图 10-69 所示。

【所在位置】素材 \ 第 10 章 \10.4.1\ 添加“删除噪音”音频滤镜 .VSP

图 10-69

（1）进入会声会影 2019，执行“文件”→“打开项目”命令，打开一个项目文件（素材 \ 第 10 章 \10.4.1\ 雨后绽放 .VSP），如图 10-70 所示。

（2）在音乐轨中，双击需要添加音频滤镜的素材，如图 10-71 所示。

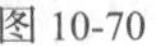
图 10-70

图 10-71

（3）打开“音乐和声音”选项面板，单击“音频滤镜”按钮，弹出“音频滤镜”对话框，在“可用滤镜”下拉列表中选择“删除噪音”选项，如图 10-72 所示。

（4）单击“添加”按钮，选择的滤镜即可显示在“已用滤镜”下拉列表中，如图 10-73 所示。

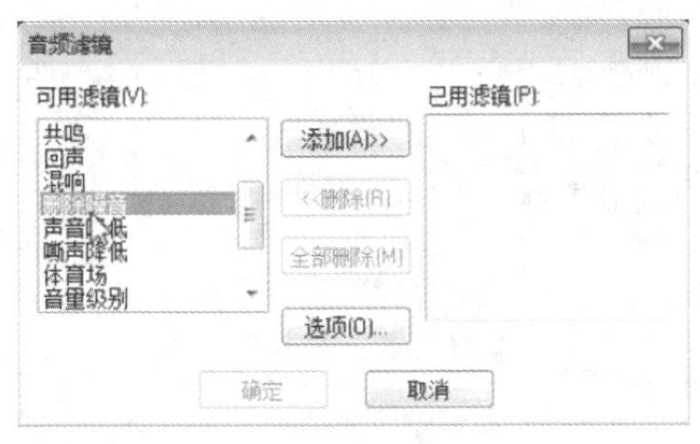

图 10-72

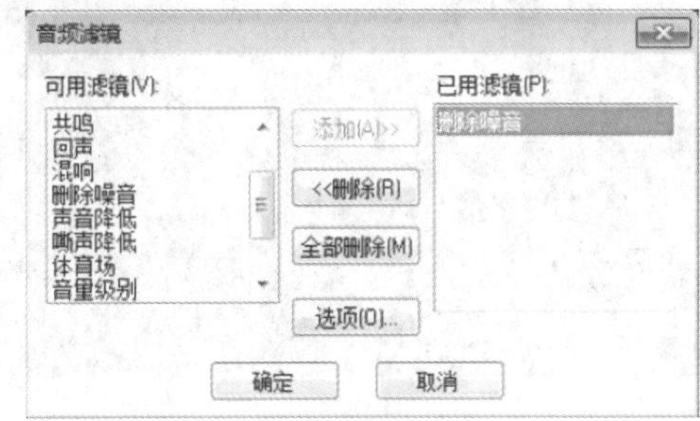

图 10-73

（5）单击“确定”按钮后，单击“播放修整后的素材”按钮，试听添加了音频滤镜的音频，并查看视频效果，如图 10-74 所示。

图 10-74

10.4.2 添加音频滤镜

为音频素材添加音频滤镜可以使视频的音频效果更加完美。选中音频素材，单击“滤镜”按钮，进入“滤镜”素材库，单击素材库上方的“显示音频滤镜”按钮，如图 10-75 所示。

显示所有音频滤镜后，选择“NewBule 音频润色”音频滤镜，如图 10-76 所示，将其添加到声音轨上。

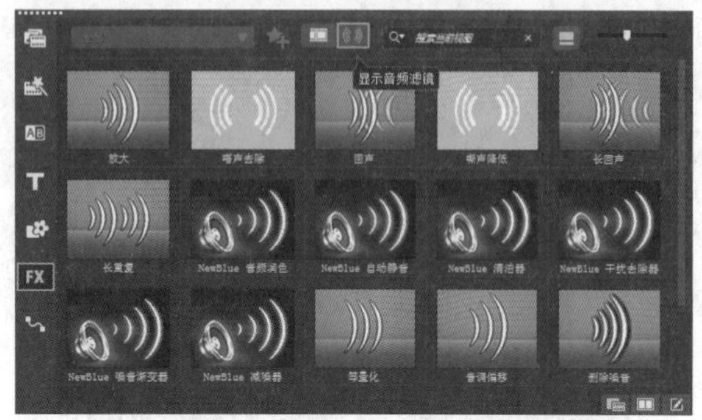

图 10-75

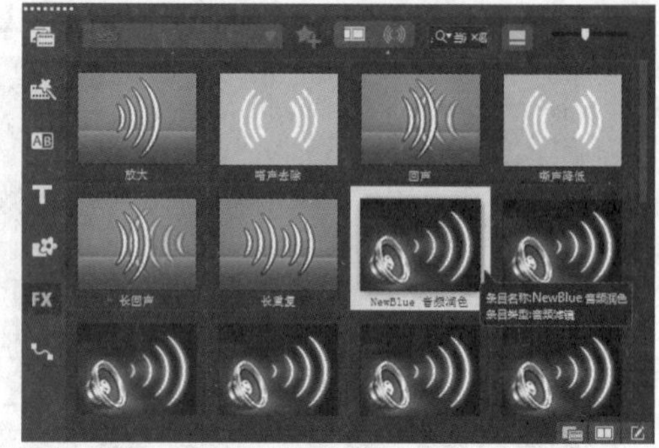

图 10-76

添加滤镜后，在素材上单击鼠标右键，在弹出的快捷菜单中执行“音频滤镜”命令，如图 10-77 所示。打开“音频滤镜”对话框，单击“选项”按钮，如图 10-78 所示。

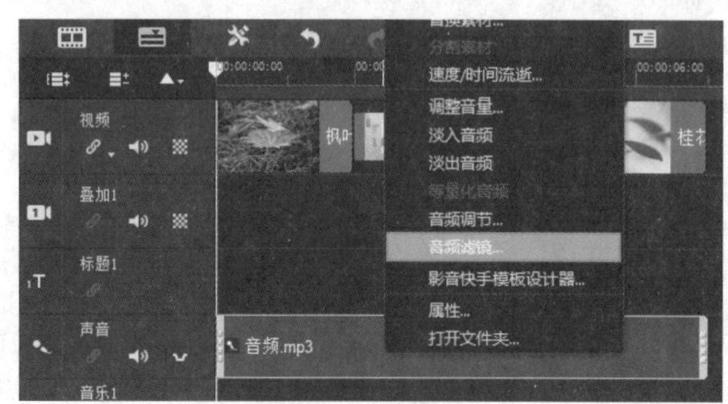

图 10-77

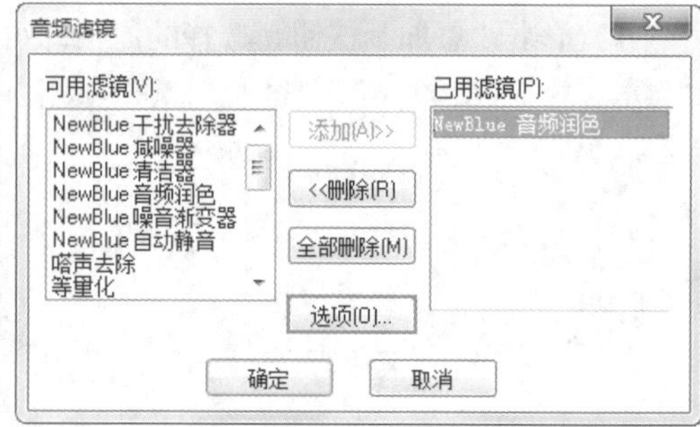

图 10-78

在打开的对话框中可对滤镜进行设置，如图 10-79 所示，设置后单击“OK”按钮，即可完成音频滤镜的设置。

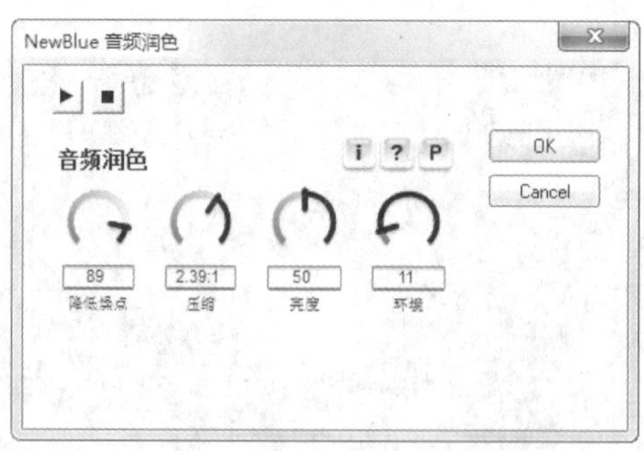

图 10-79

10.4.3 删除音频滤镜

用户可删除添加到音频上的滤镜。选中时间轴中的音频素材，单击“显示选项面板”按钮，打开“音乐和声音”选项面板。单击“音频滤镜”按钮，如图 10-80 所示。弹出“音频滤镜”对话框，选择“已用滤镜”下拉列表中的滤镜，单击“删除”按钮，如图 10-81 所示，即可将该音频滤镜删除，单击“确定”按钮完成设置。

图 10-80

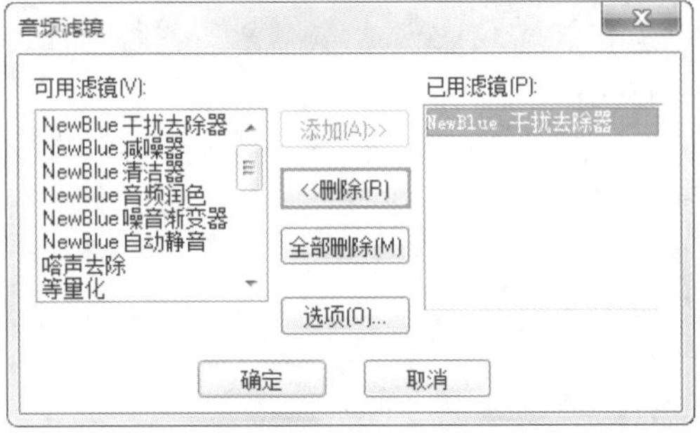

图 10-81

10.4.4 制作回音效果

会声会影提供了多种音频滤镜，不同的滤镜所产生的效果也各不相同。本小节介绍比较常见的“回声”音频滤镜，该音频滤镜可以为音频素材添加回声特效，以配合画面产生更具有震撼力的播放效果。

打开一个项目文件，如图 10-82 所示。选中时间轴中的音频文件，打开“音乐和声音”选项面板，单击“音频滤镜”按钮，如图 10-83 所示。

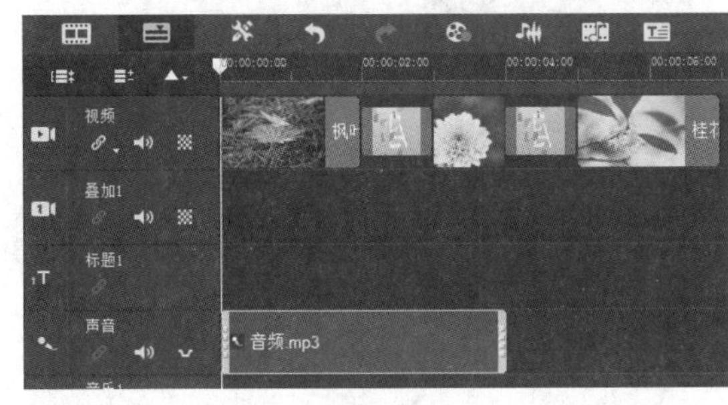

图 10-82

图 10-83

弹出“音频滤镜”对话框，在“可用滤镜”下拉列表中选择“回声”音频滤镜，然后单击“添加”按钮，如图 10-84 所示。在“已用滤镜”下拉列表中选择要设置的“回声”音频滤镜，单击“选项”按钮，如图 10-85 所示。

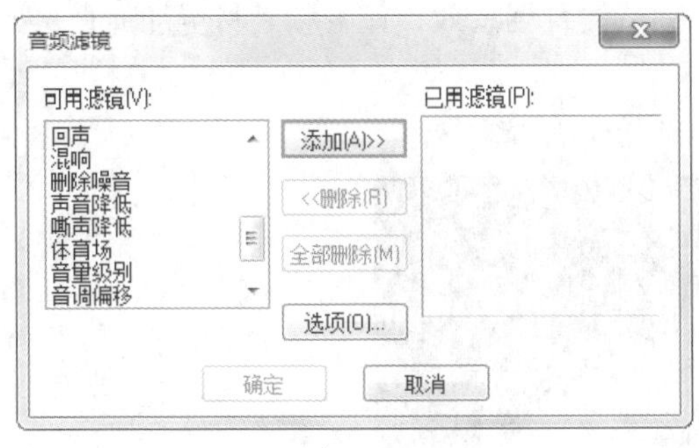

图 10-84

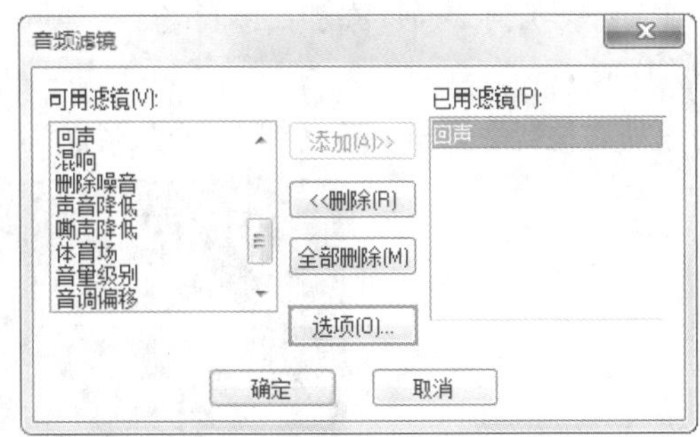

图 10-85

在“已定义的回声效果”下拉列表中选择“自定义”选项，如图 10-86 所示。设置“回声特效”选项组中的“延时”参数为 1747 毫秒、“衰减”参数为 75%，如图 10-87 所示，单击▶按钮试听“回声”滤镜的效果，若满意则单击■按钮退出试听，单击“确定”按钮完成回音特效的制作。

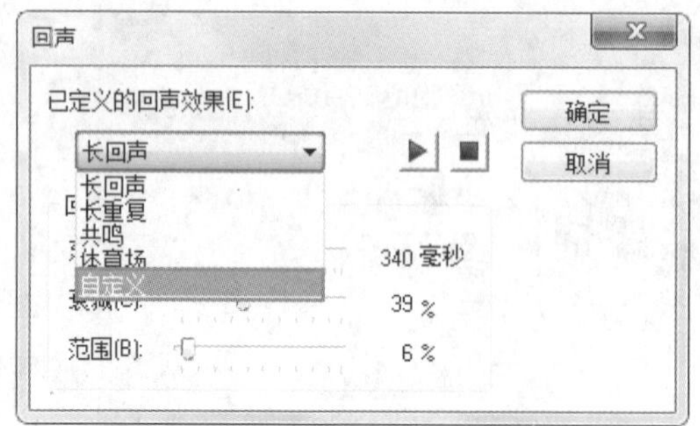

图 10-86

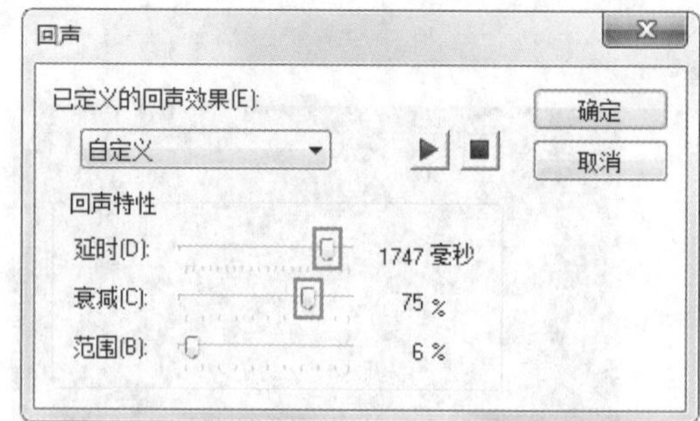

图 10-87

10.5 课堂练习——制作数码变声特效

【知识要点】添加“音调偏移”音频滤镜来偏移原始音频音效，如图 10-88 所示。

【所在位置】素材 \ 第 10 章 \ 10.5\ 制作数码变声特效 .VSP

图 10-88

10.6 课后习题——添加“体育场”音频滤镜

【知识要点】 通过添加“体育场”音频滤镜来制造体育场音效，让音频素材更加逼真，如图 10-89 所示。

【所在位置】素材 \ 第 10 章 \ 10.6\ 添加“体育场”音频滤镜 .VSP

图 10-89

第11章 视频的输出与共享

本章介绍

经过一系列烦琐的编辑之后，用户便可将编辑完成的视频输出成视频与音频文件了。通过会声会影中的“共享”面板，用户可以将编辑完成的视频进行输出及共享。

课堂学习目标

- 掌握输出设置的方法
- 了解如何输出视频文件
- 熟悉输出到其他设备的方法

11.1 输出设置

通过“共享”步骤面板，用户可直接对输出的设备、格式、参数等进行设置。

11.1.1 课堂案例——输出 AVI 格式的视频文件

【学习目标】掌握输出视频的操作方法。

【知识要点】将项目文件输出为 AVI 格式的视频文件。AVI 格式主要应用在多媒体光盘上，用来保存各种影像信息，它的优点是兼容性好，图像质量好，缺点是输出的尺寸和容量偏大，如图 11-1 所示。

【所在位置】素材 \ 第 11 章 \11.1.1\ 输出 AVI 格式的视频文件 .VSP

图 11-1

（1）进入会声会影 2019，执行“文件”→“打开项目”命令，打开一个项目文件（素材 \ 第 11 章 \11.1.1\ 输出 AVI 视频文件 .VSP），如图 11-2 所示。

（2）单击“共享”按钮，如图 11-3 所示，切换至“共享”面板。

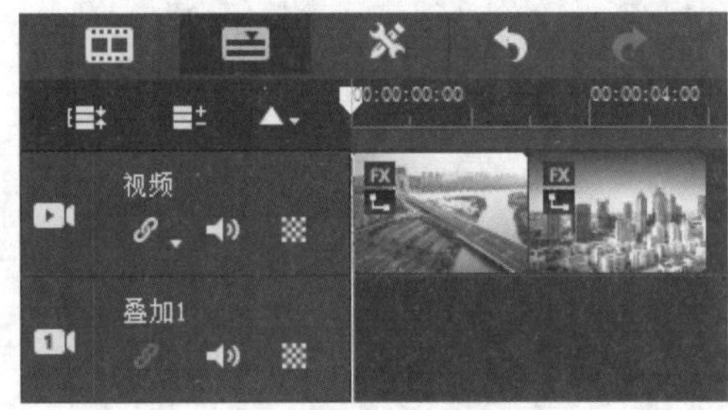

图 11-2

图 11-3

（3）选择“AVI”选项，如图 11-4 所示。

（4）单击“文件位置”右侧的“浏览”按钮，如图 11-5 所示。

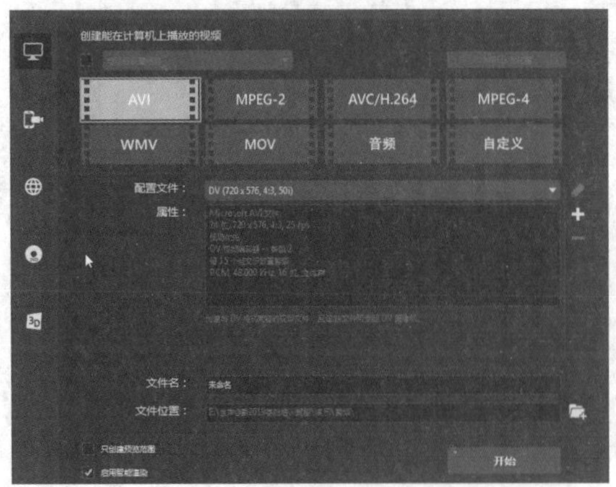

图 11-4

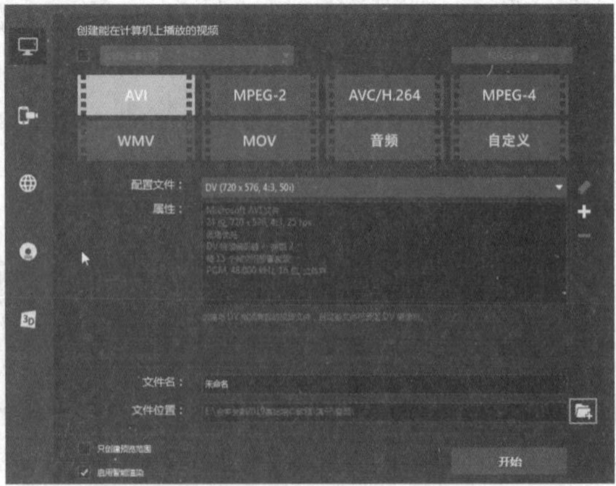

图 11-5

（5）弹出“浏览”对话框，在其中设置视频文件的输出名称与输出位置，如图 11-6 所示。

图 11-6

（6）单击“保存”按钮，返回会声会影，单击下方的“开始”按钮，开始渲染视频文件，并显示渲染进度，如图 11-7 所示。视频文件输出完成后，弹出相应对话框，提示视频文件渲染成功，如图 11-8 所示，单击“确定”按钮，完成输出 AVI 格式的视频。

图 11-7

图 11-8

（7）在预览窗口中单击“播放修整后的素材”按钮，预览输出的 AVI 格式的视频效果，如图 11-9 所示。

图 11-9

11.1.2 选择输出设备

在会声会影的“共享”步骤面板中，输出设备包括计算机、设备、网络、光盘、3D 视频这 5 种类型，每种类型又包含了不同的输出格式，如图 11-10 所示。

完成视频的制作后，单击“共享”按钮，如图 11-11 所示。

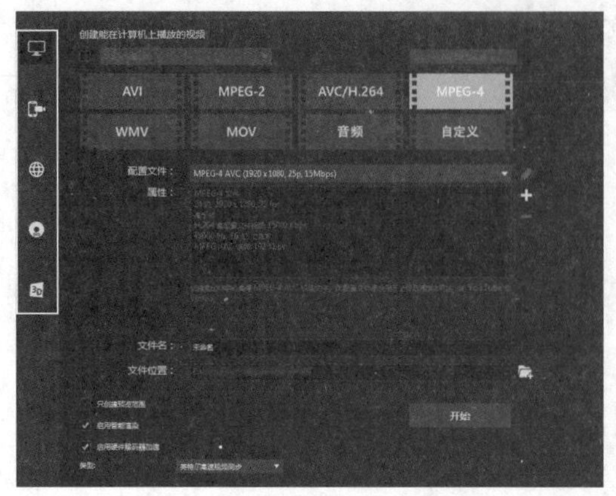

图 11-10

图 11-11

进入“共享”面板，如图 11-12 所示。

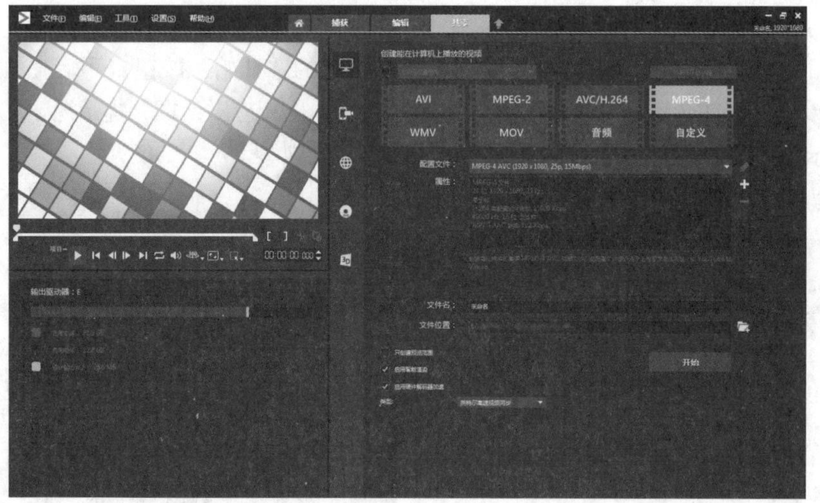

图 11-12

在“共享”步骤面板中选择输出的设备，如图 11-13 所示。不同的设备包含了不同的输出格式。当选择的输出设备为计算机时，默认为 MPEG-4 格式，如图 11-14 所示，单击“开始”按钮，即可开始渲染输出视频文件。

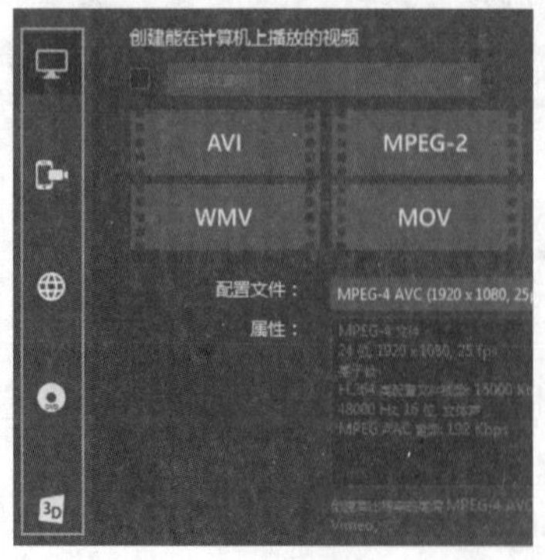

图 11-13

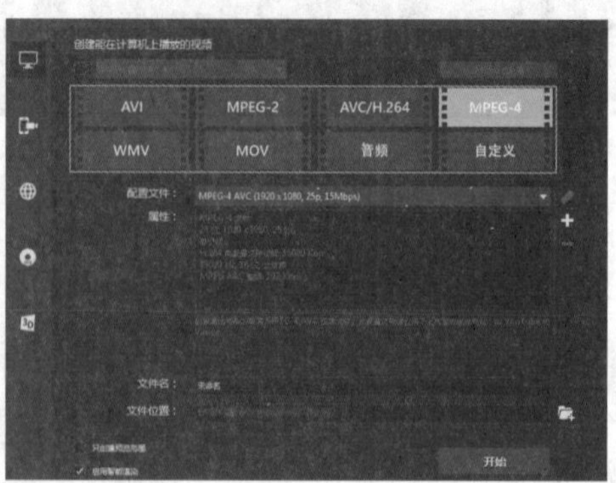

图 11-14

11.1.3 输出参数设置

选择了输出格式后，用户还可以对其属性参数进行修改。单击“共享”按钮，进入“共享”面板，单击“创建自定义配置文件”按钮，如图 11-15 所示。弹出“新建配置文件选项”对话框，可对“配置文件名称”进行修改，如图 11-16 所示。

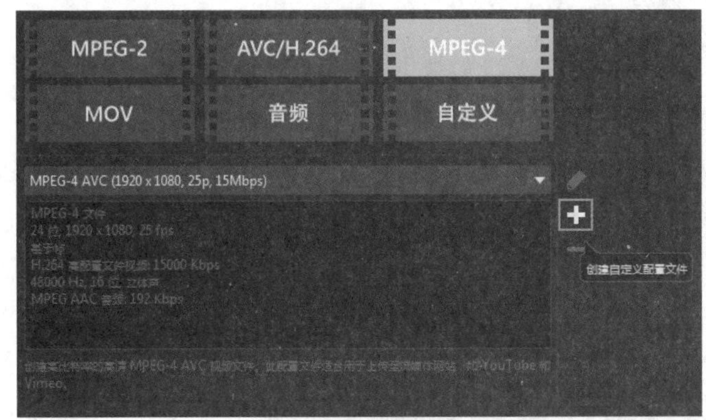

图 11-15

图 11-16

单击“常规”选项卡，可对各参数进行修改，包括“帧速率”“帧大小”等参数，如图 11-17 所示。单击“压缩”选项卡，可对压缩参数进行设置，如图 11-18 所示。

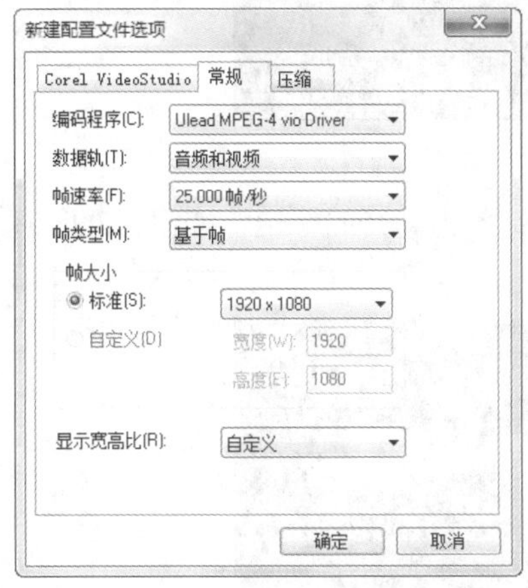

图 11-17

图 11-18

11.2 输出视频文件

输出是视频编辑工作的最后一个步骤，会声会影中有多种输出视频的方式。

11.2.1 课堂案例——输出预览范围的星空视频

【学习目标】掌握输出预览范围的视频的方法。

【知识要点】输出视频时，为了更好地查看视频效果，常常需要输出视频中的部分视频内容，如图 11-19 所示。

【所在位置】素材 \ 第 11 章 \ 11.2.1\ 输出预览范围的星空视频 .VSP

图 11-19

（1）进入会声会影 2019，执行“文件”→“打开项目”命令，打开一个项目文件（素材 \ 第 11 章 \11.2.1\ 星空 .VSP），如图 11-20 所示。

图 11-20

（2）在时间轴上拖曳时间线至 00:00:01:00 的位置，单击“开始标记”按钮，此时时间轴上将出现橙黄色标记，如图 11-21 所示。

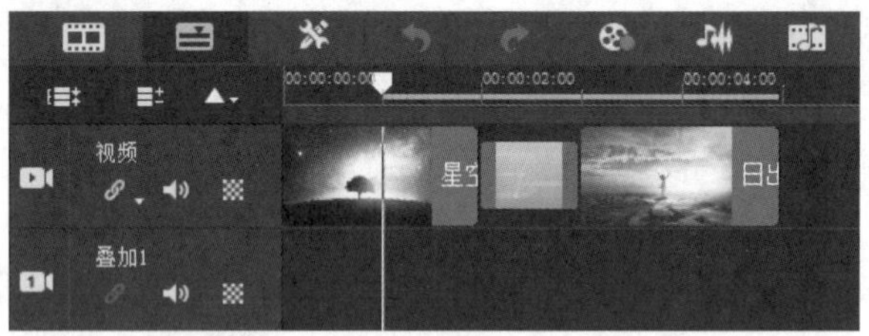

图 11-21

（3）拖曳时间线至 00:00:04:00 的位置，单击“结束标记”按钮，时间轴上橙黄色标记的区域为指定的预览范围，如图 11-22 所示。

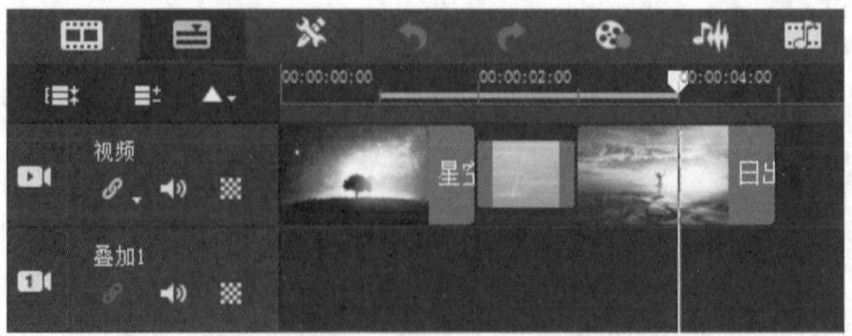

图 11-22

（4）单击“共享”按钮，切换至“共享”面板，在其中选择“MPEG-4”选项，如图 11-23 所示。

图 11-23

（5）单击“文件位置”右侧的“浏览”按钮，弹出“浏览”对话框，在其中设置视频文件的输出名称与输出位置，如图 11-24 所示。

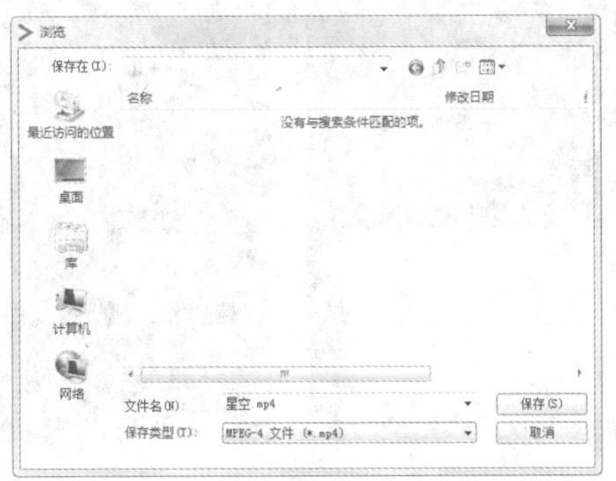

图 11-24

（6）单击“保存”按钮，返回会声会影，选中“只创建预览范围”复选框，如图 11-25 所示。

图 11-25

（7）单击“开始”按钮，开始渲染视频文件，并显示渲染进度，如图 11-26 所示。

图 11-26

（8）视频文件输出完成后，弹出对话框，提示视频文件渲染成功，单击“确定”按钮，完成星空视频的输出，在预览窗口中单击“播放修整后的素材”按钮，预览输出的部分视频效果，如图 11-27 所示。

图 11-27

11.2.2 输出整部视频

视频制作完成后需要将其输出为完整的视频。单击“共享”按钮，进入“共享”面板，单击“自定义”按钮，在“格式”下拉列表中选择文件格式，如图 11-28 所示。在“文件名”文本框中输入视频的名称，然后在“文件位置”后单击“浏览”按钮，如图 11-29 所示。

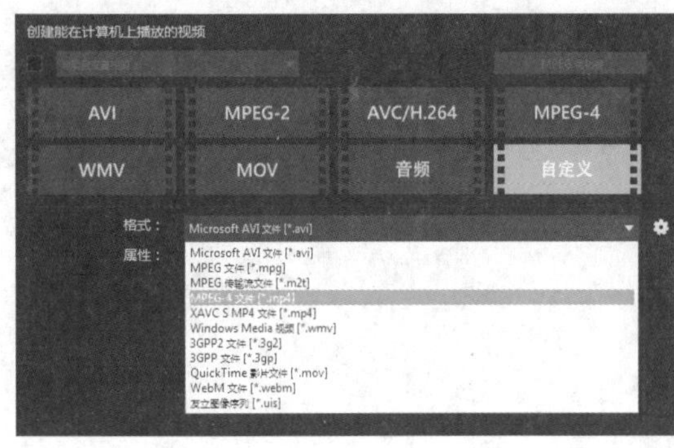

图 11-28

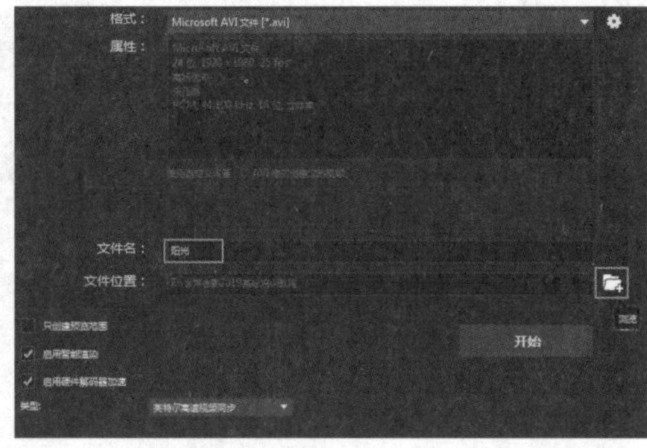

图 11-29

弹出“浏览”对话框，选择文件存储的路径，单击“保存”按钮，如图 11-30 所示。设置完成后，再单击“开始”按钮，如图 11-31 所示。

图 11-30

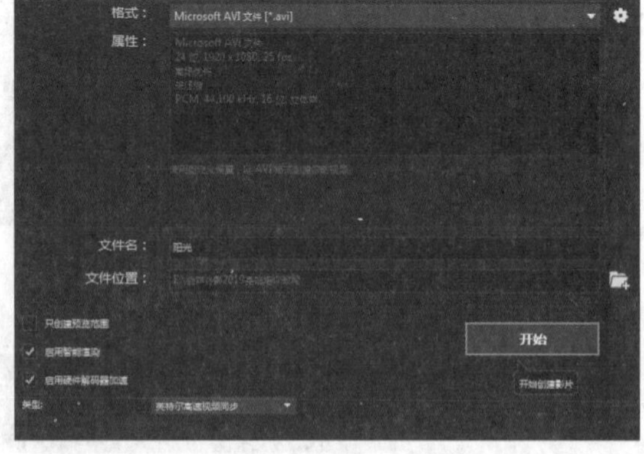

图 11-31

显示渲染文件的进度，如图 11-32 所示。渲染完成后弹出对话框，如图 11-33 所示，单击“确定”按钮。

图 11-32

图 11-33

单击“编辑”按钮，输出的视频将自动保存到素材库中，如图 11-34 所示。

图 11-34

11.2.3 输出预览范围的视频文件

制作好视频后，若标记了视频的预览范围，则可将该范围内的视频单独输出为视频。制作了一个视频后，在导航面板中标记预览范围，如图 11-35 所示。单击“共享”按钮，切换至“共享”面板，如图 11-36 所示。

图 11-35

图 11-36

设置“文件名”及“文件位置”，选中“只创建预览范围”复选框，如图 11-37 所示。单击“开始”按钮，将显示视频渲染进度，弹出对话框，再单击“确定”按钮即可输出预览范围的视频，如图 11-38 所示。

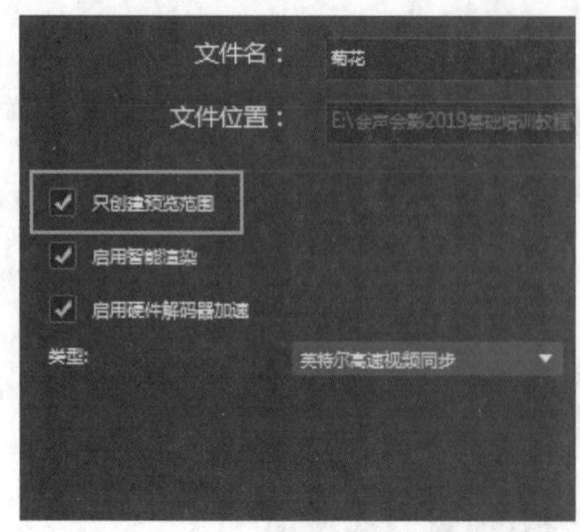

图 11-37

图 11-38

11.3 输出部分视频

在会声会影中，当视频编辑完成后，用户可以将视频输出为无音频的独立视频或无视频的独立音频文件。

11.3.1 课堂案例——输出 WMA 格式的音频文件

【学习目标】掌握输出部分视频的操作方法。

【知识要点】打开一个项目文件，将音频单独输出为 WMA 格式的音频文件。WMA 格式可以通过减少数据流量但保持音质的方法来达到更高的压缩率，输出音频文件后保留的视频画面如图 11-39 所示。

【所在位置】素材 \ 第 11 章 \11.3.1\ 输出 WMA 格式的音频文件 .VSP

图 11-39

（1）进入会声会影 2019，执行“文件”→“打开项目”命令，打开一个项目文件（素材 \ 第 11 章 \11.3.1\ 枫叶与船 .VSP），如图 11-40 所示。

（2）单击“共享”按钮，切换至“共享”面板，选择“音频”选项，单击“格式”右侧的下拉按钮，在弹出的下拉列表中选择“Windows Media 音频 [*.wma]”选项，如图 11-41 所示。

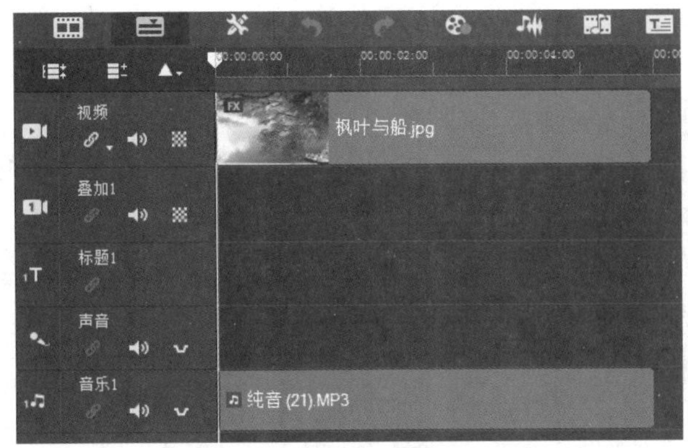

图 11-40

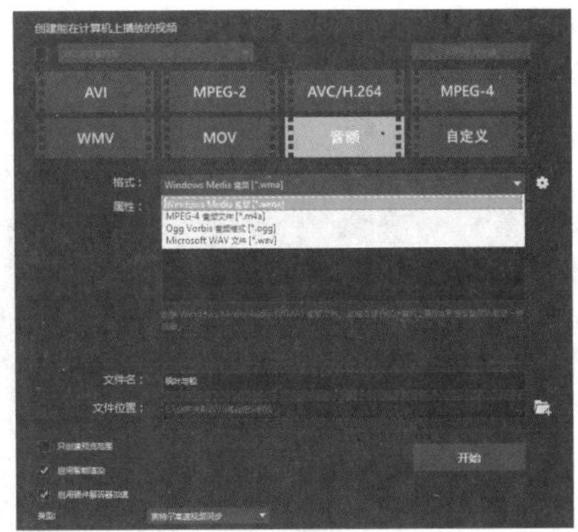

图 11-41

（3）单击“文件位置”右侧的“浏览”按钮，如图 11-42 所示。

图 11-42

（4）弹出“浏览”对话框，在其中设置视频文件的输出名称与输出位置，如图 11-43 所示。

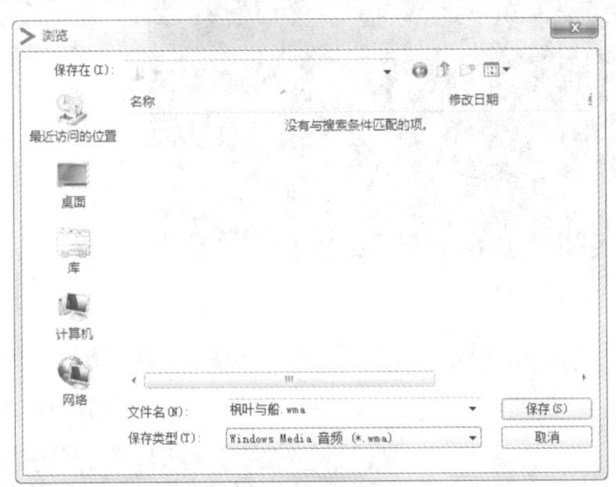

图 11-43

（5）单击“保存”按钮，返回会声会影，单击下方的“开始”按钮，开始渲染视频文件，并显示渲染进度，如图 11-44 所示。待音频文件输出完成后，弹出相应对话框，提示视频文件渲染成功，单击“确定”按钮，完成输出 WMA 格式的音频文件。

图 11-44

（6）在预览窗口中单击“播放修整后的素材”按钮，试听 WMA 格式的音频文件，并预览视频效果，如图 11-45 所示。在素材文件夹中可查看输出的独立音频文件，如图 11-46 所示。

图 11-45

图 11-46

11.3.2 输出独立视频

完成视频制作后，单击“共享”按钮，切换到“共享”面板，在其中单击“创建自定义配置文件”按钮，如图 11-47 所示。弹出“新建配置文件选项”对话框，单击“常规”选项卡，如图 11-48 所示。

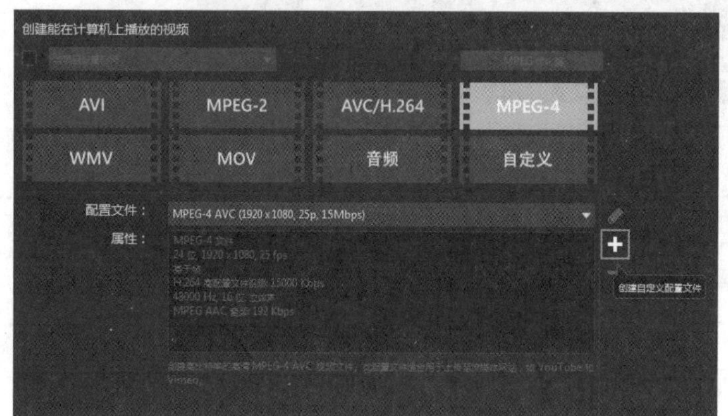

图 11-47

图 11-48

打开“数据轨”下拉列表，选择“仅视频”选项，如图 11-49 所示。单击“确定”按钮，设置“文件名”及“文件位置”，单击“开始”按钮，如图 11-50 所示，即可输出独立视频。

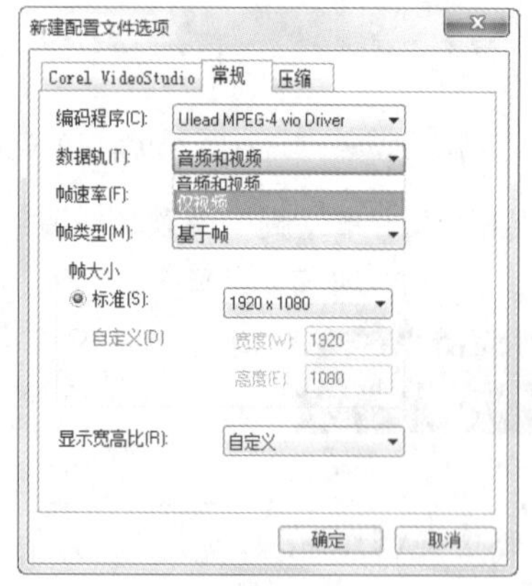

图 11-49

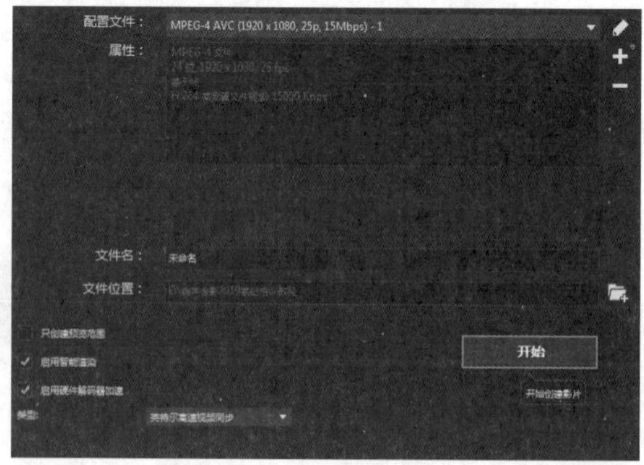

图 11-50

11.3.3 输出独立音频

在会声会影中，用户可以将视频中的音频输出为独立的音频文件。视频编辑完成后，单击“共享”按钮，切换到“共享”面板，单击“音频”按钮，如图 11-51 所示。

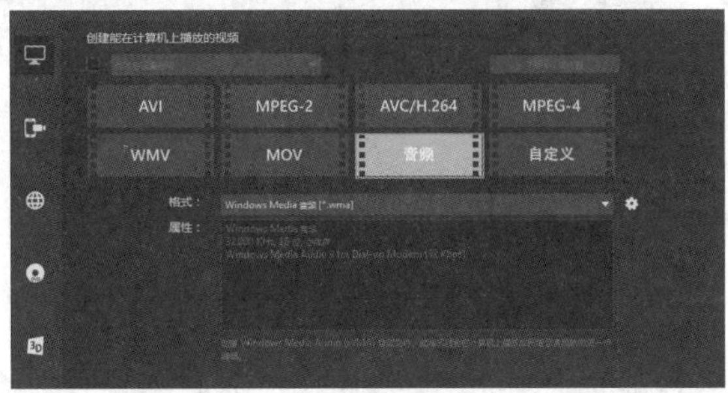

图 11-51

输入文件名称，并设置“文件位置”，单击“开始”按钮，如图 11-52 所示。输出完成后，音频文件将自动保存到素材库中，如图 11-53 所示。

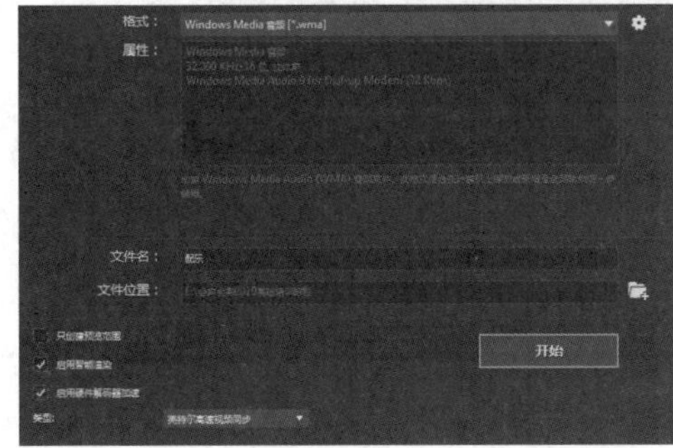

图 11-52

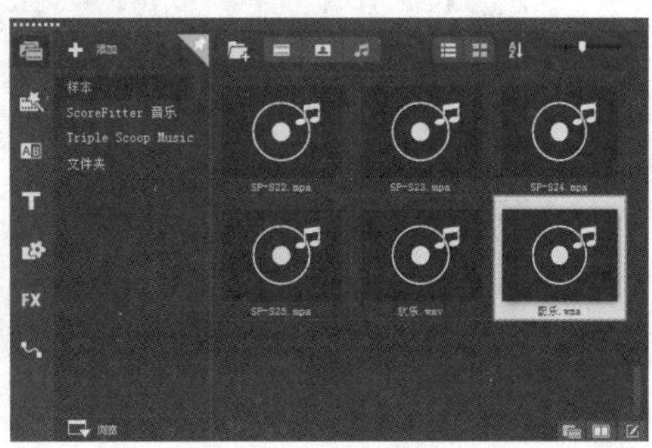

图 11-53

11.4 输出到其他设备

除了将制作的视频输出到计算机中保存外，用户还可以将视频输出到移动设备、光盘等外部设备中。

11.4.1 课堂案例——刻录宁静之海光盘

【学习目标】掌握将视频输出到光盘的操作方法。

【知识要点】打开已经制作好的视频文件，将视频刻录到光盘中，这样方便观看视频，如图 11-54 所示。

【所在位置】素材 \ 第 11 章 \11.4.1\ 刻录宁静之海光盘 .VSP

图 11-54

（1）进入会声会影 2019，执行“文件”→“打开项目”命令，打开一个项目文件（素材\第 11 章\11.4.1\海 .VSP），如图 11-55 所示。

图 11-55

（2）切换至“共享”步骤面板，单击“光盘”按钮，切换至“光盘”选项面板，如图 11-56 所示。

图 11-56

（3）单击“DVD”按钮，弹出“Corel VideoStudio”对话框，如图 11-57 所示。在第 1 步中可进行视频编辑和修整，如图 11-58 所示，修整完毕后单击“下一步”按钮。

图 11-57　　图 11-58

（4）在第 2 步中选择智能场景菜单，如图 11-59 所示。在右侧的预览窗口中双击文本即可修改文本内容、调整视频素材的大小，如图 11-60 所示。调整完毕后，单击“下一步”按钮。

图 11-59

图 11-60

（5）在第 3 步中选中“创建光盘”复选框，如图 11-61 所示。

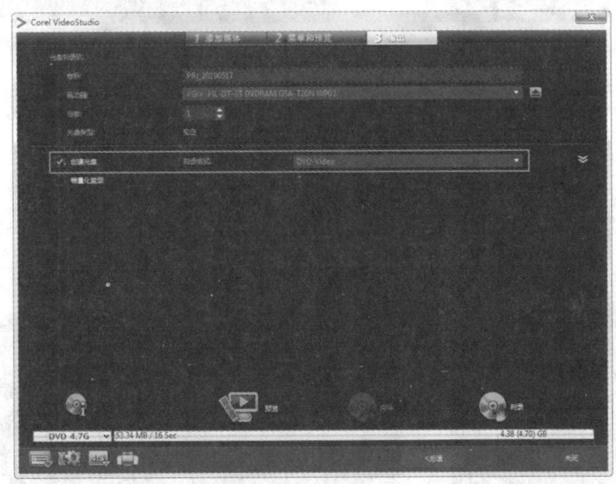

图 11-61

（6）选择刻录的格式后，单击“刻录”按钮，如图 11-62 所示。

（7）在预览窗口中单击“播放修整后的素材”按钮，预览视频效果，如图 11-63 所示。

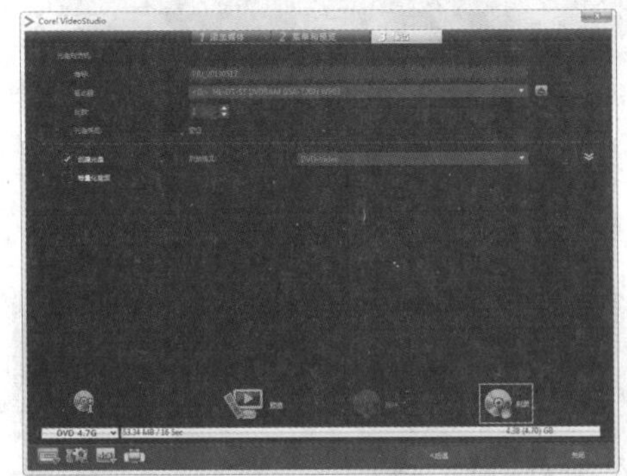

图 11-62

图 11-63

11.4.2 输出到移动设备

用户可以将制作完成的视频输出到移动设备中以便于观看。将移动设备与计算机进行连接后即可在“共享”步骤面板中选择该设备进行输出。

完成视频的制作后，单击“共享”按钮，切换到“共享”面板，单击“设备”按钮，如图 11-64 所示。单击“移动设备”按钮，输入“文件名”及“文件位置”，单击“开始”按钮，如图 11-65 所示。渲染完成后，视频会自动保存到素材库中。

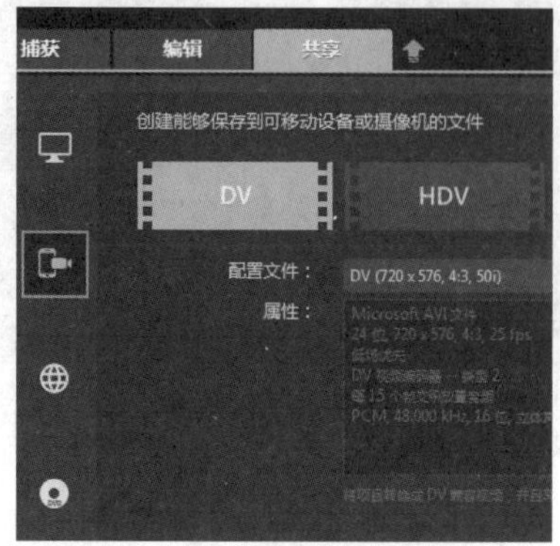

图 11-64

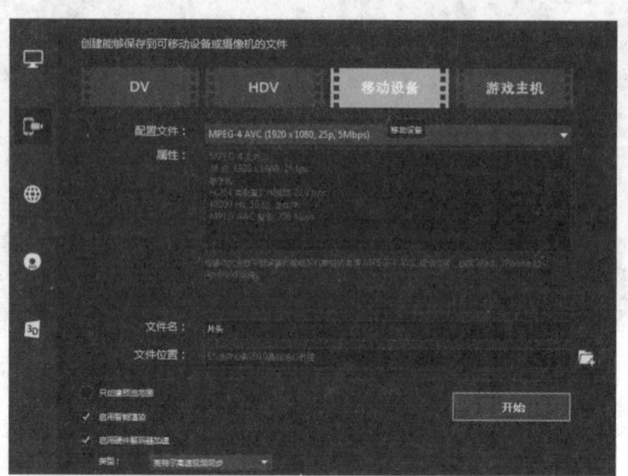

图 11-65

11.4.3 输出到光盘

用户还可以将编辑完成的视频刻录到光盘中，赠送给亲朋好友。进入“共享”步骤面板，单击“光盘”按钮，如图 11-66 所示。在右侧有 4 种存储格式供选择，单击“DVD”按钮，如图 11-67 所示。

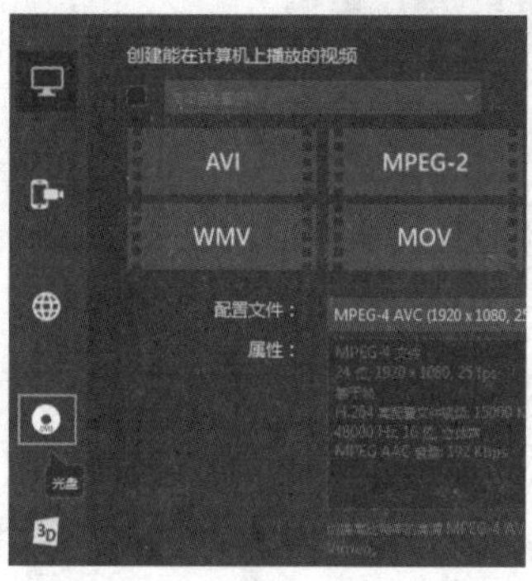

图 11-66

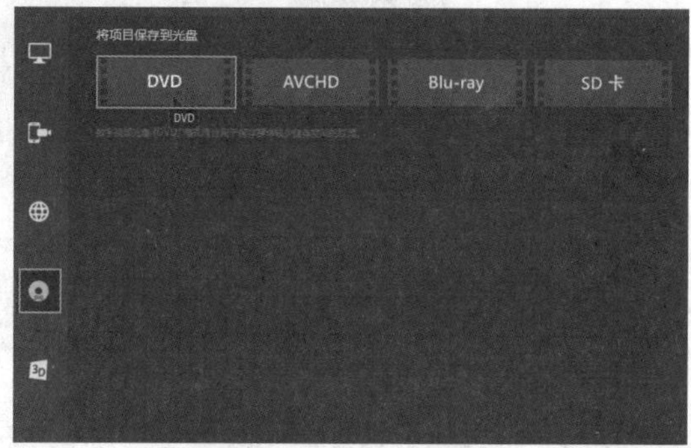

图 11-67

打开“Corel VideoStudio”对话框，单击“下一步”按钮，如图 11-68 所示。进入“菜单和预览”步骤，在左侧选择一个智能场景，如图 11-69 所示。

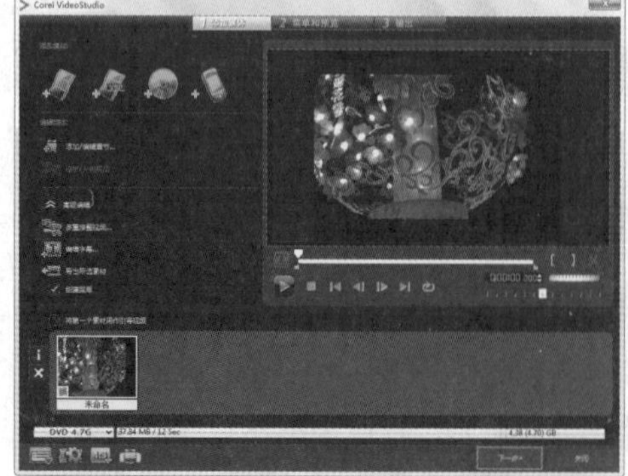

图 11-68

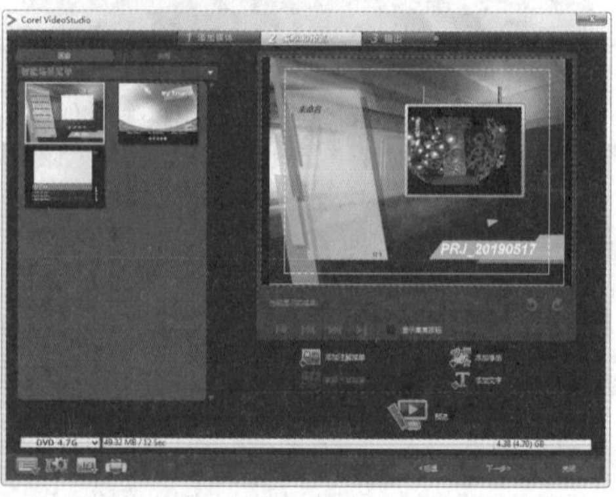

图 11-69

在右侧的预览窗口中双击文本，修改文本内容，调整视频素材的大小，如图 11-70 所示。在预览窗口下方单击“预览”按钮，如图 11-71 所示。

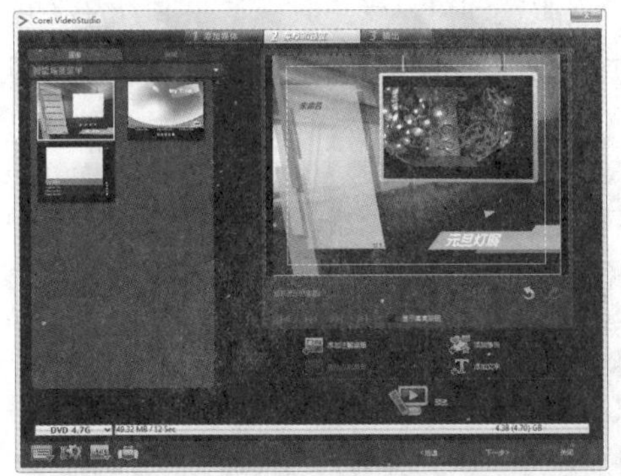

图 11-70

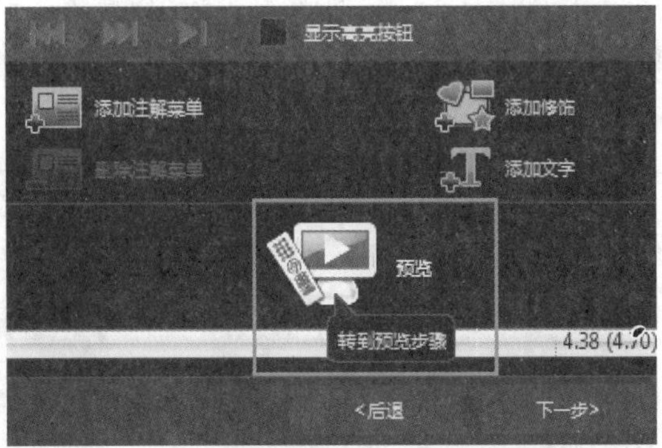

图 11-71

打开预览界面，单击“播放”按钮，预览修改后的效果，如图 11-72 所示。单击“后退”按钮，返回“菜单和预览”步骤，单击“下一步”按钮，如图 11-73 所示。

图 11-72

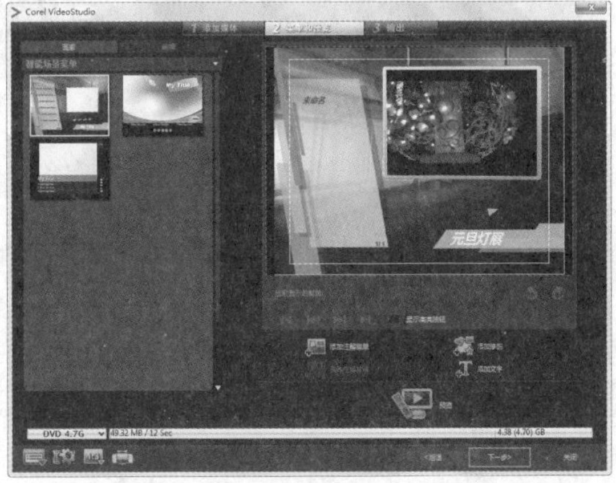

图 11-73

进入“输出”步骤，单击“显示更多输出选项”按钮，再单击“刻录”按钮，如图 11-74 所示，即可对光盘进行刻录。

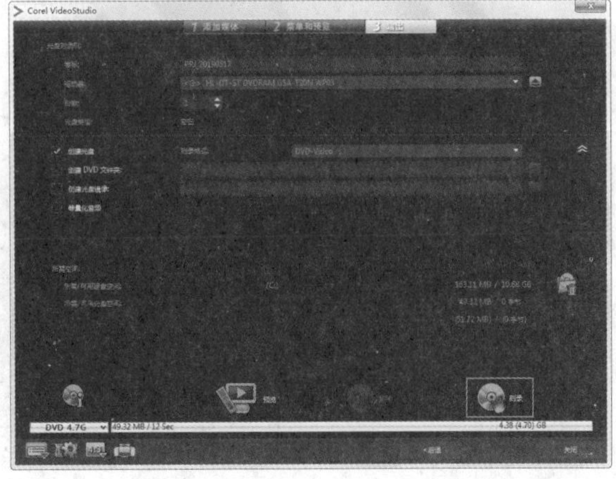

图 11-74

11.4.4 创建 3D 视频

用户可以将编辑完成的视频导出为 3D 视频，使用 3D 眼镜即可享受更具视觉冲击力的效果。单击“共享”按钮，进入“共享”步骤面板，单击“3D 影片”按钮，如图 11-75 所示。在“建立 3D 视频”中对各参数进行设置，包括选择“红蓝”或“并排”，如图 11-76 所示。

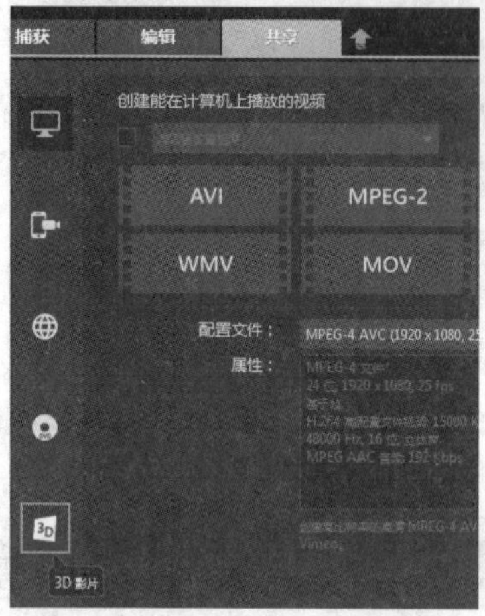

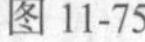

图 11-75

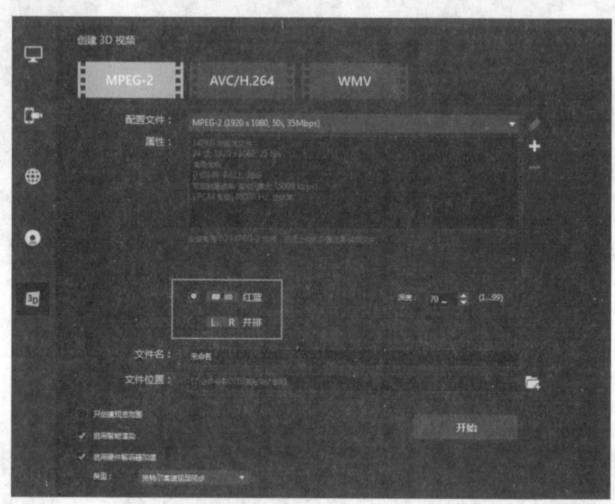

图 11-76

11.5 课堂练习——建立 MPEG 格式的 3D 文件

【知识要点】MPEG 格式是一种常见的视频格式。会声会影支持将视频文件输出为 MPEG 格式的 3D 文件，如图 11-77 所示。

【所在位置】素材 \ 第 11 章 \ 11.5\ 建立 MPEG 格式的 3D 文件 .VSP

图 11-77

11.6 课后习题——输出不带音频的视频

【知识要点】会声会影能输出不带音频输出的视频，这样能够满足用户的在制作视频时的特殊需求，如图 11-78 所示。

【所在位置】素材 \ 第 11 章 \ 11.6\ 输出不带音频的视频 .VSP

图 11-78

第12章 商业案例实训

本章介绍

本章通过案例分析、案例设计、案例制作进一步讲解会声会影的视频制作和后期技巧。读者在学习商业案例制作之余，完成大量实际练习和习题，以便更好地掌握视频制作的基础知识和软件的技术要点，从而设计制作出专业的视频作品。

课堂学习目标

- 掌握节目片头的制作方法
- 掌握宣传广告的制作方法

12.1 制作节目片头

12.1.1 案例分析

电视节目基本都有片头，电视节目片头是电视栏目的重要组成部分，它对节目起着形象包装的作用，对定位起着有效诠释的作用。在现代生活中，节目片头一直是广大电视观众关注的对象。希望读者学完本章以后，可以举一反三，制作出更加精彩、更具影视特色的片头。在制作节目片头之前，读者需要了解大致的制作步骤，并掌握制作要点等，以理清片头的设计思路。

12.1.2 案例设计

本案例的设计制作流程如图 12-1 所示。

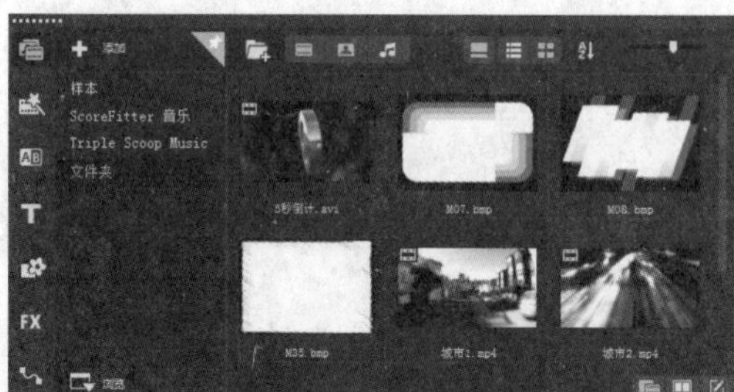

导入节目片头素材

制作片头视频

制作片头字幕特效

添加片头背景音乐

输出节目片头视频

图 12-1

12.1.3 案例制作

1. 导入节目片头素材

（1）进入会声会影 2019，单击“媒体”按钮，切换至“媒体”素材库，单击上方的“添加”按钮，如图 12-2 所示。

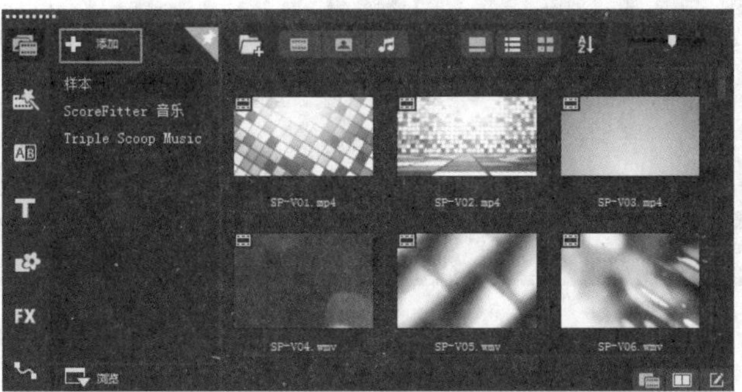

图 12-2

（2）选择新建的“文件夹”选项，在右侧的空白位置处单击鼠标右键，在弹出的快捷菜单中执行“插入媒体文件”命令，如图 12-3 所示。

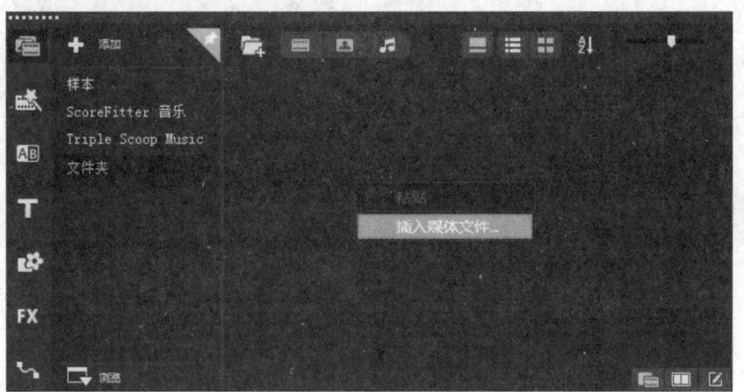

图 12-3

（3）弹出“浏览媒体文件”对话框，在其中选择需要插入的素材文件，如图 12-4 所示。

图 12-4

（4）单击“打开”按钮，即可将素材导入“文件夹”选项卡中，在其中可以查看导入的素材文件，如图 12-5 所示。

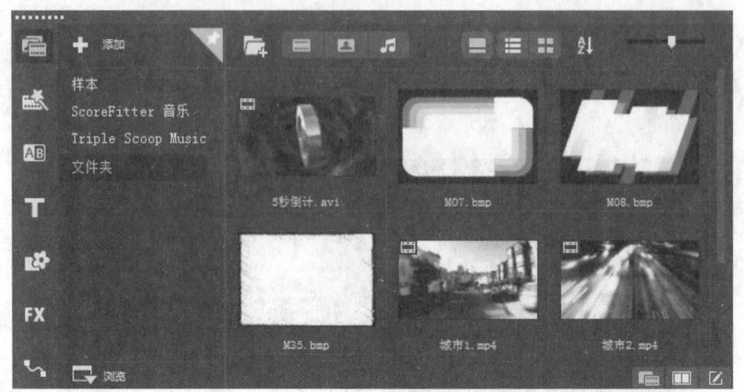

图 12-5

（5）选择相应的节目片头素材，在导航面板中单击“播放修整后的素材”按钮，即可预览导入素材的画面效果，如图 12-6 所示。

图 12-6

2. 制作片头视频

（1）在会声会影工作界面中，单击时间轴面板左上方的“轨道管理器”按钮，如图 12-7 所示。

（2）弹出“轨道管理器”对话框，单击“叠加轨”右侧的下拉按钮，在弹出的下拉列表中选择“2”选项，如图 12-8 所示。

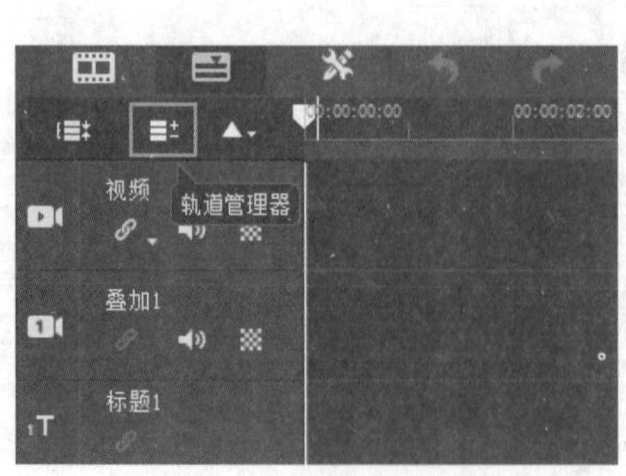

图 12-7

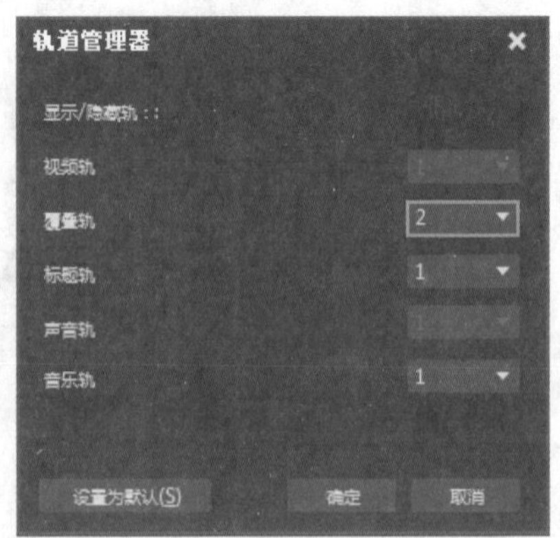

图 12-8

（3）单击“确定”按钮，回到会声会影工作界面，时间轴视图中显示了两条叠加轨，如图 12-9 所示。

（4）在“文件夹”选项卡中，选中视频素材“城市 1.mp4”，如图 12-10 所示。

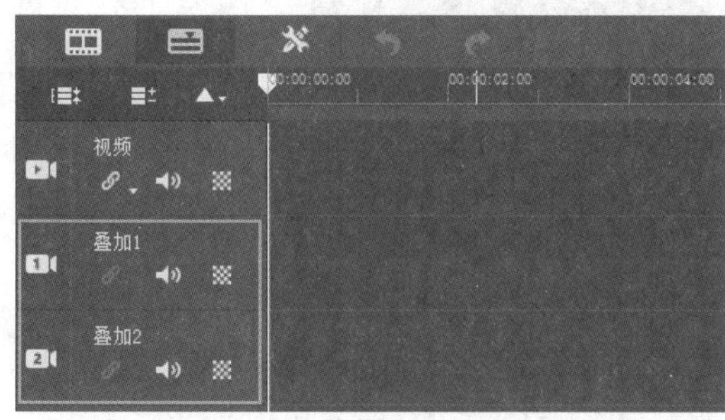

图 12-9

图 12-10

（5）在选中的视频素材上按住鼠标左键，并将其拖曳至叠加轨 2 中的开始位置，如图 12-11 所示。

（6）在“编辑”选项面板中，设置播放“区间”为“0:00:03:000”，如图 12-12 所示，并将视频调整到屏幕大小。

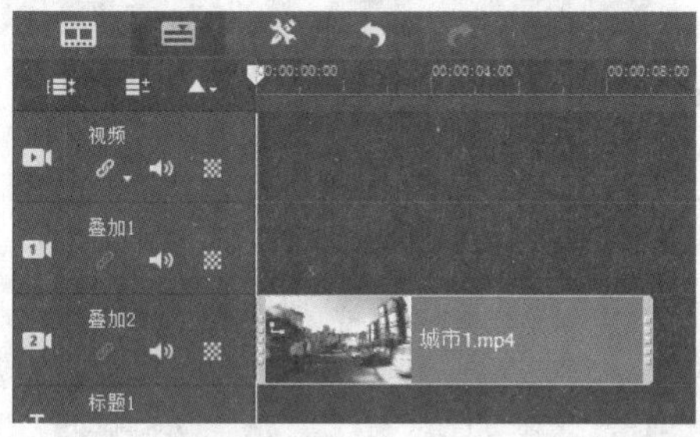

图 12-11

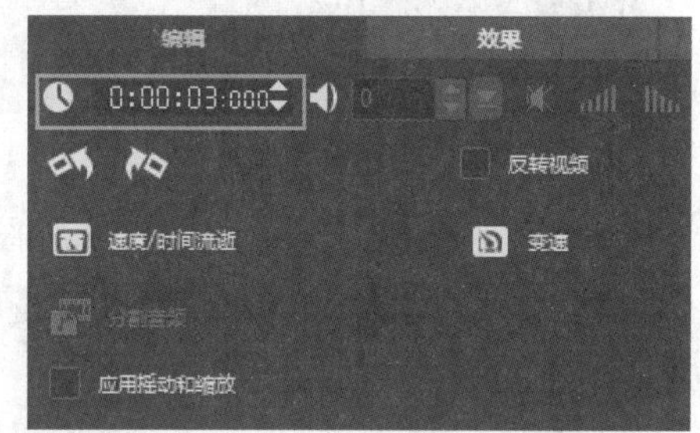

图 12-12

（7）选中视频素材“城市 2.mp4”，将其拖曳到“城市 1.mp4”的后面，并设置相同的区间，如图 12-13 所示。

（8）单击“转场”按钮，切换至“转场”素材库，选择“跑动和停止”转场效果，如图 12-14 所示。

图 12-13

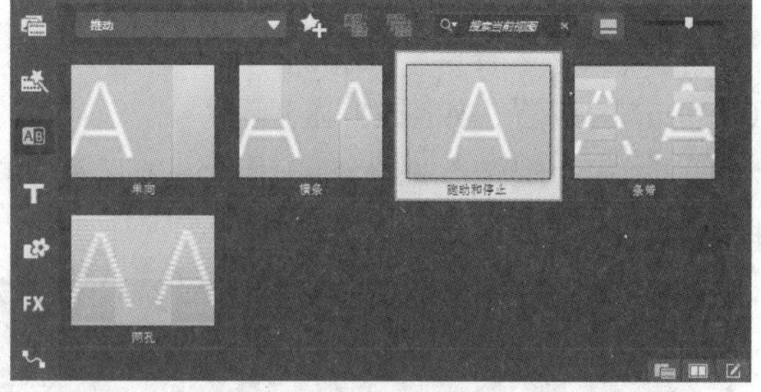

图 12-14

（9）按住鼠标左键，将该转场效果拖曳到叠加轨 2 中“城市 1.mp4”和“城市 2.mp4”的中间位置，如图 12-15 所示。

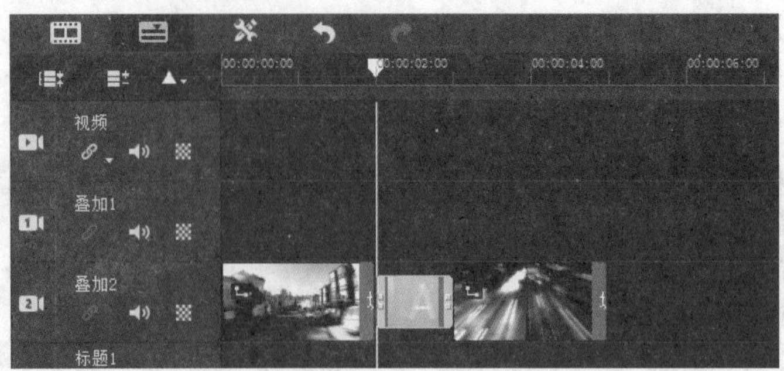

图 12-15

（10）以同样的方法将“城市 3.mp4”和“5 秒倒计 .avi”添加到叠加轨 2 中，并在视频之间都添加“跑动和停止”转场效果，并对视频间距进行调整，如图 12-16 所示。

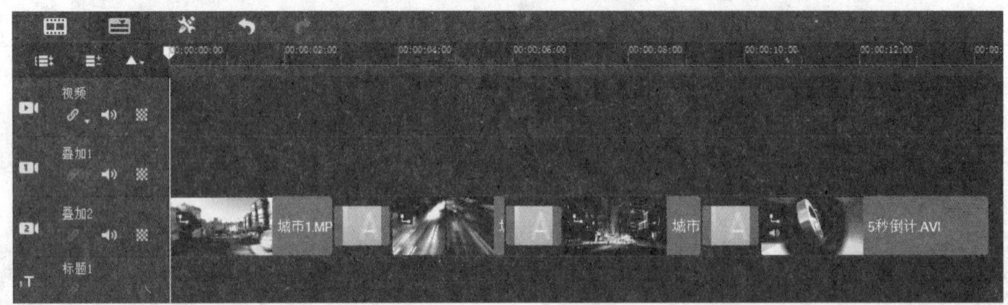

图 12-16

（11）完成片头的第 1 部分，预览效果如图 12-17 所示。

图 12-17

（12）在“文件夹”选项卡中，选中视频素材“粒子背景 .mp4”，将其拖曳至叠加轨 1 中 00:00:14:07 的位置，如图 12-18 所示。

（13）在“编辑”选项面板中，设置播放“区间”为“0:00:05:007”，如图 12-19 所示，并将视频调整到屏幕大小。

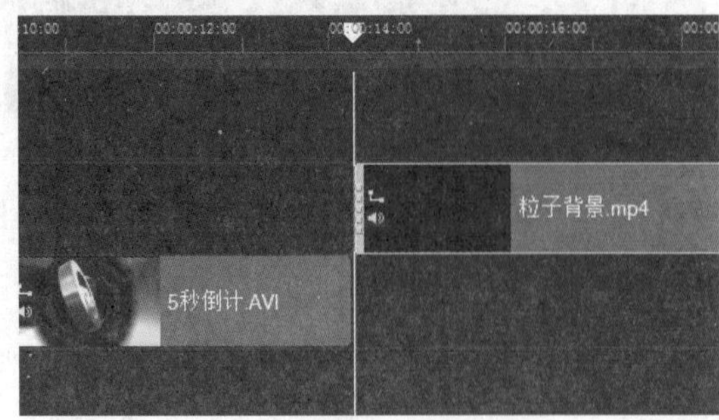

图 12-18

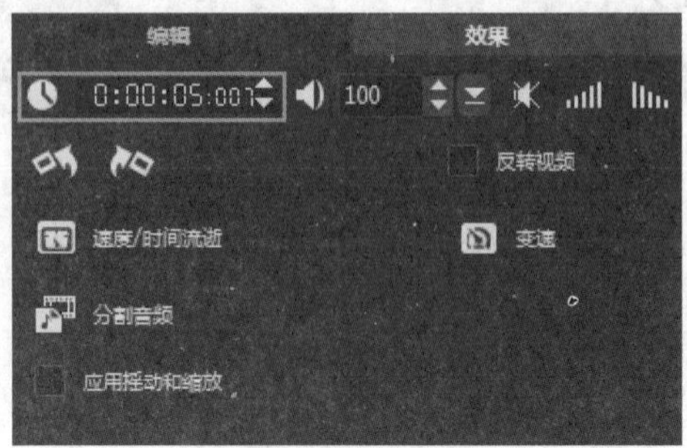

图 12-19

（14）单击“图形”按钮，切换到“图形”素材库，单击“画廊”下拉按钮，在弹出的下拉列表中选择“颜色”选项，切换到“颜色”素材库，如图 12-20 所示。

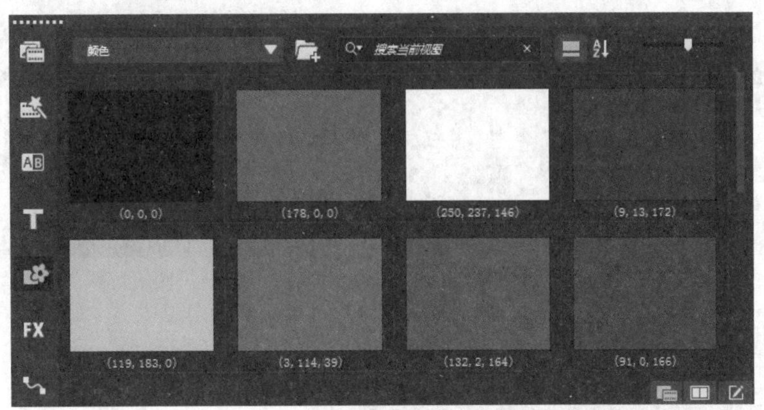

图 12-20

（15）在“颜色”素材库中选择黑色色彩板，按住鼠标左键将其拖曳至叠加轨 1 中的结束位置，如图 12-21 所示。

（16）在“编辑”选项面板中，设置播放“区间”为“0:00:01:003”，如图 12-22 所示，并将视频调整到屏幕大小。

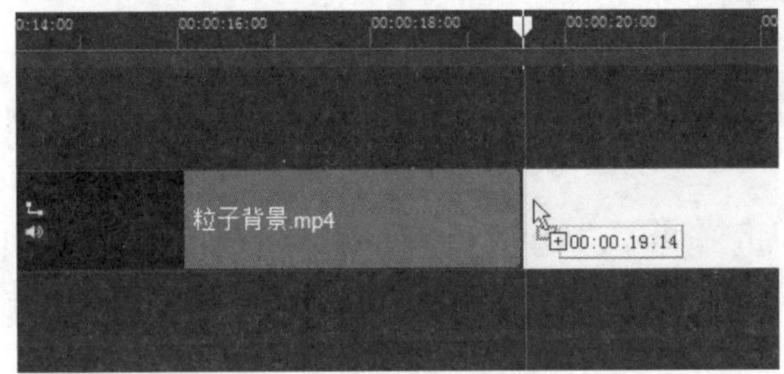

图 12-21

图 12-22

3. 制作片头字幕特效

（1）在时间轴面板中，将时间线移至素材的 00:00:16:10 位置，如图 12-23 所示。

（2）在会声会影中，单击“标题”按钮，如图 12-24 所示。

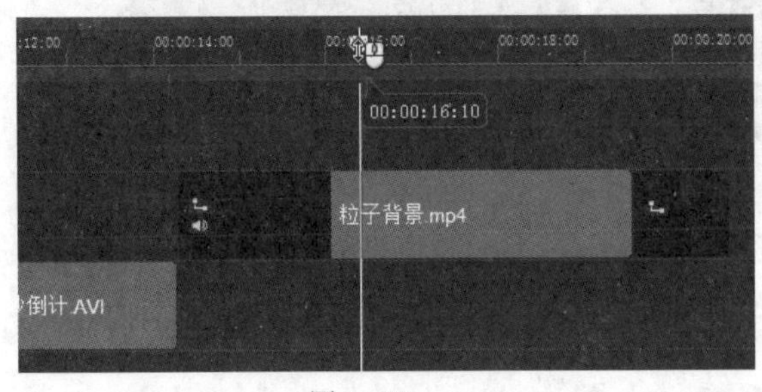

图 12-23

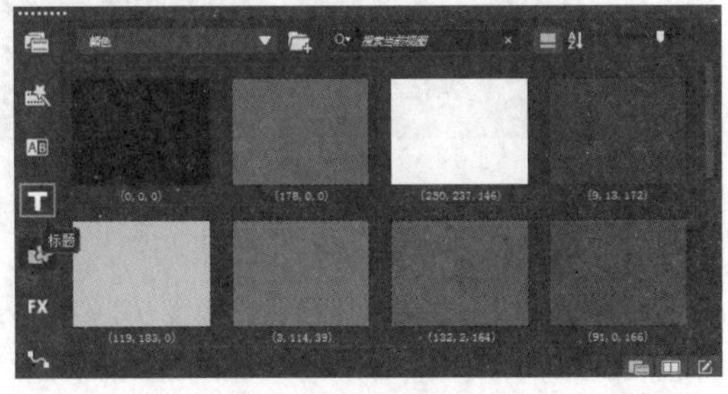

图 12-24

（3）进入“标题”素材库，在预览窗口中会显示“双击这里可以添加标题。”字样，如图 12-25 所示。

（4）双击“双击这里可以添加标题。”字样，输入文字，如图 12-26 所示。

图 12-25

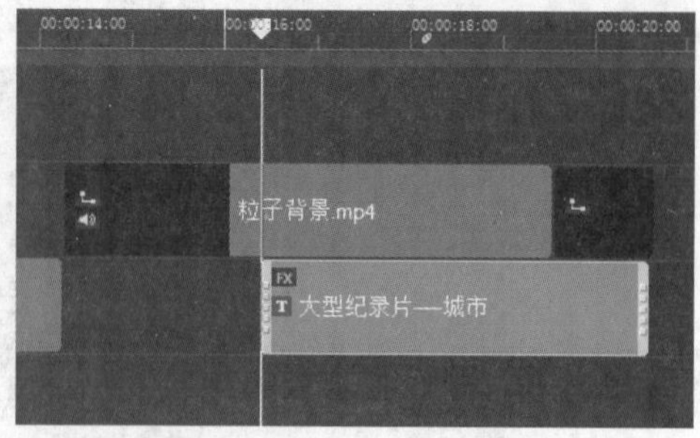

图 12-26

（5）在“编辑”选项面板中设置字体参数，如图 12-27 所示。

（6）单击“边框 / 阴影 / 透明度”按钮，修改“边框”选项卡中的参数，如图 12-28 所示。

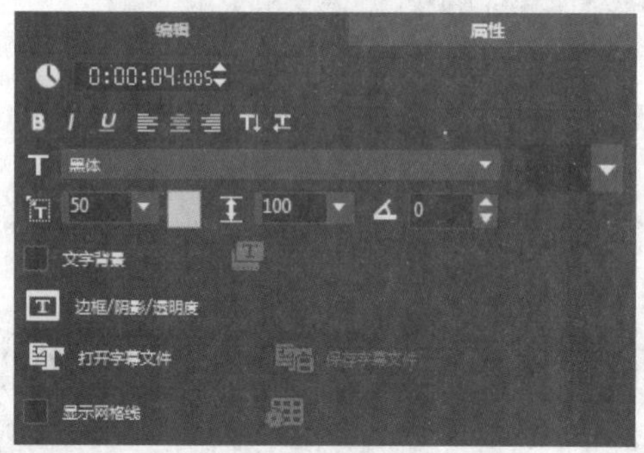

图 12-27

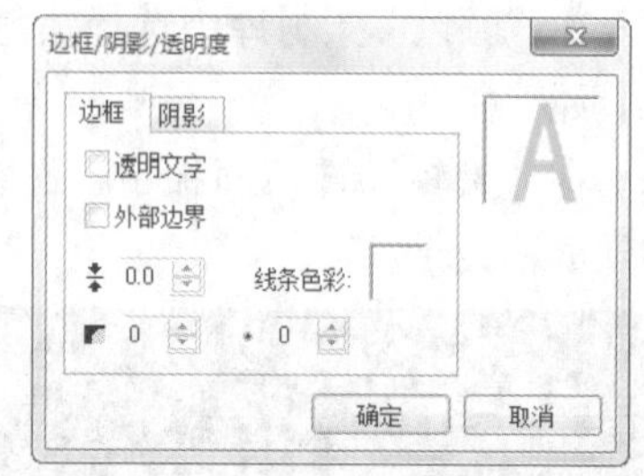

图 12-28

（7）调整文字位置效果如图 12-29 所示。单击“滤镜”按钮，在“全部”素材库中将“缩放动作”“镜头闪光”“光线”“亮度和对比度”滤镜拖曳到标题轨中的文字上，切换至“属性”选项面板可查看添加的滤镜，如图 12-30 所示。

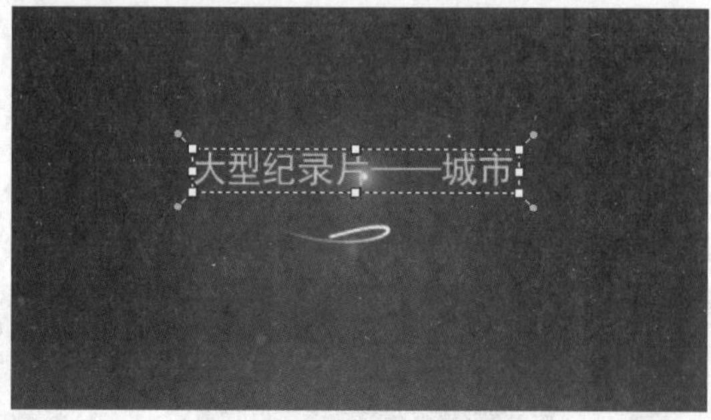

图 12-29

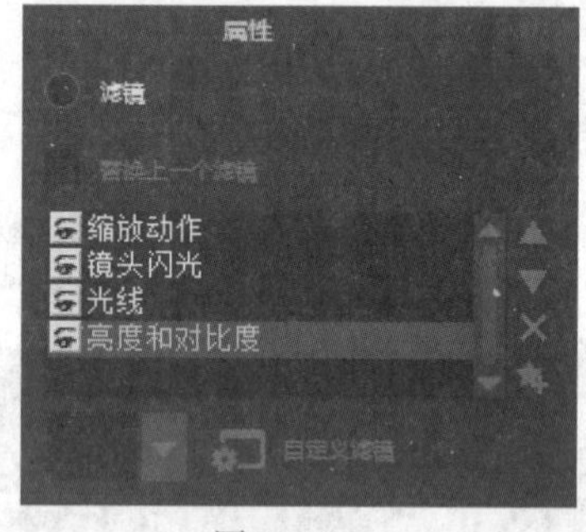

图 12-30

（8）选中“动画”单选按钮和“应用”复选框，单击“选取动画类型”下拉按钮，在弹出的下拉列表中选择“淡化”选项，如图 12-31 所示。在“淡化”下拉列表中，选择相应的淡化动画样式，如图 12-32 所示，该文字效果如图 12-33 所示。

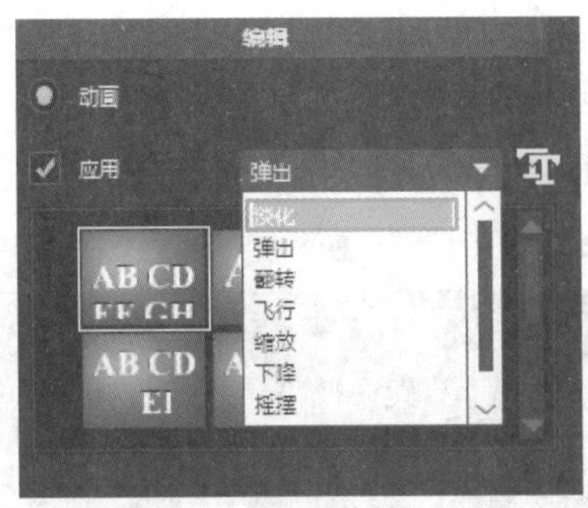

图 12-31

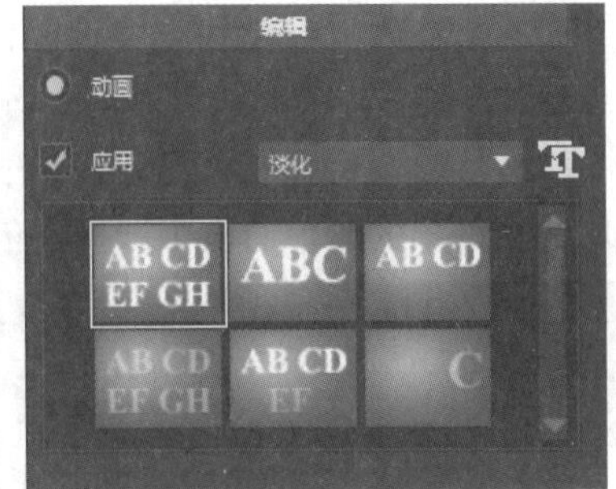

图 12-32

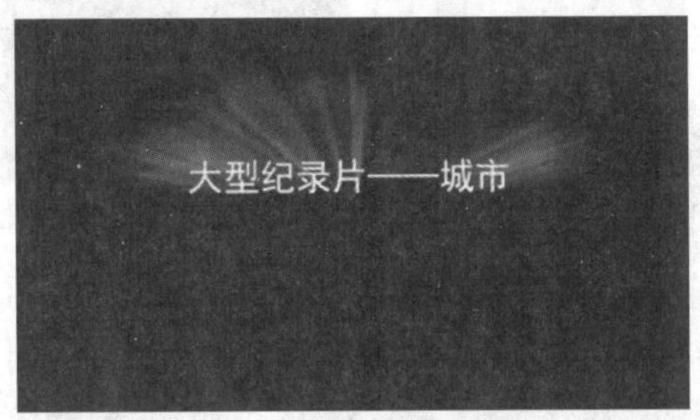

图 12-33

（9）在“标题”素材库中，选择一种标题特效，如图 12-34 所示。按住鼠标左键将其拖曳至标题轨的 00:00:18:00 位置，如图 12-35 所示。

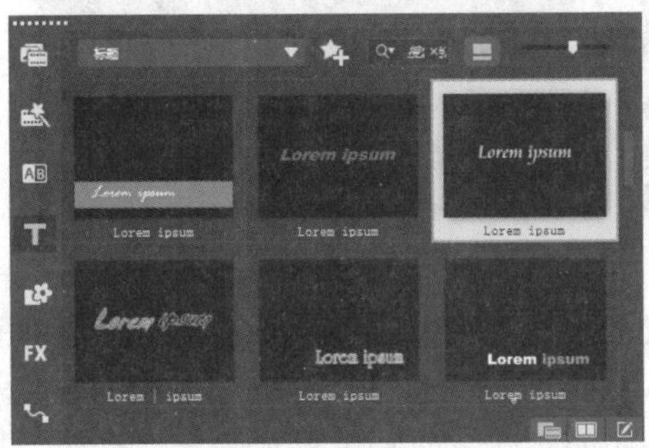
图 12-34

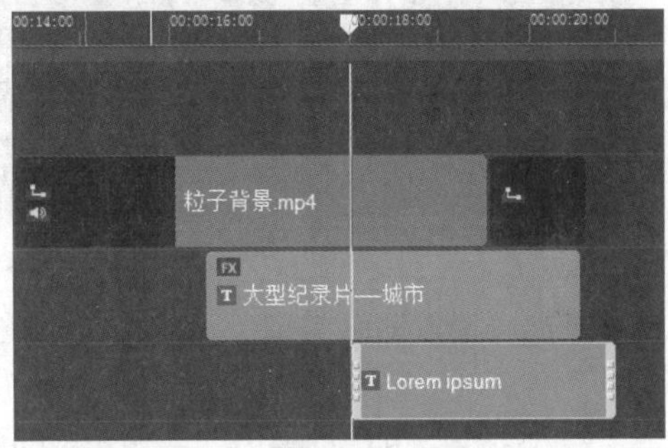

图 12-35

（10）添加的标题将显示在预览窗口中。双击标题，修改标题“区间”为“0:00:02:015”，并修改标题内容，如图 12-36 所示。

（11）在时间轴面板中可以查看制作的字幕文件，如图 12-37 所示。

图 12-36

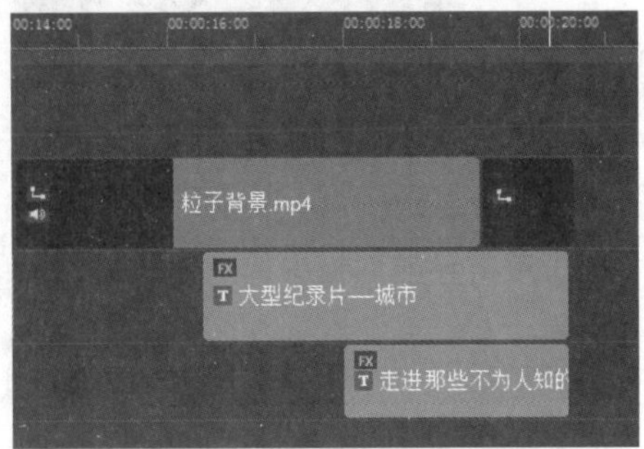

图 12-37

（12）双击字幕文件，打开“编辑”选项面板，单击“字体”右侧的下拉按钮，在弹出的下拉列表中选择“方正舒体”选项，如图 12-38 所示，设置标题字幕的字体。

（13）单击“字体大小”右侧的下拉按钮，在弹出的下拉列表中选择“34”选项，设置文字大小，单击“色彩”色块，在弹出的颜色面板中选择橙色，如图 12-39 所示，设置文字颜色。

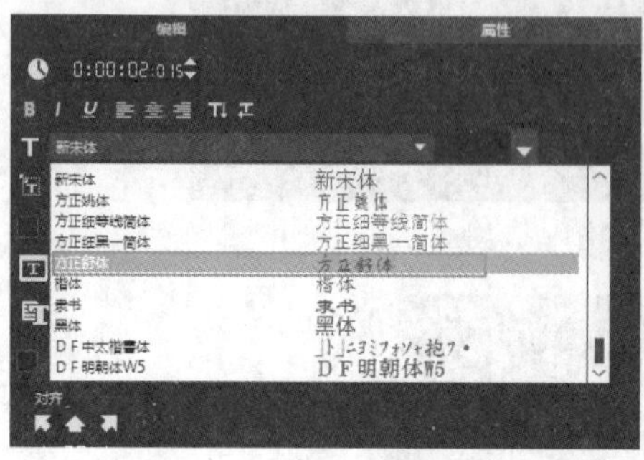

图 12-38

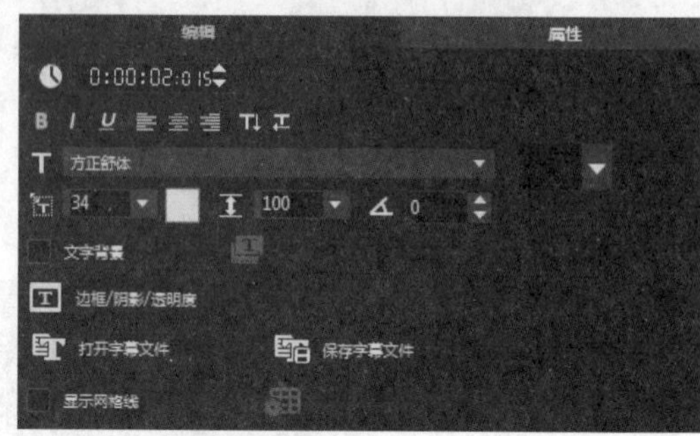

图 12-39

（14）在预览窗口中预览设置字幕属性后的文字效果，如图 12-40 所示。

（15）切换至“属性”选项面板，选中“动画”单选按钮和“应用”复选框，如图 12-41 所示。

图 12-40

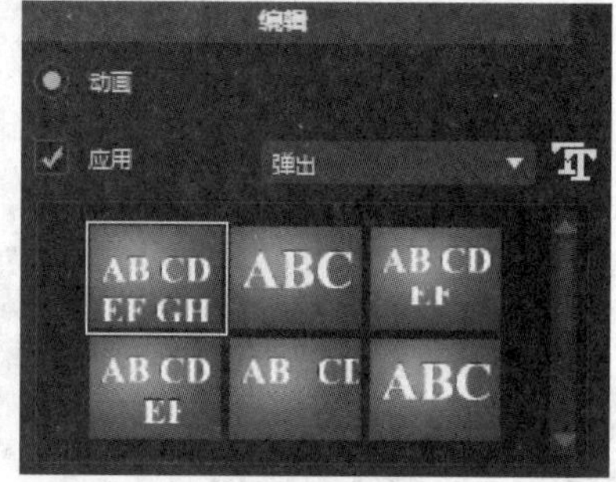

图 12-41

（16）单击“选取动画类型”下拉按钮，在弹出的下拉列表中选择“淡化”选项，如图 12-42 所示。

（17）在“淡化”下拉列表中，选择相应的淡化动画样式，如图 12-43 所示。

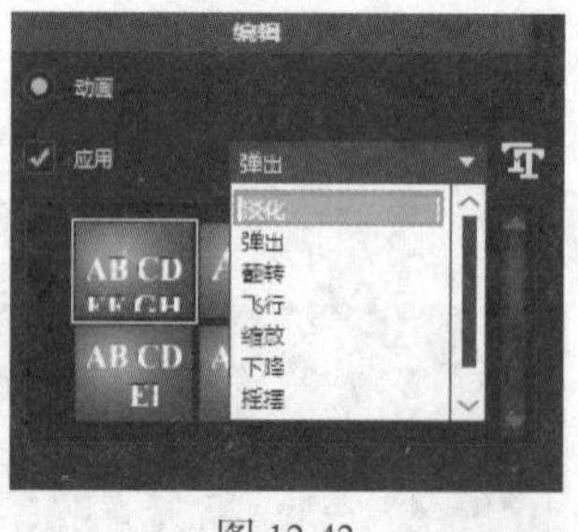

图 12-42

图 12-43

（18）单击导航面板中的“播放修整后的素材”按钮，预览制作的标题字幕的动画效果，如图 12-44 所示。

图 12-44

4. 制作片头背景音乐

（1）在“媒体”素材库中单击“显示音频文件”按钮，如图 12-45 所示，显示素材库中的音频文件。

图 12-45

（2）将时间线移至素材的开始位置，在“文件夹”选项卡中选中“动感城市 .WMA”音频文件，按住鼠标左键将其拖曳至音乐轨中，如图 12-46 所示。

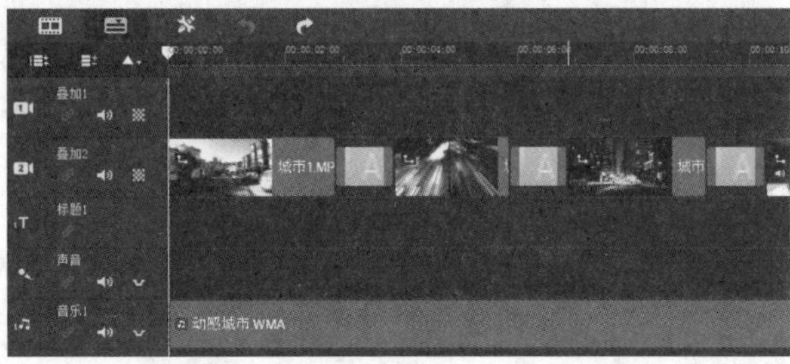

图 12-46

（3）双击音乐素材，在“音乐和声音”选项面板中，设置播放“区间”为“0:00:21:017”，并单击“淡入”和“淡出”按钮，如图 12-47 所示。

图 12-47

5. 输出节目片头视频

（1）在会声会影工作界面的上方单击“共享”按钮，切换至“共享”面板，在其中选择“MPEG-2”选项，如图 12-48 所示。

（2）单击“文件位置”右侧的“浏览”按钮，如图 12-49 所示。

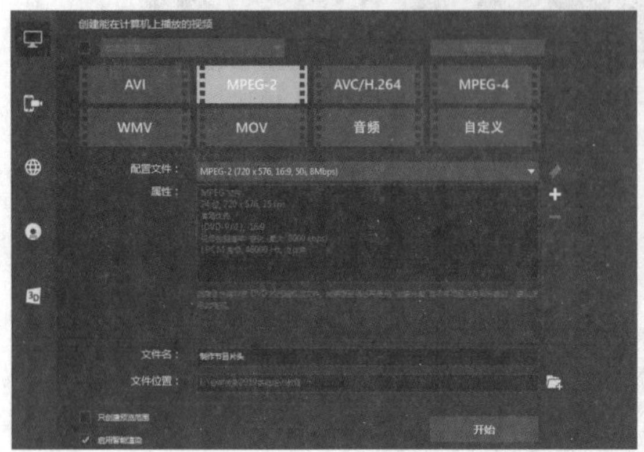

图 12-48

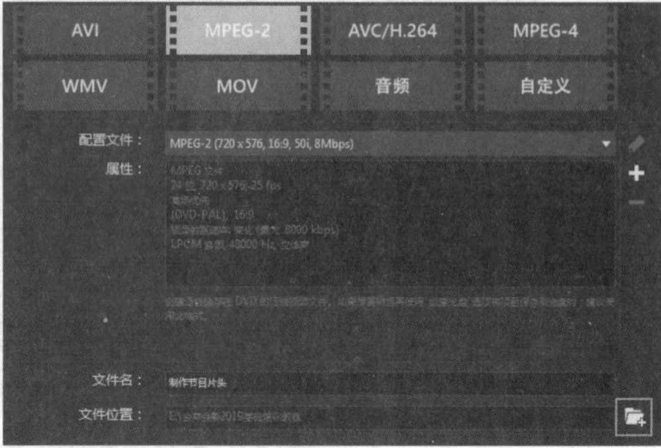

图 12-49

（3）弹出“浏览”对话框，在其中设置文件的保存位置和名称，如图 12-50 所示。

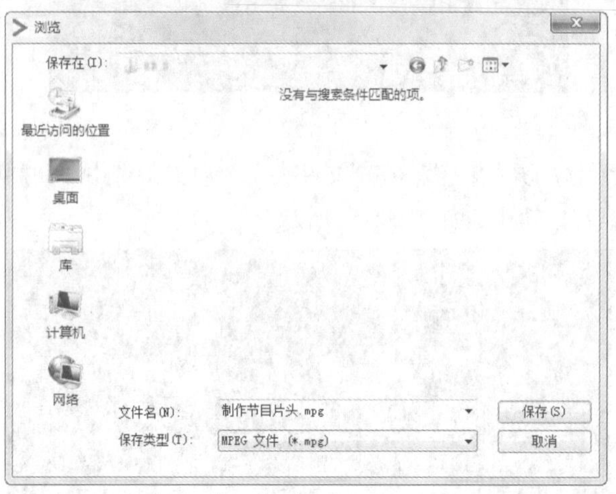

图 12-50

（4）单击“保存”按钮，返回“共享”面板。单击“开始”按钮，开始渲染视频文件，并显示渲染进度，如图 12-51 所示。渲染完成后，即可完成视频的渲染输出。

图 12-51

（5）稍等片刻，已经输出的视频文件将显示在“媒体”素材库的“文件夹”选项卡中，如图 12-52 所示。

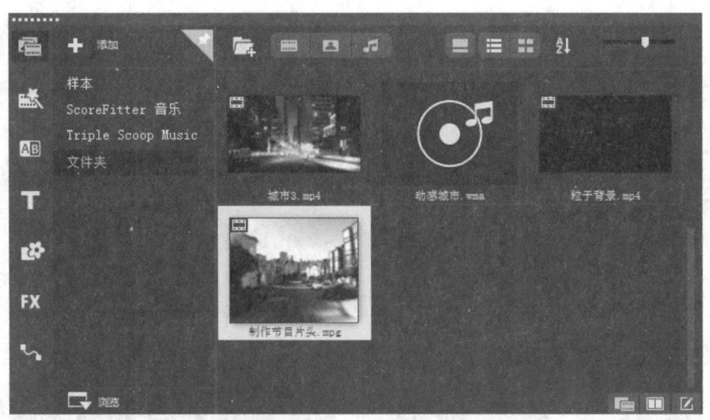

图 12-52

（6）在预览窗口中查看输出视频的画面效果，如图 12-53 所示。

图 12-53

12.2 制作宣传广告

12.2.1 案例分析

我们经常能够看到有关景物风光的宣传片，这些宣传片往往用靓丽的风景作为重点内容。这些宣传广告不仅能够吸引观众，画面也十分优美。一部好的宣传广告能够起到很好的推广作用，通过视觉的传播，提升景色风光自身的魅力。在制作宣传广告之前，需要理清大致的制作步骤，并掌握项目制作要点，这样可以提高设计效率。

12.2.2 案例设计

本案例的设计制作流程如图 12-54 所示。

添加并修整素材

添加滤镜

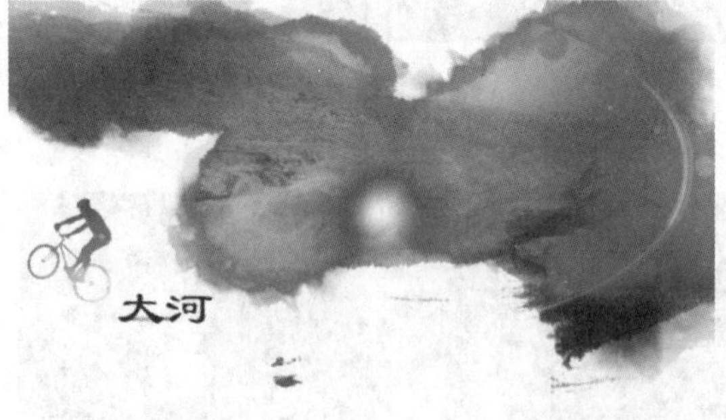

添加字幕

添加背景音乐

输出视频文件

图 12-54

12.2.3 案例制作

1. 添加并修整素材

（1）进入会声会影 2019，执行“设置”→“参数选择”命令，如图 12-55 所示。

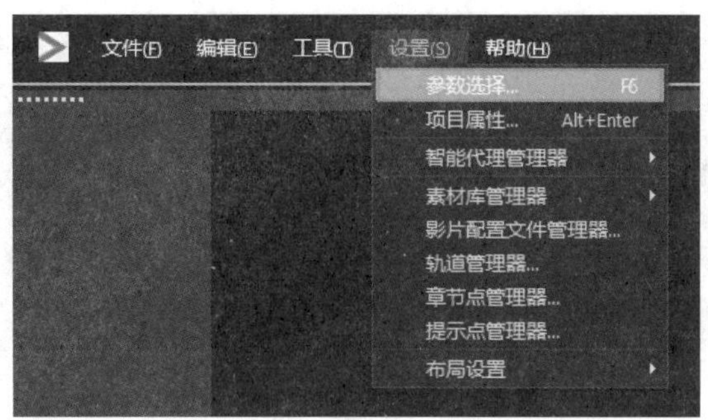

图 12-55

（2）切换至“编辑”选项卡，设置“默认照片 / 色彩区间”参数为 5 秒，如图 12-56 所示，单击“确定”按钮完成设置。

（3）在时间轴视图中单击“轨道管理器”按钮，弹出“轨道管理器”对话框，在“叠加轨”下拉列表中选择“2”选项，如图 12-57 所示，单击“确定”按钮完成设置。

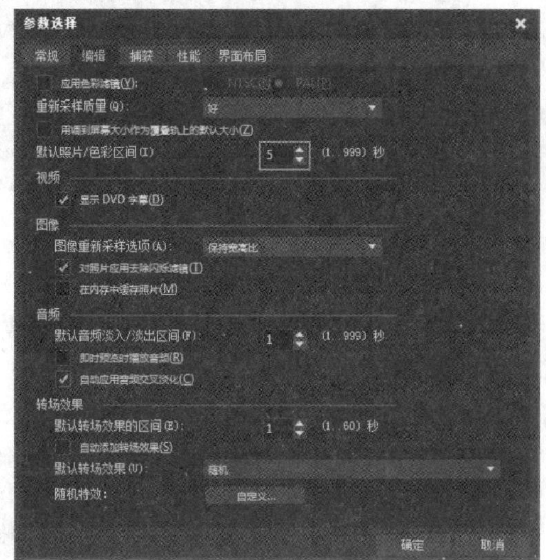

图 12-56

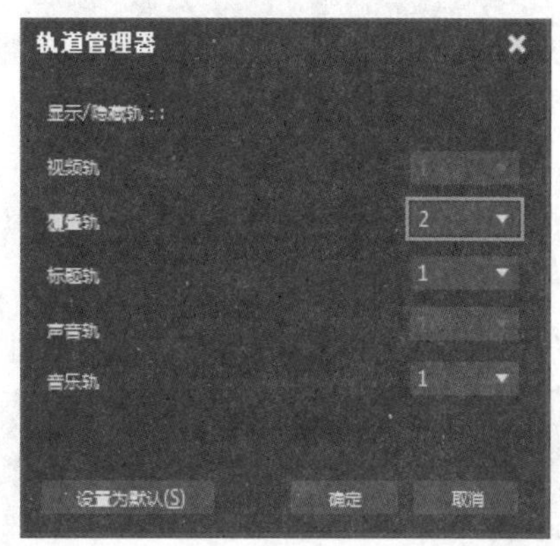

图 12-57

（4）在叠加轨 1 中插入所有风景图片素材，如图 12-58 所示。

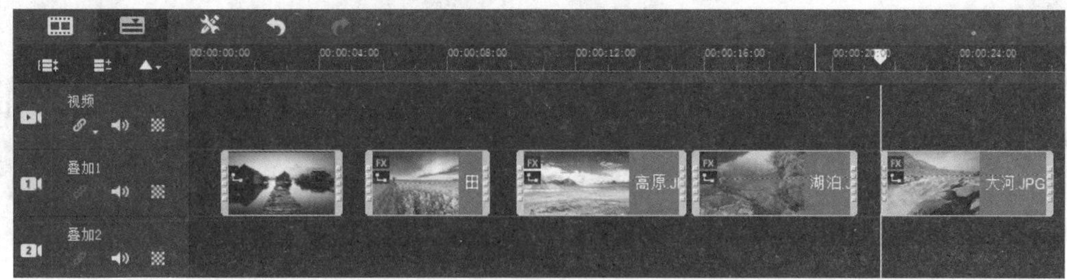

图 12-58

（5）在叠加轨 2 中插入视频素材“INK 02.MOV”，如图 12-59 所示。

图 12-59

（6）展开“编辑”选项面板，设置播放“区间”为“0:00:35:011”，如图 12-60 所示。

（7）展开“效果”选项面板，选中“高级动作”单选按钮，然后再单击“自定义动作”按钮，如图 12-61 所示。

图 12-60

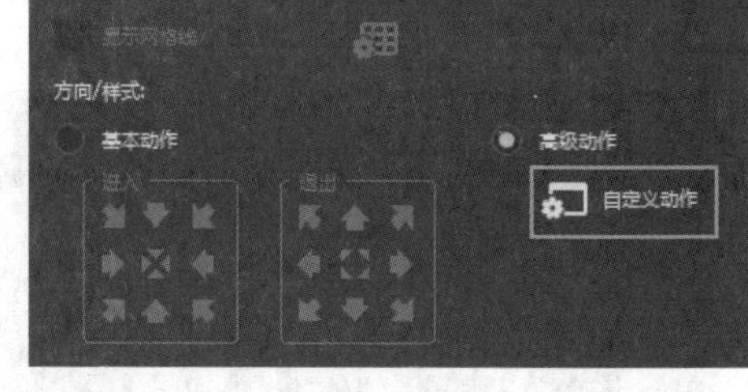

图 12-61

（8）在弹出的对话框中，选择第 1 个关键帧，在“位置”选项组中设置 X、Y 都为 0，在“大小”选项组中设置 X、Y 都为 102，设置“阻光度”参数为 100、“阴影模糊”参数为 15、“阴影方向”参数为 -40、“阴影距离”参数为 10、“边界阻光度”参数为 100，如图 12-62 所示。

（9）选择最后一个关键帧，设置相同参数，如图 12-63 所示，然后单击“确定”按钮，完成设置。

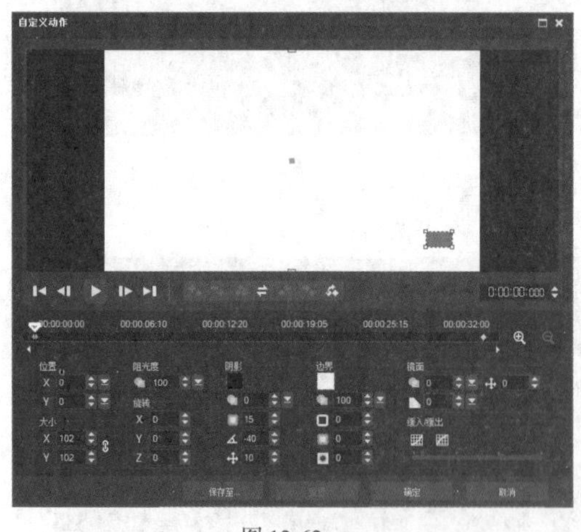

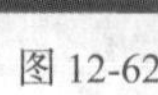

图 12-62

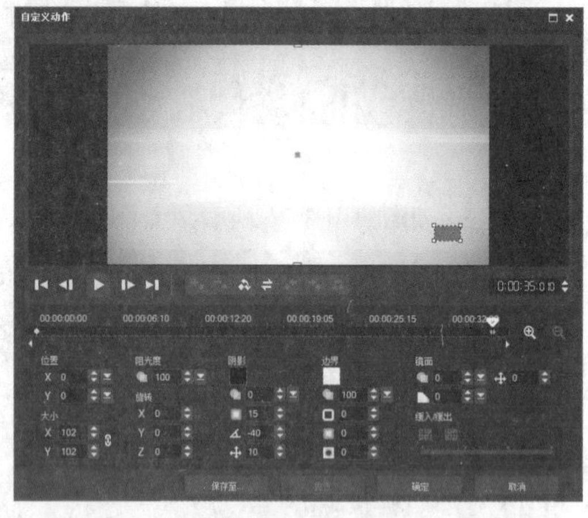

图 12-63

（10）在“效果”选项面板中单击“遮罩和色度键”按钮，如图 12-64 所示。

（11）在切换的面板中，选中“应用叠加选项”复选框，在“类型”下拉列表中选择“色度键”选项，设置“Gamma”值为 -26，如图 12-65 所示。

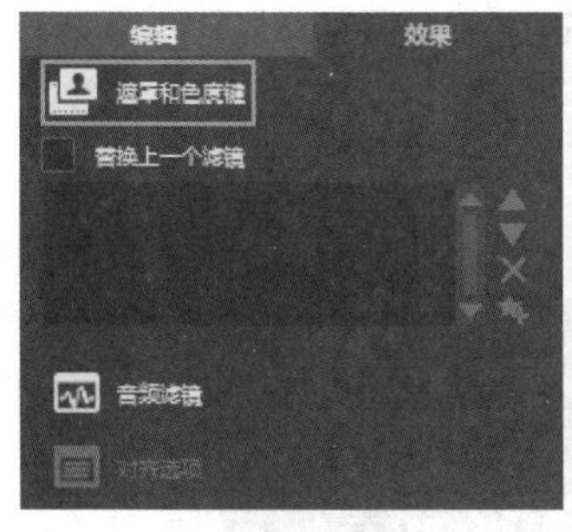

图 12-64

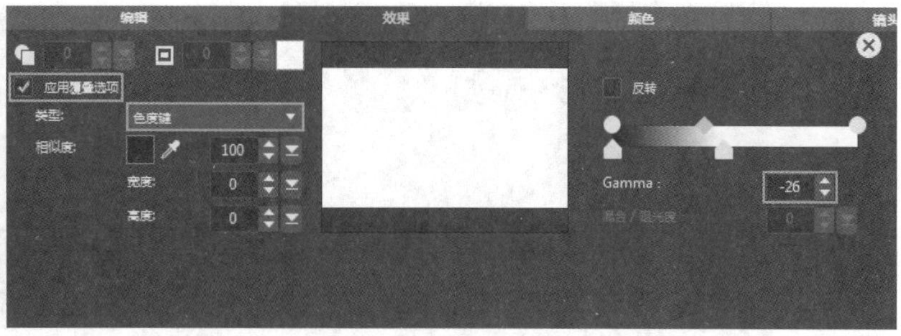

图 12-65

（12）在时间轴视图中，选中叠加轨 1 中的“海面 .jpg”素材，适当调整其大小，展开“效果”选项卡，选中“高级动作”单选按钮，然后再单击“自定义动作”按钮。

（13）在弹出的对话框中，选择第 1 个关键帧，在“位置”选项组中设置 X、Y 参数都为 0，在“大小”选项组中设置 X、Y 参数都为 90，在“旋转”选项组中设置 X、Y、Z 参数分别为 0、0、1，设置“阻光度”参数为 100、“阴影模糊”参数为 15、“阴影方向”参数为 -40、“阴影距离”参数为 10、“边界阻光度”参数为 100，如图 12-66 所示。

（14）选择最后一个关键帧，在“位置”选项组中设置 X、Y 参数分别为 0 和 -3，在“大小”选项组中设置 X、Y 参数都为 100，在“旋转”选项组中设置 X、Y、Z 参数分别为 0、0、-1，设置“阻光度”参数为 100、“阴影模糊”参数为 15、“阴影方向”参数为 -40、“阴影距离”参数为 10、“边界阻光度”参数为 100，如图 12-67 所示，单击“确定”按钮，完成设置。

图 12-66

图 12-67

（15）在时间轴视图中，选中叠加轨 1 中的“田园 .jpg”素材，适当调整其大小，展开“效果”选项面板，选中“高级动作”单选按钮，再单击“自定义动作”按钮。

（16）在弹出的对话框中，选择第 1 个关键帧，在“位置”选项组中设置 X、Y 参数分别为 16、-15，在“大小”选项组中设置 X、Y 参数都为 110，设置“阴影模糊”参数为 15、“阴影方向”参数为 -40、“阴影距离”参数为 10、“边界阻光度”参数为 100，如图 12-68 所示。

（17）将滑轨移动至“0:00:00:011”的位置，双击创建一个关键帧，在“位置”选项组中设置 X、Y 参数分别为 6、0，在“大小”选项组中设置大小 X、Y 参数都为 105，设置“阻光度”参数为 100、“边界阻光度”参数为 100，如图 12-69 所示。

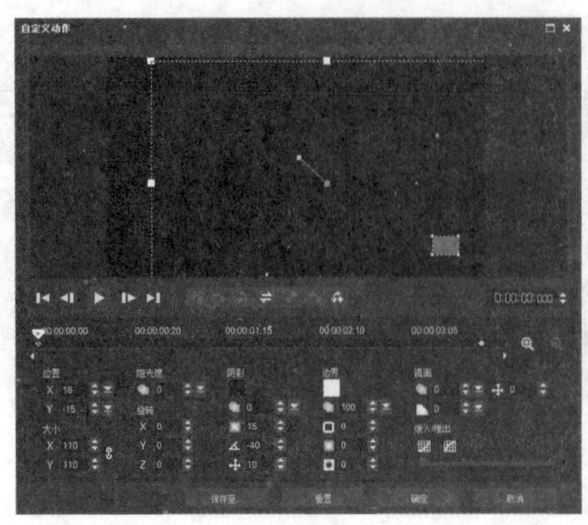
图 12-68

图 12-69

（18）将滑轨移动至“0:00:01:016”的位置，创建一个关键帧，在“位置”选项组中设置 X、Y 参数分别为 -3、10，在“大小”选项组中设置 X、Y 参数都为 100，设置“边界阻光度”参数为 100，如图 12-70 所示。

（19）将滑轨移动至“0:00:03:010”的位置，创建一个关键帧，在“位置”选项组中设置 X、Y 参数分别为 -6、14，在“大小”选项组中设置 X、Y 参数都为 99，设置“边界阻光度”参数为 100，如图 12-71 所示。

图 12-70

图 12-71

（20）选择最后一个关键帧，在“位置”选项组中设置 X、Y 分别为 -13、23，在“大小”选项组中设置 X、Y 参数都为 99，设置“边界阻光度”为 100，如图 12-72 所示，单击“确定”按钮，完成设置。

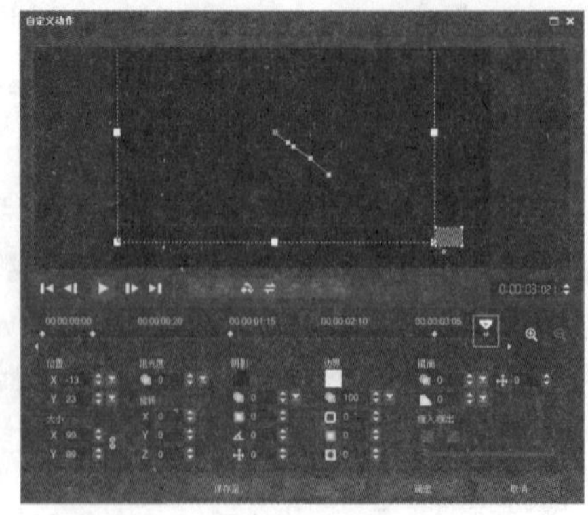
图 12-72

（21）在时间轴视图中，选中叠加轨 1 中的“高原 .jpg”素材，展开“效果”选项面板，选中“高级动作”单选按钮，再单击“自定义动作”按钮。

（22）在弹出的对话框中，选择第 1 个关键帧，在“位置”选项组中设置 X、Y 参数都为 0，在“大小”选项组中设置 X、Y 参数都为 80，在“旋转”选项组中设置 X、Y、Z 参数分别为 0、0、1，设置“阴影模糊”参数为 15、“阴影方向”参数为 -40、“阴影距离”参数为 10、“边界阻光度”参数为 100，如图 12-73 所示。

（23）将滑轨移动至“0:00:01:009”的位置，创建一个关键帧，在“位置”选项组中设置 X、Y 参数都为 0，在“大小”选项组中设置 X、Y 参数都为 98，设置“阻光度”参数为 100、“阴影模糊”参数为 15、“阴影方向”参数为 -40、“阴影距离”参数为 10、“边界阻光度”参数为 100，如图 12-74 所示。

图 12-73

图 12-74

（24）将滑轨移动至“0:00:05:001”的位置，创建一个关键帧，在“位置”选项组中设置 X、Y 参数都为 0，在“大小”选项组中设置 X、Y 参数都为 119，设置“阻光度”参数为 100、在“旋转”选项组中设置 X、Y、Z 参数分别为 0、0、-1，设置“阴影模糊”参数为 15、“阴影方向”参数为 -40、“阴影距离”参数为 10、“边界阻光度”参数为 100，如图 12-75 所示。

（25）选择最后一个关键帧，在“位置”选项组中设置 X、Y 参数都为 0，在“大小”选项组中设置 X、Y 参数都为 120，设置“阻光度”参数为 0，在“旋转”选项组中设置 X、Y、Z 参数分别为 0、0、-1，设置“阴影模糊”参数为 15、“阴影方向”参数为 -40、“阴影距离”参数为 10、“边界阻光度”参数为 100，如图 12-76 所示，最后单击“确定”按钮，完成设置。

图 12-75

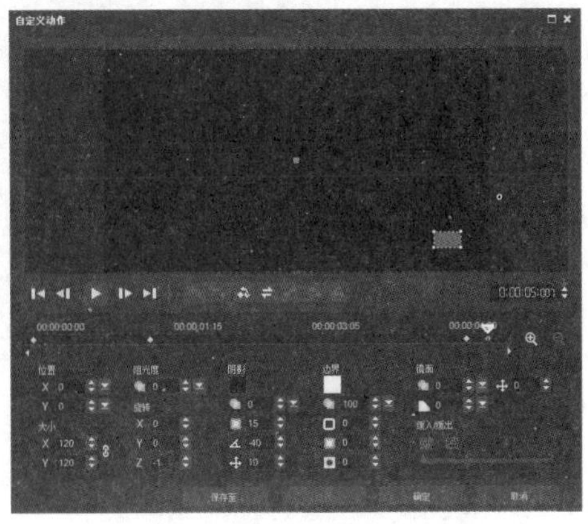

图 12-76

（26）在时间轴视图中，选中叠加轨 1 中的“湖泊 .jpg”素材，展开“效果”选项面板，选中“高级动作”单选按钮，再单击“自定义动作”按钮。

（27）在弹出的对话框中，选择第 1 个关键帧，在“位置”选项组中设置 X、Y 参数都为 0，在“大小”选项组中设置 X、Y 参数都为 100，设置“阻光度”参数为 0、“阴影模糊”参数为 15、“阴影方向”参数为 -40、“阴影距离”参数为 10、“边界阻光度”参数为 100，如图 12-77 所示。

（28）将滑轨移动至“0:00:00:012”的位置，创建一个关键帧，在“位置”选项组中设置 X、Y 参数都为 0，在“大小”选项组中设置 X、Y 参数都为 101，设置“阻光度”参数为 100、“阴影模糊”参数为 15、“阴影方向”参数为 -40、“阴影距离”参数为 10、“边界阻光度”参数为 100，如图 12-78 所示。

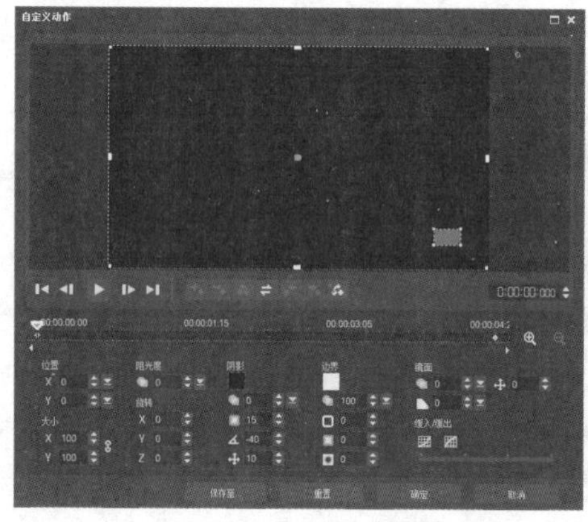

图 12-77

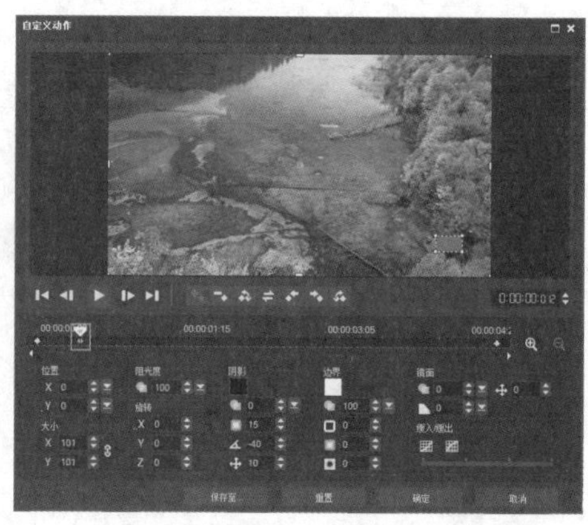

图 12-78

（29）将滑轨移动至“0:00:04:020”的位置，创建一个关键帧，在“位置”选项组中设置 X、Y 参数都为 0，在“大小”选项组中设置 X、Y 参数都为 109，设置“阻光度”参数为 100、“阴影模糊”参数为 15、“阴影方向”参数为 -40、“阴影距离”参数为 10、“边界阻光度”参数为 100，如图 12-79 所示。

（30）选择最后一个关键帧，在“位置”选项组中设置 X、Y 参数都为 0，在“大小”选项组中设置 X、Y 参数都为 110，设置“阻光度”参数为 0、“阴影模糊”参数为 15、“阴影方向”参数为 -40，“阴影距离”参数为 10、“边界阻光度”参数为 100，如图 12-80 所示，然后单击“确定”按钮，完成设置。

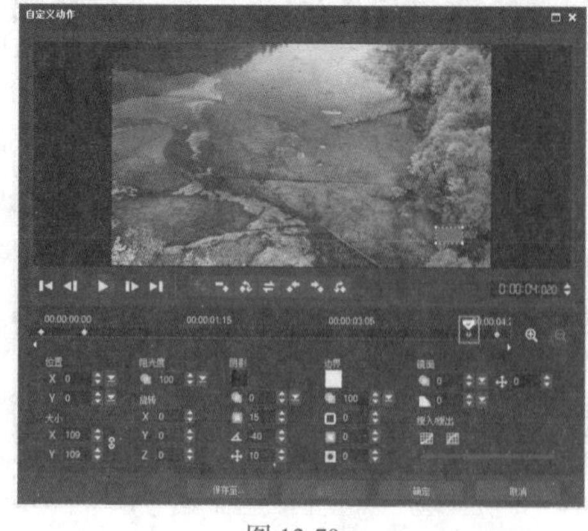

图 12-79

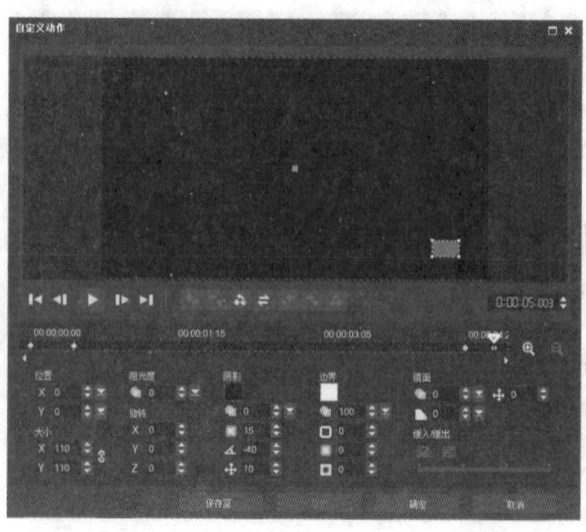

图 12-80

（31）在时间轴视图中，选中叠加轨 1 中的“大河 .jpg”素材，展开“效果”选项面板，选中“高级动作”单选按钮，再单击“自定义动作”按钮。

（32）在弹出的对话框中，选择第 1 个关键帧，在“位置”选项组中设置 X、Y 参数都为 0，在“大小”选项组中设置 X、Y 参数都为 80，设置“阻光度”参数为 100、“阴影模糊”参数为 15、“阴影方向”参数为 -40、“阴影距离”参数为 10、“边界阻光度”参数为 100，如图 12-81 所示。

（33）将滑轨移动至“0:00:04:020”的位置，创建一个关键帧，在“位置”选项组中设置 X、Y 参数都为 0，在“大小”选项组中设置 X、Y 参数都为 113，设置“阻光度”参数为 100、“阴影模糊”参数为 15、“阴影方向”参数为 -40、“阴影距离”参数为 10、“边界阻光度”参数为 100，如图 12-82 所示。

图 12-81

图 12-82

（34）选择最后一个关键帧，在“位置”选项组中设置 X、Y 参数都为 0，在“大小”选项组中设置 X、Y 参数都为 160，设置“阻光度”参数为 100、“阴影模糊”参数为 15、“阴影方向”参数为 -40、“阴影距离”参数为 10、“边界阻光度”参数为 100，如图 12-83 所示，然后单击“确定”按钮，完成设置。

图 12-83

（35）单击导航面板中的“播放修整后的素材”按钮，预览视频效果，如图 12-84 所示。

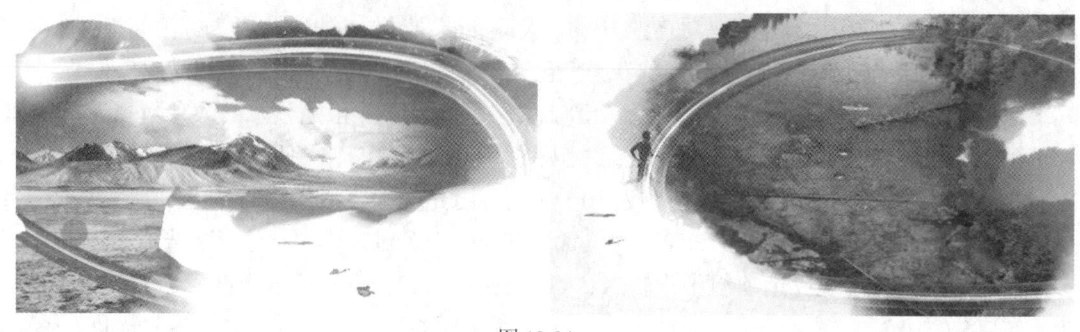

图 12-84

2. 添加滤镜

（1）在会声会影工作界面中，单击“滤镜”按钮，在“全部”素材库中选择“柔焦”滤镜，如图 12-85 所示。按住鼠标左键将其拖曳至叠加轨 1“田园 .jpg”图片素材上，如图 12-86 所示。

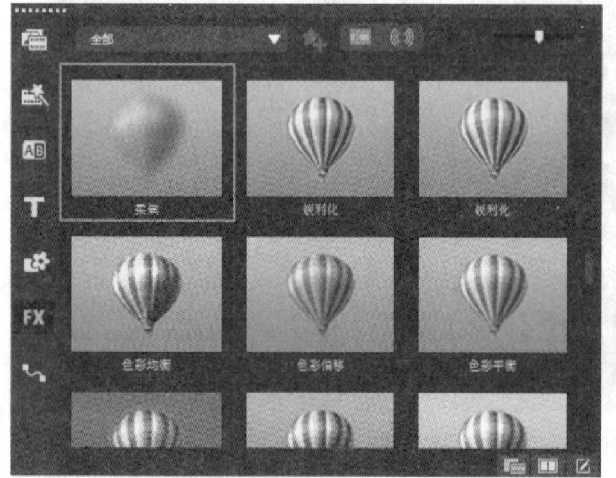

图 12-85

图 12-86

（2）在“效果”选项面板中，单击“自定义滤镜”按钮，打开“NewBlue 柔焦”对话框，并设置“模糊”“混合”参数都为 0.0，如图 12-87 所示，单击“行”按钮。

（3）将“柔焦”滤镜拖曳至叠加轨 1 的其他图片素材上，并设置相同的自定义滤镜参数，如图 12-88 所示。

图 12-87

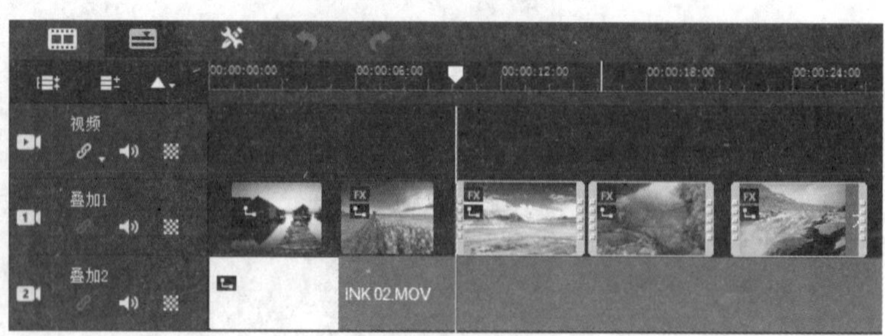

图 12-88

（4）单击导航面板中的“播放修整后的素材”按钮，预览视频效果，如图 12-89 所示。

图 12-89

3. 添加字幕

（1）在工作界面中单击“标题”按钮，然后将时间线移至 00:00:06:01 位置，在这里创建一个标题字幕，如图 12-90 所示。

（2）选中字幕文件，在“编辑”选项卡中设置“字体大小”为 40、“字体”为隶书、“颜色”为黑色、“行间距”为 100，如图 12-91 所示。文字效果如图 12-92 所示。

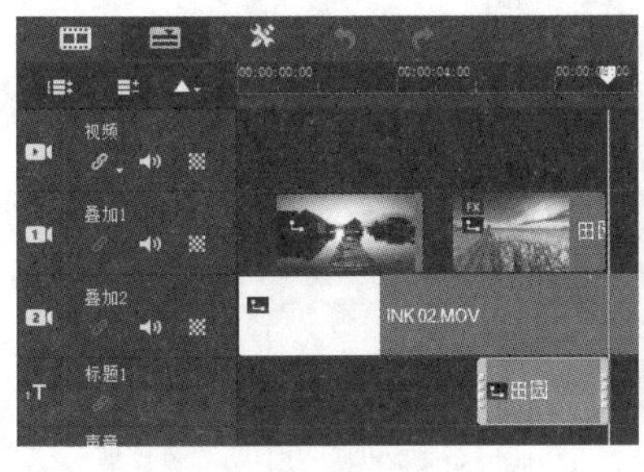

图 12-90

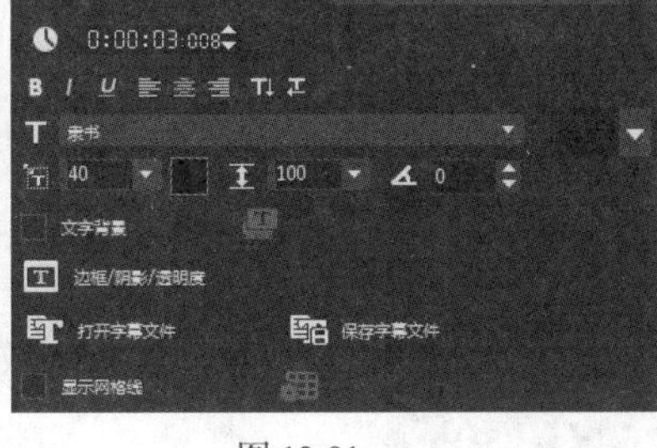

图 12-91

图 12-92

（3）打开“属性”选项面板，选中“动画”单选按钮，选中“应用”复选框，在下拉列表中选择“淡化”选项，如图 12-93 所示。

（4）单击“自定义动画属性”按钮，弹出对话框，在“单位”下拉列表中选择“字符”选项，在“暂停”下拉列表中选择“自定义”选项，将“淡化样式”设置为“淡入”，如图 12-94 所示。单击“确定”按钮完成设置。

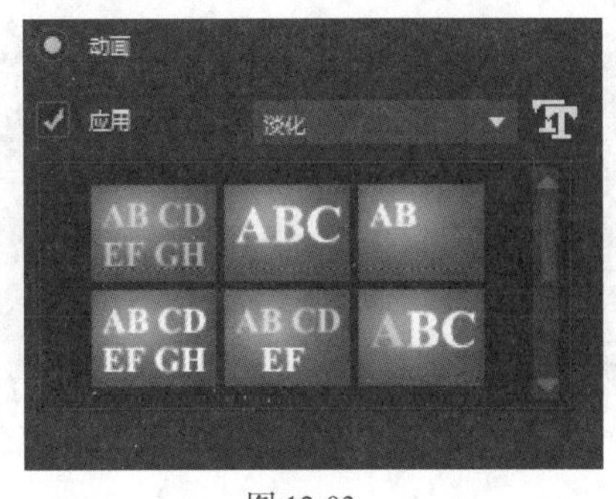

图 12-93

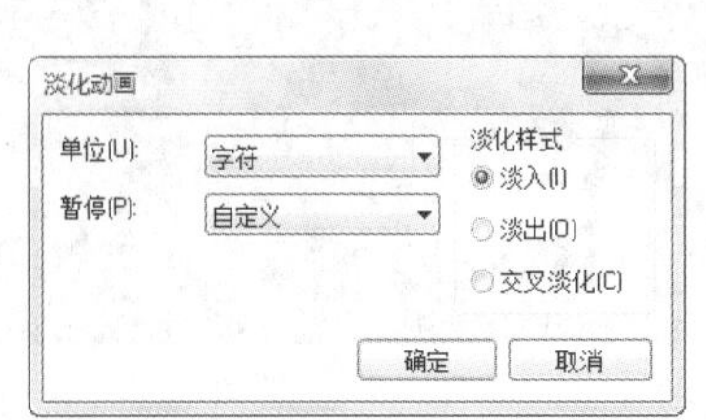

图 12-94

（5）在工作界面中单击“标题”按钮，然后将时间线移至 00:00:11:01 位置，在这里创建另一个标题字幕，如图 12-95 所示。

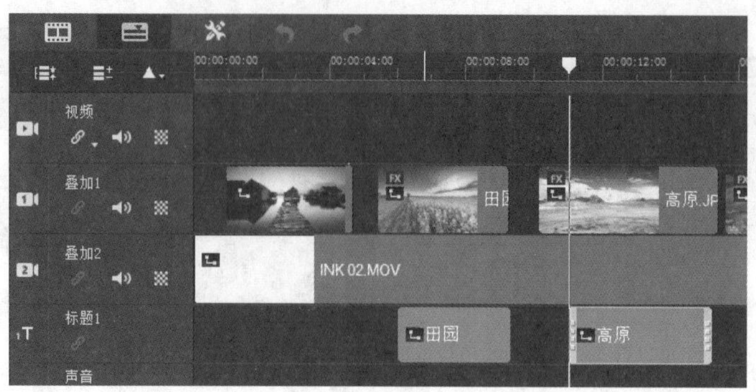

图 12-95

（6）选中字幕文件，在“编辑”选项面板中设置“字体大小”为 36、“字体”为隶书、“颜色”为黑色、“行间距”为 100，如图 12-96 所示。

（7）打开“属性”选项面板，选中“动画”单选按钮，选中“应用”复选框，在下拉列表中选择“淡化”选项，然后单击“自定义动画属性”按钮，弹出“淡化动画”对话框，在“单位”下拉列表中选择“字符”选项，在“暂停”下拉列表中选择“自定义”选项，将“淡化样式”设置为“淡入”，如图 12-97 所示。单击“确定”按钮完成设置。

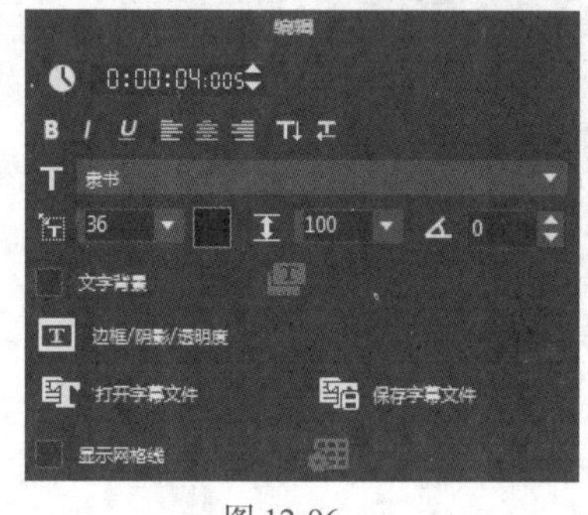

图 12-96

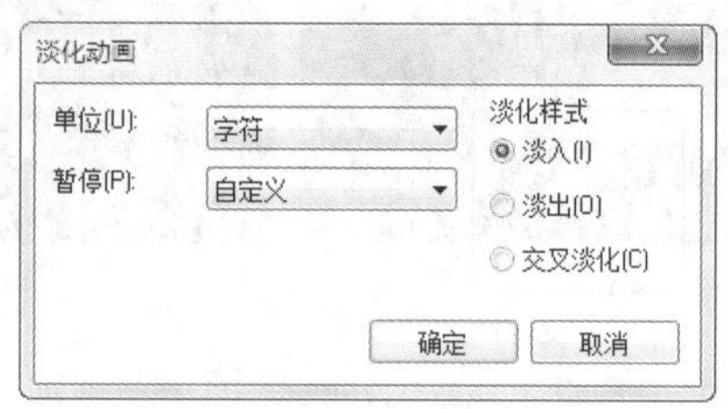

图 12-97

（8）将时间线移至 00:00:17:02 位置，创建一个标题字幕，如图 12-98 所示。设置“字体大小”为 43，其他参数相同，为文字添加“柔焦”滤镜，并使用相同的方法为文字添加“淡化”效果，文字效果如图 12-99 所示。

图 12-98

图 12-99

（9）使用相同的方法，在 00:00:23:00 处继续创建字幕，如图 12-100 所示。用上述相同的方法为文字添加滤镜，文字效果如图 12-101 所示。

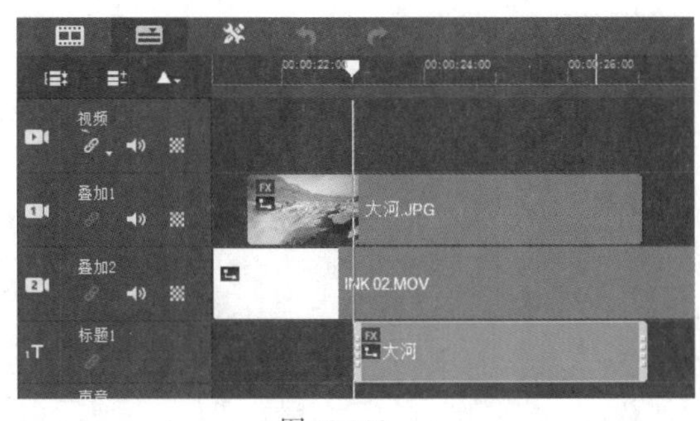

图 12-100

图 12-101

（10）在工作界面中单击“标题”按钮，然后将时间线移至 00:00:30:03 处，在这里创建最后一个标题字幕，如图 12-102 所示。

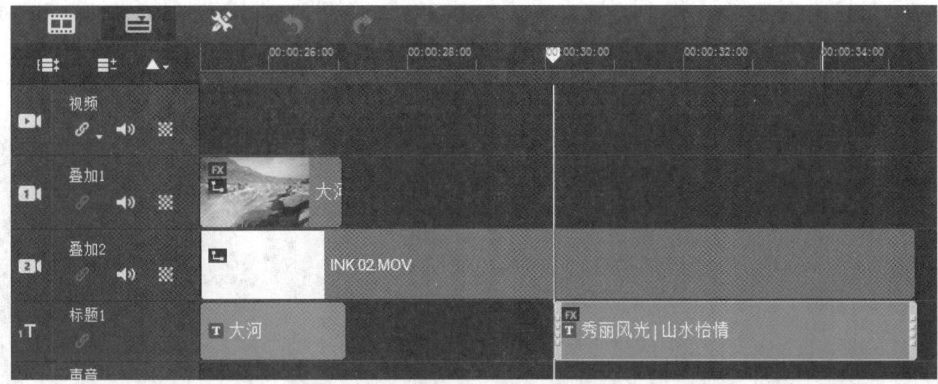

图 12-102

（11）选中字幕文件，在“编辑”选项面板中设置“字体大小”为 40、“字体”为黑体、“颜色”为棕色、“行间距”为 100，如图 12-103 所示。

（12）打开“滤镜”素材库，在其中选择“修剪”“光线”“星形”3 个滤镜，将它们添加到该字幕文件上，如图 12-104 所示。

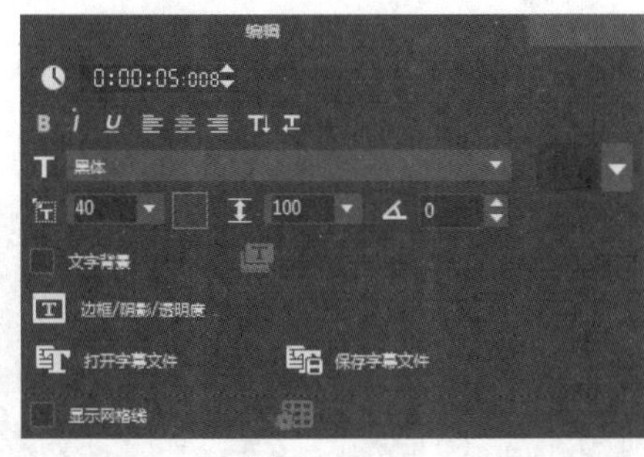

图 12-103

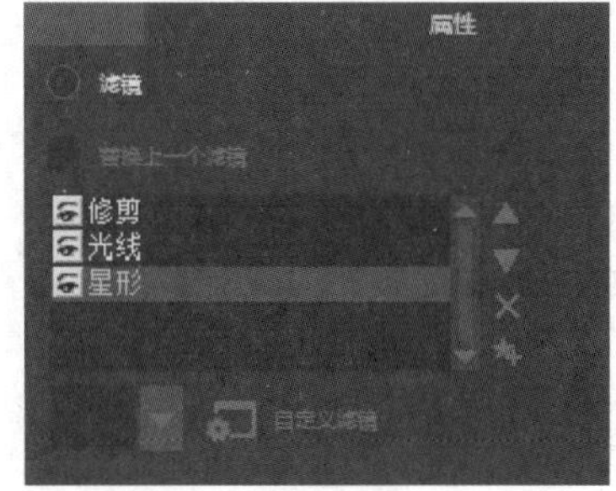

图 12-104

（13）完成上述操作后，单击导航面板中的“播放修整后的素材”按钮，即可预览视频效果，如图 12-105 所示。

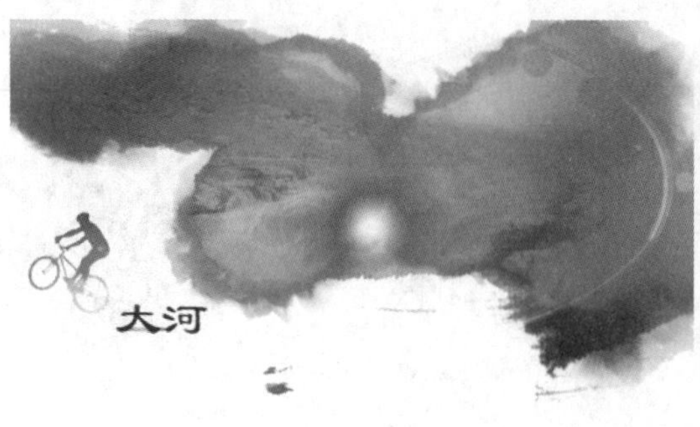

图 12-105

4. 添加背景音乐

（1）在“媒体”素材库中单击“显示音频文件”按钮，如图 12-106 所示，将显示素材库中的音频文件。

（2）在素材库的上方单击“导入媒体文件”按钮，如图 12-107 所示。

图 12-106

图 12-107

（3）在弹出的“浏览媒体文件”对话框中，选择需要导入的背景音乐素材（素材\第 12 章\12.2\背景音乐.mp3），如图 12-108 所示。

（4）单击“打开”按钮，即可将背景音乐导入素材库中，如图 12-109 所示。

图 12-108

图 12-109

（5）将时间线移至素材的开始位置，在“文件夹”选项卡中选中“背景音乐 .mp3”音频文件，按住鼠标左键将其拖曳至音乐轨中，如图 12-110 所示。

（6）双击音乐素材，在“音乐和声音”选项面板中设置播放“区间”为“00:00:35:011”，并单击“淡出”按钮，如图 12-111 所示。

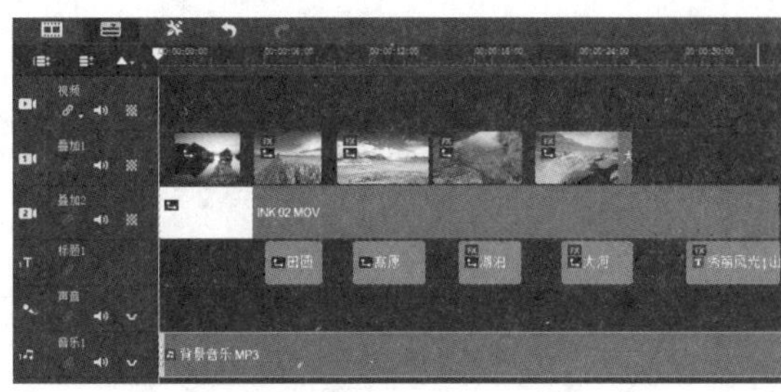

图 12-110

图 12-111

5. 输出视频文件

（1）在会声会影工作界面的上方单击“共享”按钮，切换至“共享”面板，在其中选择“MPEG-2”选项，如图 12-112 所示。

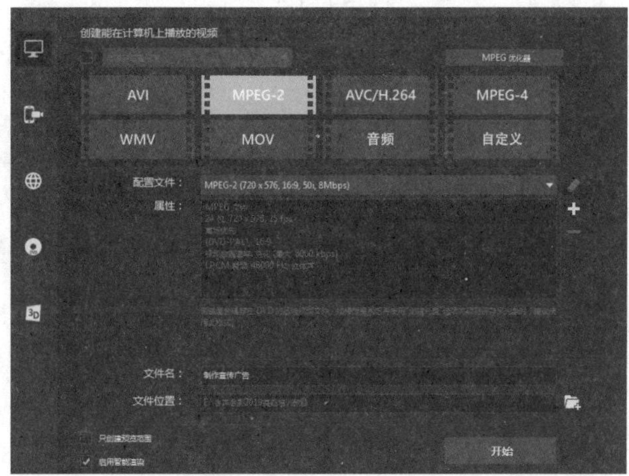

图 12-112

（2）单击“文件位置”右侧的“浏览”按钮，如图 12-113 所示。

图 12-113

（3）在弹出的“浏览”对话框中，设置文件的保存位置和名称，如图 12-114 所示。

图 12-114

（4）单击“保存”按钮，返回“共享”面板。单击“开始”按钮，开始渲染视频文件，并显示渲染进度，如图 12-115 所示。渲染完成后，即可完成视频文件的渲染输出。

图 12-115

（5）在预览窗口中播放刚输出的视频文件，查看输出的视频效果，如图 12-116 所示。

图 12-116

12.3 课堂练习

12.3.1 课堂练习 1——制作淘气小猫

【知识要点】通过设置“效果”选项面板，让叠加轨素材进行区间旋转。为小猫素材添加区间旋转动画，如图 12-117 所示。

【所在位置】素材 \ 第 12 章 \ 12.3.1 \ 制作淘气小猫 .VSP

图 12-117

12.3.2 课堂练习 2——制作雪花飞扬效果

【知识要点】“雨点”滤镜不仅能模拟出雨天的环境效果，还能制作出下雪的效果。通过给素材图片添加“雨点”滤镜效果，并设置自定义滤镜参数，可以制作出雪花飞扬的效果，如图 12-118 所示。

【所在位置】素材 \ 第 12 章 \12.3.2 \ 制作雪花飞扬效果 .VSP

图 12-118

12.3.3 课堂练习 3——应用“FX 涟漪”滤镜

【知识要点】在会声会影中，应用“FX 涟漪”滤镜能够自定义涟漪的效果程度，制造出水滴波纹的效果，如图 12-119 所示。

【所在位置】素材 \ 第 12 章 \ 12.3.3\ 应用“FX 涟漪”滤镜 .VSP

图 12-119

12.3.4 课堂练习 4——制作画中画效果

【知识要点】“画中画”滤镜能够制造出画中画的特效，如图 12-120 所示。

【所在位置】素材 \ 第 12 章 \ 12.3.4\ 制作画中画 .VSP

图 12-120

12.4 课后习题

12.4.1 课后习题 1——制作扫光字

【知识要点】扫光字是一种常见的文字效果，实际应用也比较多。本案例为素材添加文字并制作扫光效果，如图 12-121 所示。

【所在位置】素材 \ 第 12 章 \12.4.1\ 制作扫光字 . VSP

图 12-121

12.4.2 课后习题 2——制作动态相片

【知识要点】在会声会影中用户不仅可以为视频轨中的素材添加滤镜效果，还可以为叠加轨中的素材应用多种滤镜特效。通过将两个素材放入不同的叠加轨中，制作出相框效果，再为素材添加“雨点”滤镜，制作下雨的效果，如图 12-122 所示。

【所在位置】素材 \ 第 12 章 \ 12.4.2\ 制作动态相片 .VSP

图 12-122

12.4.3 课后习题 3——制作多彩水墨片头

【知识要点】节目片头的作用在于能吸引人的注意。在具体的表现元素中，起到关键作用的有片头的风格、片头的主体颜色、片头的构图形式等。本习题将制作一个多彩水墨片头，彩色水墨和简约文字的组合让片头独具特色，如图 12-123 所示。

【所在位置】素材 \ 第 12 章 \12.4.3\ 制作多彩水墨片头 .VSP

图 12-123

12.4.4 课后习题 4——制作百叶窗效果

【知识要点】“百叶窗”转场效果是素材 A 以百叶窗的方式显示素材 B。本习题将给两个素材图片间应用百叶窗转场效果，制作照片的切换转场，如图 12-124 所示。

【所在位置】素材 \ 第 12 章 \ 12.4.4\ 制作百叶窗效果 .VSP

图 12-124